东海发展报告

DONGHAI FAZHAN BAOGAO

浙江海洋资源利用
与环境保护的实践与探索

徐 皓 李加林 马仁锋 等 著

ZHEJIANG UNIVERSITY PRESS
浙江大学出版社
·杭州·

图书在版编目（CIP）数据

浙江海洋资源利用与环境保护的实践与探索 / 徐皓
等著. — 杭州：浙江大学出版社，2024.11
ISBN 978-7-308-23234-0

Ⅰ.①浙… Ⅱ.①徐… Ⅲ.①海洋资源－资源利用－
关系－海洋环境－环境保护－研究－浙江 Ⅳ.①P74
②X55

中国版本图书馆 CIP 数据核字（2022）第 205005 号

浙江海洋资源利用与环境保护的实践与探索

徐　皓　李加林　马仁锋　等　著

责任编辑	伍秀芳	
责任校对	林汉枫	
封面设计	周　灵	
出版发行	浙江大学出版社	
	（杭州市天目山路 148 号　邮政编码 310007）	
	（网址：http://www.zjupress.com）	
排　　版	浙江大千时代文化传媒有限公司	
印　　刷	广东虎彩云印刷有限公司绍兴分公司	
开　　本	710mm×1000mm　1/16	
印　　张	26	
字　　数	413 千	
版 印 次	2024 年 11 月第 1 版　2024 年 11 月第 1 次印刷	
书　　号	ISBN 978-7-308-23234-0	
定　　价	98.00 元	

前　言

　　我国正处在走向海洋、建设海洋强国的战略机遇期,海洋生态文明建设是新时期我国建设海洋强国战略的重要保障和有机组成部分。海洋生态文明建设,既需要以海洋经济发展壮大来维护海洋生态环境的平衡,又需要以海洋环境的良性生态循环推动海洋经济开发的更大发展;两者既相互独立,又相互支撑,最终形成一个和谐共荣的海洋生态文明局面。因此,建设海洋生态文明,需要促进海洋经济高质量发展、海洋资源利用、海洋科技进步、海洋环境保护等事业的统筹协调发展。

　　浙江省海域广阔,海洋资源丰富,其所具有的海洋资源组合优势以及优越的区位条件,能够为浙江经济的可持续发展提供充足的动力。同时,浙江省是"海洋强省"思想的策源地之一。近 20 年来,浙江省海洋经济高质量发展和海洋生态文明建设走在全国前列。浙江海洋生产总值占浙江地区生产总值的 15% 左右,且增幅高于地区生产总值增幅;海洋三次产业结构比重呈"三、二、一"结构,较为合理且在不断优化。浙江省渔业、港口资源丰富,形成了以化工、电力、船舶修造为主体的临港工业格局,海洋化工以及海洋船舶业在海洋经济中占有较大比重。海洋交通运输业的规模不断增大,港口物流业发展迅速。目前,浙江省的海洋产业仍然以传统产业为主,但海洋新兴产业发展速度较快,浙江省的海洋生物医药产业年均增速超过 20%,海洋能源产业也有较快的发展。

　　但浙江省海洋产业也存在着海洋科技支撑力不足、海洋产业结构有待完善、海洋产业在地区生产总值中的比重偏小、海洋生态遭到破坏等问题。比如近岸海域水质富营养化严重,浙江近岸海域水体总体呈中度富营养化状态,满足第一类、第二类海水水质的海域仅占 32.1%;近岸海域浮游植物和底栖生物生境质量等级为差,浮游动物生境质量等级为一般;近岸海域赤潮暴发频率逐年升高。因此,总结浙江经验,不仅可以促进浙江省继续"秉持浙江精神,干在实处,走在前列,勇立潮头",而且可以为全国提供可学习、可移植、可示范的海洋资源利用与环境保护建设样本。

本书一方面结合近30年来浙江省海洋资源禀赋、海洋科技探索、涉海开发政策演进的特点,对海洋渔业、海洋岸线与港口、海岸带土地、海洋旅游、岛屿等海洋资源开发的浙江经验进行相关总结,以便更好地梳理浙江海洋经济高质量发展过程及特点;另一方面对浙江省近海环境变化状况进行小结,对近海环境保护科技、政策及保护措施进行梳理,找出存在的问题并提出解决对策,以保障浙江省生态文明建设协调发展。

本书共9章。第1章总论,从宏观角度阐述了海洋资源利用、环境保护、海洋生态文明建设等内容;第2章至第8章分别介绍了海洋渔业、海洋岸线与港口、海岸带土地、海洋旅游、岛屿、滨海湿地资源以及近岸海洋环境保护的理论探索、政策演进与浙江实践经验;第9章对浙江海洋资源利用与海洋生态环境保护的未来进行了展望。

相关章节的具体执笔者如下。第1章:李加林、王利花、田鹏;第2章:李加林、田鹏、徐皓;第3章:刘永超、徐皓;第4章:陈阳;第5章:周彬;第6章:徐皓;第7章:孙超;第8章:孙艳伟;第9章:马仁锋。

本书的研究工作得到浙江省新型重点专业智库——宁波大学东海研究院的大力支持,还得到了宁波大学地理与空间信息技术系的大力支持,在此表示衷心感谢。书稿在写作过程中参考、引用了大量文献,但限于篇幅,未能在书中一一列出,在此谨向这些文献的作者表示敬意和感谢。

由于作者学术水平有限,加之撰写时间较短,书中难免存在疏漏之处,敬请读者指正。

目　录

第1章 总 论

1.1 "八八战略"指引浙江省海洋资源利用与环境保护探索

2003年7月,在中共浙江省委十一届四次全体(扩大)会议上,习近平同志提出了"进一步发挥八个方面优势、推进八个方面举措"的"八八战略"。"八八战略"内涵丰富,其中对海洋资源利用与环境保护方面进行了前瞻性探索,如进一步发挥浙江的生态优势,创建生态省,打造"绿色浙江";进一步发挥浙江的山海资源优势,大力发展海洋经济,推动欠发达地区跨越式发展,努力使海洋经济和欠发达地区的发展成为浙江经济新的增长点[1]。

自海洋经济和环境保护生态建设列入"八八战略"后,近20年来,浙江省按照习近平同志的决策部署,坚定不移沿着"八八战略"指引的路子,转变发展理念,加强山海协作,念好"山海经",拓展发展空间,大力推进山乡巨变和建设碧海桑田;力求做"深"、做"强"海洋经济,谋划推进了一批涉海重大战略,在沿海区域积极打造一批重大平台,加快建设一批重大项目,扎实推进全省海洋港口一体化发展,并实施蓝色港湾整治行动,让海洋资源产生最大效益的同时保护海洋生态环境。

1.1.1 推进一批国家级涉海重大战略

浙江海洋经济发展示范区、浙江舟山群岛新区、舟山江海联运服务中心、中国(浙江)自由贸易试验区等一批重大的国家级涉海战略先后落地,有力推动了浙江海洋经济的快速发展。自"八八战略"提出以来,浙江省谋划将海洋经济上升为国家战略。2010年7月,国家发展和改革委员会明确将浙江列为全国首批三个海洋经济试点省份之一。2011年2月,国务院正式批复了《浙江海洋经济发展示范区规划》,标志着浙江海洋经济发展正式上升为国家战略举措,弥补了浙江国家战略举措的空白。2011年6月,国务院批复同意设立浙江舟山群岛国家级新区,也是我国唯一一个以海洋经济为主题的群岛型新区。2016年4月,国务院批复同意设立舟山江海联运服务中心,依托舟山、宁波区域,打造长江经济带和21世纪海上丝绸之路的战略支点。2017年3月,国务院批复印发《中国(浙江)自由贸易试验区总体方案》,依托宁波—舟山港口型国家物流贸易枢纽功能,推动油品全产业链投资和贸易自由化、便利化。

1.1.2 打造一批重大平台,发展全省海洋港口一体化

浙江省在沿海加快打造一批重大平台,包括沿海省级产业集聚区、省级海洋经济试验区、海洋特色产业基地等,有力促进了海洋产业集聚提升发展。国务院批复浙江海洋经济发展示范区规划后,浙江省政府又先后在沿海及海岛重点地区批准设立了象山海洋综合开发与保护试验区、玉环海岛开发与保护试验区、洞头海岛统筹发展试验区、嘉兴滨海港产城统筹发展试验区、大陈海洋开发与保护示范岛等一批省级海洋经济试验区,力求在相关重点地区和重点领域开展先行先试并谋求突破。浙江省政府还先后印发了《浙江省海洋新兴产业发展规划(2010—2015)》和《浙江海洋经济发展"822"行动计划(2013—2017)》,在沿海地区建设25个海洋特色产业基地,着力推进港航物流服务业、临港先进制造业、滨海旅游业、海洋工程装备与高端船舶制造业、海水淡化与综合利用业、海洋医药与生物制品业、海洋清洁能源产业、现代海洋渔业等海洋产业发展[2]。

全省围绕沿海基础设施、港口码头、海洋产业等重点领域,加快推进一批重大项目,为海洋经济发展提供了重要支撑。①沿海基础设施方面,建成舟山大陆连岛工程和杭州湾跨海大桥,打通了沿海经济大动脉;杭州湾嘉绍大桥、宁波象山港跨海大桥、椒江二桥、温州大门大桥、甬台温高速复线等项目加快建设,浙江沿海基础设施进一步完善。②港口码头方面,以宁波舟山港深水码头建设为重点,北仑港区四期集装箱码头、金塘港区大浦口集装箱码头、梅山港区集装箱码头、大榭港区实华二期45万吨级原油码头、衢山港

区鼠浪湖 40 万吨级矿石中转码头等一批高等级码头泊位加快建设,港口吞吐能力显著增强。③海洋产业方面,舟山绿色石化基地、金海重工、三门核电、海力生海洋生物、杭州水处理中心海水淡化装备制造基地等一批现代海洋产业项目加快推进,浙江海洋产业的发展质量明显提升。

针对海洋港口一体化发展,浙江省委、省政府作出了整合全省沿海港口资源,组建省海洋港口发展委员会和省海洋港口投资运营集团公司,加快推进海洋港口一体化、协同化发展的重大决策部署。一方面,扎实推进全省沿海港口资产的一体化运作;另一方面,积极推进全省沿海港口资源的一体化统筹。创新编制《浙江省海洋港口发展“十三五”规划》,推动海洋经济与港口建设的统筹发展、沿海与内河的联动发展、港产城的融合发展,推进形成“一体两翼多联”沿海港口发展格局。

1.1.3　实施蓝色港湾整治行动,打造美丽海洋

浙江省实施蓝色港湾整治行动、海洋生态红线制度以及“海盾”“碧海”“护岛”等专项执法行动。在全国率先探索建立围填海计划指标差别化管理、岸线“占补平衡”等机制,启动“美丽黄金海岸带”整治修复和海洋牧场建设。全省拥有国家级海洋公园 6 个,国家级海洋保护区 9 个[3]。

全省合力推进长三角生态绿色一体化发展示范区建设。浙江省坚持以习近平生态文明思想为指导,始终践行“绿水青山就是金山银山”理念,以满足人民群众日益增长的优美生态环境需求为出发点,紧紧围绕“天蓝地绿水清无废”目标,创新绿色发展财政体制机制。省财政多措并举支持海洋生态文明建设,助力推进蓝天、碧水、净土、清废行动,并探索“湾(滩)长+护滩员+保洁员”模式,实现管理海域和海滩全覆盖。针对各地生态特色,加快推动浙江省生态文明示范区创建,打造“绿水青山就是金山银山”实践创新基地、开展国家生态文明示范区建设,不断提升全省生态环境质量,让绿色成为浙江省最靓丽的底色。

当前,浙江省继续坚持在开发中保护、在保护中开发,促进海洋经济绿色可持续发展。加强海域环境保护,建立陆海联动的海洋环境保护与治理机制。加强湾区与滩涂湿地保护与管理,严格执行海洋资源生态红线制度,实施湾区生态环境整治修复。加强海岛保护利用,完善海岛生态保护与建

设规划,实施海岛生态系统和生物多样性保护工程,科学有序推进海岛开发利用。加强海域与海岸带保护与修复,加大海域海岸带整治力度,打造沿海生态屏障带,新建一批海洋自然保护区、海洋特别保护区和海洋公园,建设美丽海洋[4]。

1.2 "海洋强省"指引浙江省陆海协作战略演进

1.2.1 深入实施山海协作,推动山海协同发展

改革开放以来,浙江依靠民营经济、块状经济、专业市场、县域经济、开放型经济等的快速崛起,成为全国第一个消除"贫困县"的省份,但也出现了区域发展不平衡的问题,即城市与农村发展差距过大,沿海地区与山区海岛地区发展差距过大。

在"八八战略"指引下,浙江转变资源观念,积极实施陆海统筹发展行动,构建陆海协同新体系,畅通陆海统筹新通道,建立山海协作新机制。在强调"七山一水二分田"的同时,牢记"还有一片海",拥有山海资源优势,把山区和海洋一同规划、一同保护、一同开发、一同建设,使山区和海洋成为发展的新战场,极大地拓展了浙江的发展视野和发展空间。为加快山区和海洋的发展,省委、省政府先后制定实施一系列政策举措,包括 2003—2004 年编制环杭州湾、温台沿海、金衢丽高速公路沿线三大产业带规划,引导产业发展方向;编制以杭州湾、温台沿海、浙中三大城市群为主要内容的《浙江省城镇体系规划(2011—2020)》,实施城镇体系建设"三群四区七核五级"的发展格局;先后制定《浙江省主体功能区规划》和《浙江省海洋主体功能区规划》,进一步优化海洋的发展格局[1]。

山海协作工程,是浙江省委、省政府为推动沿海发达地区结对帮扶欠发达地区而提出的形象工程。围绕打造山海协作工程,省委、省政府作出了一系列重大决策部署。2004 年 11 月山海协作工程情况汇报会上,习近平同志强调做好山海协作工作的四条要求:按照科学发展观的要求推进山海协作工程;围绕全面建设小康社会、提前基本实现现代化的目标推进山海协作工程;着眼于全省经济布局优化推进山海协作工程;以求真务实的精神推进

山海协作工程。省政府成立了山海协作工程领导小组,明确杭州、宁波、温州等发达地区与衢州、丽水、舟山等欠发达地区的 65 个县(市、区)结成对口协作关系,并先后出台了《全面实施"山海协作工程"的若干意见》《财政贴息管理办法》《浙江省山海协作工程"十一五"规划》等一系列政策文件。2005年 7 月,浙江省政府又制定《关于进一步加快欠发达乡镇奔小康的若干意见》,加大推动力度。2005 年 11 月,浙江省委十一届九次全会明确指出,缩小地区发展差距,实现区域协调发展,根本途径是要促进发达地区加快发展、欠发达地区跨越式发展,这是统筹区域发展的核心。推进欠发达地区跨越式发展,可以形成新的经济增长点,从而为全省经济加快发展作出贡献。加快发达地区发展是支持区域协调发展的重要基础,促进欠发达地区跨越式发展是实现区域协调发展的重要环节,两者是互相促进的。2012 年 7 月制定了《浙江省山区经济发展规划(2012—2017 年)》,以加快山区经济发展,确保山区与全省全面建成小康社会。2015 年初,随着 26 个欠发达县一次性全部"摘帽",省委又出台了《关于推进淳安等 26 县加快发展的若干意见》及配套考核办法,推动淳安等 26 县加快走上绿色发展、生态富民的路子。2015 年 12 月,浙江省政府办公厅印发《关于进一步深化山海协作工程的实施意见》,要求采取更实的举措,推动山海协作工程不断取得新成效。

2018 年 1 月,浙江省委、省政府制定出台《关于深入实施山海协作工程促进区域协调发展的若干意见》,提出高质量打造山海协作升级版的新要求和新举措,使山海协作工程不断结出新硕果。随着《浙江省山区 26 县高质量发展实施方案(2021—2025 年)》《进一步加强山海协作结对帮扶工作的指导意见》等先后发布,"1＋2＋26＋N"顶层设计体系逐步成形,政策合力牵引发展实效,不断推动山区 26 县放大特色、转换优势,深化山海协作。

1.2.2　推动构建陆海统筹的海洋经济发展新格局

陆海统筹是我国开展海洋强国建设的一项重要政策,从国家经济社会发展的高度对陆地和海洋进行整体部署,促进陆海在空间布局、产业发展、基础设施建设、资源开发、环境保护等方面全方位协同发展。2003 年 8 月,时任浙江省委书记习近平主持召开全省海洋经济工作会议,全面系统深入阐述了浙江发展海洋经济、建设海洋经济强省的战略意义、战略目标、战略任务和战略布局,领导制定出台《关于建设海洋经济强省的若干意见》《浙江海洋经济强省建设规划纲要》《浙江省海洋环境保护条例》等一系列政策举措,大力推动把海洋经济建成浙江发展新的经济增长点。党的十九大作出"坚持陆海统筹,加快建设海洋强国"的部署以来,陆海统筹在体制机制建设、产业、资源、环境和区域协同发展等领域取得重要进展。

2020年10月,党的十九届五中全会提出,坚持陆海统筹、发展海洋经济、建设海洋强国。海洋是浙江经济发展的优势所在、潜力所在、希望所在。为此,浙江省编制和发布《浙江省海洋经济发展"十四五"规划》,对"十四五"时期海洋强省建设作出了总体部署。规划总结分析了"十三五"期间浙江海洋经济、海洋产业、海洋科教、海洋基础设施、海洋港口、海洋开放、海洋生态等领域的建设成效,科学研判当前浙江海洋强省建设面临的机遇和挑战,谋划提出"海洋经济实力稳居第一方阵、海洋创新能力跻身全国前列、海洋港口服务水平达到全球一流、双循环战略枢纽率先形成、海洋生态文明建设成为标杆"等五个方面的总体目标,并提出了25个量化指标。

根据规划,浙江将构建全省全域陆海统筹发展新格局,推动构建"一环、一城、四带、多联"的陆海统筹海洋经济发展新格局。"一环"引领,即以环杭州湾区域海洋科创平台载体为核心,强化海洋经济创新发展能力。"一城"驱动,即联动宁波舟山建设海洋中心城市,集聚海洋经济优势资源。"四带"支撑,即联动建设甬舟温台临港产业带、生态海岸带、金衢丽省内联动带、跨省域腹地拓展带,推进海洋经济内外拓展。"多联"融合,即推进山区与沿海高质量协同发展,推动海港、河港、陆港、空港、信息港高水平联动提升[5]。

浙江推进落实海洋经济发展。一是强化海洋科技创新能力。做强海洋科创平台主体,大力提升海洋科创平台能级,积极培育海洋科技型企业主体,强化海洋科技领域国际合作;增强海洋院所及学科研究能力,提升涉海院校办学水平,加快涉海类学科专业建设;推动关键技术攻关及成果转化,强化海洋科技领域关键核心技术攻关,加快推进海洋科技成果转化应用。二是建设世界级临港产业集群。聚力形成两大万亿级海洋产业集群,即以绿色石化为支撑的油气全产业链集群和临港先进装备制造业集群;培育形成三大千亿级海洋产业集群,即现代港航物流服务业集群、现代海洋渔业集群和滨海文旅休闲业集群;积极做强若干百亿级海洋产业集群,即海洋数字经济产业集群、海洋新材料产业集群、海洋生物医药产业集群和海洋清洁能源产业集群。三是打造宁波舟山港世界一流强港。完善世界一流港口设施，打造世界级全货种专业化泊位群，创建智慧绿色平安港口，持续提升宁波舟山港在国际货运体系中的枢纽地位；着力打造宁波东部新城和舟山新城两大航运服务高地，打造一批航运服务新载体；创建多式联运示范港，加快海港、空港、陆港和信息港"四港"联动发展。四是增强海洋经济对外开放能力。共构"一带一路"国际贸易物流圈，共筑长江经济带江海联运服务网，共推长三角一体化港航协同发展，深度参与区域全面经济伙伴关系协定（RCEP）国际海洋经贸合作。五是提升海洋经济内陆辐射能力。增强金衢丽省内联动能力，强化义甬舟开放大通道辐射支撑，强化对金义浙中城市群、衢州四省边际中心城市、丽水浙西南中心城市的带动作用；强化跨省域腹地拓展功能，畅通建设内陆地区新出海口和经贸合作通道。六是提升海洋生态保护与资源利用水平。坚持开发和保护并重，增强海洋空间资源保护修复，加快历史围填海遗留问题处置；完善健全陆海污染防治体系，加强近岸海域污染治理，强化陆源污染入海防控；增强海岸带防灾减灾整体智治能力，完善全链条闭环管理的海洋灾害防御体制机制。七是完善海洋经济"四个重大"支撑体系。深化宁波舟山港一体化、山海协作升级版建设等重大改革，打造海洋经济发展示范区、舟山群岛新区、涉海科创高地等重大平台，创新一批海洋经济重大政策，谋划建设一批海洋经济引领性重大项目，形成一批走在前列的海洋强省建设亮点。

　　"十四五"时期，浙江将深入推进海洋强省建设，提升海洋经济、海洋创新、海洋港口、海洋开放、海洋生态等领域建设成效，形成新的经济增长点，为加快推进高质量发展建设共同富裕示范区作出积极贡献。

1.3　浙江省海洋生态文明建设的政策实践

　　作为"绿水青山就是金山银山"理念的发源地，浙江在海洋生态文明法治化建设与政策实践上一直走在全国前列，从制度的制定到治理机制的构建和实施，始终以生态文明建设为理念，凸显浙江建设海洋强省的生态底线，其中代表性的实践探索包括以构建制度体系为先导，通过"湾（滩）长制"

实施小微治理,深入开展"蓝色海湾"整治行动等[6]。

1.3.1　基于"陆海统筹"的生态环境治理制度体系

浙江海洋生态环境治理的各项改革创新举措走在全国前列(表1-1)。早在2004年1月,浙江省根据《中华人民共和国海洋环境保护法》等有关法律、法规,结合本省实际制定并实施了《浙江省海洋环境保护条例》,作为浙江省海洋生态文明法治建设的总纲领。该条例在2017年作了修正。其他出台或修改的相关地方性法规有《浙江省海域使用管理条例》《浙江省水污染防治条例》《浙江省航道管理条例》《浙江省港口管理条例》《浙江省渔业管理条例》等。2020年,基于对海洋资源管理的"陆海统筹"和综合治理原则的考虑,浙江省人大常委会废止了《浙江省滩涂围垦管理条例》《浙江省盐业管理条例》等相关涉海地方性法规[7]。

表1-1　浙江省海洋生态文明建设出台的重要政策

名称	主要目标	生态文明涉及的具体内容
《关于进一步加强海洋综合管理推进海洋生态文明建设的意见》	总体分8部分,分别从强化意识、资源管控、环境治理、科技创新、防灾减灾、执法管理、制度建设、工作保障等方面进行阐述	一是提高海洋资源集约节约利用水平。推进海洋港口一体化,统筹规划海洋港口资源;加强海岸线资源管理,规范岸线利用秩序,严格海域使用管控;完善海岛保护与利用机制,优化无居民海岛资源配置;提高海洋生物资源利用效率,积极推进海洋非生物资源开发利用。二是加强海洋生态环境综合治理。加强海洋环境监测,推进陆海统筹治理,进一步加大海岸线生态保护和修复整治力度,加强海洋生物养护,加快海洋保护区建设。三是着力补齐海洋科技创新短板。开展海洋基础性、前瞻性和关键共性技术研究,加快建设科技创新服务平台,布局综合观测网络,构建决策信息共享体系。四是提升海洋灾害预警与防灾减灾能力。完善海洋灾害评估体系,提升海洋灾害预警能力。加强海洋灾害应急管理,提高防灾减灾公共服务水平。五是推进海洋执法体制改革与能力建设。积极推进海洋执法体制改革,全面提升海洋综合执法能力,着力构建队伍专业化、制度规范化、装备精良化、指挥信息化的海洋执法体系。六是强化区(规)划与配套制度建设。严格落实海洋功能区划管控制度,建立健全海洋空间资源资产化管理制度、海洋空间资源市场化配置制度以及海洋生态红线保护制度

名称	主要目标	生态文明涉及的具体内容
《浙江省海洋生态红线划定方案》	明确把重要海洋生态功能区、生态敏感区和生态脆弱区纳入海洋生态红线区管辖范围，要求严格落实红线管控措施	划定浙江省海洋生态红线区共 105 片，总面积约 14084km²，占管理海域面积的 31.72%；划入生态红线管理的全省大陆自然岸线总长约 748km，全省大陆自然岸线保有率为 35.03%；划入生态红线管理的全省海岛自然岸线总长约 3509km，全省海岛自然岸线保有率为 78.05%。明确红线区分为禁止类和限制类两大类；禁止类红线区内禁止一切开发活动，主要包括海洋自然保护区的核心区和缓冲区、海洋特别保护区的重点保护区和预留区，以及特别保护海岛中的领海基点岛，占全省所辖海洋面积的 1.73%；限制类红线区主要包括海洋自然保护区的实验区、海洋特别保护区的生态与资源恢复区和适度利用区、重要河口生态系统、重要滩涂湿地、重要滨海旅游区、特别保护海岛等重要海洋生态功能区、生态敏感区和生态脆弱区
《浙江省国民经济和社会发展第十四个五年规划和二〇三五年远景目标纲要》	阐明全省经济社会发展战略，明确政府工作重点，引导规范市场主体行为，是开启高水平全面建设社会主义现代化国家新征程的宏伟蓝图，是浙江省人民的共同愿景	努力打造美丽中国先行示范区。国土空间开发保护格局持续优化，生态环境质量持续改善，地级及以上城市空气质量优良天数比率达到 93% 以上，地表水达到或好于 Ⅲ 类水体比例达到 95% 以上，所有设区城市和 60% 的县（市、区）完成"无废城市"建设，节能减排保持全国先进水平，绿色产业发展、资源能源利用效率、清洁能源发展位居全国前列，低碳发展水平显著提升，绿水青山就是金山银山转化通道进一步拓宽，诗画浙江大花园基本建成、品牌影响力和国际美誉度显著提升，绿色成为浙江发展最动人的色彩，在生态文明建设方面走在前列
《浙江省生态环境保护"十四五"规划》	展望 2035 年，高质量建成美丽中国先行示范区，基本实现人与自然和谐共生的现代化。全省生产空间集约高效、生活空间宜居适度、生态空间山清水秀、生态文明高度发达的空间格局、产业结构、生产方式、生活方式全面形成，绿色低碳发展水平和生态环境质量达到国内领先、国际先进水平，碳排放达峰后稳中有降，生态环境治理体系和治理能力现代化全面实现，绿色成为浙江发展最动人的色彩	严格源头治理，全面推进绿色发展：坚持绿色发展导向，持续推动产业结构、能源结构、交通运输结构和农业投入结构调整，倡导绿色低碳生活方式，促进经济社会发展全面绿色转型，不断增强生态环境质量改善的内生动力。控排温室气体，积极应对气候变化：坚持减缓和适应并重，推动实施二氧化碳排放达峰行动，有效控制温室气体排放，深化多层级低碳试点示范，推进应对气候变化与环境治理、生态保护修复协同增效，持续降低碳排放强度，显著增强应对气候变化能力。加强协同治理，改善环境空气质量：坚持综合治理和重点突破，强化多污染物协同控制和区域协同治理，以"清新空气示范区"建设为载体，深化固定源、移动源、面源治理，实施氮氧化物（NO_x）与挥发性有机物（VOCs）协同减排，实现 PM2.5 和 O_3 "双控双减"，全面消除重污染天气，基本消除中度污染天气，巩固提升城市空气质量达标成果

续表

名称	主要目标	生态文明涉及的具体内容
《浙江省生态环境保护"十四五"规划》	展望2035年,高质量建成美丽中国先行示范区,基本实现人与自然和谐共生的现代化。全省生产空间集约高效、生活空间宜居适度、生态空间山清水秀、生态文明高度发达的空间格局、产业结构、生产方式、生活方式全面形成,绿色低碳发展水平和生态环境质量达到国内领先、国际先进水平,碳排放达峰后稳中有降,生态环境治理体系和治理能力现代化全面实现,绿色成为浙江发展最动人的色彩	深化五水共治,提升水生态环境质量:坚持控源、扩容两手发力,以"美丽河湖""污水零直排区"建设为载体,深化"五水共治"碧水行动,统筹水环境治理、水生态保护、水资源利用,全方位保障饮用水安全,推动水环境质量全面改善,水生态健康逐步恢复,基本消除省控以上V类断面。 推动陆海统筹,着力建设美丽海湾:坚持陆海统筹、河海联动,加快推进陆海污染协同治理、海洋生态保护修复、亲海环境品质提升等工作,建设"水清滩净、鱼鸥翔集、人海和谐"的美丽海湾,推动全省海洋生态环境稳中向好。 实施分类防治,保障土壤和地下水安全:坚持预防为主、保护优先和风险防控,加快构建土壤和地下水污染"防控治"体系,着力消除突出污染风险隐患,有力保障"吃得放心、住得安心"。 统筹保护修复,守住自然生态安全边界:坚持尊重自然、顺应自然、保护自然,统筹山水林田湖草系统治理,深化生态文明示范创建,加强重要生态空间的保护和监管,加大生物多样性保护力度,提升生态系统质量和稳定性,夯实全省生态安全基底,促进人与自然和谐共生
《浙江省海洋主体功能区规划》	根据全省海域资源环境承载能力等综合评价和全省海域在全国主体功能区规划中的定位,海洋主体功能区划分为优化开发区域、限制开发区域、禁止开发区域三类,不划定重点开发区域	根据加快形成海洋主体功能区布局的总体要求,到2020年的阶段性目标为: 海洋空间开发格局进一步优化:临港工业集聚发展水平不断提高,沿海工业与城镇建设空间集约化利用程度不断提高,形成保护与开发平衡、人海和谐的海洋开发与保护总体格局。海洋开发强度总体控制在1.12%以下。 海洋开发效率进一步提高:海域利用立体化和多元化程度、港口利用效率等明显提高,海洋水产品养殖单产水平稳步提升,单位岸线和单位海域面积产业增加值大幅增长。 海洋生态文明建设进一步强化:海洋生态红线得到有效保护,各类海洋保护区生态系统的生态特征和生态功能得到明显提升,海洋生态环境质量稳步提升,主要排海污染物持续减少,沿海排污口实现达标排放,大陆自然岸线保有率确保不低于35%

名称	主要目标	生态文明涉及的具体内容
《浙江省美丽海湾保护与建设行动方案》	分区分类梯次推进 34 个美丽海湾保护与建设,到 2025 年,基本建成 10 个"水清滩净、鱼鸥翔集、人海和谐"的美丽海湾,以美丽廊道、美丽岸线、美丽海域为重点的美丽海湾保护与建设布局基本形成,海洋环境质量稳定提升,生物多样性持续改善,滨海湿地得到保护修复,公众亲海体验感得以提升,数字治理体系有效构建,实现环境美、生态美、和谐美、治理美	主要任务: (一)构建陆海联通美丽廊道:强化连通水系生态保护,加强入海河流氮磷控制,推进陆源污染防治; (二)打造人海和谐美丽岸线:加快入海排污口整治提升,开展海岸线修复工程,提升亲海空间品质; (三)培育碧海风情美丽海域:加强海上污染排放管控,实施海域海岛生态保护修复,开展海洋生物多样性保护; (四)提升美丽海湾治理能力:构建美丽海湾整体智治体系,提升海洋环境风险防控能力,推动海洋经济高质量发展。 重点突破:打造重点美丽海湾、推进重点海湾综合治理
《2020 年海洋强省建设重点工作任务清单》	明确主攻方向,对标国际标准,结合自身优势,创新政策举措,深入开展"十一大举措"113 项具体任务,力争全省海洋经济增加值增长 8% 以上,加快建设新时代海洋强省,为海洋强国建设作出贡献	突破关键领域,谋建全球海洋中心城市:浙江重点谋划建设海洋经济发展"一城、一港、两区、两带"新格局。今年,浙江将朝着"建设全球海洋中心城市"目标发力,由宁波、舟山分别启动推进全球海洋中心城市规划建设。加快宁波舟山港向世界一流强港转型,发挥对全省海洋经济发展的核心引领作用。 主抓重大项目,拓展港口腹地:浙江将启动海洋经济重大项目建设计划,全年滚动推进重大项目 200 个左右。开展海洋经济重大项目建设情况跟踪和实施进度摸排统计,协调解决相关困难问题。全省各地也将陆续编制实施海洋经济重大建设项目计划。 海洋生态"不褪色",海洋科技显活力:浙江将开展海洋生态红线评估调整,做好蓝色海湾一期项目的验收及二期项目的持续推进,做好蓝色海湾项目储备库工作,扎实梳理汇总完成蓝色海湾的制度成果。继续推进海岸线整治修复三年行动相关任务的落实,抓好 2020 年 182.59km 海岸线整治修复任务,确保海岸线整治修复三年完成 342.58km 的总目标。浙江将推进国家海洋生态文明示范区建设,申报蓝色海湾项目。依靠大数据,实施全省海洋生态动态调查与监测,构建全省动态监测业务体系。做好海洋灾害应急预警工作,确保 24 小时海洋灾害(风暴潮和海浪)预报准确率在 80% 以上

续表

名称	主要目标	生态文明涉及的具体内容
《海洋生态建设示范区创建实施方案》	开展浙江省海洋生态建设示范区创建工作,要以重大项目和重大工程为抓手,通过海政策、资金补助及重大项目引导等方式进行鼓励和支持,促进全省海洋生态文明建设示范区建设,全面推进和发挥示范效应	"十三五"期间,我省海洋资源整合利用更加高效,海洋开发保护空间格局得到优化,海洋生态环境质量稳中有升,海洋生态文明意识广泛普及,海洋综合管理水平明显提高,全省海洋生态建设走在全国前列。到 2020 年,沿海各县(市、区)中涌现出一批创建先进单位,建成 10 个以上省级和国家级海洋生态建设示范区,形成各具特色的海洋生态建设发展模式。 主要任务:加快海洋经济发展,优化海洋产业布局;加强海域海岛岸线开发管理,促进海洋资源节约集约利用;强化海洋生态保护与建设,维护海洋生态安全;强化海洋管理创新,健全海洋环境综合管理体系;弘扬海洋生态文化,倡导海洋生态文明理念
《浙江省海洋经济发展"十四五"规划》	到 2025 年,海洋强省建设深入推进,海洋经济、海洋创新、海洋港口、海洋开放、海洋生态文明等领域建设成效显著,主要指标明显提升,全方位形成参与国际海洋竞争与合作的新优势	海洋生态文明建设成为标杆。全面落实海洋生态红线保护管控,近岸海域水质优良率均值较"十三五"期间提升 5 个百分点,建成生态海岸带示范段 4 条,省级以上海岛公园 10 个,大陆自然岸线保有率不低于 35%,海岛自然岸线保有率不低于 78%,近岸滨海湿地面积不减少,海洋灾害预报准确率在 84% 以上

　　在政策方面,2017 年 2 月,浙江省出台《关于进一步加强海洋综合管理推进海洋生态文明建设的意见》,明确提出了"建立海洋生态红线保护制度"的目标任务。2018 年 7 月,《浙江省海洋生态红线划定方案》正式发布,宣告了浙江省海洋生态红线先于陆域生态红线全面划定。2021 年以来,浙江省相关规划相继发布,《浙江省国民经济和社会发展第十四个五年规划和二〇三五年远景目标纲要》提出"努力打造美丽中国先行示范区""绿色成为浙江发展最动人的色彩,在生态文明建设方面走在前列"等前瞻性规划。此外,《浙江省生态环境保护"十四五"规划》提出"推动陆海统筹,着力建设美丽海湾",加快推进陆海污染协同治理、海洋生态保护修复、亲海环境品质提升等工作,建设"水清滩净、鱼鸥翔集、人海和谐"的美丽海湾。《浙江省海洋经济发展"十四五"规划》也明确了"全面落实海洋生态红线保护管控""全面提升海洋生态保护与资源利用水平"等要求。以上法规和规划初步构成了浙江省海洋生态环境治理的制度体系,而建立系统完整的海洋生态环境制

度体系旨在引领和推动依法管海、依法用海、依法护海,这对于深度践行"绿水青山就是金山银山"的生态理念具有重要的现实意义。

1.3.2　实施海洋生态环境"小微"治理机制

海洋环境因其特有的生态依存性需要相应的治理机制给予支持。浙江省从 2016 年起探索以"海湾""海滩"小微生态载体为治理对象,实施"湾长制""滩长制"的生态治理模式。

2016 年底,浙江省在宁波市象山县率先试点,推出护海新机制"滩长制",按照"属地管理、条块结合、分片包干"的原则确定"滩长",负责辖区滩涂违规违禁网具的调查摸底、巡查清缴、建档报送等工作,并建立"周督查、旬通报、月总结"制度。该制度由点成面,迅速在全省得到推广与普及。2017 年 7 月,浙江省在全国率先出台了《关于在全省沿海实施"滩长制"的若干意见》,在全省沿海地区全面实施"滩长制"。2017 年 9 月,原国家海洋局印发《关于开展"湾长制"试点工作的指导意见》,浙江成为唯一省级试点地区。此后,浙江的"滩长制"全面升级,实现了由滩涂管理为主向覆盖海洋综合管理的"湾(滩)长制"的拓展与延伸。"湾(滩)长制"以具体海滩的小微单元为治理对象,以近岸海洋生态资源保护为主要任务,现已成为浙江省海洋生态治理的一大创新举措,得到了党中央的高度肯定,标志着将在更高起点上探索建立陆海统筹、河海兼顾、上下联动、协同共治的海洋生态环境治理长效机制。

1.3.3　海洋生态环境"蓝色海湾"整治行动

从 2016 年起,以"蓝色海湾"为代号,国家开始着力进行海洋生态环境整治修复工作,以海湾为重点,拓展至海湾毗邻海域和其他环境受损区域,最终目标是实现"水清、岸绿、滩净、湾美"。浙江省在 2018 年全面启动实施海岸线整治修复三年行动,共整治修复海岸线 65.9km,其中典型的如舟山市普陀区沈家门港湾、宁波市北仑区梅山湾和温州市洞头区的"蓝色海湾"整治行动等。

舟山市、宁波市、温州市的"蓝色海湾"整治行动均通过控制污染源和清理污染物来提升海湾生态环境,强调政府主导且充分发挥当地特色旅游资源，提升旅游价值。舟山市普陀区沈家门港湾"蓝色海湾"整治项目被选为践行"绿水青山就是金山银山"理念的典型案例，其做法主要为：一是通过搬迁污染工业厂区、拆除废弃码头和清理近岸垃圾开辟绿色通道，提高污染清理效率；二是通过海湾海底清淤、生态湿地修复和滨海廊道建设同步治理陆域海洋，通过陆海统筹提升修复效率；三是将生态理念与当地人文环境有机结合，全面提升特色渔港小镇旅游价值。宁波市北仑区梅山湾"蓝色海湾"整治项目以改善生态环境为基础、以提升生态价值为核心，在梅山湾架构了"1＋N"综合治理体系。温州市洞头区"蓝色海湾"治理不仅有政府的宏观把控，还吸引了更多的社会资本参与海洋生态环境治理，并出台行业治理标准和蓝湾指数评估规范。温州市在海洋环境治理的司法协作上也进行了创新尝试，如联合司法部门构建海湾生态司法保护协作机制。目前，舟山市、宁波市、温州市等的 3 个国家"蓝色海湾"整治行动项目已通过验收，走出了一条践行"绿水青山就是金山银山"理念，奋力建设"海岛大花园"，助推海洋强省建设的可持续发展之路。

1.4 海洋资源利用与环境保护的浙江经验和全国意义

浙江海洋强省建设经历了从海洋经济大省到海洋经济强省再到海洋强省的阶段性战略深化。在海洋资源利用与环境保护方面，浙江积极发展渔业等优势产业，优化海洋产业结构，建立现代海洋产业体系；积极推进海洋基础设施建设，优化港航空间布局，构建一体化海洋经略模式；积极变革海洋经济管理体制，实施科技兴海战略，创新海洋发展双驱机制；积极谋划推进一批涉海重大战略，实施山海协作工程和蓝色港湾整治行动，开展生态示范区建设，打造浙江美丽海洋。浙江海洋资源利用与环境保护取得的显著成效得益于始终坚持以"八八战略"为总纲，始终坚持海洋经济发展的与时俱进，始终坚持发展模式和机制的创新，始终坚持政府引导和市场主导。浙江海洋资源利用与环境保护是一个奇迹，总结海洋资源利用与环境保护建设的浙江经验，对全国不乏借鉴意义[8]。

1.4.1 始终坚持以"八八战略"为总纲

浙江省委、省政府干在实处、走在前列,始终坚持以"八八战略"为总纲发展海洋经济,秉持"一任接着一任干"的浙江精神,推进海洋强省建设、服务海洋强国战略。

从战略内容来看,以"八八战略"为总纲的海洋经济发展战略明确了浙江拥有山海资源优势。这一战略发展了浙江的区位优势,开拓了浙江的发展视域,开创了与众不同的海洋强省范式。从战略定位来看,以"八八战略"为总纲的山海协作模式旨在推动欠发达地区跨越式发展。这一情怀是浙江经济协调发展的集中表现,是以人民为中心发展观的现实诉求,服务于海洋强国和精准扶贫等国家战略。从战略意义来看,以"八八战略"为总纲发展海洋经济能够为浙江经济发展提供新的增长点,而且是在脱贫路上的经济增长。这一论述与高质量经济增长和全面建成小康社会高度契合,揭示了"增长是手段、脱贫是目的"的区域经济发展框架,提供了发展海洋经济离不开陆域系统支撑的普遍联系的发展观。

在"八八战略"提出后,从"海洋经济大省"向"海洋经济强省"转变的思路逐渐成为后续几届浙江省委、省政府发展海洋经济时所秉持的方略。"海洋强国"战略提出后,"从海洋经济强省"向"海洋强省"转变是必然趋势。"海洋经济大省"、"海洋经济强省"和"海洋强省"是"八八战略"在不同历史发展阶段所折射出的历史画面,历届省委、省政府在传承与发展中遵循海洋经济发展的普遍规律按照大优势和大举措的部署坚定不移地推进向海发展战略。这为实现浙江经济的高质量发展提供海洋新动能,为海洋强国和精准扶贫等国家战略提供先行先试的地区经验。

1.4.2 始终坚持以"海洋经济"为牵引,坚持生态经济化方向

发掘海洋资源禀赋优势,遵循比较优势法则,浙江审时度势地发展渔业经济、外向经济、港城经济和海洋经济,重点推进产业体系化和基础设施网络化。

在不同的发展阶段,浙江拥有不同的海洋强省建设思路。在建设海洋经济大省阶段,浙江的渔业和矿产资源的禀赋优势十分突出,采用的是服务

于改革开放初期的对外开放战略。在海洋经济强省建设阶段,产业结构问题凸显,基础设施建设需求旺盛,港口建设和城市经济发展是阶段性重点。在建设海洋强省阶段,建设现代海洋产业体系和网络化的港航空间布局与基础设施是大势所趋。概括地来说,浙江发展海洋经济在每一阶段上所关注的经济模式不同。第一阶段主张发展海洋经济,主要还是渔业经济且服务于对外开放,外向型经济的发展模式也包括海洋经济发展的外向型。第二阶段发展海洋经济,着眼于港口建设和城市建设。港口经济和城市经济混合而成的港城经济是这一阶段的特色。第三阶段或可被称为真正的海洋经济,它以现代海洋产业体系建设为特征。改革开放以来,浙江海洋经济发展所涉及的行业有海洋渔业、海洋交通运输业、海洋资源勘探开发业、海洋资源加工业、海洋旅游业(也称滨海旅游业)、海水综合利用业(也称海水利用业)、海洋装备制造业、船舶工业、海洋能源和海洋生物制药业等。海洋渔业包括海水养殖业和远洋渔业,也被称为现代渔业。海洋新兴产业包括海洋能源和海洋生物制药业、海洋旅游业等。临港型工业系向海化发展的第二产业,包括海上运输业、集装箱运输业、海洋装备制造业等。临港先进制造业包括海洋装备制造业、船舶工业等,应纳入临港型工业(也称临海型工业)范畴。海洋服务业是指涉海的第三产业,包括滨海旅游业、港航服务业和海洋金融信息业。

夯实"绿水青山就是金山银山"的经济基础,把"生态资本"变成"富民资本",依托绿水青山培育新的经济增长点,这是浙江的生动实践,如安吉县、宁海县等基本上实现了绿水青山的价值。勤劳聪明的浙江人民已经把天然氧吧、环境容量、生态景观等转化成了绿色经济。随着自然资源、环境资源、气候资源总量控制制度的日趋严格,附着在自然资源上的生态资源、碳汇资源等的货币化转化也将成为现实,届时绿水青山将成为老百姓的"绿色富矿"[9]。

1.4.3　始终坚持发展模式和发展机制的创新驱动

产业化是浙江海洋经济发展模式创新的主线,规模化、一体化和特色化是地方探索的有益经验。产业化创新发展模式是指以海洋产业体系建设为核心,在不同的发展阶段主张不同的产业政策和市场定位。譬如,"十五"和

"十一五"时期,宁波港城经济发展对临港型工业和高成长性海洋产业的依赖,"十五"和"十一五"时期台州港城经济发展对渔业、旅游业和新兴产业的依赖。规模化创新发展模式是指组团或园区,突出强调海洋产业集聚所能带来的空间和产业效应,如"十二五"和"十三五"时期台州的"一轴一港一核三区"和"二带四区"布局。一体化创新发展模式是指空间一体化和产业一体化,如"十五"和"十一五"时期舟山陆岛一体化战略和"十三五"时期宁波—舟山港深度一体化。特色化包括资源化、生态化和向海化。资源化创新发展模式是指对资源禀赋的依赖,如"七五"时期台州的渔业和海岛资源开发。生态化创新发展模式是指海洋生态文明建设,如"十二五"和"十三五"时期温州的海洋生态廊道、滨海湿地公园、碧海蓝天工程等。向海化创新发展模式是指城市和产业的海洋化特色,如"十二五"和"十三五"时期宁波的"空间+产业"海洋规划。

内嵌诱致型、内源式、多层次、多元化和示范性是海洋强省的创新发展机制。诱致型发展机制是指改革开放初期外向型经济大发展的背景下海洋经济的顺势发展。该机制突出了一种外源式的海洋经济发展动力,突出表现为改革开放初期宁波通过设立保税区、开发区、对外开放沿海港口城市等走"先富"之路。内源式发展机制是指主动将发展海洋经济作为自身经济发展的立足点,强调市场机制的基础性地位,政府只是为市场机制运行提供基础设施和外围环境等,如"八五"和"九五"时期,宁波以港口建设带动港城经济的发展。多层次和多元化发展机制的本质是范围经济,禀赋结构和产业结构的一体化要求在范围经济的条件下推进多元禀赋和各类产业层次之间的协同,如改革开放之初温州基础设施(交通、能源、水利、信息)建设以及20世纪90年代温州的海洋三次产业发展,往往与内源式发展机制叠加。示范性发展机制推崇"自下而上"的体制机制创新,以"先行先试"为手段主张经验的累积与推广,如"十二五"时期舟山海洋综合开发试验区、"十三五"时期浙江"湾区经济发展试验区"和"海洋经济发展示范区",往往与诱致型发展机制叠加。

从全省和地市实践来看,发展模式与机制的创新组合是浙江海洋经济发展过程的再创造。从结果来看,产业化是主线,可以叠加规模化、一体化和特色化等发展模式。有一些叠加业已在地方实践中被采纳,如产业化+

规模化发展模式为产业园区,产业化＋向海化发展模式为海洋经济示范区等;有一些叠加模式的实践有待加强,如产业化＋生态化。与此同时,在诱致型和内源式创新发展机制的基础上可叠加多元化、多层次和示范性。诱致型发展机制往往与示范性匹配,而内源式发展机制则多与多元化和多层次匹配;前者突出了政府的牵引和部署,而后者强调产业发展的市场逻辑。

1.4.4　始终坚持政府和市场的机制耦合,注重生态文明建设

海洋资源利用和环境保护离不开国家和地方政府的牵引与部署。浙江从未背离"发挥市场在资源配置中的决定性作用"的原则,是政府引导和市场主导海洋强省建设模式的典型区域。

从消费端来看,发展海洋经济是人民生活水平不断提高后对各种海洋产品需求增加的产物。从生产端来看,发展海洋经济是突破发展瓶颈和资源高效利用的必然要求。从政府来看,发展海洋经济是发挥禀赋优势、寻找经济新的增长极和全面实现小康的需要。因此,发展海洋经济是市场的需要,也是政府的需要。政府在充分利用市场机制创新发展模式和机制的同时也给出了诸多牵引和部署,主要表现为通过基础设施建设引导海洋产业发展,如渔业和养殖业基地建设引导海洋渔业发展,港口项目建设引导港城经济发展,交通基础设施建设引导区域协调发展,"科技兴海"战略引导海洋科技创新和发展海洋新兴产业,变革体制机制以形成区域示范从而保障海洋经济高质量发展。

在基地建设、港口建设和交通建设方面,要素分配的倾斜是政府在其力所能及范围内为发展海洋经济所做出的必要的牵引和部署;在"科技兴海"和体制机制变革方面,政府所做出的牵引与部署具有明显的政策痕迹。诸如此类政府引导在海洋经济发展中产生了积极成效,但从未背离"发挥市场在资源配置中的决定性作用"的原则。资源禀赋的比较优势是市场配置资源的重要原则,系列要素分配的倾斜也是市场的选择;基于"用脚投票"的人才集聚也是人力资本市场的重要原则,浙江集聚海洋人才是劳动力市场局部均衡的表现。浙江发展海洋经济以市场为主导集中体现为产业化过程,即发展海洋产业或海洋新兴产业。建设现代海洋产业体系是海洋经济高质量发展的内在要求,应主张在新旧动能转换的背景下优化海洋产业结构。

过去 40 年,浙江海洋经济发展和海洋强省建设的主要特点是充分发挥山海资源优势,充分利用国内和国际两个市场,充分调动海洋科技创新活力,充分享受改革开放的时代红利,内在的发展逻辑是政府引导和市场主导双驱。产业化的主线发展模式、诱致型与内源式两大发展机制以及资源要素的牵引与部署等均值得深入研究与推广。

在环境保护、生态文明方面,浙江省是开市场化改革先河的省份,也是运用市场手段配置环境资源走在全国前列的省份。这些年来,林权制度、水权制度、地权制度、排污权制度、碳权制度等产权制度发挥日益重要的作用,生态补偿、循环补助、低碳补贴等财税制度的运用范围日益广泛。近些年来,生态文明制度建设已经基本完成省级层面的顶层设计,并成为全国的典型样本。

秉持浙江精神,干在实处、走在前列、勇立潮头。浙江人民没有辜负习近平总书记的殷切期望,在海洋资源利用和环境保护方面提供了浙江实践和浙江经验,并将继续创新海洋强省、绿色发展的浙江思路和浙江样本。

参考文献

[1] 郭占恒,江于夫. 发挥山海资源优势打造新的经济增长点[EB/OL]. 浙江在线,(2018-06-14)[2022-10-22]. https://zjnews.zjol.com.cn/zjnews/zjxw/201806/t20180614_7540007.shtml.

[2] 浙江:推动构建陆海统筹海洋经济发展新格局[EB/OL]. 中国发展网,(2021-06-23)[2022-10-22]. https://baijiahao.baidu.com/s? id=17033260720644403884&wfr=spider&for=pc.

[3] 浙江省海洋与渔业局. 浙江的海洋资源[J]. 今日浙江,2003(16):23-25.

[4] 贾建军,夏小明.浙江省重要海洋资源及其承载力[M].北京:科学出版社,2020.

[5] 张善坤."八八战略"引领浙江打造海洋强省国际强港建设[J].浙江经济,2018(18):12-15.

［6］全永波,朱雅倩.浙江海洋生态文明建设法治化探索与路径优化［J］.浙江海洋大学学报(人文科学版),2021,38(5):1-6.

［7］浙江省发展和改革委员会.浙江省滩涂围垦总体规划(2005—2020年)［Z］,2012.

［8］谢慧明,马捷.海洋强省建设的浙江实践与经验［J］.治理研究,2019,35(3):19-29.

［9］温州市政协.生态文明建设的浙江经验［EB/OL］.(2017-08-02)［2022-10-22］.https://mp.weixin.qq.com/s/KzZJAKnNJAKQXp558aZ5ew.

第2章 海洋渔业资源利用的理论探索、政策演进与实践经验

2.1 海洋渔业资源的本底状况

2.1.1 浙江省海洋渔业渔场分布概况

浙江海洋渔业水域南起北纬 27°,北至北纬 31°,西到浙江大陆岸线,东至200m 水深的大陆坡边缘,居东海中北部区域,是中国最主要的渔场。渔场底部坡度徐缓、地形平坦,陆架北部最大宽度达 550km,南部宽度为370km。浙江渔场是东海渔场的重要组成部分,总面积约 22.27 万 km^2,主要分为近海和外海两个区域[1]。

近海渔场是指机动渔船底拖网禁渔线和东经 125°线之间的渔轮拖网作业的传统渔场。浙江省的近海渔场面积为 7.77 万 km^2,占浙江渔场总面积的34.9%。该区域底质多为泥沙和细沙,水深为 40~80m,各种不同性质海流的消长与交融,对近海渔业资源的洄游、集散和分布产生显著的影响。近海渔场的生物既有近海性种类,也有沿岸、外海和远洋性种类。明显的优势种类有带鱼、小黄鱼、鲳鱼、海鳗、鳓鱼、鲐鲹鱼、虾蟹类和头足类等,近海水域是它们重要的索饵场和幼鱼的成育场。

外海渔场是指东经 125°线以东、水深主要在 80~200m 的海域。外海水域面积达 9.8 万 km^2,占浙江渔场的 44.0%。该区域受控于黑潮及其分支台湾暖流和对马暖流,北部外海冬季则受黄海冷水团影响,因而具有高温、高盐、水清和海水中营养盐含量低的特点,底质多为细沙,适宜于各种捕捞作业。其渔业作业区域主要包括沙外渔场、江外渔场、舟外渔场、鱼外渔

场和温外渔场等。外海水产资源以暖温性种类为主,马面鲀、鲐鲹鱼、头足类、虾蟹类、海鳗、鲆鲽类、方头鱼等资源较为丰富。外海内侧是带鱼、大黄鱼、鲳鱼、鳓鱼、乌贼、鲐鲹鱼和沙丁鱼的越冬场和冬季分布区[1,2]。

2.1.2　浙江近海海域渔业资源状况

(1)海域渔业资源蕴藏量

浙江省凭借着独特的亚热带海洋环境气候条件以及地域优势,造就了浙江渔场丰富的种类以及独特的资源,这直接创造了浙江省渔场的独特分布和特征。浙江近岸海域是浙江渔场的重要组成部分,处于舟山渔场、鱼山渔场与温台渔场的西部海域,地处亚热带和暖温带交界处,岸线曲折,岛屿众多。大量的江河径流入海,带来丰富的营养物质,使海域水质肥沃、饵料生物丰富。优越的自然环境为各种渔业资源提供了良好的繁殖和索饵条件,是东海区主要渔业资源最重要的产卵与索饵场所。近年来的渔业资源调查资料显示,浙江近岸海域共有水产动物资源种类 409 种,其中,鱼类258 种,甲壳类 87 种(虾类 37 种、蟹类 45 种、虾蛄类 5 种),头足类 20 种,其他类(包括软体动物中的螺类、棘皮动物中的海胆、腔肠动物门的海仙人掌与节肢动物中的寄居蟹等)44 种。依据有关学者的研究报告,东海的渔业资源蕴藏量约为 600 万吨,可捕量为 300 万吨左右;按照浙江省捕捞产量的比例占东海区的 60% 折算,浙江的渔业资源蕴藏量约为 360 万吨,可捕量约为 180 万吨。

(2)海域渔业资源的分布

根据近年调查资料,浙江近岸海域渔业资源的分布有季节差异,秋季的资源密度总体上明显高于春季;对于同一季节,机动渔船底拖网禁渔区线附近的资源密度明显高于沿岸水域。

根据《浙江省海洋捕捞容量研究(2006—2010 年)》研究成果,浙江省和东海区重要经济种类的资源量和可捕量情况如表 2-1 所示,除梭子蟹外,带鱼、小黄鱼、鲳鱼、海鳗、鲐鲹鱼、头足类、虾类等海捕产量(2009 年)均已超过了可捕量(2010 年)[1]。

表 2-1　浙江省主要捕捞品种资源量及其可捕量情况(万吨)

品种	东海区最大资源量	东海区平均资源量	浙江省最大持续产量	浙江省可捕量(2010 年)	2009 年浙江省国内海捕产量
带鱼	127	42.14	45.21	40.69	49.59
小黄鱼			8.32	7.49	8.96
鲳鱼	46.00	25.64	11.00	11.00	12.69
海鳗	26.36	12.86	5.60	5.60	8.40
鲐鲹鱼	42.08	22.32	10.56	10.56	16.02
头足类			14.01	12.61	12.83
梭子蟹			9.28	8.35	7.12
虾类			49.70	44.73	62.55
合计			153.68	141.03	178.16

注:①国内海捕产量栏中,小黄鱼产量为统计报表中小黄鱼和梅鱼的合计值,虾类产量中扣除了毛虾产量。②平均资源量是指单位捕捞死亡资源量,是个相对数据。

浙江省海水产品以鱼类产品为主导,其平均产品产量:鱼类＞虾蟹类＞贝类＞头足类＞其他海水产品＞藻类。具体来看,鱼类产品在整个海水产品产量中占据主导地位(表 2-2),主要产品为大黄鱼、小黄鱼、带鱼等,而随着养殖技术和捕捞水平的提升,渔业产品产量占比呈下降趋势。鱼类产品产量在 2016 年达到最大值(235.14 万吨),而后不断缩减,表明随着捕捞力度的加深,鱼类资源趋于衰减。鱼类产品产量总体上虽不断增长,但在整个浙江省海水产品中地位趋于下降,如 1990 年鱼类产品产量占整个浙江省海水产品产量比重达到了 63.43%(图 2-1),这是鱼类产品产量占比的最大值,而后缓慢波动下降,2020 年占比仅为 39.86%。这既突出反映当前鱼类捕捞强度的增大,使得渔业资源面临较大压力,也表明浙江省海水产品的多样化发展,海获物不仅仅局限于鱼类产品,从而更好地满足人们日益增长的食品多元化需求。

虾蟹类产品集中为南美白对虾、三疣梭子蟹等产品。该类产品从 1990 年的 26.46 万吨增长到 2020 年的 79.40 万吨,增长了 52.94 万吨,增长率达到了 200%。自 1994 年起,浙江省虾蟹类产品的年产量超过 60 万吨,其

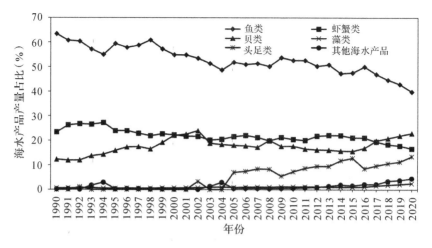

图 2-1　各海水产品产量占整个浙江省海水产品产量的比重

中 2015 年达到最大值(103.94 万吨)。浙江省虾蟹类产品早期以海洋捕捞为主,而进入 21 世纪后,随着捕捞强度的提升逐渐导致了虾蟹类资源的衰竭,人工养殖虾蟹类产品成为当前主要的市场来源,养殖区域集中分布于杭州湾、象山港、三门湾、台州湾、乐清湾、温州湾等。虾蟹类产品在整个浙江省海水产品产量占比趋于下降,从 1990 年的 23.38% 下降到 2020 年的 16.65%,在 1994 年达到最大比重(27.22%)。

浙江近海贝类养殖以蛏、牡蛎、蚶等为主[3],各贝类养殖产量占养殖总产量的年均比例分别为蛏 35.75%、牡蛎 18.33%、蚶 17.77%。浙江近海贝类养殖总产量占全国总产量的比例不高,但浙江部分种类的贝类养殖产量在全国同种类贝类养殖量中占有较高比例,其中蚶占 40.45%、蛏占 34.65%、贻贝占 10.15%,明显高于浙江近海贝类养殖总产量占全国总产量的年均比例 6.26%。浙江贝类养殖结构独特,近海养殖的蚶、蛏对全国蚶、蛏养殖产量的增加有着重要贡献。从产品产量上看,贝类产品产量从 1990 年的 13.99 万吨增长到 2020 年的 109.31 万吨,增长了 95.32 万吨,其产量增长幅度显著,且仍呈现快速增长趋势。贝类产品产量在浙江省海水产品产量占比快速增加,从 1990 年的 12.36% 增长到 2020 年的 22.93%,在 2002 年达到最大比重(23.96%),且 2017 年后贝类产品产量占比完全超过了虾蟹类产品产量占比。

浙江具有开发价值的底栖海藻有 50 多种。张义浩和李文顺[4]根据对浙江沿海底栖海藻资源调查,研究分析了该区大型底栖海藻的种类数量,计 56 种,分隶 5 纲、13 目,归入 3 个门,其中绿藻门 15 种、褐藻门 20 种、红藻门 21 种。而海水养殖集中于坛紫菜、羊栖菜/鼠尾藻、海带、海苔等。藻类产品产量从 1990 年的 0.70 万吨增长到 2020 年的 11.93 万吨,增长了 11.23 万吨。藻类产品产量在整个浙江省海水产品产量占比趋于上升,从 1990 年的 0.62% 增长到 2020 年的 2.50%,且增长幅度呈显著上升趋势。

头足类产品上,浙江省数量较多、经济价值较高、为渔业捕捞主要对象的有 20 多种。陈伟峰等在浙南海域布设 42 个调查站位[5],于 2015 年 11 月、2016 年 2 月、5 月和 8 月进行了 4 个航次的系统调查,调查海域有头足类 14 种,优势种为剑尖枪乌贼、多钩钩腕乌贼、曼氏无针乌贼和火枪乌贼。20 世纪 80 年代以前,浙江头足类的渔产主要是曼氏无针乌贼,全省平均年产量为 3.33 万吨,最高年份产量达 6 万吨。90 年代初开始发展单拖作业后,开发了浙江外海和浙江中南部海域的剑尖枪乌贼,太平洋褶柔鱼,金乌贼、目乌贼、神户乌贼、虎斑乌贼、白斑乌贼等有针乌贼类,及长蛸、短蛸、真蛸等蛸类资源。浙江渔场捕捞的头足类产品产量从 1992 年的 1.60 万吨,上升到 2002 年的 13.60 万吨,到 2020 年达到 64.55 万吨。而头足类产品产量在整个浙江省海水产品占比趋于上升,从 1992 年的 1.14% 增长到 2020 年的 13.54%,超过藻类产品产量占比。

其他海水产品上,如浙江海域的大型食用水母有 5 种,即海蜇、沙海蜇、黄斑海蜇、叶腕海蜇和拟叶腕海蜇,其中以海蜇数量最多,产量最大,是高档水产品之一。20 世纪 70 年代,海蜇最高年产量曾达 3.5 万吨。此后过度的捕捞使海蜇的资源遭到破坏,产量连年骤降。至 80 年代,低的年份仅有几百吨产量。90 年代开始,浙江海域开展海蜇增殖放流,海蜇资源有所恢复,较好的 1997 年,浙江海蜇年产量达 7186 吨。21 世纪初,全省海蜇年产量也仍维持在几千吨左右。总体上看,其他海水产品产量趋于上升,从 1990 年的 0.23 万吨增长到 2020 年的 21.57 万吨,增长了 21.34 万吨。其他海水产品产量在浙江省海水产品产量占比呈上升趋势,从 1992 年的 0.20% 增长到 2020 年的 4.52%。

表 2-2 浙江省各类海水产品产量(万吨)

年份	鱼类	虾蟹类	贝类	藻类	头足类	其他海水产品
1990	71.78	26.46	13.99	0.70	—	0.23
1991	75.04	32.47	14.80	0.82	—	0.40
1992	84.68	37.54	16.87	0.97	1.60	0.14
1993	89.13	41.48	21.48	1.27	—	2.70
1994	122.20	60.50	31.93	1.2	—	6.46
1995	165.57	66.70	44.33	1.38	—	0.72
1996	172.98	71.59	51.83	1.78	—	1.05
1997	195.02	75.97	57.99	1.75	—	1.24
1998	226.95	81.67	61.51	2.00	—	0.67
1999	222.76	88.29	74.84	2.59	—	0.93
2000	225.15	91.35	90.56	2.73	—	0.67
2001	222.96	88.48	91.62	2.83	—	1.07
2002	218.92	88.70	98.09	3.23	13.60	0.39
2003	208.45	82.08	76.75	3.86		5.26
2004	202.06	85.08	76.31	4.34	—	12.07
2005	208.61	86.95	72.72	3.46	28.62	2.01
2006	207.23	89.73	72.65	4.12	30.58	2.25
2007	209.54	86.76	70.57	4.28	34.68	2.33
2008	169.33	67.21	67.76	3.49	28.29	1.52
2009	190.09	75.24	62.49	4.22	19.67	2.10
2010	200.61	78.09	67.62	4.45	28.10	2.36
2011	216.23	82.55	68.21	4.80	35.96	3.23
2012	216.75	94.12	69.99	4.96	41.27	4.16
2013	225.24	98.03	71.59	4.80	42.33	6.17
2014	221.57	103.36	73.78	4.83	55.68	9.00
2015	233.76	103.94	77.00	5.15	63.36	7.99

年份	鱼类	虾蟹类	贝类	藻类	头足类	其他海水产品
2016	235.14	99.32	79.50	5.34	40.51	10.27
2017	221.91	92.24	94.13	7.69	46.07	10.33
2018	209.57	86.39	98.01	8.93	50.20	16.24
2019	200.38	83.48	102.51	9.96	53.15	17.82
2020	190.03	79.40	109.31	11.93	64.55	21.57

注:"—"表示无统计数据。

2.1.3　浙江近海海域捕捞典型渔业资源变化特征

浙江省海域捕捞海水产品以大黄鱼、小黄鱼、带鱼、墨鱼为典型物种,其中大黄鱼、小黄鱼、带鱼为鱼类,而墨鱼则属于头足类(表 2-3)。总体上,这四类典型海水捕捞物种产量均呈现上升态势,带鱼和小黄鱼产量增长较大,而大黄鱼和墨鱼产量增长较小。

大黄鱼是我国传统"四大海产"之首,是浙江沿海特色珍贵经济鱼类,但随着人工捕捞强度的增大,尤其是底拖网的肆意捕捞,野生大黄鱼数量显著下降。大黄鱼整体上捕捞产量趋于上升,从 1990 年的 0.03 万吨增长到 2020 年的 0.99 万吨。纯野生大黄鱼数量已难以满足人们日益增长的需求,故当前海域以人工育苗和增殖放流来保证大黄鱼的捕捞产量。如 2021 年舟山中街山列岛国家级海洋牧场示范区科学放流了 700 多万尾大黄鱼苗,这些鱼苗在舟山岱衢族大黄鱼野化训练基地"训练"了一个月的时间,个体平均成长到了 10cm 以上,鱼苗质量佳,存活率高,增殖效果明显。此外,大黄鱼已成为我国海水养殖的重要经济鱼类,在东南沿海各省、市已经形成规模化养殖产业,是浙江省水产养殖主导产业之一,故当前大黄鱼水产养殖已成为主导趋势。

小黄鱼以其美味特色深受大众欢迎,是著名的中高端海产,消费需求十分旺盛,在东海海域的捕捞产量曾占主要经济鱼类产量的 12.6%。浙江近海是东海小黄鱼的重要产卵场,小黄鱼捕捞产量从 1990 年的 0.27 万吨增长到 2020 年的 12.61 万吨,增长了 12.34 万吨,其中大部分来自人工放流鱼苗。自 20 世纪 90 年代以来,小黄鱼个体小型化、性成熟提前以及海洋环境变化,导致其海洋种群结构低龄化,群体生态系统脆弱,海洋捕捞量时高时低,极不稳定。戴黎斌等研究发现,浙江南部近海的小黄鱼资源主要集中在鱼山渔场[6]。春季,小黄鱼主要分布于水深较浅的高盐水域;夏季,水温和盐度均与小黄鱼资源密度呈负相关,小黄鱼主要分布于中温高盐的鱼山海域;冬季,水温与资源密度呈正相关,小黄鱼栖息于水温适宜的外侧站点水域。

　　浙江的典型海水捕捞产品以带鱼为主导,尤其以舟山带鱼最为著名。舟山带鱼是全国首批海鲜类地理标志证明商标海鲜,是舟山渔场四大经济鱼类之一。舟山带鱼显著特征为眼睛黑色,有鳞片且容易脱落,骨小体肥,背脊上无凸骨,其蛋白质丰富,营养价值高,并含有其他渔场带鱼没有的 DHA 成分。浙江省的带鱼海域捕捞产量从 1990 年的 23.87 万吨增长到 2020 年的 36.50 万吨,增长了 12.63 万吨,增长幅度达到 52.91%。以东海带鱼种群为例[7],东海带鱼种群的重点分布区在浙江近海,北部可达 34°N 周围的黄海中部,南部可到达粤东近海;主要越冬场位于 30°N 以南的浙江中南部水深 60~100m 海域,越冬期为 1—3 月;每年三四月份起,随着水温升高,越冬鱼群大致以每 2 个月 1 个纬度的速度逐步北上,5—7 月经鱼山渔场进入浙江中北部的舟山渔场和长江口渔场;产卵后主群继续北上,8—10 月分布在南黄海南部索饵,索饵群体前锋可达 35°N 附近,与黄渤海群相混栖。但是 20 世纪 80 年代中期以后,随着带鱼资源的衰退,索饵场的北界明显南移,主要分布在东海北部至吕泗、大沙渔场的南部;10 月份以后,随着冷空气南下,鱼群向南进行越冬洄游,并在浙江北部沿岸低盐水系和外海高盐水系交汇的混合水区短暂栖息,形成著名的冬季嵊山带鱼渔场;之后随着水温继续下降,小部分带鱼游向外海越冬场,大部分带鱼继续南下洄游到浙江中南部外侧海区的越冬场。福建和粤东近海的越冬鱼群 2—3 月即开始北上,3 月即有少数鱼群在福建近海产卵繁殖,4—6 月产卵后进入浙江南部,并随台湾暖流继续北上,秋季分散在浙江近岸索饵。

　　墨鱼,学名为曼氏无针乌贼,俗称乌贼,曾是东海四大海产品之一,但自 20 世纪 70 年代中期以来,由于滥捕滥捞、海洋环境污染等因素影响,其数量在象山港海域乃至整个东海区域内出现严重衰减,濒临灭绝。现在流行于市场上的乌贼多为产自东海以外的有针乌贼,如南海海域的拟目乌贼和虎皮乌贼,体形比东海乌贼大。浙江的墨鱼捕捞产量由 1990 年的 1.48 万吨增长到 2020 年的 3.40 万吨,其中 1994、1998、1999 年捕捞产量均大于 6 万吨。当前曼氏无针乌贼培育技术已取得重大突破,如 2016 年由宁波大学蒋霞敏教授团队技术指导[8,9],在象山来发水产育苗场繁育的曼氏无针乌贼受精卵(390 多万粒)成功放养在象山港东部海域,保障了浙江省近海水域的墨鱼产量和人们对墨鱼的食物需求。此外,部分学者开展了近海曼氏无针乌贼增殖放流效果研究,如徐开达等[10]为修复浙北近海曼氏无针乌贼资源,2013—2016 年实施了大规模放流,累计增殖放流受精卵 7835 万粒。增殖放流在一定程度上起到了种群修复和增产增收的目的。

表 2-3　浙江省典型海水产品捕捞产量(万吨)

年份	大黄鱼	小黄鱼	带鱼	墨鱼
1990	0.03	0.27	23.87	1.48
1991	0.06	0.69	28.06	1.04
1992	0.09	1.34	32.29	1.25
1993	0.02	1.27	33.06	3.84
1994	0.25	2.25	43.57	6.59
1995	0.81	3.36	57.99	4.09
1996	0.93	4.86	49.53	3.26
1997	0.16	4.97	52.88	4.66
1998	0.37	7.01	57.05	6.55
1999	0.25	8.59	58.61	6.32
2000	0.16	10.69	64.91	5.32
2001	0.12	7.71	59.48	5.45
2002	0.10	8.20	52.96	5.01
2003	1.05	7.19	53.10	4.19
2004	0.82	7.57	55.29	5.06
2005	0.21	6.72	46.59	3.42

续表

年份	大黄鱼	小黄鱼	带鱼	墨鱼
2006	0.45	7.29	51.05	3.38
2007	0.36	9.25	46.13	3.60
2008	0.39	8.76	50.44	2.32
2009	0.38	8.96	49.59	2.24
2010	0.36	9.73	52.96	2.52
2011	0.28	10.72	46.94	2.62
2012	0.39	10.34	45.25	2.33
2013	0.04	8.82	44.05	2.42
2014	0.04	9.47	41.50	2.65
2015	0.04	10.40	43.88	2.87
2016	0.05	10.19	42.23	3.10
2017	0.04	10.17	40.45	3.82
2018	0.06	10.34	38.80	3.38
2019	0.11	11.78	37.61	3.42
2020	0.99	12.61	36.50	3.40

2.2　海洋渔业资源利用的技术探索

2.2.1　我国渔业科技发展概况

我国主要按行政区划、渔业水域特点，分国家和地方两层构建科技支撑体系[11]，主要包括水产科研、技术推广和学会组织三类。农业农村部渔业渔政局张显良局长将我国渔业科技体系发展历程划分为四个主要阶段：初步形成期（新中国成立初期至"文化大革命"前）、严重冲击和破坏时期（"文化大革命"初期至改革开放前）、恢复与发展期（改革开放初期至20世纪80年代末）、改革与发展期（20世纪80年代末至今）[12]。

我国最早的水产专业科研机构是成立于 1947 年的农林部中央水产实验所,现为中国水产科学研究院黄海水产研究所;1965 年,中国水产学会成立;1978 年,中国水产科学研究院成立;1990 年,全国水产技术推广总站成立。此外,在中国科学院、国家自然资源部,以及相关高等院校中还有一批涉及渔业领域的研究队伍。据统计,截至 2019 年,我国渔业科研机构 87 个,渔业科技研究人员 6213 人,水产技术推广机构 11705 个。目前,我国已经形成专业齐全、层次丰富的渔业科技支撑体系,上海海洋大学、中国海洋大学、烟台大学、集美大学、广东海洋大学、河北农业大学、天津农学院、浙江海洋大学、宁波大学、大连海洋大学、海南热带海洋学院等高校开设了海洋渔业、水产等相关专业[13](表 2-4)。

表 2-4　国内相关高校海洋渔业科学与技术专业培养目标与就业去向

高校	培养目标	就业去向
上海海洋大学	具备水产学科、海洋学科、工程学科、人工智能学科基本理论知识,掌握海洋生物资源可持续开发与利用技术等方面的专业知识和技能,能在海洋渔业及相关领域从事生产、管理、教学和科学技术研究等方面工作的具有国际视野的高素质复合应用型人才	政府、科教单位、企业从事海洋渔业领域的管理、教学、科研和技术工作
中国海洋大学	海洋渔业资源开发与养护、设施渔业工程设计、渔政管理与渔港监督等方向的创新型复合人才	海洋、水产系统的企业和相关产业管理部门从事工程技术与管理工作,或到高等院校和科研单位从事教学与研究工作
大连海洋大学	远洋渔业开发、渔业资源评估与管理、现代化海洋牧场建设等领域的创新型应用人才	渔业、海洋、资源保护等管理部门和事业单位从事管理、科技开发和技术推广工作,能够在海洋渔业科学与技术研究、海洋渔业资源调查与开发、远洋渔业资源开发利用与管理、渔业资源养护与增养殖、渔业资源开发工具与渔业设施设计研发、海洋牧场建设等领域,从事生产、研发等方面的工作

续表

高校	培养目标	就业去向
浙江海洋大学	渔业生产与技术开发、渔具装备设计与技术研发、渔业资源保护与可持续利用、渔业管理与经营、水产教育与科技服务等方面工作的实用技能型人才	渔业生产与管理、渔业涉外技术服务、渔具装备设计与研发、渔业行政管理及教育、科研等领域
宁波大学	在科研、教育、水产养殖生产和管理等部门从事科学研究、教学、水产养殖技术开发与推广、管理、生产经营等工作的高级应用型复合型和外向型人才	水产养殖专业连续三年一次性就业率超过90%，毕业生就业途径包括考研、出国、水产研究所、海洋渔业局或水产局、水产技术推广站、动植物检疫检验、卫生防疫部门、学校、国企、私企及自主创业等
广东海洋大学	渔业行政管理、渔业资源调查与评估、渔业资源管理与保护、渔业法研究与实施等方向的高级水产科学技术与管理型人才	渔业管理、渔业企业管理、海洋区域管理、对外渔业关系和行政执法及科研、教学工作
集美大学	渔业生产与技术开发、渔业资源保护与利用、渔业管理与经营、水产教育与技术服务等方面复合应用型人才	海洋环境监测与保护、海洋生物资源开发与保护、渔政法规管理等企事业单位工作
烟台大学	渔业生产与管理、设施渔业技术研究、海洋生态环境与修复及水产品加工等领域的高级应用型人才	海洋管理、海洋科研、海洋环境监测与保护、海洋生物学、海洋生物资源开发与利用等领域的工作
河北农业大学	具备一定管理能力、研发和推广能力、科学研究能力、创新能力的应用复合型专业人才	船检局(站)、渔政处(站)、海洋局、水产局、农业农村局、水利局、农开办等政府渔业管理部门和海洋与水产科研院所、高等院校、水产技术推广站等事业单位从事渔业行政管理、教学、科研、开发工作，可在渔业生产、远洋渔业、海洋馆、网具、饲料、渔药等相关企业从事水产动物苗种繁育、饲养管理、疾病防控、饲料加工、网具生产、产品研发、技术推广、经营管理、市场营销等工作

高校	培养目标	就业去向
天津农学院	在渔业开发和可控渔业管理等方面的复合性应用型人才	在水产渔业、海洋生物科学和海洋环境监测等部门从事教学、科研、生产以及管理等工作
海南热带海洋学院	具备海洋渔业科学与技术方面的基本理论、基本知识和基本技能，具有海洋生物资源开发和保护、海洋渔业生产、渔业设施规划与设计能力的复合型专业科技人才	渔政管理部门、渔业公司、水产养殖企业、水产类市场营销、渔业资源保护相关部门

改革开放以来，我国渔业科研不断深入、学科领域不断拓展，专业化创新研究平台建设发展迅速，既有侧重于科学与技术创新的重点实验室、技术创新中心，又有侧重于技术熟化与成果转化的工程技术研究中心，以及侧重于公益服务的检测中心与风险评估实验室等，形成了覆盖渔业领域的系统的科技创新平台体系。根据钟汝杰等[14]的统计，截至 2015 年底，我国已有各类渔业科技创新平台 154 个，其中国家级 19 个、部级 54 个、省级 81 个。这些平台形成了渔业科技创新的高地，为推进渔业发展发挥了重要作用。特别是 2013 年获科技部正式批复运行的青岛海洋科学与技术国家实验室，围绕国家海洋发展战略，以重大科技任务攻关和国家大型科技基础设施为主线，建成协同创新的科研体系，开展战略性、前瞻性、基础性、系统性、集成性科技创新，在引领我国海洋渔业创新发展方面，提供了高层次的开放协同创新平台。

从改革开放初期至 2017 年，渔业领域共获得国家级奖励 174 项，其中，1978 年获全国科学大会奖 37 项，1979—2017 年获国家自然科学奖 8 项、国家技术发明奖 19 项、国家科技进步奖 110 项。获奖成果主要集中在水产养殖品种选育、水产养殖技术、渔业资源调查与生态环境保护、养殖模式创新与装备改进等领域[15]，这些成果有力地推动了我国渔业产业持续、快速发展。近年来，我国渔业专利数量增长迅猛。2012—2016 年，中国渔业专利有 44987 项，排名全球第一，主要涉及水产养殖技术、水产品加工与产物资源利用、渔业装备与工程等研究领域。我国渔业科技进步对渔业总产值贡献率不断提升。据统计,"六五"渔业科技进步对渔业总产值贡献率为35％左右,"七五"为42％,"八五"为46％,"九五"为49％,"十五"为53％,"十一五"为55％,"十二五"则达到58％[16]。

2.2.2　我国海洋渔业的关键技术探索

(1)我国海洋渔业关键技术发展

近年来,渔业科技在资源养护与生态修复、遗传育种、健康养殖、病害防治、水产品加工、节能环保、渔业装备升级、渔业信息化等领域提供支撑保障,渔业科技进步贡献率由2015年的58％提高到2020年的63％[1]。一些前沿领域开始进入国际并跑、领跑阶段,一批生态、绿色、高效渔业技术模式得到广泛应用,渔业科技获得国家级奖励6项,审定新品种61个,制定渔业标准和规范1035项,获得专利685项,建设渔业综合性重点实验室3个,专业性重点实验室21个,综合试验站25个。水产养殖技术示范推广成果丰硕,遴选发布65个渔业主导品种和53项渔业主推技术,推广面积超过$300×10^4\,hm^2$,受益渔民500多万人。

科技是第一生产力,科技强才能产业强。完备的科教体系、强劲的科研实力、完善的推广队伍,为高水平现代化的中国渔业提供了有力支撑。20世纪50—60年代,我国水产科技体系建设起步。在农林部中央水产实验所(黄海水产研究所前身)的基础上,陆续按海区、流域和专业布局,建立了一些省部属的水产科研机构,加上水产院校和中国科学院相关科研机构,形成了我国水产科研体系的雏形。全国水产技术推广体系也随之建立。新中国水产科技事业面向渔业生产的需求,在养殖、捕捞、资源调查等领域开展了一些卓有成效的研究工作,取得了以甲鱼人工繁殖技术和海带人工育苗养殖技术为代表、具有里程碑意义的重大原始创新成果。1958年起,以钟麟为代表的科学家团队先后攻克了鲢、鳙、草、青、鲮鱼的人工繁殖技术,建立完善了亲鱼培育、催情产卵、受精、孵化等一整套技术体系,结束了养殖鱼苗依赖天然捕捞丰歉难保的历史,成为渔业从"狩猎型"向"农耕型"过渡的关键标志,也为后来其他水产养殖动物的人工繁殖技术研究奠定了基础。20世纪50年代,朱树屏、曾呈奎等开展海带育苗、养殖和品种选育研究,发明了海带自然光育苗、筏式养殖、施肥养殖技术,解决了海带南移养殖技术,建立了一整套海带养殖技术体系。改革开放以来,伴随着全国科学大会召开,我国迎来了科技的春天,水产科技界也焕发创新活力。1978 年,国家组建了隶属农林部的中国水产科学研究院。1982 年,原国家水产总局所属的各个水产研究所统一划归中国水产科学研究院管理。

渔业科技创新首先体现在养殖品种的人工繁育上。种子是农业的"芯片",苗种也是渔业的"芯片"。20 世纪 80 年代以后,对虾工厂化育苗技术、海湾扇贝人工育苗技术、大黄鱼和大菱鲆等海水鱼类人工养殖技术纷纷取得突破,育成了两个重要新品种——建鲤和松浦鲤。1981 年,赵法箴院士等攻克了对虾工厂化全人工育苗技术,使对虾养殖由原来主要依靠天然苗的小规模半人工养殖,进入到大规模全人工养殖时期。1983 年,赵乃刚等突破了河蟹人工育苗技术。由农牧渔业部和安徽省科委投资兴建的我国第一个河蟹人工半咸水育苗基地在安徽滁县建成,1984 年首次育成 1050 万只蟹苗。1985 年,刘家富团队以自然海区性成熟大黄鱼为亲鱼,成功培育出 7343 尾种苗,突破了大黄鱼"离水即死"的世界性技术难题,并于 1990 年攻克了全人工批量育苗技术。1991 年,张福绥院士等突破了海湾扇贝引种、育苗和养殖技术,把美国大西洋海湾扇贝引进到我国海域养殖,使扇贝从海珍品成为大众餐桌上的佳肴。蒙钊美等科研人员研究成功大珠母贝人工育苗、养殖及插核育珠技术,提出了一套具有我国特色的育珠新工艺,打破了国际上培育大珠母贝的技术垄断。雷霁霖院士等从英国引进大菱鲆,突破大规模育苗技术难关,完成了大菱鲆繁殖和养殖系列工艺研究,并迅速形成新兴产业。夏德全院士、李思发研究员等全面突破了全雄罗非鱼大规模育种技术,建立了罗非鱼规模化健康养殖技术体系,使得全雄罗非鱼养殖成为一些地区渔业的支柱产业,罗非鱼出口居我国鱼类之首。

目前,我国自主培育的水产新品种已达 215 个。人工育苗及养殖技术的一次次突破,掀起淡水养殖、海水养殖的一次次浪潮。我国水产养殖形成了"研究开发一个品种、集成一套技术、发展一个产业"的主要发展模式。唐启升院士等主持的基础科学研究,从"九五"科技攻关项目的"海水养殖容量"研究,到国家重点基础研究发展计划("973"计划)研究成果"贝藻养殖碳汇"及"碳汇渔业",使渔业的绿色发展有了坚实充足的科学依据。危起伟和他的团队为濒危中华鲟和长江水生生物多样性的保护潜心研究 20 多年,发现、揭示了中华鲟自然繁殖机制，突破了大规格苗种培育、野生亲体繁殖保护和救护康复关键技术难题，建立了完整的中华鲟自然种群保护技术体系，为我国中华鲟以及珍稀濒危水生生物保护做出重要贡献。

21世纪，我国渔业科技工作以提升自主创新能力和促进产业发展为核心，重点加强渔业资源保护与利用、渔业生态环境、水产生物技术、水产遗传育种、水产病害防治、水产养殖技术、水产加工与产物资源利用、水产品质量安全、渔业工程与装备、渔业信息与发展战略等十大重点研究领域的学科建设，建立了现代渔业产业技术体系，加快了关键技术突破、系统集成和成果转化，为促进渔业发展方式转变提供了强有力的科技支撑，加快了我国现代渔业建设的进程。

党的十八大以来，全国渔业科技加快关键技术突破、技术系统集成和科技成果转化，大宗淡水鱼、罗非鱼、虾、贝类等7个现代农业产业技术体系不断健全，循环水、稻鱼综合种养、多营养层级立体养殖等生态养殖模式不断得到推广，物联网养殖设备、大型深海养殖装备不断涌现，重点品种药物残留检测监测、水产苗种产地检疫水平不断提升，水产品质量安全追溯试点稳步推进。2018年，我国渔业科技进步贡献率已超过60%，在大农业中处于领跑位置。中国水产科学研究院下属十几个科研所，以及各级渔业科研院所，加上上海、青岛、大连、湛江、厦门等多个城市的知名水产大学，渔业的科研教育体系非常完善。2016年的统计数据显示，我国渔业科研机构有103个，渔业科研机构从业人员达到6726人。全国水产技术推广机构把先进适用技术落实到田畴池塘、江河湖海，转化成现实渔业生产力。截至2018年，全国水产技术推广机构共有1.4万多个、技术推广人员4万余人，建成国家级水产技术推广示范站236个。

"十三五"以来，渔业科技在遗传育种、健康养殖、疫病防控、加工流通、节能环保、设施装备、资源养护与生态修复、渔业信息化等领域提供支撑保障，一些前沿领域开始进入国际并跑、领跑阶段，一批生态、绿色、高效渔业技术模式得到广泛应用，渔业科技进步贡献率由2015年的58%提高至2020年的63%。全国渔业科研、教学、推广等机构和团队聚焦科技创新，五年来有多项渔业科技成果获奖，其中国家科学技术进步奖（发明奖）二等奖8项、神农中华农业科技奖16项、范蠡科学技术奖33项。

（2）浙江省海洋渔业资源的关键技术突破

1）"北斗＋互联网＋渔业"的一站式渔业综合服务平台

宁波海上鲜信息技术有限公司是国内领先运用"北斗＋互联网＋渔业"的电商平台类企业，意在连接渔民和采购商，让双方撒开传统的层层中间环节，渔民无须到港，在海上即可通过海上鲜平台发布鱼货捕捞情况，直接对接到海鲜采购方，从而促成交易。海上鲜自主研发"海上 Wi-Fi"终端和手机 APP，可以直接对接到出海的渔船上，连接捕捞销售全过程，对传统的海鲜行业进行供给侧结构性改革，从交易环节入手，利用互联网模式开展撮合交易、自营（代销代购）、仓储物流、供应链金融及海鲜溯源、海洋大数据等服务。此外，海上鲜致力于构建海鲜企业电子商务平台，打造一个全新的海鲜买卖模式。至 2017 年底，海上鲜已在宁波、舟山、台州、福建、山东、广西、上海和大连等 10 多个地区的 10000 余艘渔船上覆盖了"海上 Wi-Fi"通信终端，交易额突破 30 亿元。

2）黄姑鱼分子育种技术获得重要突破

2019 年，浙江省重点研发项目"基于分子设计的海水鱼类育种技术引进、体系创新与应用"成果产业化取得积极进展。该项目由浙江省海洋水产研究所联合东京海洋大学、中国科学院海洋研究所等国内外研究单位共同实施[17]。通过 3 年的联合科技攻关，在黄姑鱼雌核发育、伪雄鱼诱导、分子育种以及全雌鱼培育等方面建立了成熟的技术，并积极与省内外企业开展"产学研"深入合作。截至目前，已为舟山、台州以及山东日照、威海等地的企业和养殖业者提供优质黄姑鱼苗种 500 余万尾，创产值 5000 余万元，利润 1000 余万元，有效促进了黄姑鱼优良品种扩繁养殖和黄姑鱼养殖产业的壮大，很大程度上缓解了休渔期间水产品供需之间的矛盾。同时，完成海域放流大规格苗种 200 余万尾，有助于解决我国海水鱼类优良品种不足的问题，并为东海区海洋渔业资源及生态修复做出突出贡献。

3）浙江省海洋水产所突破野生瓯江鲦人工繁育技术

2019 年，浙江省海洋水产所承担的温州市科技局种子种苗项目"野生瓯江鲦属鱼类的资源及人工繁育技术研究"在洞头基地通过现场验收[18]。温州市科技局、温州大学、市县水产技术推广站等有关专家参加了现场验收会。会上，项目组详细汇报了项目在瓯江鲦属鱼类性腺发育、产卵时间规律、受精卵发育和鱼苗培育等方面取得的成果。项目组已基本摸清了瓯江鲚属鱼类的繁殖产卵习性，成功获得了批量受精卵，人工育苗试验获得成功，共繁育平均全长为 2.63cm 的稚鱼 526 尾。经现场测量，专家组充分肯定了繁育工作和技术，一致通过验收，并建议项目组结合分子遗传学方法进一步深入研究。瓯江鲚属鱼类有凤鲚和刀鲚。凤鲚习称为子鲚，是温州的著名特产，属于河口性洄游鱼类，该鱼离水即死、应激反应强烈，目前尚未有关瓯江鲚属鱼类繁育和养殖成功的报道。近年来，受酷渔滥捕、水域污染、洄游通道受阻等因素影响，瓯江鲚属鱼类的资源急剧衰退资源保护和开发工作迫在眉睫。人工繁育技术的成功，将有助于瓯江鲚属鱼类资源的修复。

4）小黄鱼的人工养殖技术难题突破

2019 年，浙江省农业科学院水生生物研究所正式挂牌，楼宝研究员带领的科研团队在全国率先攻克了小黄鱼的人工养殖技术难题。小黄鱼是我国最重要海产经济种类之一，与大黄鱼、墨鱼、带鱼并称为"四大海产"。在浙江地区，小黄鱼深受大众欢迎，是著名的中高端海产品，消费需求十分旺盛。东海海域，小黄鱼的捕捞产量曾占主要经济鱼类产量的 12.6%。但自 20 世纪 90 年代以来，小黄鱼的捕捞量时高时低，极不稳定。为补充市场上的小黄鱼商品资源，在 2014 年，楼宝通过对 2000 余尾野生小黄鱼进行亲鱼驯养、营养强化技术的研究，开始了小黄鱼人工繁殖驯养的科技攻关之路[17]。科研人员曾对我国江苏吕泗、福建宁德、山东青岛和浙江象山 4 个小黄鱼群体取样，进行形态差异分析，并人工养殖了子一代小黄鱼。2015 年，该团队突破小黄鱼人工繁育技术难关，首次繁育出全长 7cm 苗种 2.5 万尾。2016 年起，团队在舟山六横、登步和象山石浦等地进行小黄鱼网箱养殖试验，累计养殖水体 2000m³。小黄鱼经 6 个月的人工养殖，平均体质量可达 60g 左右。到第 2 年休渔期可达 100g 以上，第 3 年休渔期达到 150g 左右。研究还发现，小黄鱼比大黄鱼更耐低温，就 2017 年舟山地区越冬情况来看，小黄鱼在水温 6.5℃下无死亡，可以安全越冬。2019 年，楼宝团队培育出的第五代小黄鱼苗种 100 余万尾已经下海进行网箱养殖。2020 年，小黄鱼正式实现人工养殖的商品化。

5)浙南温州首次养殖刀鲚取得成功

浙江省海洋水产所"野生瓯江鲚属鱼类的资源及人工繁育技术研究"课题组在温州七都岛养殖池塘回捕人工养殖试验的刀鲚鱼苗,标志着浙南温州首次养殖刀鲚取得成功[17]。2019 年,课题组从上海市水产技术推广站引进长江刀鲚鱼苗 6000 尾,在七都岛前沙村的咸淡水池塘进行人工仿生态养殖试验。经过养殖过冬,课题组在池塘放笼取样捕捞,放笼 1h 捕获养殖刀鲚 20 余尾,经测量平均体质量 16.84g,全长 19.1cm,平均体宽 2.9cm。据估计,池塘中试验养殖的刀鲚成活率在 80% 以上。七都岛外的瓯江口海域盛产瓯江特色鱼类刀鲚和凤鲚,是温州的著名特产。刀鲚和凤鲚属于河口性洄游鱼类,近年来,受酷渔滥捕、水域污染、洄游通道受阻等因素影响,瓯江鲚属鱼类的资源急剧衰退,资源保护工作迫在眉睫。长江刀鲚在温州七都岛人工养殖获得成功,将对瓯江刀鲚和凤鲚等瓯江特色鱼类资源修复和保护利用工作起到重要的作用。

6)宁波市青蟹秋季人工育苗取得突破

浙江宁波市科技局组织有关专家对宁波市海洋与渔业研究院等单位承担的"拟穴青蟹选育与规模化繁育技术研究与示范"项目进行了现场验收[17]。目前,拟穴青蟹苗种仅浙江省的年需求量就达约 5 亿只,而人工苗种在养殖苗种中所占的比例不足 5%,且青蟹养殖生产上对早苗(四月底至五月份)和秋苗(八月底至九月初)的需求量较高。为此,以金中文研究员为组长的科研团队经过多年探索,采取室外池塘与室内育苗池结合的育苗技术,在活体饵料严重缺乏的条件下,首次在国内实现青蟹秋苗人工繁育零的突破,成功培育出Ⅲ—Ⅳ稚蟹秋苗 72 万只,大眼幼体 144 万只。至此,该项目团队今年已实现从早苗到夏苗到秋苗全年繁育季的人工育苗。该技术的突破不仅能实现全天候生产高质量青蟹苗种,更为今后青蟹养殖业整个产业的发展带来了苗种保证,对青蟹养殖产业的提升和资源增殖具有重要意义。

7)宁波人工养殖虎斑乌贼首获成功

由宁波大学蒋霞敏教授牵头,联合相关科研院所、企业等单位共同承担的宁波市重大科技计划项目"虎斑乌贼的人工育苗与试养技术研究""虎斑乌贼产业化养殖技术研究与示范"均通过项目验收,相关技术创新成果发布会在宁波举行[19]。宁波大学研究团队突破了虎斑乌贼规模化育苗技术，2014—2019年累计育出胴长2cm以上的虎斑乌贼苗种120余万只。同时，项目组试验了不同养殖模式，在水泥池、土和网箱养殖中均获成功，养殖3～4个月即达商品规格(约500g)，特别是解决了虎斑乌贼养殖关键技术，突破了大规格苗种培养技术，使养殖成活率不断提高，水泥池养殖成活率可达65%，网箱成活率可达70%左右，养殖10个月最大体可达2.4kg。2014—2019年累计养成虎斑乌贼11余万只，创造了国内虎斑乌贼人工养殖数量最多、单体数量最多的历史纪录，在世界上首次实现该物种的规模化苗种繁育与养殖[20,21]。

8)曼氏无针乌贼人工育苗技术

曼氏无针乌贼是无针乌贼的一种，俗称墨鱼，属名贵的海鲜，曾是我国四大渔业之一，其医用历史悠久，全身是宝，但由于过度捕捞，造成了资源的极大破坏。特别是20世纪90年代以来，曼氏无针乌贼种质资源明显衰减，产量急剧下降，濒临灭绝。2004年以来，为了拯救曼氏无针乌贼，宁波大学王春琳教授、蒋霞敏教授等带领课题组，针对曼氏无针乌贼的人工繁殖、育苗、养殖和放流等关键技术问题，先后承担了国家级、省级、市级近10项有关曼氏无针乌贼生产性全人工繁殖、育苗、养殖和放流技术科研课题，成功完成了人工繁养曼氏无针乌贼的科研任务，填补了国内乌贼繁养技术的多项空白。王春琳教授、蒋霞敏教授带领课题组率先攻克了曼氏无针乌贼人工育苗技术，当年培育出乌贼苗种7000多只，被誉为"突破世界难题"；2005—2007年，课题组又培育出近40万只苗种，除部分用于人工放流外，大部分苗种供人工养殖需要，其间"曼氏无针乌贼苗种培育方法"获国家发明专利授权、"一种捕获活体乌贼的笼筐"获实用新型专利授权；2008年，课题组采用了生态调控技术、系列活饵料大量培养与饲料驯化技术，使乌贼育苗数量创造了新纪录，至七月底在两个繁育合作基地培育了近80万只乌贼苗种，其中55万只用于放流，其余用于人工养殖[9,10]。经过几年的技术攻关，课题组把养殖苗种规格从体长0.8cm提高至胴长1.2cm，养殖户购苗后不再需要饲料驯化，这不但方便了养殖户养殖，也提高了乌贼养殖成活率。此外，课题组还根据不同养殖环境需要设计了多种养殖方式,如苍南和玉环采用传统网箱养殖、嵊泗采用深水网箱养殖、宁海与霞浦采用围塘养殖等。

2.3　海洋渔业资源利用的政策演进

2.3.1　中国渔业发展政策演变历史

中国渔业以 1986 年《中华人民共和国渔业法》颁布实施为标志,形成了以《中华人民共和国渔业法》为基础,相关涉渔法律、法规、规章为补充的渔业法律体系。各地也出台了一系列地方性法规、规章,渔业经济活动与行政管理基本实现了有法可依。目前,全国县级以上行政区域都设立了渔政执法机构,有渔政执法机构 2743 个,渔政执法人员 3.3 万人,执法船艇 1943 艘,执法车 1266 辆,成为我国海洋和内陆水域一支重要行政执法力量;以法律形式确立了"以养为主"的发展方针,建立了养殖水域滩涂确权发证、捕捞许可、渔业资源增殖与保护等一系列管理制度,保障了渔业生产者的合法权益,促进了渔业的持续健康发展。新中国的海洋渔业政策在 70 多年的漫长岁月中曲折改进,以投入控制、产出控制、技术控制与配套政策为核心的政策体系逐渐形成[22]。具体政策变化如表 2-5 所示。

表 2-5　新中国成立以来海洋捕捞渔业政策变化[23]

阶段	主要特征	主要内容
探索期 (1949— 1957 年)	国营水产企业的设立	大型水产企业是发展捕捞渔业的重要保障。新中国成立初期建立国营水产企业主要通过 3 种手段:①直接没收帝国主义和官僚资本的水产企业,通过民主改革改变这些企业的性质,让职工当家做主人;②通过人民政府投资兴建一批新的水产企业;③主要针对的是占比较小的渔业资本家(当时渔业资本家仅占渔业人口的 2%~3%),通过和平改造的方式将其引入计划经济的轨道,具体的政策就是利用、限制和改造

续表

阶段	主要特征	主要内容
探索期 （1949— 1957 年）	渔业合作化 运动	1952 年,中共中央下达《关于渔民工作的指示》,主要内容是逐步进行渔区的民主改革,成立新的渔业协会、工会,打倒残存的封建反动势力,消除其对渔民群体的剥削。1953 年,《关于农业生产互助合作的决议》正式出台。渔民对合作生产有了更深的认识,渔业初级合作社逐渐形成并进入发展阶段。1954 年,全国共有渔业初级合作社 1054 个,比 1953 年增加了 1000 个之多,渔民收入大幅提高。渔业生产合作运动的成功实践给国家和政府带来了信心,开始在渔民合作化运动成熟的地区建设渔业高级合作社。高级合作社是一种典型的集体经济形式,实行按劳分配,取消股金分红,生产资料公有。到 1957 年,全国共有 932546 户渔民参与合作化运动,占渔民总体的 95% 以上,个体捕捞渔民的社会主义改造基本完成。1955 年,国务院开始划定渤海、黄海及东海机轮拖网渔业的禁渔区;在"三大改造"即将完成之际,水产局颁布的《水产科学技术十二年发展规划》首次将"海洋及淡水资源保护"问题纳入政府文件。总体来看,这一阶段捕捞渔业政策的重心是促进生产,渔业资源和环境问题尚未引起足够的重视
动荡期 （1958— 1976 年）	"大跃进" 时期	1958 年的全国水产工作会议明确提出要实现海洋捕捞产量比 1957 年增加 19%～30%,不久又调整为更为夸张的 30%～50%。然而,由于"大跃进"和人民公社时期平均主义盛行,缺乏激励措施,加之当时海洋捕捞技术较为落后,捕捞产量出现了不增反降的现象。为解决捕捞业持续走低的颓势,1962 年水产部门起草了《中共中央关于农村人民公社渔业若干政策问题的补充规定〈草案〉》,到 1963 年海洋捕捞水产品的产量实现连续 3 年增长,达到 167 万 t,基本达到"大跃进"运动开始前的水平

阶段	主要特征	主要内容
动荡期 （1958— 1976 年）	"文革"时期	"三五"期间海洋捕捞政策的工作方针突出了国营渔船要实现战斗化，变渔船为战船，防范外来入侵。同时，还要兼顾捕捞作业，全力捕捞海洋中上层鱼类，并尝试"迈出大陆架"。"反修"和"防修"的思想热潮蔓延到渔业领域，海洋捕捞生产遭到严重破坏。由于造船业在"大跃进"时期得到了发展，小功率拖网渔船在"文革"时期得以大范围使用，高生产效率的拖网淘汰了有利于渔业资源繁殖的流刺网作业，大量幼鱼被捕捞，渔业资源严重衰退。野生小黄鱼由年产 16 万 t 下滑到零，暴发了新中国的第一次渔业资源危机
调整期 （1977— 1985 年）	渔业资源保护政策正式出台	1979 年，全国水产工作会议指出中国在"文革"期间由于"左"倾错误思想的干扰，在近海出现乱捕滥捞的现象，渔业资源破坏严重，应该重整捕捞渔业生产秩序，抓好渔政管理，保护渔业资源。之后，国务院出台《水产资源繁殖保护条例》，并设立自上而下的渔政管理机关。在中央一级，新成立隶属于国家水产总局的渔政管理局，负责全国范围内的渔业管理工作，起草有关的法律、法规并监督实施；地方上，沿海省市设立渔政、渔港监督管理处；内陆的黑龙江、辽宁、西藏等河流水系发达的省、自治区以及鄱阳湖、洞庭湖等大型湖泊、水库建立渔业管理委员会。除此之外，《渔业许可证若干问题的暂行规定》《渔政管理工作暂行条例》《渔政船管理暂行办法》等捕捞渔业管理条例陆续出台，中国捕捞渔业的法律法规体系初步建立
	捕捞渔业生产责任制改革	党的十一届三中全会之后，随着凤阳县小岗村"家庭联产承包责任制"的改革试验成功，捕捞渔业领域的生产责任制改革也开始进行，"几定奖赔制""大包干""以船核算"等制度得以推行，平均主义的弊端被成功修正。到 1985 年，"以船核算"制度占全国集体捕捞渔业生产责任制的 67%，成为中国捕捞渔业生产责任制的主要形式

续表

阶段	主要特征	主要内容
发展期（1986年至今）	渔业资源保护政策	投入控制政策：①捕捞许可证与船网工具指标控制制度。该项政策随《中华人民共和国渔业法》一同出台，小型渔业作业需向县级以上人民政府申请捕捞许可证，大型拖网作业需向省级人民政府申请。捕捞许可证申请人必须具备渔业船舶检验证书和渔业船舶登记证书，并对捕捞者的渔具和捕捞时限做出规定。②"双控制度"。为减轻捕捞压力，1987年国务院颁布了控制各地区渔船总功率和总数上限的文件《关于近海捕捞渔船控制指标的意见》，简称为"双控制度"。由于存在"大机小标"等现象，渔船的功率并没有得到良好的控制。2003年，农业部又出台《关于2003—2010年海洋捕捞渔船控制制度实施意见》，对"双控制度"进行升级。③渔民减船转产制度。"双控制度"的漏洞难以解决，因此减少渔民规模成了投入控制的新手段。2002—2003年，《海洋捕捞渔民转产转业专项资金使用管理暂行规定》和《海洋捕捞渔民转产转业专项资金使用管理规定》陆续出台，为渔民退出渔业提供资金支持
		产出控制政策：中国仅出台过一项海洋捕捞"产出控制"政策措施，即捕捞限额制度。2000年《中华人民共和国渔业法》修订，实行总可捕捞限额制度被写入法律，然而一直到2015年，该项制度都没有能够在全国正式推行。在2016年发布的"十三五"规划中也仅明确要在2020年将捕捞总量控制在1000万t以下。2017年起，山东、浙江等捕捞渔业大省开始在某些特定物种（如海蜇、梭子蟹）试点实行该项制度[13]，待渔业资源的相关数据连续准确评估、探测后再在全国推行
		技术控制政策：①"伏季休渔"制度。20世纪90年代中期，中国正式在东海和黄海实行"伏季休渔"制度，以保护鱼类在夏季的繁殖增长。1999年推行至全国四大海域（南海为北纬12°以北的海域），时间为每年6月1日—9月1日。2017年，农业部将休渔期时间提前至5月1日，之后又将禁渔范围向内陆扩展。2019年，内河流域的松花江、海河、辽河、钱塘江实行近4个月的禁渔期，时间从3月1日—6月30日，长江流域全面禁捕。②"增殖放流"政策。早在二十世纪七八十年代，随着对虾、大黄鱼、海参等经济海产增殖放流试验的成功，中国开始广泛采用增殖放流恢复日益衰退的渔业资源。③"最小尺寸"制度，农业部在2013年发布《关于实施海洋捕捞准用渔具和过渡渔具最小网目尺寸制度的通告》，对主要的捕渔（接下页）

阶段	主要特征	主要内容
发展期 （1986 年 至今）	捞渔业资源 保护政策	具网目大小进行了规定。2017 年出台的《重要渔业资源品种可捕规格第 1 部分：海洋经济鱼类》制订了水产行业的行业标准，规定了十几种主要海洋经济鱼类的最小可捕尺寸。④"渔业资源保护区"制度。截至 2017 年，中国已设立国家级水产种质资源保护区 523 处，分布在国内 30 个省级行政区
	捕捞渔业生 产与保障 政策	渔船燃油补贴政策：2002—2005 年，受国际油价上涨的影响，国内油价也持续上涨，导致渔民捕捞成本的加大，大量渔民主动休渔，暂停渔业生产。为稳定捕捞渔业产量，2006 年国务院推出渔船燃油补贴政策，根据捕捞许可证给予渔民一定的燃油补贴，提高渔民捕捞作业的积极性
		渔船互助保险政策：为减轻渔民生产风险，保障渔民人身财产安全，填补各大商业保险公司对农业和渔业保险的缺位，农业部于 1994 年成立中国渔船船东互保协会，通过船东互助合作进行保险业务
		捕捞渔船安全生产政策：渔民数量的激增导致捕捞渔船安全事故频发。农业部于 2005 年联合国家安全生产监督管理总局出台《关于加强渔业安全生产监督管理工作的紧急通知》，以加强渔业安全设施和装备建设，完善渔业安全管理与监督，提升渔业安全生产应急能力
	外海与远洋 渔业政策	外海渔业政策：外海渔业主要是指中国领海至专属经济区这片区域内的渔业，也有定义为在水深 200m 以内海域至领海这片区域的渔业。由于渔船装备与捕捞技术较为落后，新中国成立后相当长一段时间内，中国的捕捞作业范围都局限在近海与内河流域。"文革"时期，由于拖网渔船的广泛使用，近海的渔业资源破坏严重，某些渔业资源产量趋近于 0。为改变这种局面，20 世纪 70 年代起，有关部门着手推动外海捕捞。1979 年，《关于全国水产工作会议情况的报告》提出要开发外海渔场，并在对马渔场展开试捕[16]。1987 年，《关于重申外海捕捞作业线的有关概念和规定的函》明确了近海和外海的作业范围，外海渔业资源开发力度明显增强。90 年代后，伴随着专属经济区的建立，为减少与周边国家的渔业资源争夺摩擦，除了与周边各国签署渔业协定外，政府还出台了《关于加强外海作业渔船管理的通告》，严格管理前往外海作业的（接下页）

续表

阶段	主要特征	主要内容
发展期 (1986 年 至今)	外海与远洋 渔业政策	渔船远洋渔业政策:为充分开发公海的渔业资源,政府各部门都制定了众多扶持政策支持远洋渔业发展。1985 年,中国远洋渔业开始起步。1994 年,农业部、外交部、财政部、海关总署等部门共同召开会议,研究远洋渔业发展问题;次年,国务院批准远洋渔业实行优惠政策,并于 1997 年在农业部《关于进一步加快渔业发展的意见》中明确提出大力发展远洋渔业。1986 年,财政部、国家税务总局连续出台《关于远洋渔业企业进口渔用设备和运回自捕水产品税收问题的通知》《关于对远洋渔业企业自捕水产品免征农业特产税问题的通知》。除此之外,农业部于 2004 年颁布《远洋渔业管理规定》,加强对于渔业企业以及船舶的审查,规范行业发展,中国远洋渔业管理开始迈向规范化。2013 年,《国务院关于促进海洋渔业持续健康发展的若干意见》提出要发展壮大大洋性渔业,巩固提高远洋性渔业,推动产业转型升级,远洋渔业战略性地位不断提升。为促进远洋渔业持续规范有序发展,《"十三五"全国远洋渔业发展规划》出台,提出了建设负责任远洋渔业强国的发展目标,全面提升远洋渔业管理水平和管理能力,促进中国渔船"走出去"
	渔业新兴发 展方向政策	海洋牧场:由山东省牵头制定的国家标准《海洋牧场建设技术指南》(GB/T 40946—2021)正式发布。这是我国首个海洋牧场建设的国家标准,旨在为海洋牧场建设提供重要的基础支撑。《海洋牧场建设技术指南》国家标准坚持"生态优先、因地制宜、分类施策、功能协调"的基本原则,聚焦满足我国沿海海域生境差异性、规范海洋牧场建设全过程要素等关键问题,给出了规划布局、生境营造、增殖放流、设施装备、工程验收等一系列指导意见,部分技术标准达到国际先进水平
		碳汇渔业、智慧渔业、生态渔业等渔业新兴发展方向不断出现,但还处于广泛的理论探索与实践阶段,未形成明确的政策体系

2.3.2　浙江省海洋渔业政策发展

在"八八战略"指引下,浙江大力推进渔业转方式、调结构,使渔业生产质量与效益齐飞,渔业生态保护成效显著,渔民收入水平进一步提升,渔业可持续发展迈出新步伐。浙江省海洋渔业发展政策如下所示[2]。

(1)传统海洋渔业转向现代渔业

围绕转方式、调结构这条主线,提质增效、减量增收、绿色发展、富裕渔民,成了全国渔业渔政工作的总目标。浙江也不例外。这几年,浙江的渔业生产,越来越强调走绿色、生态、可持续的发展道路,逐渐成为打造渔业绿色发展的标杆省。浙江深入推进"渔业转型促治水行动三大工程",以治水为突破口,水产养殖转型升级迈出了坚实步伐。从 2014 年三大工程实施到 2017 年底,累计完成水产养殖塘生态化改造 78.5 万亩,稻鱼共生轮作 77.7 万亩,水产养殖禁限养区划定整治 78.4 万亩,全省渔业"五水共治"三大工程累计投入资金近 50.8 亿元。同时,示范推广生态养殖模式技术,养殖尾水处理、多生态位高效健康养殖、配合饲料替代冰鲜饵料、稻鳖虾鳖混养等一批生态模式技术得到进一步推广,起到较好的示范带动作用。为了取得更好的生态效益,浙江坚持以水养鱼以鱼治水,充分发挥水生生物的生态净水作用,保护生物多样性;在山塘水库河道中全面开展网箱拆除、禁止施肥养鱼、推广洁水渔业等工作,在保护水源地、改善水环境、恢复渔业资源等方面发挥了明显作用,实现了水清、鱼跃、人欢的局面。

(2)渔业转型发展,规划先行

浙江省编制了现代生态渔业发展规划,调整优化产业功能布局和产品结构,引导水产养殖业朝资源节约、环境友好、生态高效的可持续方向发展。此外,浙江还将财政补助资金转向养殖尾水处理设施、循环水养殖设施、浅海贝藻和离岸围网深水网箱养殖设施、稻鱼共生轮作设施等符合产业转型发展需要的环节,提升了养殖业转型发展条件、装备能力建设和生态循环技术水平。2016 年以来,浙江涌现出不少渔业转型发展先行区。湖州市吴兴区就是浙江省"渔业转型发展先行区"第一批培育创建单位。2014 年 3 月起,吴兴区开始对东林温室龟鳖养殖业进行彻底整治。经过两年时间,东林镇范围内存在近 20 年的龟鳖养殖棚实现了全面"清零",从污染严重的龟鳖养殖基地纵身一跃"白富美"。龟鳖整治后,温室养殖废气排放量逐渐下降为零,东林镇的空气质量和水质得到明显改善。此外,该镇以温室龟鳖整治带动产业转型,现已培育农业转产示范户 30 家,推广茭白套养湖虾、茭白套养泥鳅等生态高效农业模式。此外,浙江省着力推进"海洋生态建设示范区""渔业转型发展先行区""平安渔业示范县"三大培育创建活动,推动海洋与渔业"十三五"转型发展,推进国家海洋渔业可持续发展试点工作全面落地,形成了一套海洋、渔业开发开放的"浙江经验",为农渔民脱贫增收闯出一条新路。

（3）坚持海洋伏季休渔制度

自 1995 年以来,伏季休渔制度的实施取得了良好的生态、经济和社会效益,受到了广大渔民的热烈欢迎。为了进一步保护和合理利用海洋生物资源,浙江渔场修复振兴暨"一打三整治"在全国率先打响了依法治海、依法治渔"第一枪"。截至 2018 年 6 月底,全省共取缔"三无"渔船 15000 多艘,约占全国总数的 70%;清缴违禁渔具 68 万多顶,约占全国总数的 30%;查处各类涉渔违法案件上万起,移送刑事案件 500 多起,移送涉案人员 2000 多人,各项指标均位居全国首位。浙江省委、省政府一直持续发力,加大海洋渔业资源特别是幼鱼资源的保护,修复振兴浙江渔场。早在 2014 年 5 月,浙江省委、省政府就启动了浙江渔场修复振兴计划。2016 年 12 月 23 日,浙江省人大常委会审议通过了《浙江省人民代表大会常务委员会关于加强海洋幼鱼资源保护促进浙江渔场修复振兴的决定》,以地方人大专项决定形式为海洋渔业资源保护工作提供法治保障,当时这在全国范围尚属首例。此外,浙江还全面实施以入海排污口整治为主的海洋环境综合治理,完成近岸海域 344 个站位季度水质监测、"三湾一港"166 个站位月度水质监测、47 个陆源入海排污口月度监测。据科研部门监测和渔民群众反映,鲳鱼、带鱼等资源量明显增加,并形成稳定鱼汛。过度捕捞、粗放养殖到耕海牧渔、增殖放流,是渔业生产方式向着可持续发展的重要转变,更是我国现代渔业转型升级迈出的重要一步。建设海洋牧场已经成为发展现代渔业新旧动能转换的"变速箱"。2017 年 11 月,农业部公布全国第三批 22 个国家级海洋牧场示范区名单,浙江省温州洞头海域与台州椒江大陈海域成功入选。

（4）加快海洋牧场建设

作为海洋大省,浙江对沿岸海洋牧场建设工作非常重视,各项工作均走在全国前列。南麂列岛海域在 2001 年被列为浙江省首个人工鱼礁试验区,并开始大规模投放船礁。2002—2004 年期间发布的《浙江海洋生态环境保护与建设规划》《浙江生态省建设规划纲要》《浙江省海洋环境保护条例》等政府文件中均将人工鱼礁建设列入重点建设和保护的内容。2003 年,在浙江省海洋与渔业局的组织下成立了浙江省人工鱼礁建设布局规划领导小组和工作实施课题组,形成了《浙江省休闲生态型人工鱼礁建设布局规划(2003—2020)》。之后全面启动了舟山的朱家尖、嵊泗、秀山、东极,宁波的渔山和象山,台州的大陈和温州的南麂、洞头、大渔湾等海洋牧场项目。浙江省逐步加大对海洋牧场建设的投入,出台了大量政策给予扶持。浙江省委、省政府发文《关于修复振兴浙江渔场的若干意见》,明确提出“到 2020年,将建成 6 个海洋牧场,累计增殖放流各类水生生物苗种 100 亿尾(粒)”。此外,自马鞍列岛、中街山列岛和渔山列岛成为浙江省入围的首批 20 个国家级海洋牧场示范区之后,由浙江省海洋与渔业局提出的《关于保护海洋生态环境实施人工鱼礁建设的通知(征求意见稿)》中,将南麂列岛、大陈、洞头海洋牧场也列入“十三五”规划,逐步申报国家级海洋牧场。浙江开展海洋牧场建设,是保障沿海渔民群众长久生计、保护海洋生态环境、促进海洋渔业可持续发展和建设美丽浙江的有效途径之一。

(5)推动发展渔业第三产业

海洋捕捞渔业既是地方经济重点产业,也是沿海渔民赖以生存的传统产业。2001 年,浙江率先在全国出台相关政策,启动减船转产工作。2016年底,浙江省海洋与渔业局出台了《关于印发海洋捕捞渔民减船转产实施方案的通知》。该方案的实施范围涉及全省纳入全国海洋渔船动态管理系统数据库的所有海洋捕捞渔船,方案明确指出,2015—2019 年,浙江共要压减海洋捕捞渔船 2580 艘、总功率 43 万千瓦。这意味着,未来 5 年浙江省将削减 12.4% 的渔船和 12.8% 的功率。浙江在修复海洋生态环境、促进海洋渔业可持续发展等方面的努力从未停歇。各地积极推动捕捞渔民搞养殖、渔家乐等形式,转产转业的先进典型如雨后春笋般涌现。2017 年,浙江拥有各类休闲渔业经营主体 2406 个,从业人员 2 万余人,休闲渔船 786 艘,休闲基地面积达 28 万亩、人文景观景点 467 个、专业礁(船)钓项目 2269 个,休闲渔业总产出 24.3 亿元,接待游客人数 1233.3 万人;创建国家和省级休闲渔业知名品牌 202 家,其中国家级最美渔村、休闲渔业示范(精品)基地和有影响力的节庆赛事 13 家,省级休闲渔业示范(精品)基地 80 家。浙江省海洋与渔业局引导各地充分发挥海岛、渔港、渔村等自然资源优势和民俗文化等人文资源优势,以美丽乡村建设为载体,结合休闲渔船发展规划制定,推进整岛、整村规划,满足游客"吃渔家饭、住渔家屋、干渔家活、享渔家乐"的消费需求,着力打造休闲渔业新业态、丰富休闲旅游项目,建成了一批集渔味浓厚、渔文化丰富、渔旅结合的最美(特色)渔村。与此同时,浙江省局还在制度建设上开全国之先,率先出台《浙江省休闲渔业船舶管理若干规定》《浙江省休闲渔业船舶安全监督管理规定》《使用体验式拖网渔具的休闲渔船过渡期管理办法》等三个配套文件,解决休闲渔船发展过程中行业管理滞后、安全隐患频发、低水平重复建设等问题,进一步规范休闲渔船管理,提升行业服务水平。

(6)加快渔港建设

浙江按照习近平总书记系列批示精神,全面实施了"十一五""十二五"标准渔港的建设,渔船的停泊、避风条件有了很大改善,有效缓解了渔船回港航程远、避风难、安全保障低的局面,基本解决了基础设施落后、港池有效避风面积严重不足、服务功能偏低等的问题,在防灾减灾、服务渔区、方便渔民和保障渔业安全生产等方面取得显著成效,工程绩效明显,为"平安浙江"建设提供了重要保障,在渔港建设投资力度、建设标准、项目管理水平等方面,均走在全国前列。根据 2016 年渔港普查数据,浙江现有渔港共 208 个,其中中心渔港 10 个,一级渔港 18 个,二级渔港 35 个,三级渔港 43 个,等级以下渔港 102 个。这些年,浙江的渔港设施逐步完善,服务功能有效提升。通过渔港基础设施的建设,切实改变了渔船停泊和避风的落后局面,提高了渔船聚集度。因通讯、监控、航标、气象、水文观测等一系列配套设施的建设,拓展和提升了渔港管理及服务功能,提高了工作效率,降低了执法成本,特别是加强了休渔期渔船管理和防台减灾指挥调度。渔港的建设和发展,带动了渔区水产品交易流通、冷藏加工、生产补给、休闲渔业等产业迅速发展,为渔民从事渔业加工、流通和服务创造了条件和就业机会。浙江定海西码头中心渔港、宁波石浦渔港、温岭中心渔港及洞头中心渔港等渔港的产业迅速聚集,已成为建设现代渔业和建设社会主义新渔区的重要载体,带动了沿海重要渔区经济的发展。

2.4　浙江海洋渔业经济发展过程及特征

2.4.1　浙江省海洋渔业经济发展特征

改革开放以来,浙江省海洋渔业经济发展取得卓越成绩,产量、产值成倍增长,海洋捕捞在变革中稳步前进,海水养殖规模发展迅猛,水产科学研究硕果累累,水产出口创汇贡献巨大,且国际渔业合作加深。

（1）渔业经济产值显著提升

浙江省渔业经济总产值从 1990 年的 40.9 亿元增长到 2020 年的 1130.63 亿元(图 2-2),增长了约 26.64 倍,充分表明浙江省在 1990—2020 年渔业产业成绩卓越。浙江省渔业经济在 1994 年(140.53 亿元)首次突破百亿大关,而后继续快速增长,2010 年后增长速度加快,渔业产值突破 500 亿元大关,而在 2018 年达到了千亿(1043.27 亿元)且仍不断增长。在渔业产品中,海水产品占据主导地位,各年份海水产品产值占比 70% 左右,其中海水产品产值从 1990 年的 29.65 亿元增长到 2020 年的 840.79 亿元,增长了约 27.36 倍,而淡水产品产值从 1990 年的 11.25 亿元增长到 2020 年的 289.84 亿元,增长了约 24.76 倍。两者的快速增长均表明浙江省渔业经济的显著增长。

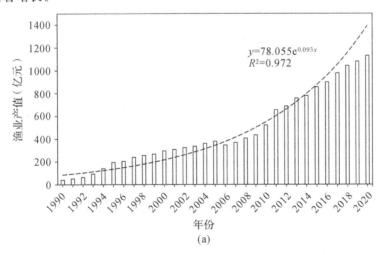

$$y=78.055e^{0.093x}$$
$$R^2=0.972$$

(a)

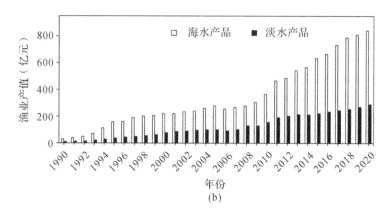

图 2-2　浙江省渔业经济产值变化。(a)总产值;(b)渔业产品的产值

(2)海洋渔业和远洋渔业产量快速增长

　　浙江省各类水产品产量大幅度增长(表 2-6)。水产品总产量从 1990 年的 138.98 万吨增长到 2020 年的 615.41 万吨,增长幅度达到 342.80%,其中重要节点为 1994 年(258.02 万吨)、1998 年(422.73 万吨)、2011 年(515.81 万吨)、2019 年(600.40 万吨)。海水产品产量占据主导地位,占浙江省水产品总产量的 80% 左右,从 1990 年的 113.17 万吨增长到 2020 年的 476.79 万吨,增长幅度达 321.30%。而在海水产品的产量中,海水养殖产品作为重要组成部分,其产量从 1990 年的 13.81 万吨增长到 2020 年的 137.24 万吨,占比从 1990 年的 12.20% 增长到 2020 年的 28.78%。

表 2-6　浙江省水产品产量(万吨)

年份	水产品产量	海水产品产量	海水养殖产品产量	远洋渔业产量
1990	138.98	113.17	13.81	—
1991	151.09	123.53	15.20	—
1992	169.75	140.20	17.34	—
1993	189.29	156.06	19.05	—
1994	258.02	222.30	24.68	—
1995	318.07	278.70	31.69	—

续表

年份	水产品产量	海水产品产量	海水养殖产品产量	远洋渔业产量
1996	342.14	299.23	39.51	—
1997	377.68	331.97	38.90	—
1998	422.73	372.80	46.49	—
1999	442.73	389.41	58.17	—
2000	469.51	410.46	70.88	—
2001	472.85	406.96	77.66	—
2002	480.68	409.33	85.15	—
2003	482.82	406.00	91.85	—
2004	493.53	414.98	92.94	—
2005	483.77	402.37	88.11	—
2006	433.85	360.80	76.32	15.84
2007	433.87	356.36	86.13	18.74
2008	418.79	337.60	83.08	20.20
2009	440.31	353.81	76.46	10.71
2010	477.95	381.23	82.57	16.56
2011	515.81	410.98	84.49	23.47
2012	539.58	431.24	86.14	29.09
2013	550.82	443.19	87.17	36.80
2014	575.06	468.22	89.79	54.15
2015	602.00	491.20	93.34	61.17
2016	584.35	470.08	97.19	41.44
2017	594.45	472.37	116.26	46.79
2018	595.71	469.34	120.90	61.05
2019	600.40	467.30	127.04	67.90
2020	615.41	476.79	137.24	82.69

远洋渔业上,浙江省远洋渔业发展迅速,其产品从 2006 年的 15.84 万吨迅速增长到 2020 年的 82.69 万吨,增长幅度达 422.03%。1985 年 3 月 10 日,中国水产总公司 13 艘渔船、223 名船员组成的远洋渔业船队从福建马尾起航,劈波斩浪,远航万里,抵达非洲,随即与几内亚比绍、塞内加尔等西非国家开展远洋渔业合作,实现了我国远洋渔业"零"的突破。尽管我国远洋渔业起步迟于渔业发达国家,但发展势头却丝毫不落下风。1994 年,我国远洋捕捞的产量只有 69 万吨;到 2018 年,全国远洋渔业总产量和总产值分别为 225.75 万吨和 262.73 亿元,作业远洋渔船达到 2600 多艘,船队总体规模和远洋渔业产量均居世界前列。"十三五"期间,浙江省远洋捕捞总产量达到 255 万吨,捕捞产值 295 亿元,带动相关产业总产值超过 1400 亿元。其中,舟山拥有全国首个获批国家远洋渔业基地,是目前全国最大的远洋鱿鱼生产基地、产品集散地和主要加工区,形成了远洋渔业产业集聚区。

浙江省海洋渔业产量集中在沿海 6 个地级市(表 2-7),海洋鱼类产品产量呈现舟山＞台州＞宁波＞温州＞嘉兴＞绍兴的特征。舟山市以海岛众多、海洋资源丰富且靠近舟山渔场的优越区位条件等优势,使得海洋渔业经济较为发达,海洋鱼类产品产量从 1990 年的 33.63 万吨增长到 2020 年的 54.39 万吨,增长幅度达 61.73%。舟山从靠海吃海的偏远海岛和偏僻渔村,逐渐发展成为中国的渔业强市,其渔业足迹遍布太平洋、大西洋和印度洋,且逐渐形成了以养殖、捕捞、加工、冷冻运输、消费服务等完整的渔业产业链。其次台州市海洋鱼类产品产量占比较大,从 1990 年的 10.47 万吨增长到 2020 年的 56.22 万吨,增长幅度达 436.96%,借助台州港、众多河流入海口及海湾,台州市海水养殖和海洋捕捞快速发展。宁波海洋渔业产品产量保持增长态势,其中慈溪市、象山县等均是宁波渔业发展的重要县市。象山县北有象山港,南有国家四大渔港——石浦渔港,素有"东方不老岛,海山仙子国"之称,其海域面积 6618km²,岛礁 656 个,海岸线长 925km,且海洋渔业资源丰富,盛产 440 多种鱼类,80 多种甲壳类,100 多种贝类,故海洋鱼类产品产量较高。整体上看,宁波市鱼类产品产量从 1990 年的 9.46 万吨增长到 2020 年的 38.82 万吨,增长幅度达 310.36%。温州市与台州市区位条件较为相似,有着良好的港湾和入海河流,发展海水养殖和海洋捕捞产业条件优越,故其鱼类产品产量从 1990 年的 9.60 万吨增长到 2020 年的 29.14 万吨。嘉兴和绍兴靠近杭州湾,但海域面积较小,故海洋鱼类产品产量较低。

表 2-7　浙江省沿海地级市海洋鱼类产品产量(万吨)

年份	宁波市	嘉兴市	绍兴市	舟山市	温州市	台州市
1990	9.46	0.22	0.25	33.63	9.60	10.47
1991	11.64	0.17	0.28	41.88	10.38	10.69
1992	16.95	0.31	0.25	42.14	11.13	13.85
1993	21.36	0.27	0.25	38.89	11.90	16.16
1994	26.76	0.29	0.23	49.45	15.92	28.74
1995	34.28	0.34	0.26	59.63	22.39	45.90
1996	34.83	0.35	0.28	61.98	24.45	49.80
1997	37.92	0.32	0.32	72.31	28.41	54.45
1998	38.40	0.36	0.32	85.11	32.47	69.56
1999	42.63	0.46	0.33	81.62	34.52	61.83
2000	41.97	0.48	0.28	81.80	37.46	61.03
2001	40.92	0.51	0.24	80.13	37.77	57.93
2002	42.84	0.52	0.23	81.85	36.44	63.12
2003	42.45	0.37	0.19	64.11	34.58	63.30
2004	42.13	0.34	0.20	69.09	35.35	51.99
2005	42.72	0.36	0.16	66.05	34.74	62.08
2006	44.34	0.36	0.16	64.90	34.27	61.03
2007	44.40	0.29	0.16	63.31	34.47	64.72
2008	44.87	0.15	0.13	68.72	32.59	67.20
2009	44.46	0.18	0.13	69.75	32.62	63.38
2010	44.45	0.25	0.09	72.32	31.29	65.06
2011	48.30	0.28	0.08	76.55	30.09	65.59
2012	47.93	0.28	0.08	72.94	28.88	63.44
2013	48.61	0.27	0.07	72.66	29.78	63.56

续表

年份	宁波市	嘉兴市	绍兴市	舟山市	温州市	台州市
2014	48.98	0.08	0.07	69.28	31.58	64.47
2015	49.99	0.04	0.05	70.83	34.24	70.74
2016	52.15	0.06	0.05	75.06	35.01	74.85
2017	49.76	0.04	0.19	69.75	33.85	65.58
2018	43.66	0.03	0.19	68.79	32.58	60.99
2019	41.22	0.02	0.04	57.57	31.00	57.62
2020	38.82	0.03	0.04	54.39	29.14	56.22

（3）渔业养殖规模发展迅猛

浙江省坚持"以养为主"发展道路,虽然海洋捕捞与远洋渔业带来了丰厚的经济效益,但在人类活动高强度开发下,海洋渔业资源趋于退化和衰减,故发展渔业养殖才是未来渔业发展的重要方向。浙江省海水养殖集中于海岸带与近海海域,其发展海水养殖面积低于淡水养殖面积,但两者均是浙江省渔业养殖的重要组成部分。淡水养殖面积趋于下降,从 1990 年的 181.27km² 缩减到 2020 年的 172.29km²,而海水养殖面积趋于快速扩张,从 1990 年的 18.43km² 扩张到 2020 年的 82.54km²,扩张了 64.11km²,增长幅度达 347.78%。随着海水养殖技术的提升,如海水围塘多营养层次立体养殖技术,可大幅提升海水养殖效率。海水围塘多营养层次立体养殖技术根据不同养殖生物间的共生互补原理,充分利用海水围塘的水域空间与池塘滩面,在海水围塘中进行水中养虾、水底养蟹、底泥养贝的立体化、多营养层次生态养殖。目前,浙江省常见的海水围塘多营养层次立体养殖品种主要有梭子蟹－日本对虾、梭子蟹－日本对虾－缢蛏、青蟹－脊尾白虾－泥蚶－缢蛏等模式。2019 年,海水围塘多营养层次立体养殖技术在我省宁波、舟山、台州、温州等沿海地区推广应用面积 27 万亩以上,亩均效益 4400 元。

（4）水产科学研究提升,保障水产事业发展

改革开放以来,浙江省水产事业突飞猛进,其中离不开水产科学技术的支持。水产科研推广机构由新中国成立初期的 1 个增加到 2019 年的 404

个,专业占 67 个,综合占 337 个,水产技术推广人员达 820 人,其中省级站 19 人,市级站 77 人,县级站 337 人,区域站 9 人,乡级站 378 人,在水产科研机构和推广技术人员的支撑下,浙江省渔业经济产值和产量快速增长。水产科学研究为科学育虾蟹和鱼苗、高效养殖、环境治理等提供了有效的技术支持,如南美白对虾、斑节对虾、三疣梭子蟹、大小黄鱼、黄姑鱼、虎斑乌贼等品种改良。

(5)水产国际贸易增长,出口创汇成绩优异

浙江省水产出口历史悠久,远销韩国、日本、欧盟、美国、泰国、俄罗斯等多个国家和地区,为区域海洋渔业经济出口创汇贡献突出(表 2-8)。其他国家、地区类出口量 16.84 万吨(占总出口 37.32%),金额 5.29 亿美元(占总出口 28.95%),同比重量增加 9.47%,金额增加 7.74%。南非、埃及、肯尼亚、阿尔及利亚等非洲国家市场增长最快。

以 2021 年浙江省水海产品出口为例(表 2-9)。2021 年 1—12 月浙江省水海产品出口总量 45.12 万吨(同比增加 3.26%),出口金额 18.28 亿美元(同比增加 7.30%),但同比 2019 年出口量与出口额分别下降 9.08% 和 7.59%,仍未完全恢复到疫情前的水平。尽管受到新冠疫情的持续影响,浙江省水海产品消费市场依然持续坚挺[3]。

表 2-8　2021 年 1—12 月浙江省水产品出口主要国家情况

国家/地区	2020 年		2021 年		同比	
	重量(吨)	金额(万美元)	重量(吨)	金额(万美元)	重量	金额
韩国	67283.24	20432.01	60603.92	18585.41	−9.93%	−9.04%
日本	65005.93	40356.15	72799.14	43887.45	11.99%	8.75%
欧盟	85233.05	35340.65	87226.99	41921.08	2.34%	18.62%
美国	18574.69	9755.86	16062.67	10417.76	−13.52%	6.78%
泰国	32984.92	10054.38	32287.46	8951.02	−2.11%	−10.97%
俄罗斯	14064.77	5330.91	13855.69	6135.52	−1.49%	15.09%
其他国家、地区	153824.92	49113.11	168397.80	52916.47	9.47%	7.74%
合计	436971.52	170383.07	451233.67	182814.71	3.26%	7.30%

①海水鱼类出口量 32.85 万吨(占总出口 72.80%),金额 9.60 亿美元(占总出口 52.52%),同比重量减少 0.50%,金额减少 1.50%。鱼类主要产品为金枪鱼、鲣鱼和鲭鱼,其中鲭鱼及鱼糜类产品增长快速,金枪鱼与鲣鱼产品略有下降。②海水虾类出口量 2.84 万吨(占总出口 6.29%),金额 2.46 亿美元(占总出口 13.48%),同比重量增加 12.10%,金额增加 19.25%;同比 2019 年出口量额分别上涨 1.57% 和 7.55%,是主要品类中唯一同比疫情前有所上涨的。③海水蟹类出口量 1.75 万吨(占总出口 3.88%),金额 7091.50 万美元(占总出口 3.88%),同比重量增加 9.55%,金额增加 16.25%;同比 2019 年出口量额分别下降 27.18% 和 18.23%,在主要品类中下降幅度最大。④海水贝类出口量 3690.61 吨(占总出口 0.82%),金额 906.49 万美元(占总出口 0.50%),同比重量增加 36.00%,金额增加 5.13%;在小品类中增幅第一,已超过疫情的水平,但呈现明显的量增价减态势。⑤头足类出口量 6.41 万吨(占总出口 14.20%),金额 3.31 亿美元(占总出口 18.12%),在出口产品中量额占比均列第二,同比重量增加 22.86%,金额增加 17.14%,与疫情前水平基本持平。⑥淡水产品类出口量 6413.37 吨(占总出口 1.42%),金额 1.51 亿美元(占总出口 8.27%),同比重量减少 14.28%,金额增加 18.13%;同比 2019 年出口量下降 12.72%,出口额增长 3.60%。⑦其他类出口量 2690.91 吨(占总出口 0.60%),金额 5915.62 万美元(占总出口 3.24%),同比重量减少 16.20%,金额增加 40.91%;同比 2019 年出口量下降 19.11%,出口额下降 3%。

表 2-9   2021 年 1—12 月浙江省水产品出口情况

分类	2020 年		2021 年		同比	
	重量(吨)	金额(万美元)	重量(吨)	金额(万美元)	重量	金额
海水鱼	330131.73	97473.62	328494.95	96007.13	−0.50%	−1.50%
海水虾	25312.77	20669.66	28376.04	24647.92	12.10%	19.25%
海水蟹	15984.53	6100.42	17511.14	7091.50	9.55%	16.25%
海水贝	2713.72	862.22	3690.61	906.49	36.00%	5.13%
头足类	52136.36	28274.08	64056.65	33119.49	22.86%	17.14%

续表

分类	2020 年		2021 年		同比	
	重量 （吨）	金额 （万美元）	重量 （吨）	金额 （万美元）	重量	金额
淡水产品	7481.43	12805.05	6413.37	15126.56	−14.28%	18.13%
其他	3210.98	4198.02	2690.91	5915.62	−16.20%	40.91%
合计	436971.52	170383.07	451233.67	182814.71	3.26%	7.30%

2021 年 1—12 月浙江省水海产品进口量 24.54 万吨（表 2-10），同比增长 39.02%；进口额 10.39 亿美元，同比增长 80.20%，在全球贸易和物流业遭受重挫的疫情防控期间，仍保持着稳定高速的增长趋势。主要增长品类以海水蟹类、海水虾类和头足类为主。在其他各大消费市场需求萎缩的情况下，中国消费市场始终坚挺。

表 2-10　2021 年 1—12 月浙江省水产品进口情况

分类	2020 年		2021 年		同比	
	重量 （吨）	金额 （万美元）	重量 （吨）	金额 （万美元）	重量	金额
海水鱼	64139.86	14536.17	60562.29	19007.49	−5.58%	30.76%
海水虾	46272.5	27226.76	95349.49	60418.7	106.06%	121.91%
海水蟹	1020.36	828.73	5088.15	4103.21	398.66%	395.12%
海水贝	529.67	368.01	712.67	293.68	34.55%	−20.20%
头足类	31778.41	6473.55	59471.96	12854.54	87.15%	98.57%
淡水产品	9144.85	1589.35	9128.69	1666.98	−0.18%	4.88%
其他	23603.61	6648.79	15049.89	5577.65	−36.24%	−16.11%
合计	176489.26	57671.36	245363.14	103922.25	39.02%	80.20%

（6）国际合作不断加深，海洋渔业加快"走出去"战略

加强国际渔业合作是拓宽我国海洋渔业发展道路、提升我国远洋渔业装备水平、优化国际渔业资源利用的有效途径。浙江省积极开展国际渔业合作，推动渔业高质量发展。浙江省与日本、非洲西岸典型国家、加勒比国

家格林纳达等国家积极开展国际渔业合作项目,进一步加强渔业交流与合作,推动实施海洋渔业"走出去"战略,其中舟山市的远洋渔业具有典型的代表性。舟山是我国最早发展远洋渔业的地区之一。30 年来,舟山市远洋渔业逐步发展壮大,形成了以大洋性远洋鱿钓、金枪鱼钓作业为主体,其他过洋性作业为补充的产业格局,走出了一条群众远洋渔业主导、民营企业蓬勃发展的路子。全市现有远洋渔业资格企业 33 家,远洋渔船 460 艘,均占全国的 20%;远洋渔业经济总产出超过 100 亿元,总产量近 50 万吨,占全国 22%,其中远洋鱿钓产量占全国 60% 以上,被中国远洋渔业协会授予"中国鱿钓第一市"称号。

2.4.2　浙江省海洋渔业事业发展演变特征

1978 年 10 月 18 日,《人民日报》发表《千方百计解决吃鱼问题》。1979 年 4 月,农牧渔业部批准浙江建设第一批淡水鱼商品鱼基地。浙江省立足于东海丰富的渔业资源和优越的自然地理环境,渔业经济和产量得到快速发展,老百姓吃鱼难问题很快得到解决[4]。40 年风雨兼程,从改革开放初期"摸着石头过河"、推动海洋渔业事业异军突起,到 20 世纪 90 年代浙江海洋与渔业蓬勃发展,变化翻天覆地。从"八八战略"擘画全面深化改革大旗,到"最多跑一次"改革声动全国……一步步走来,浙江逐渐从海洋大省迈向海洋强省,由传统渔业转向现代渔业,产业结构不断优化,行业管理不断加强,发展水平不断提高,渔民收入不断增长,海洋经济正向着高质量发展快速跃升。

(1)坚持"以养为主"发展道路

20 世纪 70 年代后期,全国水产品产量一直徘徊在 450 万吨左右,全国人均水产品只有 4.5kg,市场供应十分紧张,人们吃鱼难的问题长期得不到解决。1979 年召开的全国水产工作会议,确定了"大力保护资源,积极发展养殖,提高产品质量"3 个产业调整重点,并明确今后产量增加的主要来源是发展养殖。浙江积极响应,开始实行"以养殖为主"的渔业发展方针。1979 年,国家决定将浙江杭嘉湖地区老鱼塘改造列为国家商品鱼基地。至 1985 年,全省共建成国家商品鱼基地 1179 个,建成鱼塘面积 85696 亩,交售给国家的商品鱼达到 3928 吨。

水产养殖业的发展,使浙江沉睡千年的荒滩、荒水变为生机勃勃的"聚宝盆"。大量在全国乃至全球各地从事水产行业的浙江养殖群体,被称为中国水产养殖业的"标杆人群"。在中国水产养殖的发展史上,浙江无疑作出了巨大贡献。在养殖方式上,浙江人推崇养殖塘生态化改造和稻鱼共生轮作模式,涌现出一大批池塘循环水养殖和生态养殖小区。随之兴起的稻田生态种养方式既实现了生态循环,又增加了种粮效益和发展空间。40 年来的实践证明"以养为主"是一条发展渔业的正确道路,浙江省渔业由此实现了快速的发展。

(2)多面探索海洋渔业经济新视野

改革开放以后,浙江积极开拓 3 个渔业发展空间,发展远洋渔业、增殖放流和休闲渔业,逐渐成长为渔业产业大省。

20 世纪 80 年代末,浙江积极探索远洋渔业的发展道路,舟山一些有先见之明的渔民开始投身远洋渔业,并逐渐成长为当地的"渔老大"。经过多年发展,2017 年,舟山市共有远洋生产渔船 581 艘,远洋渔业产量 38.22 万吨,产值 41.3 亿元,占全省产值的比例达到近七成。近年来,舟山"远洋人"购入"欣洲轮",扬帆出海,大力发展远洋渔业。"欣洲轮"带回的鱿鱼成了抢手货,各种型号的冷藏运输加工船驶入沈家门……如今,舟山远洋渔业已实现海上捕捞与加工一体化。在舟山的带动下,浙江远洋渔业蓬勃发展,2017 年全省远洋渔业产量 49.5 万吨,产值 60.3 亿元,均占全国的 1/4。

同时,浙江大力发展增殖放流。2016 年,400 多万尾大黄鱼、黑鲷等鱼苗放入东海。杭州、宁波、温州、台州等地放流海水、淡水鱼类苗种 1000 多万尾。据初步统计,2015—2017 年,全省累计投入超过 3.8 亿元,放流各类水生生物苗种 150 亿单位以上,增殖放流范围已经扩展到全省 90 多个县(市、区)。近年来,海洋休闲渔业成为浙江海洋经济发展的新增长点。据统计,2017 年接待游客 1233.3 万人,总产出 24.3 亿元。在农业部公布的 2017 年休闲渔业品牌创建主体认定名单上,浙江有 13 家单位榜上有名。

(3)渔业快速发展,海洋资源优化配置

改革开放 40 年来,浙江海洋经济迅速发展。特别是随着《浙江省海洋开发规划纲要(1993—2010 年)》的实施,浙江海洋经济更是快马加鞭。2003 年,浙江省第三次海洋经济工作会议召开,时任中共浙江省委书记的习近平提出了"建设海洋经济强省"的战略目标和重大举措。2011 年 2 月,国务院正式批复《浙江海洋经济发展示范区规划》,海洋经济发展示范区建设上升为国家战略。近几年,浙江充分挖掘"海洋生产力",把海洋经济作为经济转型升级的突破口。2017年,浙江省海洋生产总值达到7600亿元,增速比2016年高出5个百分点。

如此高效和高速的发展状态,与浙江在全国较早推进要素市场化配置、资源环境有偿使用等改革有着紧密的联系。从2013年开始,浙江出台施行《浙江省海域使用管理条例》,在国内率先以招拍挂的形式发售经营性用海的海域使用权。2017年,浙江省在严格执行国家围填海总量管理制度的前提下,出台了《围填海计划差别化管理暂行办法》,建立起指标安排与指标使用效率、产业导向、省级重点项目完成情况等内容挂钩的管理机制,提高用海用岛生态门槛,禁止落后产能和"三高"项目用海,倒逼沿海地区加快海洋产业结构优化,促进了海洋资源要素有效保护与高效配置的有机结合。

在全省深入推进"最多跑一次"、全面深化"放管服"改革的背景下,浙江省出台实施了"公益性用海审批目录",审批效率提高了80%以上,保障了沿海地区民生用海需求。同时,进一步建立健全重大项目用海用岛机制,推行重大项目用海(岛)"即报即审""专人跟进制""咨询商议制"等制度,切实保障了舟山江海联运中心等一批国家重大项目加快落地。

(4)渔业发展转型,生态渔业优先

2008年,浙江省委、省政府明确提出要大力发展生态渔业,根据"创业富民、创新强省"总战略的要求,围绕现代渔业建设,浙江海洋人开始转变发展思路,积极探索海洋资源保护新模式,走向了一条向生态要效益的新路。此后,浙江着力实施"生态渔业建设三大行动计划",修复全省八大水系和重要渔业水域,进一步加大增殖放流力度;坚持"生态强渔富民"的理念,实施生态强渔富民行动计划;实施"以鱼养水、以鱼洁水"的渔业洁水保水行动计划,打造生态渔业品牌,推动全省洁水渔业建设。

2003—2006年,习近平多次到浙江海岛、渔村,就加快发展海洋经济、调整渔业产业结构等问题深入调研。他强调,发展经济,绝不能以牺牲海洋生态环境为代价,不能走先污染后治理的路子,一定要坚持开发与保护并举的方针,全面促进海洋经济可持续发展。

为了进一步保护和合理利用海洋生物资源,浙江渔场修复振兴暨"一打三整治",在全国率先打响了依法治海、依法治渔"第一枪"。这些年来,省委、省政府持续发力,加大海洋渔业资源特别是幼鱼资源的保护力度。2014年,省委、省政府启动浙江渔场修复振兴计划。2016年,浙江省人大常委会通过决定,以地方人大专项决定形式为海洋渔业资源保护提供法治保障,这在当时国内尚属首例。

这一时期,浙江还全面实施以入海排污口整治为主的海洋环境综合治理,强化近岸海域 344 个站位季度水质监测、"三湾一港"166 个站位月度水质监测、47 个陆源入海排污口月度监测。近年来,浙江逐步加大对海洋生态文明建设的投入。2017 年,《浙江省海洋生态红线划定方案》的正式发布,宣告浙江海洋生态红线先于陆域生态红线全面划定,牢牢守住浙江海上"大花园"的生态安全底线。2018 年 3 月,《浙江省海岸线整治修复三年行动方案》出台,预期至 2020 年完成全省 342.58km 海岸线整治修复,确保全省大陆自然岸线保有率不低于 35%、海岛自然岸线保有率不低于 78%。启动"蓝色海湾"整治,构建水净岸洁、生态和谐、文景共荣的"黄金美丽海岸线",以期实现真正"还海于民"。

(5)建设安全渔港,保障渔业渔民安全

改革开放 40 年来,浙江海洋预报减灾机制体制不断完善,能力不断提升,持续为沿海各地提供科学的预报信息,筑起生命财产安全的"防护堤",在防御海洋灾害、保障沿海地区经济社会可持续发展、支撑海洋强国建设上发挥着积极作用。

近 10 年来,浙江按照习近平总书记系列批示精神,全面实施了"十一五""十二五"标准渔港的建设,渔船的停泊、避风条件有了很大改善,有效缓解了渔船回港航程远、避风难、安全保障低的困境,基本解决了基础设施落后、港池有效避风面积严重不足、服务功能偏低等问题,在防灾减灾、服务渔区、方便渔民和保障渔业安全生产等方面取得显著成效,在渔港建设投资力度、建设标准、项目管理水平等方面均走在了全国前列。

根据 2016 年渔港普查数据,浙江现有渔港共 208 个,其中中心渔港 10个,一级渔港 18 个,二级渔港 35 个,三级渔港 43 个,等级以下渔港 102 个。这些年,浙江的渔港设施逐步完善,服务功能有效提升,建成了通讯、监控、航标、气象、水文观测等一系列配套设施,拓展和提升了渔港管理及服务功能,提高了工作效率,降低了执法成本。

渔港的建设和发展带动了渔区水产品交易流通、冷藏加工、生产补给、休闲渔业等第二、第三产业迅速发展,为渔民从事渔业加工、流通和服务创造了条件和就业机会。定海西码头中心渔港、宁波石浦渔港、温岭中心渔港及洞头中心渔港等渔港的产业迅速聚集,已成为建设现代渔业和建设社会主义新渔区的重要载体,带动了浙江沿海重要渔区经济的发展。

(6)科技兴海,海洋强国

1978年春天,在全国科学大会上,邓小平提出"科学技术是生产力"的著名论断。海洋人在全国科学技术规划会议上提出"查清中国海、进军三大洋、登上南极洲"的目标,期待着海洋科技的引领支撑。但此后很多年,浙江的海洋科技发展一直是"一纸空白"。直到2003年,在浙江省海洋经济工作会议上,习近平指出,要深入实施"科技兴海"战略,加快人才培养和引进,大力推进海洋科技创新和进步,促进海洋开发由粗放型向集约型转变,不断提高海洋经济发展水平。

从21世纪初开始,浙江的海洋科技迅速崛起。2017年,舟山国家远洋渔业基地被授牌为国家"科技兴海"产业示范基地,成为集码头、冷链服务、口岸监管、后勤配套和水产品交易市场等设施功能于一体的海洋生物资源集散中心。2017年,舟山LHD模块化大型海洋潮流能发电项目成果通过专家鉴定,一致认为该成果总体上达到国际领先水平。作为目前世界上唯一一台实现全天候稳定发电并网的潮流能项目,该项目使浙江乃至我国一跃成为国际海洋能开发的佼佼者。这些年的实践充分证明,科技兴海战略在浙江这片蓝海上已经绽放绚丽的花朵,正在结出饱满的果实。当前和未来一个时期,浙江将坚定不移贯彻习近平提出的科技兴海战略思想,持续加大科技攻关和成果转化力度,全面加快海洋科技创新步伐,为浙江实现跨越式发展提供科技支撑,为海洋强国建设贡献浙江力量。

2.5　海洋渔业资源利用及渔业经济发展的浙江经验

浙江作为中国沿海渔业大省,海淡水增殖、养殖条件良好,气候适宜,渔业资源丰富,综合生产能力位居全国前列。2019年,浙江省渔业经济总产值达到了 22326304.00 万元,占全国渔业经济总产值的 8.45%,在全国省区市中排名第 6,仅次于山东、广东、福建、江苏、湖北,其中渔业产值为 11017107.00 万元,占全国渔业产量的 8.52%。此外,浙江省渔业产值占农业产值比重达到 32.70%,充分表明了浙江省海洋渔业经济强省的重要地位。浙江省按照"以安为先,以养为主,养殖、捕捞、加工并举"的渔业发展方针,坚持生态统领,强化法治引领,深化改革创新,加快渔业发展方式转变,取得了阶段性成效,也为渔业经济发展积累了宝贵的经验。我们以浙江省海洋渔业经济发展最为突出的舟山市和宁波市象山县为例进行深入分析,以期为中国沿海及内陆渔业经济发展提供一定的典型案例。

2.5.1　舟山"一条鱼"发展内涵与路径

舟山渔业经济自改革开放以来快速发展,从靠海吃海到依海而兴,从近海逐渐迈向深蓝和远洋,舟山渔业已经成为一张鲜亮的海洋名片。舟山渔业作为海洋经济的重要组成部分,目前已经形成了捕捞、养殖、运输、加工、贸易、服务等完整的产业链,舟山渔业生产规模、生产能力、经济体制、综合实力均得到了大幅度提升,渔业经济发展取得显著成效(图 2-3)。

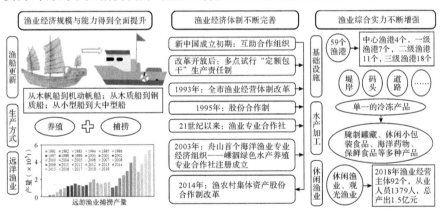

图 2-3　舟山渔业经济所取得的成效

为推动舟山渔业经济又快又好的高质量发展,打造舟山千亿级产业集群,舟山市政府提出了"一条鱼"全产业链发展目标和行动计划。舟山市海洋与渔业局发布《舟山市"一条鱼"全产业链发展建设三年行动计划(2021—2024)》

的公开招标。当前关于"一条鱼"的发展内涵还未正式公布，该项目的承担
单位还处于调研阶段。参考国内外渔业经济的发展经验与舟山市渔业经济
的发展实际情况，结合浙江省舟山市海洋与渔业局蔡朝才局长对"一条鱼"
全产业链项目的指导意见，我们提出了"一条鱼"的发展内涵（图2-4）。

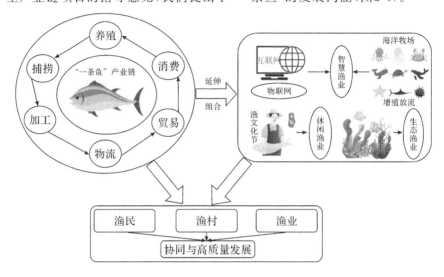

图 2-4　舟山"一条鱼"发展内涵

　　"一条鱼"的发展内涵就是如何实现"一条鱼"价值的最大化。传统渔业
生产活动仅包括捕捞/养殖→粗加工或未加工→运输→消费者，产业链较短
且无法最大化地发挥"鱼"的价值，"一条鱼"则是要发挥以"鱼"为核心的全
产业链发展，包括养殖、捕捞、加工、物流、贸易、消费等多个环节的有机融
合，涵盖了优质种苗培育、生态渔业养殖、仓储和包装、科学冷冻、鱼类初加
工和食品深加工、便捷物流、贸易消费、餐饮休闲等众多行业，惠及数万从业
人员的特征鲜明、经济价值高的"鱼"产业链。此外，"一条鱼"全产业链不仅
仅是产业链的延伸，更是科技、信息、服务等方向的延伸与组合。首先借助
互联网和物联网，提升渔业产业的科技水平，建设科技化和信息化的海洋牧
场，通过增殖放流修复渔业资源，推动舟山市智慧渔业的形成与发展。其
次，充分挖掘以"鱼"和"渔"为核心的渔文化活动，推动渔文化第三产业和休
闲渔业发展。最后，修复渔业生态环境，建设绿色、环保、可持续的生态渔
业。发展具有新兴技术和发达信息的"一条鱼"全产业链，可以推动舟山市

渔民、渔村、渔业协同与高质量发展。

　　渔业作为农业的重要组成部分,是提升人民生活水平和补充粮食来源的重要途径,故保障渔业安全生产和高质量发展至关重要。舟山市政府和海洋与渔业局提出"一条鱼"全产业链发展目标,可有效实现渔民富裕、渔村繁荣、渔业发达的建设前景,全力实现"一条鱼"价值的最大化。其"一条鱼"发展路径主要如下(图 2-5)。

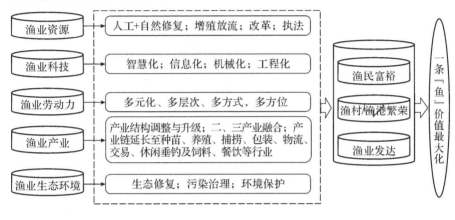

图 2-5　舟山市"一条鱼"发展路径

（1）加强渔业资源修复养护

　　渔业资源衰退是舟山市渔业经济发展首要解决的难题,保障优质的渔业资源更是"一条鱼"发展目标实现的前提条件。从渔业资源捕捞上看,需要做好海洋渔业捕捞工作,推进海洋渔业资源修复工作。首先落实全域休渔与禁渔工作,对渔业资源衰退严重的海域实施严格的禁渔及海洋伏季休渔工作,强化渔业安全生产,明确渔业资源的产权问题,努力推进海洋捕捞渔民转行转产,并缩减海洋捕捞产量。其次积极推动渔业生态系统自然修复,并结合生态工程技术进行人工修复,如增殖放流、人工鱼礁等,推动渔业捕捞集约型发展,坚决取缔"绝户网"和"三无"船,通过对渔业资源的"开源"与"节流"实现渔业资源的可持续发展。从渔业资源养殖上看,需要发展绿色生态化的水产养殖业。首先以整治和规范为重点工作,严格全面整治、清理和取缔舟山市非法养殖的活动[24],对养殖水域进行污染监测,规范水域和滩涂养殖工作,提高水产养殖的建设标准,以高标准的水产养殖场引领未来水产养殖建设和经营。其次以提升和升级为主要方向,提升渔业养殖设备和升级海洋渔业养殖装备,增强抵抗自然灾害的抗风浪能力。

(2)强化渔业科技支撑能力

传统渔业发展依托于丰富的渔业资源,而在资源衰退的背景下,科技兴渔、科技强渔是实现"一条鱼"发展目标的重要途径,故如何提升渔业产业的科学技术水平至关重要。首先,建设智慧化渔业。以互联网、物联网、人工智能等高新技术结合渔业各个产业链,发展绿色养殖、最优化捕捞、深加工、便捷物流、终端服务等"一条鱼"全产业智慧链。第二,建设信息化渔业。以新兴技术和大数据为支撑,建设从鱼到渔的产、供、销及相关的管理和服务渔业信息化产业链。第三,建设机械化渔业。从渔业的育苗育种、养殖捕捞、尾水处理、海洋渔业工程、人工鱼礁等多个薄弱环节提升机械化水平,更新水产养殖设备机械化、绿色生产过程机械化。第四,建设工程化渔业。即立足于科技、信息、机械化渔业发展,建设工厂化、集装箱式和池塘工程化等循环渔业经济发展模式。综上,要充分发挥高新技术引领生产力的积极作用,运用于渔业经济中,结合科研机构、高校院所等人才与技术优势,大力发展循环渔业、生态渔业,从而实现以低投入、零污染、高产出的高质量、可持续渔业发展新模式。

(3)培养高素质的渔业从业队伍

渔业生产活动的主体是渔民,故培养高素质的渔业从业队伍是实现"一条鱼"发展的重要推动力。建设高素质的基层水产养殖、海洋捕捞、渔业生产经营和管理等产业链的渔业从业人员,是完备科技兴渔战略的重要举措。培养高素质的渔业劳动力,提升渔业专业能力,并逐渐推广"一条鱼"全产业链涉及各项技术的基础性力量。当前要建设智慧化、信息化、科技化等特征的渔业经济,离不开高素质的渔业开发技术人员和从业人员,包括高校老师与学生、科研院所和创新企业员工等,故提升渔业技术人员的专业技能、培养水产技术推广人员、组织专业技术培训,对提升渔民素质和专业能力有着极大促进作用,帮助渔民应对科学养殖和捕捞、育苗、病虫害和疾病防治、自然灾害、水质污染、环境保护等面临的难题。通过建设本领过硬、工作能力强、群众信得过的渔业专业人才队伍,培养多元化、多层次、多方式、多方位的渔业专业人员,大幅提升区域渔业的公共服务能力,以保障"一条鱼"目标快速推动和实施。

（4）渔业产业融合与升级

渔业经济发展离不开良好的产业结构，加快舟山市渔业产业结构升级与融合是实现"一条鱼"目标的核心举措。渔业产业结构调整，需要依托于海岛的中心渔港和一级渔港，借助渔业经济区，积极推进附加值高、产业链长的渔业水产品精深加工和冷链物流，政策引导渔民走上海岸。要建设科技化、信息化的海洋牧场，发展设施渔业、智慧渔业和新兴渔业；加快增殖放流和人工鱼礁建设工作的进程，积极修复和养护渔业生态环境和生态系统，以精品优质的海洋渔业资源带动渔业增殖、休闲渔业、观光渔业等二、三产业的有机融合且高速发展；围绕舟山市"渔民、渔村、渔港、渔业"的产业特色，深入挖掘渔文化的浓厚底蕴，发展以渔为核心的渔文化节日，以服务业带动第二、第一产业发展，拉动渔民增收、渔业增效。

（5）科学修复渔业生态环境

科学修复渔业生态环境是推动"一条鱼"目标实现的外在环境保障。高强度开发下的舟山市渔业生态环境已达到生态承载力的阈值。修复渔业生态环境一般包括工程措施、生物措施和政策措施，主要包括人工鱼礁建设来恢复被渔网（底拖网）破坏的海洋生物资源的生境、增殖放流来修复日益衰减的渔业资源、海洋牧场则是以生态学角度结合工程措施来科学养护渔业资源。此外，以科技、信息、工程融入渔业生产经营活动，发展循环、绿色、生态、智慧的新型渔业经济，对修复和养护渔业生态环境至关重要。最后，政府也需要制定严格的渔业生态环境保护政策和法律法规，严格取缔污染大、违法捕捞等生产活动，明确渔业资源的产权问题，加强对禁渔期和禁渔区的监察。渔业生态环境保护和修复离不开群众的配合和支持，故引导广大群众参与到渔业生态环境保护中来，使其意识到当前渔业资源衰减的重要性和加强环境保护的显著意义，实现全民参与、全民监督。结合工程和生物措施、政府政策和群众参与，共同作用于渔业这个脆弱的生态环境，可实现渔业经济的可持续和高质量发展。

2.5.2　宁波象山县海洋渔业经济转型发展

象山渔业有悠久的历史，是传统产业，也是特色产业。在进入改革开放时期之后,随着海洋经济时代的来临,象山在渔业出现了前所未有的发展态势,最引人瞩目的是 20 世纪 90 年代形成规模的象山钢质渔轮船队。1995年,象山水产品产量达 34.2 万吨,进入中国渔业五大县行列。其后,象山县获得全国水产品生产先进县、中国水产之乡、中国梭子蟹之乡、中国海鲜之都称号。以渔业为基础,"海洋""海鲜""海景""海洋渔文化"成为象山最响亮的名片。象山作为全国渔业大县、中国水产之乡、浙江省水产养殖强县,近年来以发展绿色生态渔业为主线,以水产品质量安全管控为抓手,以渔业科技创新为引领,推进传统渔业向生态、绿色、质量渔业转变,实现渔业产业化、组织化和品牌化,渔业健康养殖呈良好发展态势。其渔业经济的快速发展道路具有显著的借鉴意义。将象山县渔业经济发展道路可以概括为以下方面。

(1)加大"鱼"品牌培育力度,推进传统"渔"业转型升级

身为中国海洋渔业大县,象山县目前共有水产食品加工企业 200 余家,2015 年水产品产量近 60 万吨,总产值 84.8 亿元,位居浙江省第一[5]。但随着全国水产品市场的繁荣,同业竞争也日渐加剧。为让象山县水产品在市场竞争中保持领先地位,引导渔民、渔企走上致富之路,近年来,象山县市场监管局全面贯彻落实商标强企战略,服务培育本地水产品品牌,加大对骨干渔企的指导帮扶力度。目前,象山全县共有涉"鱼"注册商标 315 件,其中宁波市知名商标 12 件,浙江省著名商标 10 件,地理标志 4 件,浙江省级水产专业商标品牌基地 1 个,宁波市内涉"鱼"地理标志全部落户象山。2016年起,象山县市场监管局在全县范围内设立商标品牌指导站 4 个,开展星级品牌工作指导站建设"星火计划",由市场监管部门、乡镇街道、行业协会、专业市场、商圈联手搭建,营造良好的商标品牌工作环境。自指导站成立以来,共接待企业询问 100 余次,举办重点企业、渔业龙头企业座谈会 8 次。同时,立足龙头企业开展重点扶持,以品质独特、质量优良、产量稳定的产品为重点扶持对象,鼓励引导打造象山渔业产品品牌;以引导渔业龙头企业、渔业合作社等经营主体带动为工作主线,培植发展企业品牌。先后筛选确定了浙江元虎食品有限公司、宁波飞日水产实业有限公司、宁波超星海洋生物制品有限公司、宁波远大海洋生物科技有限公司等多家重点企业,定期上门走访,进行"面对面、一对一"指导服务。目前,已发展水产品加工龙头企

业 45 家,其中国家级农业龙头企业 1 家,市级 18 家,帮助 4 家企业的 4 个渔业商标品牌获得政府现金奖励 17 万元。

随着"互联网＋"时代的到来,象山县市场监管局积极鼓励渔民、渔企"触网"经营,拓展"鱼"产品电商营销渠道,提升"象山海鲜之都"的认知度。组织开展农产品电商培训,开展"农村淘宝"行政指导,打消渔民、渔企对电商的顾虑,提振发展信心。同时,引导鼓励渔民、渔企打造新媒体宣传阵地,通过微信公众号等新媒体平台,进一步推介水产品,起到良好宣传效果。目前,以阿里系为重点,成功打造了京东、一号店、微信、本地 O2O 等多平台共同发展的综合性象山农产品电商门户,扶持、发展活跃网商 100 余家,相继涌现出莫家码头、柯家大小姐、鲲记海鲜为代表的一批口碑良好的知名网店。

(2)打造浙江渔业转型发展的"象山模式"

宁波象山县在创建"渔业转型发展先行区"过程中,不断加大科技投入,推动开展渔业信息化建设和渔船公司化管理,配合不断加大的海洋执法力度,来保障当地海洋渔业稳定有序的发展,展现出浙江渔业转型发展的"象山样本"[6]。

1)固定式太阳能定位仪,让违规渔船无处遁形

作为全国渔业五强县,象山专业渔民劳动力有 3 万余人,拥有各类渔船 2700 余艘。近年来,象山县不断加大科技投入,开展了以渔船管理和应急救助为中心的渔业信息化建设。据悉,2009 年建成并投入运行的渔船安全救助信息体系建设,以视频监控系统、渔船身份识别及进出港监管系统、渔船助航避碰系统、沿海雷达监控系统、卫星船位信息系统、小型渔船手机报警系统和海上通信保障系统等 7 个子系统为支撑,安全救助和渔船动态管理两大网络系统为主要工作平台。

2)建立政府与渔民间的服务机构,全面推动渔船公司化管理

2013 年,象山县全面推动渔船公司化管理,促使各乡镇探索公司化管理新思路。目前,象山县海洋与渔业局和当地乡镇政府共同牵头,已经成立了三大渔业乡镇(即石浦镇、鹤浦镇和高塘岛乡)的渔业管理服务公司。

位于石浦镇的象山首家渔业综合管理服务公司——顺渔渔业管理服务公司,是一家由 12 个渔村联合组建的股份制有限公司,主要负责渔船的安

全管理,下设 5 个服务站。顺渔渔业公司负责人介绍,渔业公司主要职能包括帮助渔民签证报关,做好职务证书培训换证工作;协助当地海洋与渔业局做好开捕前检查,信息录入工作;协助海洋与渔业局做好安全检查,网目尺寸检查,以及相关政策的宣传工作,并帮助遇险船只求救等。

3)渔政船凌晨两三点检查,让"蓝色粮仓"有序发展

由于禁渔期还没完全结束,为了有效打击偷捕渔船,渔政船常常凌晨两三点开始检查。如 2017 年查到两个团伙作案,一起是 5 月 20 日,一次查获山东籍违法捕捞渔船 3 艘、涉案人员 42 名;6 月 24 日在象山海域查获违法捕捞渔船 7 艘、涉案人员 19 人,收缴违禁渔获物 11.85 万公斤。自 2017 年 4 月浙江实施"三战"(幼鱼资源保护站、伏休成果保卫战、禁用渔具剿灭战)以来,象山县海洋与渔业局查扣违禁渔获物约 12 万公斤,查获违规作业渔船 118 艘,其中包括"三无"渔船 55 艘。

(3)推行标准化生产,提升绿色健康养殖水平

象山建成 2.5 万亩标准化健康养殖核心示范区,创建农业农村部水产健康养殖示范场 9 家,工厂化养殖全部实现循环水养殖,水产品抽检合格率达 100%;建立养殖生产、药物使用和产品销售 3 项记录,建成养殖尾水治理示范点 16 个,今年将新建 30 个尾水治理示范点。目前,全县渔业养殖标准化率达 63.5%,渔业机械化率达 75.6%。

海水网箱养殖是象山县渔业主导产业之一,面积约 $24.3 \times 10^4 m^2$,年产值近 1.8 亿元。20 世纪 80 年代中期,随着第一个养殖网箱在象山港下海,象山县开启海水养殖新时代。象山县水产技术推广站站长刘长军介绍,当时的网箱以木质鱼排为主,结构简单,方便便宜,但缺点也显而易见,寿命短,抗风浪强度低,尤其台风季,经常给养殖户造成重大损失。

2020 年,象山县按照"提质增效、减量增收、绿色发展、富裕渔民"的目标,推出《海水网箱绿色改造提升行动方案》,科学规划产业布局,在削减总量的 20% 基础上,率先在西沪港、三门口试点推行新型环保养殖网箱。

按照健康绿色养殖"五大行动"要求,象山县投入资金新建、改扩建育苗水体标准化苗种生产车间,引进先进设施,实现数字化、高标准育苗技术,对苗种进行检测监管,确保苗种活力和质量。2020 年 12 月,浙江省首张海水水产苗种产地检疫电子合格证在象山县颁发。同时,下发《关于严禁擅自拆

除水产养殖尾水处理设施的通知》，创新集中连片养殖尾水治理工艺试验，规范养殖用药，实现药物零添加、废水零排放。2020 年完成尾水治理点 63 个。

（4）主导产业集聚，科技示范引领

象山县分别建成西沪港低碳健康养殖示范区、象山中部三疣梭子蟹生态健康养殖示范区、大塘港南美白对虾健康养殖示范区、南部紫菜健康养殖示范区，并实施泥蚶、大黄鱼两个国家级水产种质资源场项目。值得一提的是，象山先后突破大黄鱼新品种"甬岱 1 号"、小黄鱼、银鲳、乌贼等规模化繁育，其中小黄鱼、银鲳、乌贼苗种繁育填补了国内空白[7]。

象山县水产养殖主导产业以梭子蟹、大黄鱼、南美白对虾、紫菜为主，丰富养殖品种、推进多样化水产种业养殖的步伐从未停止。"十三五"以来，象山县在水产种业"调、搭、创"上下足功夫，鼓励和支持水产种业企业与科研院所、高等院校合作，建立产学研基地，加大品种研发力度，充分发挥"县级水产技术推广站＋乡土专家"的技术指导作用，助推育繁推一体化建设。累计引进新品种 30 余个，小黄鱼人工规模化繁育突破 200 万尾，大黄鱼"甬岱 1 号"获国家新品种审定，"帆布小池对虾两茬养殖"和"稻渔综合种养"新模式试验成功，为象山县水产养殖注入新的活力，进一步提升产业竞争力。

（5）产业化、组织化程度高，坚持渔业品牌发展策略

全县 41 家渔业龙头企业和 119 家水产专业合作社等新型经营主体，一头连农户，一头连市场，通过集成利用资金、技术等要素，抱团参与市场竞争，有力推进渔业生产经营标准化、专业化、集约化。目前，象山县水产养殖规模化程度达 62.96%。

"象山梭子蟹""象山紫菜""象山大黄鱼"和"南田泥螺"4 个地理标志证明商标品牌价值达 24.7 亿元。此外，象山县还拥有"石昌""宁港"等省级名牌产品 6 个、市级名牌产品 12 个、浙江著名商标 9 个、其他普通商标 73 个，品牌化经营情况较好。

（6）加强海洋生态修复，保障海洋渔业资源可持续发展

象山不断深化渔业资源修复，"海洋牧场"建设蹄疾步稳。近年来，该县投入 1200 多万元，在象山港、南韭山、渔山列岛等海域，增殖放流大黄鱼、黑鲷、曼氏无针乌贼等 10 多个渔业品种 15.5 亿尾（粒），并在韭山列岛建成规

模 60 万平方米的海洋碳汇试验区[8]。

在全方位护海的同时,象山扶持传统渔业转型升级,鼓励"出海远征"。该县设立规模 1 亿元的产业基金,大力发展远洋渔业。象山还积极引导渔民"洗脚上岸",转产从事休闲渔船、民宿经营、水产品加工等行业。传统渔村石浦镇沙塘湾村转型发展乡村旅游,已建成精品民宿 6 家,吸纳渔民就业 30 人,户均年增收 6 万元。

参考文献

［1］施含嫣.浙江省海洋渔业资源可持续开发利用研究[D].南昌:南昌大学,2020.

［2］王琪.浙江省海洋渔业资源可持续利用研究[D].舟山:浙江海洋大学,2019.

［3］权伟,应苗苗,康华靖,等.浙江近海贝类养殖及其碳汇强度研究[J].渔业现代化,2014,41(5):35-38.

［4］张义浩,李文顺.浙江沿海大型底栖海藻分布区域与资源特征研究[J].渔业经济研究,2008(2):8-14.

［5］陈伟峰,叶深,余玥,等.浙南近海头足类种类组成及生态位分析[J].水生生物学报,2021,45(2):428-435.

［6］戴黎斌,田思泉,彭欣,等.浙江南部近海小黄鱼资源分布及其与环境因子的关系[J].应用生态学报,2018,29(4):1352-1358.

［7］杜萍,陈全震,李尚鲁,等.东海带鱼资源变动及其栖息地驱动因子研究进展[J].广东海洋大学学报,2020,40(1):126-132.

［8］蒋霞敏,陆珠润,何海军,等.几种生态因子对曼氏无针乌贼野生和养殖卵孵化的影响[J].应用生态学报,2010,21(5):1321-1326.

［9］蒋霞敏,符方尧,李正,等.人工养殖曼氏无针乌贼生殖系统的解剖学与组织学研究[J].中国水产科学,2008(1):63-72.

［10］徐开达,周永东,王洋,等.浙北近海曼氏无针乌贼增殖放流效果评估[J].中国水产科学,2018,25(3):654-662.

　　[11] 孙昭宁,孔伟丽,潘洋,等.我国渔业科技发展特点及展望[J].农业科技管理,2019,38(3):5-7,17.

　　[12] 张显良.扎实推进科技创新为现代渔业建设提供强大科技支撑[J].中国渔业经济,2010,28(1):6-11.

　　[13] 初文华,陈新军,李纲.新农科视域下海洋渔业科学与技术专业建设的探索与实践[J].中国农业教育,2021,22(6):16-20.

　　[14]钟汝杰,王玉梅,孙昭宁.中国渔业科技创新平台的发展现状与建议[J].农业科技管理,2017,36(1):23-26,90.

　　[15] 高凌,刘堃,刘勤,等.2012—2016 年全球渔业专利研究情况浅析[J].渔业信息与战略,2017(4):256-261.

　　[16] 中国科学技术协会.水产学学科发展报告（2014—2015）[M].北京:中国科学技术出版社,2016

　　[17] 徐承旭.宁波市青蟹秋季人工育苗取得突破[J].水产科技情报,2017,309(6):340.

　　[18] 浙南温州首次养殖刀鲚取得成功[J].水产科技情报,2020,324(3):175.

　　[19] 蒋霞敏.虎斑乌贼产业化养殖技术研究与示范[D].宁波:宁波大学,2019.

　　[20] 周爽男,陈奇成,江茂旺,等.光照强度对虎斑乌贼生长、存活、代谢及相关酶活性的影响[J].应用生态学报,2019,30(6):2072-2078.

　　[21] 李建平,蒋霞敏,赵晨曦,等.虎斑乌贼室内规模化养殖技术研究[J].生物学杂志,2019,36(2):68-72.

　　[22] 韩杨.1949 年以来中国海洋渔业资源治理与政策调整[J].中国农村经济,2018(9):14-28.

　　[23] 史磊,李泰民,刘龙腾.新中国成立 70 年以来中国捕捞渔业政策回顾与展望[J].农业展望,2019,15(12):16-23,31.

　　[24] 芮银,蒋日进,印瑞,等.舟山渔业产业的现状及问题研究[J].农村经济与科技,2020,31(23):90-91.

第3章 海洋岸线与港口资源利用的理论探索、政策演进与实践经验

3.1 海洋岸线与港口资源的本底状况

海洋岸线是海陆之间的交界线,沿岸是自然界中陆生与水生系统之间的过渡地带,也是维系河流、湖泊系统生态健康的关键区域。浙江是海洋大省,海洋岸线北起杭州湾北岸与上海市交界的金丝娘桥,南至温州苍南与福建省交界的虎头鼻[1],总长超过 6600km。近年来,随着沿海地区经济社会快速发展,海洋岸线和近岸海域开发强度不断加大,海洋岸线资源保护与开发利用的矛盾日渐突出,海岸带综合管理特别是海洋岸线与港口资源的管理在海洋经济发展过程中占据着举足轻重的地位,是建设海洋经济强国、强省的重要任务。

3.1.1 海洋岸线本底类型与特征

地理学意义上的海洋岸线是比较明确的"线"的概念,可以指海、河、湖、水库等水陆界线。依据《地理学词典》(1983 年版第 616 页)定义,海洋岸线为"陆地沿海的外围线,亦即海水面与陆地接触的分界线。其位置随潮水的涨落而变动,也因海陆分布的变化而改变"。中华人民共和国国家标准《中国海图图式》(GB 12319—1998)规定:"海洋岸线是指平均大潮高潮时水陆分界的痕迹线,一般可根据当时海蚀阶地、海滩堆积物或海滨植物来确定。"但航海图上的海岸线以最低低潮线为分界线,为了航海安全上的需要,实际绘制航海图上的岸线会比最低低潮线还略微低一些;自然地理学中,通常用海洋最高的暴风浪在陆地上所达到的位置来划定海洋岸线;美国地质调查

局(U.S. Geological Survey,简称 USGS)把海岸线定义为平均高潮面与陆地的交接线;我国海域使用管理中,海岸线指多年大潮平均高潮位时海陆分界线,现有的海洋管理工作也是以海岸线为标准[2]。海洋岸线是人为在海岸带内划定的为不同领域使用的标准,其具体位置与海岸的类型有密切关系,不同学科领域内,岸线的位置也各不相同。

海洋岸线作为滨海地区或岛屿的特有资源,在为人类的生活和生产活动提供空间场所的同时,也成为海域资源状况的直观体现,其对地区、国家乃至全球的重要性不言而喻[3,4]。一般而言,海洋岸线是海洋与陆地的分界线,但世界各国对其具体位置的认定尚不存在统一标准。由于潮汐涨落以及海水进退过程,海洋岸线总是处于动态变换中,然而,大多数国家直接将海水与陆地的瞬时交界线定为海洋岸线。我国在国家标准《海洋学术语 海洋地质学》(GB/T 18190—2017)中指出"海洋岸线是海陆分界线,在我国系指多年大潮高潮位时的海陆界线"。根据成因,海洋岸线可分为自然岸线和人工岸线。

针对海洋岸线分类体系已有较多的探讨,依据海洋岸线自然属性改变与否,将其划分为自然海岸线和人工海岸线[5,6];依据海岸底质特征和空间形态,将海洋岸线划分为基岩海岸线、砂质海岸线、淤泥质海岸线、生物海岸线和河口海岸线。依据海洋岸线功能用途,将海洋岸线划分为渔业岸线、港口码头岸线、临海工业岸线、旅游娱乐岸线、城镇岸线、矿产能源岸线、保护岸线、特殊用途岸线和未利用岸线。依据海洋岸线时间尺度,将海洋岸线划分为历史海岸线、现状海岸线和未来海岸线。依据海洋岸线管理实践,将海洋岸线划分为管理岸线和实际岸线,并就海岸线分类的几点问题进行探讨。

根据浙江海洋岸线类型特征,参考国家海岸基本功能规划类型,并根据海洋岸线的自然状态和人为利用方式,将海洋岸线分为自然岸线和人工岸线两大类[7],又可分为若干二级类型(表 3-1)。其中,自然岸线是受自然因素作用下的海岸,包括基岩岸线、砂砾质岸线、淤泥质岸线、河口岸线;人工岸线主要受人类活动支配,包括养殖岸线、港口码头岸线、建设岸线、防护岸线等。

表 3-1　浙江海洋岸线分类体系

岸线类型		说明
自然岸线	基岩岸线	位于基岩海岸的岸线
	砂砾质岸线	位于沙滩海岸的岸线
	淤泥质岸线	位于淤泥或粉砂淤泥滩的岸线
	河口岸线	入海河口与海洋的界线
人工岸线	养殖岸线	用于养殖的人工修筑堤坝
	港口码头岸线	港口和航运码头形成的岸线
	建设岸线	城镇农村居民区、工业等建筑物形成的岸线
	防护岸线	分割陆域和水域的其他海堤护岸工程(非养殖区)

近几十年来,随着社会经济日益发展,人类对海洋岸线的开发强度日益增强,海洋岸线成为经济开发的热点和重点区域。岸线开发给沿海城市和国家带来经济增长的同时,该地区的资源环境也发生了重大变化,集中表现在人工岸线不断增长,岸线曲折度不断下降并逐渐趋于平直,地形地貌等自然地理要素发生重大变化,生态环境保护空间及未来可持续发展空间不足等,严重阻碍了国家或沿海地区的可持续发展[8,9]。因此,研究近几十年来浙江海洋岸线的时空变化特征,对海洋岸线空间格局做出科学评价,对预测未来岸线利用趋势,加强浙江海洋岸线的资源管理建设,保护沿海地区生态系统稳定性,推动浙江海洋经济强省建设具有重要的作用。

3.1.2　主要港口开发历史

浙江受自然地形以及地质构造的影响,海洋岸线漫长且曲折,港湾、河口、岛屿众多,其中面积比较大的港湾包括杭州湾、象山港、三门湾、浦坝港、隘顽湾、乐清湾、大渔湾、沿浦湾等[10]。在港湾内和岛屿之间,存在众多的潮汐汊道和通道,为浙江沿海形成众多理想港口和航道资源提供了天然的条件。浙江舟山定海岑港、宁波北仑港以及浙南大麦屿港,均是优良的深水港口,这些港口地理位置优越,依托的城市经济发达,在浙江沿海近岸岛屿与大陆岸线之间形成了为数众多的海峡和潮汐潮流通道。由于海峡缩窄,潮流流速加大,经长期冲刷,海岸区域形成了许多稳定的深水岸段。这些深水岸段对外可与海外航线衔接，对内可与众多的陆上江河相通，具有天然的集疏运条件。此外，被岛屿环抱或掩护的海域以及大陆沿岸的许多大小港湾，一般受风浪影响较小，多数可作为船舶避风的良好港口，这是浙江海岸带形成港口航道资源的自然基础。

（1）嘉兴港

嘉兴港位于长江三角洲南翼、杭州湾北岸，地处沪杭两市之间的浙江嘉兴市境内，毗邻上海浦东，是浙北杭嘉湖平原在杭州湾沟通外海出口的门户。嘉兴全港分为三部分，由东至西分别为独山港区、乍浦港区、海盐港区。嘉兴港开发历史，如表 3-2 所示。宋淳祐六年（1246 年）乍浦开埠；1986 年12 月围堤工程动工，拉开了乍浦港建设的序幕；2001 年 4 月乍浦港通过验收，对外国籍船舶开放；2014 年嘉兴港完成货物吞吐量 6880 万吨，完成集装箱吞吐量 115.6 万标准箱。

表 3-2　嘉兴港开发历史

时间	主要事件
宋淳祐六年（1246 年）	乍浦开埠
民国七年（1918 年）	孙中山先生撰写《建国方略》，在《实业计划》篇内首次提出建设"东方大港"的宏伟设想。"东方大港"测量队到乍浦进行定点测量。随后因政治、经济等原因，"东方大港"建设未能实施
1986 年	乍浦港扩建方案被列入"七五"建设项目
1987 年	成立乍浦港工程指挥部
1991 年	成立乍浦港务管理局
1996 年	设立中共嘉兴市委乍浦开发管理工作委员会，党工委和港务局党委实行一套班子、两块牌子
2001 年	乍浦港通过验收，对外国籍船舶开放
2002 年	新一轮港口规划批复和实施乍浦港务管理局更名为嘉兴港务管理局
2004 年	《中华人民共和国港口法》实施后，改名为嘉兴市港务管理局
2011 年	嘉兴市滨海办与嘉兴市港务局、嘉兴市口岸办合署办公
2014 年	国务院回函批复乍浦港口岸更名为嘉兴港口岸并扩大开放

续表

时间	主要事件
2016 年	《浙江嘉兴港口岸扩大对国际航行船舶开放的公告》正式发布,获得"国际通行证",嘉兴港口岸实现全域开放
2017 年	嘉兴港至日本集装箱班轮航线首航
2019 年	设立嘉兴市港航管理服务中心,嘉兴港独山港区至上海港集装箱内支线开辟

（2）杭州港

杭州港位于浙江东北部,是我国华东地区重要的交通枢纽,离上海约180km。地处长江三角洲南翼、杭州湾西端、钱塘江下游、京杭大运河南端,北近上海,东邻宁波,是长江三角洲重要的中心城市和中国东南部重要的交通枢纽。杭州港是国内 28 个内河主要港口之一,连接京杭大运河、钱塘江、杭甬运河三大水系,将杭嘉湖水系、钱江水系和萧绍甬水系融为一体,具有往北伸入长江、往东驶向沿海的通江达海的航运能力,是长三角南翼"枢纽港"（表 3-3）。

表 3-3　杭州港港区分布

港区	简介
钱江港区	杭州港出海航运和宁波港直接腹地的港区,为杭州经济技术开发区的物资运输服务,主要有杂货、散货、集装箱泊位和旅游客运泊位
运河港区	京杭运河大宗物资运输的集散地,发挥杭州港在杭嘉湖水运网中的优势,为石化、能源、重工业建设和集装箱的发展服务。主要有杂货、散货、煤炭、集装箱泊位和旅游客运泊位
萧山港区	杭甬运河、钱塘江出海口岸,为萧山工业园区的物资运输服务,主要有杂货、散货、集装箱泊位
余杭港区	京杭运河大宗物资运输集散中心,为临平、仁和、崇贤、仓前工业园区物资运输服务,主要有杂货、散货、集装箱、危险品泊位

（3）宁波—舟山港

宁波—舟山港位于中国大陆岸线中部、"长江经济带"南翼,为中国对外开放中的一类口岸,是沿海主要港口和国家综合运输体系的重要枢纽,是国内重要的铁矿石中转基地、原油转运基地、液体化工储运基地和华东地区重要的煤炭、粮食储运基地;作为上海国际航运中心重要组成部分,是服务长江经济带、建设舟山江海联运服务中心的核心载体,是浙江海洋经济发展示范区和舟山群岛新区建设的重要依托,是宁波市、舟山市经济社会发展的重要支撑(表3-4)。2015年9月,宁波—舟山港实现实质性一体化,由镇海、北仑、大榭、穿山、梅山、金塘、衢山、六横、岑港、洋山等19个港区组成,包括生产泊位620多座,万吨级以上大型泊位近170座,5万吨级以上大型、特大型深水泊位超过100多座,是中国超大型巨轮进出最多的港口,也是世界上少有的深水良港。2021年,宁波—舟山港完成货物吞吐量12.24亿吨,同比增长4.4%,连续第13年保持全球第一;完成集装箱吞吐量3108万标准箱,同比增长8.2%,位列全球第三,成为继上海港、新加坡港之后,全球第三个3000万级集装箱大港。

表 3-4　宁波—舟山港开发历史

时间	主要事件
6000年前	河姆渡原始居民就开始开发利用,进行航海活动
春秋战国时期	甬江上游句章(余姚江畔)已是海口要道
秦代	远近沿海居民来乡县(骊山,即今宝幢附近)集货贸易
唐朝建立明州以后	迅速发展成为中国远洋和近海贸易的主要港口,东渡门外三江口到姚江的渔浦门一带沿江为船舶停靠之码头
唐长庆元年(821年)	朝廷将明州州治迁到三江口,并大力建设港口,对内疏通杭甬运河,对外开放高丽和日本以及南洋各地的航线,使明州港址在三江口长期稳定下来,成为著名外贸港口
北宋	设置市舶司,限定明州港为去日本、高丽的签证发舶的特定港口,标志着民间港口贸易得到官方正式认可,正式成为当时国际贸易港口
南宋	采用发展海外的策略,制订了对外开放各种优惠政策和办法,明州港因而成了当时全国四大港口之一
元至元十三年(1276年)	明州港更名为庆元港,接着设置庆元市舶司
明洪武十四年(1381年)	元至正二十四年(1364年),朱元璋改庆元为明州。明洪武十四年(1381年),为避国号之讳,改明州为宁波,宁波港称谓由此开始;明建立后,实施"海禁"政策

续表

时间	主要事件
隆庆元年（1567 年）	开放"海禁"。由于"倭患"余波未平，对日贸易禁令一直没有取消，作为特定的与日贸易的宁波港，仍处于封闭状态。利用宁波港地理位置优势，发挥"南号"、"北号"商业船帮作用，使宁波港成为中国南北货转运枢纽的转口贸易港
顺治十二年（1655 年）	"颁布不许下洋"，"禁绝下海船只"禁令
顺治十八年（1661 年）	"迁界令"，强迫宁波沿海居民内迁，宁波港海上贸易和渔业生产被窒息
道光二十二年（1842 年）起	清政府先后与英国签订不平等《南京条约》《五口通商章程》和《五口通商附粘善后条款》（虎门条约），宁波被迫向西方列强开放
同治十二年（1873 年）	招商局宁波分局成立，光绪元年（1875 年）开辟沪甬航线
1953 年	成立了统一管理宁波港一切港务事宜的上海区港务局宁波分局
1954 年	历史上第一次大规模挖泥工程，于 1955 年完成疏浚航道
1978 年	镇海煤码头竣工，1983 年 5 月通过国家鉴定，宁波港从河岸港转为河口港
1979 年	宁波港务局归属交通部领导，北仑矿石中转码头动工，1982 年 12 月竣工，宁波港从此转为海峡港
1996 年	浙江出台《宁波舟山港口中期规划》，首次提出两港统一规划、统一建设、统一管理思路
2006 年	正式启用"宁波—舟山港"名称，原"宁波港"和"舟山港"名称不再使用，同时成立宁波—舟山港管理委员会，协调两港一体化重大项目建设
2015 年	宁波—舟山港集团有限公司揭牌仪式举行，宁波舟山港实现了以资产为纽带的实质性一体化
2020 年	宁波—舟山港正式启用中国国内新建最高等级集装箱泊位

（4）绍兴港

绍兴港是绍兴水陆交通枢纽和绍兴通向世界的口岸，在大运河与新运河之间，与东湖景区相邻。2010 年 12 月动工，总投资超 20 亿元，建设 1000吨级泊位 17 个，绍兴港是融现代物流与商务旅游于一体的旅游休闲港口，地处绍兴越城区东湖镇,浙东大运河为天然深水河段,连通绍兴乃至长三角发达内河水系,拥有优越的内河港天然条件,紧靠绍兴市区南北交通要道越东路,距萧甬铁路绍兴货运东站5km,杭甬高速8km,交通便捷,区位环境优越。

(5)台州港

台州港位于浙江东南沿海中部台州市,处于长三角港口群,是中国对外开放一类口岸、浙中沿海的水运枢纽,浙江沿海地区性重要港口,台州市及浙中南地区发展经济、扩大开放的重要依托,对外交往的海上门户(表3-5)。南宋时期,台州即有日本商船出入,19世纪起成为中国东南沿海重要的海上贸易口岸。1994年,分布于台州沿海的21个港口资源得以科学合理利用,以台州港之名列入中国现代化大港之列。2001年,台州市内港口统一更名为台州港,共有千吨级及以上生产性泊位72个,其中万吨级及以上深水泊位9个,货物通过能力5104万吨,集装箱吞吐能力41.3万标准箱;货物吞吐量7057万吨,其中外贸货物吞吐量753万吨、集装箱吞吐量21.3万标准箱,旅客吞吐量192万人次。

表3-5　台州港开发历史

时间	主要事件
南宋理宗时期 (1224—1264年)	台州海门港就有日本商船出入,19世纪起成为东南沿海重要海上贸易口岸
明末清初	郑成功退据台湾,联合浙东张煌言抗清,清廷实施"迁海",台州域内港口和航运业因此遭到极大破坏
清康熙二十二年 (1683年)	始开海禁,准许百姓出海捕鱼和海上贸易,港口航运开始复苏;至乾隆年间,台州"帆樯云集,商市渐兴"
清光绪二十三年 (1897年)	甬商置"海门轮"开航椒甬线,创海门建立近代轮埠之始,创办越东轮船公司,购置"永宁轮"营运椒甬航线,是台州人置办轮船之发端
民国时期,	台州健跳港被孙中山先生列入《建国方略》中的"实业之要港"
1960年	台州海门港1号码头建成,是为浙江第一座3000吨级高桩框架码头
1983年	中华人民共和国国务院批准台州海门港对国际航线开放

续表

时间	主要事件
1985 年	台州海门港实行港航分开,分别设立浙江海门港务管理局和浙江省航运公司海门分公司
1989 年	台州海门港对外轮开放,至此海门港成为中国对外开放一类口岸
1990 年	台州海门港正式对外轮开放,成为中国对外开放的第 49 个港口,同年 10 月台州海门港举行开港开关典礼,巴拿马国籍的"新海昌"轮首航海门港,成为海门港对外轮开放后的第一艘抵港外轮
1994 年	台州撤地建市,分布于台州沿海三门湾、浦坝湾、台州湾、隘顽湾、乐清湾的大小 21 个港口资源更加科学合理利用,以海门港为中心,以玉环大麦屿港三门健跳港为南北两翼的组合型港口,始以台州港之名列入中国现代化大港之列
1997 年	浙江省人民政府正式批复台州市港口总体规划
2001 年	台州市内港口更名为"台州港",实现"一城一港"、港城同名发展格局
2014 年	台州港临海头门港区正式开港
2015 年	浙江海港投资运营集团有限公司成立,台州港等五港口整合并入该集团公司统一运营
2018 年	浙江省人民政府批复同意《台州港总体规划(2017—2030 年)》
2019 年	台州港海门港区老港区关停,正式退出历史舞台

(6)温州港

温州港地处浙江南部、东南沿海黄金海岸线中部,是中国 25 个主要港口之一和中国国家重要枢纽港。温州港北邻上海港、舟山港、南毗福州港、厦门港,东南与台湾的高雄港、基隆港隔海相望,是浙江口岸距离台湾各港口最近的港口,拥有 350km 的海洋岸线,属于长江三角洲经济区南部、浙江南部温州湾、乐清湾内。温州港是千年之港(表 3-6)。据《温州港史》记载,战国时期温州就出现了原始港口的雏形;唐代中国商人开辟了日本值嘉岛直达温州的航线;清代长期"海禁",温州港海上贸易受阻;1876 年《烟台条约》签订,温州被辟为通商口岸;1994 年,温州港被列为中国 20 个主要枢纽港口之一。

表 3-6　温州港开发历史

时间	主要事件
春秋战国时期	温州出现了原始港口的雏形
唐代	与日本有贸易往来
南宋—元时期	设立市舶司,海上贸易兴起
明清时期	受"海禁"政策影响,温州港闭关
清光绪二年 (1876 年)	《烟台条约》签订后,温州港被迫开放;抗日战争时期温州港曾出现过畸形繁荣
1957 年	温州港被中华人民共和国国务院确定为中国 6 个对外开放港口之一
1984 年	温州港被中华人民共和国国务院列为中国沿海 14 个对外开放港口之一
1994 年	温州港被中华人民共和国交通部列为中国 20 个主要枢纽港口
2009 年	温州港被批准成为中国大陆 63 个对台直航港口之一
2014 年	温州港乐清湾港区第一个深水公共码头开港运营
2022 年	温州港首次实现海铁联运箱直航出海,为前往东南亚客户缩短 2～3 天运输时间

经过多年持续开发建设,浙江形成了以全球第一大港——宁波舟山港为主体、以浙东南沿海港口和浙北环杭州湾为两翼的"一主两翼"格局[11]。港口岸线的利用情况总体表现以下几个特征:①港口岸线资源禀赋优良。浙江沿海岸线资源充足,适宜建设港口的岸线绵长,且深水岸线较多,能够在港口建设发展放缓的趋势下,满足一定时间内港口开发对岸线的需求。根据各沿海港口总体规划统计,全省港口深水岸线 655.9km,占规划港口岸线总长的 72.0%,位居全国沿海各省市港口岸线资源总量排名前列。②港口岸线开发潜力较大。全省已利用港口岸线长 364.2km,未利用港口岸线长 546.2km,分别占规划港口岸线总长 910.4km 的 40.0%和 60.0%。从分地市情况看,宁波、舟山市港口岸线利用程度较高,已占全部港口岸线42.9%;嘉兴市、台州市和温州市的岸线利用程度稍低,分别占全部港口岸线的 26.5%、34.3%和 38.0%。③港口岸线资源分布不均衡。全省港口岸线资源尤其是深水岸线资源主要集聚在宁波舟山港。根据港口相关规划,宁波舟山港规划港口岸线及港口深水岸线分别占全省 60.4%和 75.2%,使

得大规模深水码头多建在宁波舟山港,其泊位数量、万吨级以上泊位数量、综合通过能力和集装箱泊位通过能力在全省沿海港口中都占有相当大的比重;嘉兴港岸线资源最少,规划港口岸线及港口深水岸线占比分别是 3.9% 和 3.3%。

3.2 海洋岸线提取与港口资源利用的技术探索

3.2.1 海洋岸线变迁影响因素

引起海洋岸线变化的原因可以分为自然因素和人为因素。自然因素包括大地构造运动、海平面变化、风暴浪作用、地震、河流输沙条件的改变等。人为因素主要有河流水利工程、海岸建筑物、海滩采沙、海岸天然屏障(如珊瑚礁)的破坏等。其中,海平面变化、风暴浪作用和人为因素对海洋岸线的影响更为明显,与人类社会经济发展也密切相关[11]。

(1)潮汐运动与地壳运动

海岸带中最不稳定的地方是潮汐运动比较复杂的地方。海岸带除了受到潮汐入口形状和其所在海岸线位置的影响外,还有沿岸线的搬运作用和水流冲刷所形成的三角洲上滞留的沉积物。促使海岸线发生巨大变化的主要原因是地壳运动,受地壳升降活动引起海水的侵入(海侵)或海水的后退现象,造成了海洋岸线巨大变化。

(2)沉积物与泥沙

沉积物供给是海岸线变化的主要影响因素之一。近岸系统中沉积物的两个主要来源是河流携带物质和现存沉积质的侵蚀及再造。当风暴从海面吹向岸边时,由于沉积物的流失或运动,表面上海洋岸线退化可能会被放大。海岸带泥沙沉积物供给量的变化对海岸动态(堆积或侵蚀)比对海平面升降有更大的影响。

(3)海平面变化

海洋岸线变化的所有自然原因中,海平面上升是最重要的自然作用。近几个世纪以来,随着社会不断发展,排入大气中的温室气体越来越多,地球气温不断攀升,而且这种趋势仍在不断加剧。因气候变化而引起的海水面变化主要基于海水热胀冷缩和地表冰量变化这两方面原因。随着海平面上升，其所造成的海岸线侵蚀后退已成为普遍现象。海平面上升将对海岸带造成众多影响，诸如：①引起近岸海区水下岸坡上移，浅水区水深增大及近岸波能增强，同时也增加了向海迁移的沙量；②增加了越滩浪强度和频度，将前滨沙带移向陆侧低平原，加大了岸线向陆的迁移力度；③提升了侵蚀基面高度，加强了河流堆积，减少了河流入海沙量。总体而言，海平面上升对海滩侵蚀作用主要通过波浪力增强而引起。研究表明海平面每上升1cm，新南威尔士岸线后退 0.5m，南卡罗来纳岸线后退 2m，佛罗里达岸线后退 10m，而长江三角洲和苏北海岸后退更大，可以达到 10m 以上。

（4）风暴潮

在风暴条件下，泥沙离岸运移，滩涂消失，所以较强的冲浪能够到达海岸并对它进行侵蚀；如果有迅速、连续的风暴，则大量泥沙将离岸运移，海岸侵蚀势必加剧。这种侵蚀作用具有突发性和局部性，其危害也极为严重。风暴能快速地使泥沙再分布，从而成为控制岸线短期变化的（＜10 年）最重要因素，它可以加速局部岸线变化或者改变岸线的变化趋势。这种重大改变对岸线今后 10 年甚至更长时段内变化趋势会发生深远的影响。

（5）人为因素

人类活动对海岸线造成了不小改变，如过度取用石油和地下水对海岸线位置及其变化频率带来的影响，交叉拱和防波堤之类的岸线保护结构通过改变近岸的水力结构改变了沉积物的迁移过程。这些变化明显源于增强区域的侵蚀或增长过程，因而可能导致更快的沙土流失。通过人为增加沉积质进行海岸重建也许能够延缓海岸线的退化，但长远来看结果不可预知。

3.2.2　海洋岸线资源提取与分析技术

岸线是浙江省海洋经济发展的核心战略资源，浙江经济发展的历史成就与港口的发展息息相关。由于不同的海岸类型有着不同的解译标志，而解译标志确定得正确与否将直接影响到岸线提取的精度，因此，建立正确的解译标志是开展后续分析评价工作的重要基础。基于此，根据浙江海岸地貌特征、形成原因及发展阶段等特征，同时辅以 Google Earth 数据、1∶250000浙江地形图、沿海县市土地利用图，在实地考察基础上，将浙江省海岸线细分为自然海岸(包括基岩岸线、砂(砾)质岸线、淤泥质岸线及河口岸线),以及人工海岸(包括养殖岸线、港口码头岸线、城镇与工业岸线以及防护岸线)并确定每种海岸类型的解译标志。

(1)海洋岸线类型

• 基岩岸线。基岩海岸主要由岩石构成,由于存在突出的海岬和深入内陆的海湾,故基岩海岸的岸线比较曲折,海蚀崖较明显。基岩海岸地区一般坡度较大,高低潮对岸线的确定影响较小,因此,其岸线位置较为明显且清晰,基本可以确定为海蚀崖与海水的交界处。

• 砂(砾)质岸线。砂(砾)质海岸是砂砾等在海浪作用下堆积而成的,坡度一般较小,会在沙滩上堆积形成一条平行于海岸线的砂(砾)带,称为滩肩,而岸线位置确定在滩肩高起部位。

• 淤泥质岸线。淤泥质岸线定义分为两类:一类指保持自然状态的未开发的淤泥质海岸。这类海岸一般坡度较小,直接将水边线作为岸线会导致较大误差,影响精度,因而不能直接将水边线作为该类海岸的岸线。但由于该类淤泥质海岸的海陆交界处(潮间带)通常有耐盐碱植物生长,因此,研究中将海陆间植物生长状况明显变化的分界线作为这一类淤泥质海岸的岸线。另一类淤泥质岸线是指由于人类围垦活动导致大量淤泥质岸滩被开发利用出来,形成了农田或养殖池等,其周围已筑起了人工围垦的堤坝,但是由于水沙动力作用,随着时间的推移,人工围垦的堤坝外围又形成了新的淤泥质海岸,且生态功能与自然淤泥质海岸相差无几。因此,对于这类人工围垦堤坝外围已有成熟淤泥质岸滩发育的海岸,同样将其定义为淤泥质岸线,且岸线确定为人工围垦堤坝外侧植被有明显变化的界线。

• 河口海岸线。浙江省江河众多,由于河口处受到河流径流和海潮的双重影响,叠加人类活动的日益频繁,河口海岸线处于不断发展变化过程中,从遥感图像上难以准确确定其岸线位置。为充分体现各个河口变化信息,将河口岸线位置适当向河流上部延伸,将其定义为河口防潮闸等人工地物处;对于没有明显人工地物的河流,将岸线位置定为河口向内口径明显变窄处。

• 人工岸线。人工岸线是指人类围填海等活动在海岸上建造起来的建筑物或构筑物构成的岸线,主要包括养殖岸线、港口码头岸线、城镇与工业岸线以及防护岸线(防潮堤、防波堤等)。大多数人工岸线由混凝土或水泥碎石浇筑而成,有着较强的光谱反射率,因此在遥感影像上较好分辨。同时,人工海堤等的建造可很好地防止海潮侵入海堤陆侧,故高低潮都不能越过海堤,可以将这些人工堤坝确定为海岸线。对于研究区域内部分正在施工而遥感影像成像时还未完工的人工岸线,根据完工情况具体分析:对于刚开始施工,围垦区还有较大开口的岸线,以原来旧岸线类型处理;对于施工已过半或快完成的,且围垦区域内已有相关人类改造迹象的围垦区,以新的人工岸线处理。

(2)海岸线提取方法

目前,常规的海岸线自动解译算法大多以卫星图像中的水边线为研究对象,即通过解译算法判别遥感图像中卫星在过境时刻所记录的海陆分界线。这些常用的解译方法往往只是利用数字图像处理技术来确定海陆分界线,并没有考虑到其他因素影响,因此其提取结果往往并不能算作海洋岸线。然而,也要看到海陆分界线的提取是海洋岸线自动提取的必要步骤,是进行海洋岸线与港口资源利用遥感监测的必要环节,为此,对图像上水边线提取算法的研究是必不可少的[12]。

常规的海岸线测量方法是进行海岸线遥感监测的基本手段,鉴于该方法在精度上有一定的保证,仍被作为一个重要手段来应用。但常规测量方法较为费时费力,所收集到的数据也十分有限。随着海洋岸线管理和海洋岸线研究的不断深入,亟须一种既能满足数据收集迅速、可靠且全面,又能保证精度等要求的海洋岸线与港口资源利用遥感监测技术。遥感技术主要利用包括卫星图像和航空像片在内的遥感影像对岸线变化进行研究,获取海洋岸线的信息。如,利用美国地球资源多光谱扫描图像对岸线进行判别,结果表明卫星的重复覆盖和海陆良好光谱对比性能很好地反映出岸线变化的一般趋势,特别是易受侵蚀和低平的地区,利用卫星图像能很好地弥补常规测量不足;利用 TM 卫星图像重叠,通过判别植被研究岸线变化,也取得了很好效果。

海岸线卫星遥感提取技术是建立在传感器对不同地物分界线特征的探测基础上的。不同类型的海岸在不同的季节、气候等条件下有不同的地物特征,其海岸线在图像中的纹理特征也各不相同。同时,基于遥感的海岸带土地资源管理中,存在着多尺度的问题,不同的研究尺度所需要的解译标志各不相同。即便在同一尺度的研究中,不同研究人员提取的海岸线位置也不同。我们以 Landsat MSS/TM/ETM＋系列遥感影像为例,研究海岸线提取方法。

1)基于光谱特征的遥感影像海洋岸线提取方法

由于基岩岸线、人工岸线以及红土岸线的水陆边界线位置受潮汐、海岸地形等因素的影响变化很小,岸线相对稳定,所以利用水体所具有的独特光谱特征,通过比较图像波段间的相关关系,即可将符合此种关系的水体提取出来,实现水陆分离。

根据光谱特征,水体在 Landsat MSS 第 7 波段与深阴影不可分,而与浅阴影及其他地物均可分;水在 MSS 第 4 波段与深阴影可分而与浅阴影及其他地物不可分,因此,利用 MSS 第 4 和第 7 两个波段的图像有可能准确地识别水体。MSS 第 4 和第 7 波段图像包含了水与阴影及其他地物的差异性的主要信息。通过两波段的比值处理,可在压抑阴影的同时将这些差异性信息集中于一幅图像上[13,14]。

2)基于嵌入置信度的遥感影像海洋岸线提取方法

多波段谱间关系法综合利用多光谱遥感影像各波段的光谱特征,通过波段间不同形式的组合运算,最终获取待提取的特征而得到增强的单波段影像。各种植被、水体指数均是多波段谱间关系法的应用。参考前人遥感研究成果和实地调查研究的基础上,通过分析水体与其他地物的在 Landsat TM/ETM＋影像各波段上灰度曲线图,发现水体具有独特的谱间关系特征:波段 2 灰度值加波段 3 灰度值大于波段 4 灰度值加波段 5 灰度值。提取模型如式(3-1)所示:

$$(TM2＋TM3)＞(TM4＋TM5) \tag{3-1}$$

进一步对图像的灰度取值进行分析,对谱间关系法进行一定的改进,改进模型如式(3-2)所示:

$$\frac{(TM2＋TM3)}{(TM4＋TM5)}-N\begin{cases}\geqslant0,水\\\leqslant0,无水\end{cases} \tag{3-2}$$

对于不同研究区、不同影像,通过不断修改 N 的值得到不同的结果,选取适当的阈值,以满足研究要求。

在对 Landsat TM 影像经过水陆分离的处理后,影像中仅有水体和背景值,是二值图像,再利用基于嵌入置信度的边缘检测算法进行边缘提取,获得水边线。嵌入置信度图像边缘检测算法充分利用了像素的梯度幅度信息以外的信息(梯度相位信息等),由邻域中心的梯度相位确定标准的边缘模板,将标准化的数据矢量和理想边缘检测模板的相似性作为边缘的置信度,然后再利用影像的结构信息判断该点是否为边缘,从而达到准确检测图像中弱边缘的目的。该算法不但对弱边缘有较好的检测能力,而且对噪声也有很好的抑制作用。具体算法流程如图 3-1 所示。

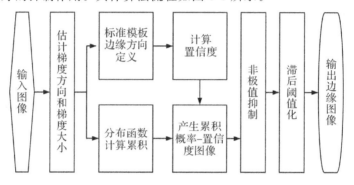

图 3-1 嵌入置信度的算法流程

- 通过构建边缘检测微分算子,估计遥感图像中每个像元的边缘梯度大小和边缘梯度方向;
- 定义边缘方向的标准模板,计算标准化后的窗口数据与理想的边缘检测模板之间的相似性(置信度);
- 计算累积分布函数,结合边缘置信度图像,产生梯度累积概率-边缘置信度平面图;
- 非极值抑制,细化边缘;
- 滞后阈值化,尽可能获得连续的边缘。

通过嵌入置信度的方法进行边缘的提取,所得到的海岸线较为连续,但是还有一些噪声的干扰,需要进行一些后处理。

3)基于面向对象的遥感影像海洋岸线提取方法

根据海洋岸线在遥感影像中表现为海陆区域区分显著的现状特征,引入面向对象的思想,采用"遥感影像分割-遥感影像分类-专题信息提取"

的海岸带遥感信息自动提取模式,面向多源卫星遥感影像数据源,进行基于区域聚类的遥感影像分割,得到分割图像,进而进行基于半监督学习的遥感影像分类,得到分类概率图像[15-17]。以此为基础,采用尺度转换法提取水体信息。依据海岸线的空间关系特征,对水体进行区域合并获得空间分布连续的海水区域对象。最后通过追踪海陆分界线,得到海洋岸线提取结果。基于面向对象的遥感影像海岸线提取方法流程如图 3-2 所示。

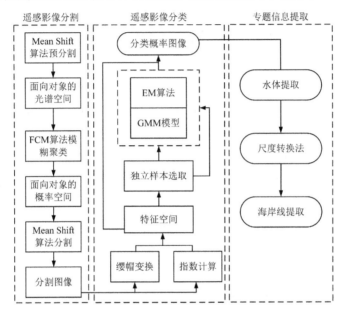

图 3-2　面向对象的遥感影像海洋岸线提取方法流程

基于面向对象的遥感影像海洋岸线提取方法技术方案包括以下步骤:

• 针对多光谱影像具有点噪声的特点,利用自适应均值滤波算法进行去噪处理,得到经过预处理后的遥感影像。

• 利用种子生长算法对经过预处理的遥感影像进行分割处理,得到一系列在光谱信息上由表现近似的像元合并而成的对象;选取水体标记样本,将该样本点的光谱特征带入 K 邻近算法中进行遥感影像分类,在期望最大化算法(Expectation Maximization,简称 EM)辅助下,求解高斯混合模型(Gaussian Mixture Model,简称 GMM)模拟的样本数据所服从的联合概率密度函数,得到了实验区的水体概率图像。依据概率大小将图像对象划分为肯定水体对象、高概率水体对象、低概率水体对象和否定水体对象。

- 选取面积最大的肯定水体对象,以之为海水种子对象,进行种子生长。如果其邻域对象为肯定水体对象或高概率水体对象,则将其合并。

- 如果其邻域对象为低概率水体对象,若其与否定水体对象不相邻,则将其合并,否则不予合并;如果邻域对象为否定水体对象,则不予合并。

- 重复上一步骤,直到没有可以合并的水体对象。寻找面积最大的对象作为遥感影像海水区域。

- 在所提取的海水区域结果的基础上,利用边界追踪方法提取最终的海洋岸线结果。

4)基于图像解译标志的光学影像海洋岸线提取方法

影像解译一般是对遥感影像上目标地区的目视解译。判读者通过直接观察或借助判读仪,根据目标地物影像的解译标志,即影像特征(色调或色彩,即波谱特征)和空间特征(形状、大小、阴影、纹理、图形、位置和布局)等,与多种非遥感信息资料(如地形图、各种专题图)组合,运用地学相关规律,将各种目标地物识别出来,并进行定性和定量分析,以获得所需要的地面各种信息。该解译方法需要的设备少,简单方便,可以随时从遥感图像中获取许多专题信息。为了提高影像解译的精度,一般需通过某种方式对影像不同波段的数据进行不同程度的彩色合成,以提高地物的可判读性,使判读结果更为科学合理。波段组合常用真彩色和标准假彩色。

此处以组合比较丰富的 Landsat 数据源为例,列出不同 RGB 波段组合下所突出的地物特征及相应的显示效果(其他数据也可以参考其组合效果):波段 4/3/2(R/G/B)类似于彩色红外图像,是一种标准假彩色图像,用于植被分类、水体识别。以蓝藻暴发时遥感监测为例,在标准假彩色图像上,蓝藻区呈绯红色,与周围深蓝色、蓝黑色湖水有明显区别。波段 3/2/1(R/G/B)类似于仿制真假彩色图像,用于各种地类识别。图像的色彩与原地区或景物的实际色彩一致,但具有影像平淡、色调灰暗、彩色不饱和、信息量相对减少的缺点,适合于非遥感应用专业人员使用。波段 7/4/3(R/G/B)类似于仿真彩色图像,用于居民地、水体识别,也常用来指挥林火蔓延与控制和灾后林木的恢复状况。波段 7/5/4(R/G/B)是一种非标准假彩色图像,画面偏蓝色,用于特殊的地质构造调查。波段 5/4/1(R/G/B)是一种非标准假彩色图像,植物类型较丰富,用于研究植物分类。波段 4/5/3(R/G/B)利用了一个红波段、两个红外波段,因此凡是与水有关的地物在图像中都会比较清楚;强调显示水体,特别是水体边界很清晰,可用于区分河渠与道路;由于采用的都是红波段或红外波段,对其他地物的清晰显示不够,但对海岸及其滩涂的调查比较适合;具备标准假彩色图像的某些点,但色彩不会很饱和,图像看上去不够明亮;水浇地与旱地的区分容易。居民地的外围边界虽不十分清晰,但内部的街区结构特征清楚;植物会有较好的显示,但是植物类型的细分会有困难。波段 3/4/5(R/G/B)是一种非标准的接近于真色的合成方案,对水系、居民点及其市容街道和公园水体、林地的影像判读是比较有利的。对比上述不同波段组合下所具备的影像显示特征可知,采取 4/5/3 波段分别赋红、绿、蓝色合成的图像,色彩反差明显,层次丰富,能突出显示水体特征,尤其是水体边界很清晰,有助于实现海岸线提取,而且各类地物的色彩显示规律与常规合成片相似,符合过去常规片的目视判读习惯。基于遥感理论的目视解译提取方法的流程如图 3-3 所示。

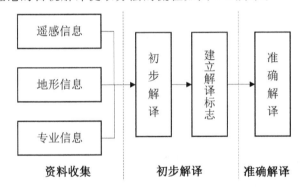

图 3-3　遥感影像目视解译流程

遥感影像目视解译一般程序可概括为如下步骤[18]:

• 了解影像的辅助信息:即熟悉获取影像的平台、遥感器,成像方式,成像日期、季节,所包括的地区范围,影像的比例尺,空间分辨率,彩色合成方案等等,了解可解译程度。

• 分析已知专业资料:目视解译的最基本方法是从"已知"到"未知",所谓"已知"就是已有相关资料或解译者已掌握的地面实况,将这些地面实况资料与影像对应分析,以确认二者之间的关系。

- 建立解译标志:根据影像特征,即形状、大小、阴影、色调、颜色、纹理、图案、位置和布局,建立起影像和实地目标物之间的对应关系。

- 初步解译:运用相关分析方法,根据解译标志对影像进行解译,勾绘类型界线,标注地物类别,形成预解译图。

- 地面实况调查:室内预解译的图件不可避免地存在错误或者难以确定的类型,需要进行野外实地调查与验证,包括地面路线勘察,采集样品(例如岩石标本、植被样方、土壤剖面、水质分析等),着重解决未知地区的解译成果是否正确。

- 准确解译:根据野外实地调查结果,修正预解译图中的错误,确定未知类型,细化预解译图,形成正式的解译原图。

- 类型转绘与制图:将解译原图上的类型界线转绘到地理底图上,根据需要,可以对各种类型着色,进行图面整饰、形成正式的专题地图。

(3)海洋岸线变化监测分析

全面、准确地了解海岸线的动态变化,可以为海岸防护工程规划、海岸演变趋势预报等方面提供决策支持,对实现海岸带资源的科学管理和持续利用意义重大。海岸线动态变化监测主要包括对变化速率、变化方向、变化宽度及变化总面积等定量化指标的监测。通过海岸线提取算法,提取线状矢量海岸线,对所提取的重点区域不同时相海岸线进行基于 GIS 的海岸线变化分析,进行海岸线变化速率、变化规律等的研究。海岸线变化检测分析主要研究方法是由多期海岸线定义海岸线基线,通过基线构建横截线,再由横截线与多期海岸线的求交运算得到点状海岸线－横截线交点及其属性表,以多期海岸线、横截线、海岸线－横截线交点为数据进行海岸线变化速率、方向、模式等的分析。

1)多期矢量海洋岸线与基线文件构建

要进行海岸线变化的分析,首先要构建多期矢量海岸线文件,并构建相应的属性表。矢量海岸线文件的几何对象由海岸线信息遥感提取算法提取海岸线获取,将提取的不同时期的海岸线通过追加(Append)操作添加到同一个线状 Shapefile 文件。各期海岸线属性表构建的字段包括 ID(海岸线编号)、Shape_Length(海岸线长度)、DATE(日期)。

为了进行海岸线变化的分析，还需要构建海岸基线（Baseline）。海岸基线是海岸线变化的起始位置，是岸线演变分析的重要元素，可以将早期海岸线作为海岸基线。海岸基线应建立毗邻海岸线的位置，并单独放在一个 Shapefile 文件中。

2）横截线几何对象与属性表构建

横截线（Transect）是进行海岸线变化分析的关键对象。构建横截线几何对象时，首先按照用户设定的横截线间距（Transect spacing）获取海岸基线上的点，再从这些点出发做海岸基线法线方向指定横截线长度（Transect Length）的线段，这些线段组构成了横截线几何对象（图 3-4）。构建横截线几何对象后，与各期海岸线进行求交运算，获取横截线与各期海岸线的交点；通过交点的位置、各期海岸线日期等属性，进行海岸线变化速率等的统计分析。横截线与各期海岸线的交点也单独存储在一个点状 Shapefile 文件中，交点的属性包括其对应的横截线、海岸线的编号，交点沿横截线方向距离海岸基线的距离，交点自身的坐标等。交点文件的创建对海岸线变化分析统计具有重要作用。

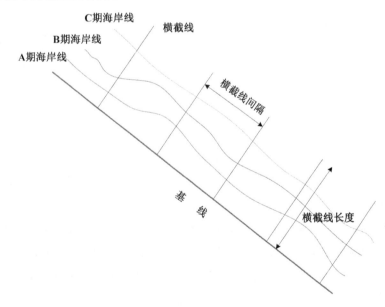

图 3-4　横截线构建

3)海洋岸线变化统计分析

海岸线变化的统计分析是从海岸线变化速率、变化方向等角度出发,分析海岸线动态变化的基本规律,使用美国地质调查局建设的数字海岸线分析系统(Digital Shoreline Analysis System)中用于统计分析海岸线变化的SCE、NSM、EPR、LRR 等变量。①SCE(Shoreline Change Envelope):表示每条横截线上距离海岸基线最近与最远的两个交点之间的距离。该变量反映了海岸线变化的范围,且与具体的变化时间无关。② NSM (Net Shoreline Movement):表示每条横截线与各期海岸线时间最早和最晚的两个交点之间的距离。该变量反映了在给定时间内海岸线变化的程度。③EPR(End Point Rate):用给定时段内海岸线变化的距离值除以时段长度得到。该变量易于计算(仅需要两期海岸线及其与横截线的交点信息)。但当用于计算的有多期海岸线时,EPR 忽略了处于中间时期的海岸线提供的信息,无法反映出这段时期内海岸线变化的方向和强度等变化特征。④LRR(Linear Regression Rate-of-Change):为每一条横截线与各期海岸线的交点进行最小二乘回归,通过回归可以得到该横截线位置处海岸线变化的拟合直线。通过该直线的斜率,即可表示该处海岸线变迁的速率。通过求算并组合以上统计变量提供的信息,可以寻找一定时期内研究区海岸线变化最大(NSM 最大)、最快 EPR 或 LRR 最大的位置等信息,进而分析研究区海岸线变化的基本规律。

3.2.3   港口资源分析利用技术

浙江沿海海岛密布、港湾众多,拥有全国少见的深水岸线资源,且潜在的海向腹地很大。与此同时,浙江经济发展虽然陆域空间小,资源有限,但其海域辽阔,资源门类众多,特别是海洋经济发展潜力巨大。根据港口资源整合原则及浙江沿海港口资源的分布特点、各港口的区位特征及发展优势,可以规划浙江港口资源整合方向为以宁波舟山港口一体化为中心,以温台港口、浙北港口为两翼的浙江沿海港口布局体系。港口-腹地经济关系可以看作是由两个扇面组成,一个扇面是港口的陆向腹地,另一个是港口的海向腹地,两者均以港口为中心、枢纽或中转环节。在陆向腹地中,又以港城的直接可达的城市为结点,以铁路、公路、水运、空港和管道运输等运输方式构成轴线相联系,进而扩散、辐射、影响更广泛的腹地。

目前,运用遥感技术进行空间要素的分析方面趋于成熟。运用现代信息技术(包括遥感、网络技术)对港口资源环境进行动态监测与数据评估,相比常规方法,具有速度快、精度高、成本低等社会效益,可以推动浙江海洋港口资源监测由点向面发展、由静态向动态发展[19]。为此,需要构建以中、高分辨率影像为数据本底,整合、关联和分层叠加浙江港口岸线、码头等基础数据,建立浙江沿海区域地理信息系统,将遥感影像数据与等高线数据融合,形成可视化的三维地形地貌,实现对岸线港口资源的信息采集、动态监测和管控等(图 3-5)。

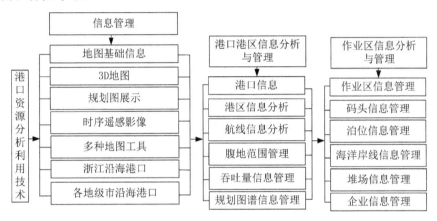

图 3-5　港口资源分析利用技术路线

在上述港口资源信息分析基础上,我们可以借鉴国内外港口群或组合港的先进发展模式,形成定位清晰、结构合理、管理统一、协调高效,并具备国际影响力、一流竞争力的一组国际化港口的浙江集聚体。无论从实施国家战略、支撑区域经济发展,还是从集约化利用岸线资源等角度出发,港口资源整合均具有很强的战略意义和现实意义。突破行政区划进行港口资源整合,是港口转型升级、高效发展的必需。从理论上讲,世界级港口集群是系统论、协同论、博弈论在港口管理实践中的综合反映。从实践上看,作为世界级港口集群的代表,美国纽约—新泽西港口集群和日本东京湾港口集群都经历了从单一港口发展起步,逐步过渡到以区域依托、协同发展和国际导向为特征的港口集群的发展历程。因此,打造世界级港口集群目标的提出,既是基于浙江港口完成实质性一体化后已经具备的基础和底气,也是基于国内外港口发展趋势要求浙江港口向更高目标迈进的外部环境。

3.3　海洋岸线与港口资源利用的政策演进

从逻辑学角度看,海洋岸线与港口资源利用政策作为政策的一种概念,属于下位概念,因此,厘清政策内涵是理解海洋岸线与港口资源利用政策概念的逻辑起点。政策一词属舶来语,19世纪末由日本传入中国,其内涵集中在由政党、企业或组织制定的行动计划、原则和策略上,表明了政府、企业或组织为政策制定的主体,行动方案或计划为政策的基本内容。国内对政策较为有代表性的界定是国家机关、政党及其他政治团体在特定时期为实现或服务于一定社会政治、经济、文化目标所采取的政治行为或规定的行为准则。就概念的本质属性而言,海洋岸线与港口资源利用的政策是指党和政府及其他组织为了达成海洋岸线与港口资源利用目标和促进海洋岸线与港口资源利用而制定的指导方略、发展计划和行动方案。该定义内涵包括三个方面:一是明确了海洋岸线与港口资源利用的政策外延是党和政府及其他组织的指导方略、发展计划与行动方案;二是强调了海洋岸线与港口资源利用政策的梯度、主次关系,指出了党指导方略在海洋岸线与港口资源利用政策中的主导性;三是海洋岸线与港口资源利用的政策既包括党和政府的最高指导方略,也包括一般的计划与行动方案,体现了海洋岸线与港口资源利用的政策的最高指导方略与发展计划、行动方案之间的互动关系。

经过对政府官网、数据库、文件汇编、年鉴等文献资料的检索,为了深入把握海洋岸线与港口资源利用政策文本的内隐信息及其内涵,通过建构海洋岸线与港口资源利用政策文本分析的逻辑架构,在整体观的指导下沿着海洋岸线与港口资源利用政策渐进调适的时间维度,抓住整体与局部发展的矛盾关系进行总体分析,进而对海洋岸线与港口资源利用相关的政策发展的局部进行了分析(表3-7)。海洋岸线与港口资源的变化过程受到自然因素和人类活动的双重影响,但在近十几年尺度,主导因素是以围填海为主的人类活动。近几十年围填海政策演变的拐点出现,尤其是党的十八大以来国家层面重大政策的出台和实施以及政府机构改革等举措,使得海岸的可持续发展态势更趋强劲。

表 3-7　填海相关主要政策供给演变

年份	主要内容	文件名称或依据	来源或主管单位
2002	全国海洋功能区划,围填海需论证	2002 年 9 月 10 日	国家海洋局
2008	改进围填海造地工程平面设计	国海管字〔2008〕37 号	原国家海洋局
2009	加强围填海规划计划管理	发改地区〔2009〕2976 号	国家发展和改革委员会、原国家海洋局
2010	加强围填海造地管理	国土资发〔2010〕219 号	国土资源部、原国家海洋局
2011	规范围填海秩序,强化围填海计划管理	发改地区〔2011〕2929 号	国家发展和改革委员会、原国家海洋局
2011	财政项目指南需研究围填海环境影响	农办财〔2011〕130 号	农业部办公厅
2012	无居民海岛周边海域开展围填海	国海办字〔2012〕666 号	原国家海洋局
2016	探索海岛与海岛周边海域围填海审批衔接等制度	国海岛字〔2016〕691 号	原国家海洋局
2016	加强杭州湾、象山港、三门湾、台州湾等保护和开发	浙江省政协十一届十八次常委会会议专题协商	浙江省政协
2017	围填海工程生态建设技术指南	国海规范〔2017〕13 号	原国家海洋局
2017	明确提出谋划实施大湾区建设行动纲要,大力发展湾区经济	浙江省第十四次党代会报告	浙江省第十四次党代会
2018	加强滨海湿地保护,严格管控围填海活动	国发〔2018〕24 号	国务院

续表

年份	主要内容	文件名称或依据	来源或主管单位
2018	明确围填海历史遗留问题处理有关要求	自然资规〔2018〕7号	自然资源部
2018	围填海项目生态评估技术指南	自然资办发〔2018〕36号	自然资源部办公厅
2019	除国家重大项目外,全面禁止围填海	党的十九届四中全会报告	党的十九届四中全会
2020	抓好美丽海湾的建设	"十四五"规划	生态环境部

3.4 海洋岸线及港口资源开发利用过程及特征

浙江是海洋大省,海域面积是陆地面积的2.6倍,港口资源得天独厚,海岸线长达6646km,居全国第一位,水深大于10m的深水岸线长达471km,并处于连接国际航道和国内支线的良好位置,拥有建设世界一流港口的潜力。丰富的深水港口、航道资源和地处长江经济带与东部沿海经济带的T形交汇点,是浙江最突出的资源优势和区位优势。浙江六个沿海城市的岸线类型较为齐全,主要以人工岸线为主,并且宁波和台州分布有大量基岩岸线,温州分布有较多的河口岸线,其他类型岸线则在浙江以零星方式分布。

1913年以来,浙江大陆海岸线已发生较大变化(表3-8),表现为海岸线位置外推加快,平直的人工岸线不断取代曲折的自然岸线,部分近岸岛屿并入大陆,海岸线长度明显缩短,人工岸线比例显著增大,自然岸线比例减小[20]。其中,发生岸线位置外推的海洋岸线长度达2207.79km,钱塘江河口南岸最大外推距离达18km以上。1913—1995年,岸线总长度由2454.83km持续缩短为2148.56km;1995—2014年,因围填海连岛工程导致海岛并入大陆(如玉环岛、蛇蟠岛等),大陆海岸线长度有所增加。从各类型海岸线长度及变化来看,人工岸线是主要类型,所占比例最高且逐年增大,由1913年的48.01%增至2014年的67.46%。其次为基岩岸线,1995

—2005 年间因玉环岛并入大陆使其长度增加 57.99km 外,其余各期均逐期下降。砂砾质岸线所占比例较小,1980 年前基本保持不变,近 20 年来受填海影响而有所减少。粉砂淤泥质岸线曾是主要的海岸线类型,因围垦而逐渐被人工海塘所代替,1913 年尚存 246.55km,主要分布在钱塘江河口沿岸,到 1980 年该类岸线几乎消失殆尽。1913—2014 年,河口岸线则受沿岸围垦影响逐渐缩短。

表 3-8　浙江大陆海岸线长度及围填海面积统计[21]

年份	人工岸线 (km)	基岩岸线 (km)	砂砾质岸线 (km)	粉砂淤泥质岸线 (km)	河口岸线 (km)	总长度 (km)	围垦面积 (km²)
1913	1178.53	972.48	39.39	246.55	17.88	2454.83	
1960	1348.86	885.51	40.50	90.45	17.39	2382.71	276.25
1970	1467.31	874.59	40.50	8.85	16.36	2407.61	317.10
1980	1442.37	723.65	40.50	0	15.43	2221.95	586.67
1995	1398.67	697.68	37.94	0	14.36	2148.65	260.58
2005	1442.18	755.67	37.94	0	15.94	2251.70	329.57
2014	1512.33	684.57	33.12	0	13.32	2246.34	723.43

大陆海岸线变化与围填海活动密切相关。1913 年以来,浙江大陆沿岸围填海面积总计达 2493.6km²,除去钱塘江河口区海岸侵蚀面积 97.83km²,净增加陆地面积 2395.77km²。从围填海面积的变化来看,1913—1960 年的前 50 年围填海面积 276.25km²,1960 年以来的后 50 年围填海面积达 2217.35km²,是前 50 年的约 8 倍(表 3-8)。从人工岸线长度与围垦面积变化过程来看,1913 年以来围填海活动经历了三个阶段:自耕农时代高滩围垦阶段、集体农业时代联围堵港阶段以及工业与城镇化建设围垦阶段。1913—1970 年,人工岸线长度增加趋势较大,共增加了 288.78km;围垦面积变化趋势相对较缓,共增加 593.35km²。1995—2014 年,人工岸线增加量为 113.66km,围垦面积却新增高达 1053.00km²。这是因为 1913—1970 年处于自耕农时代以高滩围垦为主,围垦多为零星分布的土塘,因而围垦面积相对较少,同时也说明近 20 年来已经进入工业和城镇建设用地阶段;1970—1995 年,围垦面积快速增加,但人工岸线长度反而减

少,表现出集体化农业时代联围堵港的特点。

　　港口岸线是一定区域的水陆综合体,是港口发展的基础性资源[1]。新时代高质量开发利用港口岸线资源是贯彻落实国家发展战略、促进可持续发展的内在要求,是加快建设海洋强省、国际强港的重要保障。浙江绵延的海洋岸线上分布着许多重要的沿海港口,经过持续的大开发建设,形成了以全球第一大港——宁波—舟山港为主体、以浙东沿海港口和浙北环杭州湾为两翼的"一主两翼"格局。主要港口货物吞吐量如表3-9所示。截至2020年,浙江主要港口货物吞吐量超过亿吨的港口有宁波—舟山港、嘉兴港、杭州港、湖州港、嘉兴港。近年来,全国各地港口城市掀起扩建之风,浙江提出"港航强省"战略,即整合全省资源,增强集疏运能力,更好地发挥全省港航资源的整体功能。从功能的角度来看,浙江港口具有一定的相近性,宁波—舟山港主要经营进口铁矿砂、内外贸集装箱、原油成品油、液体化工产品、煤炭以及其他散杂货装卸、储存、中转业务,为长江三角洲及长江沿线地区原油、矿石和煤炭等大宗散货转运基地及原油战略储备基地、船舶修造基地,温州、台州、嘉兴基本都以集装箱和散杂货为主要发展方向。

表3-9　浙江主要港口货物吞吐量(万吨)

港口名称	2006年	2008年	2010年	2012年	2014年	2016年	2018年	2020年
宁波—舟山港	42387	52047	63300	74401	87346	92209	108439	117240
温州港	3275	4958	6408	6997	7901	8406	8239	7401
台州港	2107	3898	4706	5358	6049	6771	7167	5091
嘉兴港		2834	4432	6004	6880	6817	9689	11715
杭州港	5221	5299	8753	9097	10084	7279	11812	15414
湖州港		4241	14357	17840	8487	8664	10486	12215
嘉兴港	2248	7871	9486	10856	10110	8423	10696	13111

数据来源:浙江省统计年鉴,2006年起宁波港和舟山港合并为宁波—舟山港。

　　浙江港口岸线利用特征总体表现为:①港口岸线资源禀赋优良。浙江沿海岸线资源充足,适宜建设港口的岸线绵长,且深水岸线较多,全省港口深水岸线655.9km,占规划港口岸线总长72.0%,位居全国沿海各省市港口岸线资源总量排名前列。②港口岸线开发潜力较大。全省已利用港口岸线长 364.2km,宁波、舟山市港口岸线利用程度较高,嘉兴市、台州市和温州市的岸线利用程度稍低。③港口岸线资源分布不均衡(表 3-10)。全省港口岸线资源尤其是深水岸线资源主要集聚在宁波—舟山港,使得大规模的深水码头多建在宁波—舟山港,其泊位数量、万吨级以上泊位数量、综合通过能力和集装箱泊位通过能力在全省沿海港口中都占有相当大的比重;嘉兴港岸线资源最少。

表 3-10　浙江省沿海主要港口岸线利用规划(m)

城市	合计	深水岸线		中级岸线		浅水岸线	
		商港	临港工业	商港	临海工业	商港	临海工业
嘉兴	30800	17500	5000	8300			
宁波	87680	6390	9200	14580			
舟山	169560	119060	31000	3500	16000		
台州	76550	27350	14300	13600	21300		
温州	55130	29600	3300	12480		9750	
合计	419720	257410	62800	52460	37300	9750	

数据来源:浙江省沿海港口布局规划。

3.5　海洋岸线与港口资源利用的浙江经验

3.5.1　深化海洋岸线港口化的陆海统筹认知

海洋自然岸线是不可再生的稀缺资源,也是港口发展生命线。海岸带是国土宝贵资源,具有港口、渔业、旅游等多种开发利用功能,而海洋岸线是海岸带的精华之地,曲折岸线与港湾更为宝贵。为此,沿海开发利用港湾、岸线资源时要按照资源自然属性给予合理利用,尽量保留原始、自然岸线;在岸线具有多种功能的情况下,注意生态环境保护、深水深用,避免或减少产业、功能间的相互影响、冲突。岸线的开发利用在今后相当长的时间内仍是不可避免的,因此,提高岸线利用效率将是未来岸线利用中的重要工作。

世界岸线港口化的进程在加速进行,不同国家由于其经济发展水平以及诸多因素影响导致岸线港口化进程有很大差异。从世界港口发展历程来看,形成当前这种港口局面经历了上千年演变。港口每一次规模扩展都会刺激区域经济发展,区域经济发展又会推动港口规模扩展,甚至带动地区出现新港口。每次港口规模扩展和新港口出现伴随着自然岸线变为港口岸线,这个过程就是岸线港口化过程[21]。我们应尽早编制岸线利用规划,整治海岸线海域空间,提升海岸空间资源价值和海岸线利用效益。对于岸线资源占用较大的农业、渔业等传统产业,依靠发展生态农业、海洋牧场等方式减少岸线资源的占用,提高经济效益;对于港口岸线项目,应严格遵循规划,对预留开发的规划港区要以保护为主,未经批准禁止开发建设;要集约利用岸线建港,拓展港口腹地,发展临港工业;规定涉岸项目占用岸线长度与配套土地纵深长度比例,引导项目尽可能向陆域纵深布局,减少岸线占用。

虽然各种非经济因素在岸线港口化中起着至关重要的作用,但经济要素通过经济过程影响岸线港口化是最为突出的。浙江港口长期发展的主要动力是由经济力量决定,岸线港口化水平的提高与经济水平提高相关联。岸线港口化和经济增长之间是一种互动关系,有必要研究海洋岸线港口化和经济增长之间的作用机理,来指导未来港口和区域经济协调发展。在认识岸线港口化规律、了解岸线港口化水平与国民经济关系的过程中,本着节约港口资源方针,我们可以一方面通过布局集约化、规模化港口和大型化、专业化码头,提高港口岸线资源利用效率;另一方面科学分工各港口功能,指导各港口合理规划港区发展,避免盲目建设和乱占、多占港口岸线资源。

3.5.2　加强海洋岸线与港口资源综合管理

海洋岸线资源开发利用和保护是海岸带综合管理的核心内容之一。对于流域与海洋岸线开发引发的各类生态环境问题,浙江采取诸多治理与修复措施。浙江经过十几年探索与实践,海洋岸线与港口资源综合管理内涵及目标不断更新发展,兼顾流域统一管理、地方区域管理的流域岸线综合管理体系,全面覆盖由水域—滨岸缓冲带—陆域构成的岸线空间,落实自然岸线保有率管控目标,基本构建了科学合理的自然岸线格局。

（1）海洋岸线陆域腹地保护与治理

海洋岸线陆域保护与治理的主要目标是通过源头治理与改革沿岸土地

利用方式,提升流域预防能力,降低流域灾害风险,保障流域安全。浙江在末端治理改善海洋岸线治理的同时,以"生态海岸带建设"为指导,采用预防措施,从源头控制污染,实质性降低岸线受损程度;针对岸线陆域腹地因土地开发、河道治理以及自然蓄洪区减少而造成洪水威胁情势,停止在流域开发,返还合理流域应有空间,利用天然调蓄能力提高防御泄洪能力;除采取水资源管理手段外,以高效利用沿岸地区土地利用方式为重点,从区域规划和土地利用方面采取诸多措施,对海洋岸线陆域腹地进行保护与治理。

(2)海洋自然岸线景观的保护

海洋自然岸线随着人类活动不断的开发逐渐减少。浙江通过设立自然保护区的方式保护现存海洋自然岸线资源。这些划定的沿海保护区域的公园连廊系统相互连接形成了一套完整体系,加强了自然景观连贯性及开放性。根据《中共中央、国务院关于推进生态文明建设》意见(中发〔2015〕12号)、《海岸线保护与利用管理办法》(国海发〔2017〕2号)、《国家海洋局海洋生态文明建设实施方案(2015—2020年)》(国海发〔2015〕8号)、《国家海洋局关于全面建立实施海洋生态红线制度的意见》(国海发〔2016〕4号)等精神,2018年浙江海洋与渔业管理局发布了《关于加强海岸线保护与利用管理的意见》。随着习近平总书记"绿水青山就是金山银山"理念的提出,走生态文明道路的方向愈发清晰,沿海地区迎来了转变发展模式的关键节点。为了更好地开发与保护海岸带资源,省政府于2020年6月出台了《浙江省生态海岸带建设方案》、省发展改革委于2020年12月编制了《浙江省生态海岸带建设导则(试行)》,旨在建立健全的法律法规以及多部门协同的综合管理体制,从根本上保证了海岸线的合理开发利用和有效保护;严格执行海洋功能区划,控制用海规模;建立科学论证和后评估制度,严控自然岸线使用审批。同时,浙江根据不同类型自然海岸的生态脆弱性,建立了海岸建筑控制线或海岸带保护区域,防止海岸带开发活动对自然岸线的破坏。岸线资源开发定位、规模、速度要与资源环境的承载能力相适应,实现岸线资源因地制宜、有序开发、优化资源配置,以加强流域综合保护与治理。

(3)区域港口一体化

浙江沿海港口在建设海洋经济示范区背景下,为解决同一区域内所存在的港口之间无序竞争问题,促进港口群体效应的发挥和竞争力的提高,实现区域内港口的协调、可持续发展。浙江结合实际情况,推进港口联盟工作,设立实质性港口主管机构—浙江省海洋港口发展委员会,加快了海洋经济发展和实现"港航强省"目标。

3.5.3　重视海洋岸线保护与修复治理

作为我国沿海区域开发热点之一,浙江沿海流域的发展对于国家与区域经济具有极高的重要性与现实意义。浙江海洋岸线腹地也经历过污染、治理、生态恢复过程,对我国其他地区正在进行的岸线治理与流域生态保护及恢复,特别是对生态海岸建设工作,具有重要的借鉴意义。因此,海洋岸线的生态环境保护与修复治理是一个以海岸带为核心的资源利用和以水陆统筹为重点的综合管理过程。

(1)以恢复生态系统健康为首要目标

浙江沿海经历了以防洪为主到污染治理为主,再到恢复海岸健康生态为目标的过程,在海洋岸线的整治和管理过程中意识到了海洋岸线综合管理的重要意义,组建了海岸线综合管理机构,以协调各个政府部门在海洋岸线管理方面的运作,并制定了有效的规划监督措施;在海洋岸线整治的具体项目中形成了有效的政企合作的市场化运作模式;同时广泛吸收非政府组织参与到保护工作中来,通过各类宣传和参与活动唤起公众的环保意识;严格的执法手段也对海洋岸线的保护起到了至关重要的保障作用。

(2)综合海洋岸线和港口统筹管理机构

由于资源开发利用与生态环境管理目标和机制仍然存在冲突,流域管理和行政区域管理之间尚存在分割,流域管理机构的行政监督权、处罚权以及行政执法地位受到来自地方保护主义的挑战。岸线利用保护和管理涉及水利、国土、交通、航运、海事、市政、环保等多部门,受部门权责范围限制,存在管理法规及权限重叠、权责不对应现象,也缺乏有效的沟通、协调机制,致使"九龙治水"、各自为政,难以对岸线涉及的防洪、供水、航运、水生态、环境保护等功能进行统筹和协调。浙江在防洪、供水、水污染治理、生态保护等方面开展了市域合作,建立了良好的信息、技术交流机制。浙江通过统一决策与分区域治理的管理模式,在流域尺度建立"统一管理、垂直领导"的兼顾流域统一管理与区域管理的流域管理体制,通过多个部门跨地区的综合协调管理,统筹流域内海洋岸线资源。

稳定的自然岸线保有率对沿海生态环境、经济社会发展等具有重要的驱动作用。港口开发对岸线及水陆域资源开发条件要求较高,宜港岸线应优先满足港口发展需要。浙江岸线开发过程中,加强统筹与之相应的海域和陆域,作为整体统一规划和管理,使海洋港口部门与国土、海洋、环保等相关涉海行业管理部门充分交流和沟通,并进行长远规划。①坚持多元化的布局,综合考虑海洋岸线与港口资源,多方面利用,避免单一用途;②海洋岸线与港口资源绿地空间保持开放性和连续性,与城市绿地系统拥有较好衔接关系;③避免单纯保护,自然岸线资源保护应当和旅游资源开发结合,对保护工作起到鼓励作用;④水源保护、水系综合整治可以和绿地景观系统结合,起到改善环境作用;⑤建立和完善海洋生物资料收集制度,开展海洋生物多样性研究及监测。

(3)严格自然岸线监测与生态修复

浙江沿海流域开发过程中,围海造陆、水利设施建设等人类活动改变了河流水文、水动力、河道形态与断面,切断了河流与洪泛平原的相互联系,使生物生境及其异质性产生变化,引发生物多样性丧失、水质下降、洪涝风险增大等系列问题。浙江秉持"保护优先"原则,实行湿地、岸滩等自然岸线的严格保护,并对沿岸周边自然保护区、饮用水源地、重点湿地、种质资源保护区等重点生态敏感区进行调研,对切实影响岸线资源保护的项目实施了逐步退出计划。同时,坚持"因地制宜、分类施策、自然恢复与人工修复相结合",对清退岸线、污染岸线等进行生态修复,并在保障防洪安全的前提下,积极采用生物技术护岸护坡,推进岸线绿色化、生态化建设;通过岸线近自然形态设计、自然生境重建、生态系统结构优化等措施,开展湿地生态修复,逐步恢复岸线生态功能。

(4)强化岸线资源空间属性与集约利用

由于岸线空间的特殊性,针对海岸流域生态保护与治理问题,采用差别化的管控措施,实施范围涵盖陆域至水域。浙江岸线生态保护与治理统筹考虑水域—滨岸缓冲带—陆域的空间范围,通过严控沿海开发用地总量、提升现有产业绿色发展、提高沿江岸线土地利用效率来实现岸线腹地土地集约利用,从污染产生源头降低流域污染灾害风险;优化滨岸土地利用方式及布局,推进贴岸企业向工业园区转移与工业岸线置换,促进了岸线空间紧凑利用。

参考文献

[1] 吴建伟,刘万锋,方泽兴.浙江沿海港口岸线资源利用现状分析与对策建议[C]//.2019世界交通运输大会论文集(上),2019:430-436.

[2] 庄翠蓉.厦门海岸线遥感动态监测研究[J].海洋地质动态,2009,25(4):13-17.

[3] 陈述彭.海岸带及其持续发展[J].遥感信息,1996,3(6):12.

[4] 高抒.河口海岸状态生变,重绘蓝图势在必行[J].世界科学,2019(1):29-31.

[5] 索安宁,曹可,马红伟,等.海岸线分类体系探讨[J].地理科学,2015,35(7):933-937.

[6] 徐鹤,张玉新,侯西勇,等.2010—2020年中国沿海主要海湾形态变化特征[J].自然资源学报,2022,37(4):1010-1024.

[7] 李加林,王丽佳.围填海影响下东海区主要海湾形态时空演变[J].地理学报,2020,75(1):126-142.

[8] Tessler Z D, Vörösmarty C J, Grossberg M, et al. Profiling risk and sustainability in coastal deltas of the world[J]. Science,2015,349(6248):638-643.

[9] Wang X, Xiao X, Zou Z, et al. Mapping coastal wetlands of China using time series Landsat images in 2018 and Google Earth Engine[J]. ISPRS Journal of Photogrammetry and Remote Sensing,2020,163(C):312-326.

[10] 叶鸿达.海洋浙江[M].杭州:杭州出版社,2005.

[11] 李志强,陈子燊.砂质岸线变化研究进展[J].海洋通报,2003,8(22):77-86.

[12] 马小峰,赵冬至,等.海岸线卫星遥感提取方法研究进展[J].遥感技术与应用,2007,8(22):575-580.

［13］He T，Liang S，Wang D，et al. Evaluating land surface albedo estimation from Landsat MSS，TM，ETM＋,and OLI data based on the unified direct estimation approach［J］. Remote Sensing of Environment，2018,204:181-196.

［14］Yan L，Roy D P. Improving Landsat Multispectral Scanner (MSS) geolocation by least-squares-adjustment based time-series co-registration［J］. Remote Sensing of Environment,2021,252:112181.

［15］江冲亚,李满春,刘永学.海岸带水体遥感信息全自动提取方法［J］.测绘学报,2011，40(3):332.

［16］花一明.杭州湾滩涂围垦及利用动态遥感监测研究［D］.杭州:浙江大学,2016.

［17］袁爽.近35年长江口潮滩演变遥感研究［D］.赣州:江西理工大学,2018.

［18］朱敏,刘刚,马海涛,等.遥感影像目视解译矢量化分析［J］.测绘与空间地理信息,2010,33(4):67-69.

［19］何晓宇,沈坚,徐永潮,等.浙江沿海港口岸线数据分析管理系统设计实现［J］.地理空间信息，2021，19(8):76-79.

［20］廖甜,蔡廷禄,刘毅飞,等.近100年来浙江大陆海岸线时空变化特征［J］.海洋学研究，2016,34(3):25-23.

［21］廖龙.岸线港口化过程研究［D］.大连:大连海事大学,2012.

第4章 海岸带土地资源利用的理论探索、政策演进与实践经验

　　浙江是中国海洋大省,海岛数量和海岸线长度居全国首位,拥有丰富的滩涂资源,土资源丰富且类型多样。浙江的海岸带土地开发历史悠久,从5000多年前河姆渡稻作文明、宋代慈溪修建第一条海塘——大古塘、20世纪50年代萧山围垦运动以及21世纪以来大规模的滨海产业开发,展示了海岸带土地资源的持续开发与历史底蕴。目前,浙江省四个都市区中的杭州(包括嘉兴、绍兴)、宁波(包括舟山、台州)、温州均位于海岸带范围内,对土地资源开发提出迫切的需求。进入生态文明时代,"生态优先""底线思维""以人为本"等理念盛行,必然推动土地资源开发向保护与开发协调的秩序转变,因此,如何科学、高效、可持续地利用海岸带土地资源成了浙江省面临的严峻挑战。基于以上思考,本章重点摸清浙江省海岸带土地资源的本底状况,厘清相关方法技术,系统梳理政策演进,分析开发利用过程与特征,总结"浙江经验",为中国海岸带土地资源可持续开发提供经验借鉴。

4.1 海岸带土地资源的本底状况

　　本章关注浙江省海岸带土地资源开发现状,摸清土地开发与保护的"家底"。首先,分析海岸带土地利用现状,明确土地资源分布与开发特征。随后,从城镇开发、农业开发和生态保护三个视角,建立"双评价"(资源环境承载能力和国土空间开发适宜性评价)技术框架,旨在综合审视海岸带土地资源本底状况。最后,定量开展"双评价",摸清海岸带土地资源开发与保护的本底。

4.1.1　海岸带土地利用现状

本研究采用中国科学院 2020 年 30m 土地覆被数据,按照田鹏等[1]对浙江省海岸带的界定,以沿海区县作为海岸带范围,分析土地利用现状。

从规模上看,浙江省海岸带土地资源以自然林地和耕地开发为主。浙江省海岸带以低矮山地与丘陵地形为主,林地覆盖面积最大,达到 13302.63km²,占比 41.44%;耕地居于其次,面积为 9413.12km²,占比 29.33%。同时,浙江省海岸带是建设用地开发的重要区域,面积达到 4998.99km²,比例为 15.57%。其他地类资源规模相对较小,占比均不超过 6%。其中,水域和海域面积分别为 1860.58km² 和 1736.87km²,占比分别为 5.8% 和 5.41%;草地面积为 773.62km²,占比为 2.41%;未利用用地面积最小,仅为 11.91km²,比例仅为 0.04%。

从空间上看,海岸带土地开发自北向南大致可分为三种类型,呈现不同特征。①北段由嘉兴到宁波北仑港,以建设用地与耕地开发为主。区域内分布着杭州和宁波两大城市集中开发区,并拥有杭嘉湖和宁绍平原的大片耕地开发。随着海岸带由海域向陆域推进,逐渐出现林地分布。②中段由宁波北仑港到台州湾北岸,以自然覆被为主,并伴随小规模城镇与农业开发。区域内部以山地丘陵为主,林地覆盖面积大;建设用地开发相对较为零散,以区县城区建设拓展为载体;在奉化湾、台州湾、象山港等地区存在大量耕地开发。③南段为台州湾南岸到温州,以湾区城镇开发与农业开发为主。主要表现为台州湾、乐清湾、瓯江入海口等地区建设用地和耕地集中,其他地区则多以林地覆盖。

从行政区划上看,浙江省海岸带土地资源开发大概可以划分为三类。①第一类为建设用地与耕地开发均较强的地区,建设用地开发面积占比超过 20% 且耕地面积比例超过 20%,包括海宁市、杭州市区、宁波市区、温州市区、龙港市、慈溪市、平湖市等。②第二类为以耕地开发为主导,也均有较强建设开发的地区,包括上虞区、温岭市、海盐县、余姚市、柯桥区、乐清市等。③第三类为林地面积广阔,但建设用地开发较弱的地区,包括临海市、苍南县、奉化区、平阳县、宁海县、瑞安市等。

整体上,浙江省海岸带土地资源开发呈现以下特征:①潜在可建设开发空间小。一方面,海岸带地区多山地丘陵,林地覆盖面积大且未利用用地规模有限,无法为后续建设用地开发提供空间;另一方面,海岸带谷底、平原或河湾地区耕地集中,在严守基本农田保护底线背景下,难以实现大规模的"农转用"。②空间开发不均衡。浙江省海岸带的连片耕地与建设用地集中分布于杭嘉湖平原、宁绍平原、台州湾和温州湾地区;其他地区多因地形原因,仅存在分散破碎式的建设用地开发,以林地覆盖为主。③市辖区开发强度远超过其他区县。海岸带地区存在杭州、宁波、温州三个都市区,人类活动活跃,土地开发建设密集。其中,杭州、宁波、温州的市辖区开发强度分别为 26.09%、25.81%、24.11%,台州市辖区开发强度也达到 15.58%,远超过其他区县平均水平(14.81%)。

4.1.2　"双评价"技术框架

"双评价"是摸清区域土地资源本底状况的有效手段。其基本作用在于:①通过资源环境承载力评价,认识区域资源环境禀赋特点,找出其优势与短板,确定农业生产、城镇建设等功能指向下区域资源环境承载能力、压力、潜力;②通过国土空间开发适宜评价,研判国土空间开发利用的问题和风险,识别生态保护极重要空间,明确农业生产、城镇建设的最大合理规模和适宜空间;③综合国土空间开发适宜性评价和资源环境承载力评价,确定生态、农业、城镇等国土空间开发的时序、空间和规模,为土地未来优化开发提供支撑。

本项目将资源环境承载力理解为资源环境承载本底能力、承载压力、承载潜力。资源环境承载本底能力是一定国土空间内,自然资源、环境容量对人类活动的综合支撑水平;资源环境承载压力是一定国土空间内,人类社会经济活动对自然资源和环境容量的影响程度;资源环境承载潜力是一定时期和区域范围内,资源环境系统在一定人类资源开发、环境排污的压力下,还能维持其稳态效应的剩余能力。国土空间开发适宜性评价是在维持生态系统健康前提下,评价国土空间对生态保护、农业生产、城镇建设等不同开发保护利用方式的适宜程度。

(1)技术路线

根据岳文泽等[2]和夏皓轩等[3]对"双评价"理解,本书构建以下海岸带土地资源利用的技术路线(图 4-1)。技术路线可归纳为一个关系、三个维度、三个层面。一个关系指的是:资源环境承载力与国土空间适宜性评价的根本关系是承载能力是适宜性的底线约束,承载潜力可为适宜性开发提供修正依据。三个维度指的是:资源环境承载能力评价拓展至三个维度,包括资源环境承载能力评价、承载压力评价和承载潜力评价。三个层面分别是:基于资源环境承载能力评价的短板要素、人类开发强度和开发潜力识别;基于国土空间开发适宜性评价的功能空间识别;基于"双评价"集成评价的综合分析应用。本方案采用区县行政单元为资源环境承载力的基本评价单元,以 100m×100m 栅格为国土空间开发适宜性的评价单元。

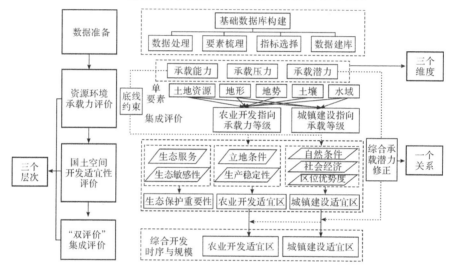

图 4-1　海岸带土地"双评价"技术路线

(2)资源环境承载力评价技术

1)土地资源承载能力评价方法

指标 1:极限建设用地开发规模

$$CL_{极限} = L_{总} - CL_{强限制} \qquad (4\text{-}1)$$

式中,$CL_{极限}$ 表示各区县极限建设用地开发规模(km²);$L_{总}$ 表示各区县土地总面积(km²);$CL_{强限制}$ 表示建设用地强限制性因子影响的土地面积(km²)。其中,建设用地开发的强限制性因子包括坡度大于 25°、高程大于 1000m、地形起伏度大于 200m、水域等。将极限建设用地开发规模根据分位数法分为"低承载能力""较低承载能力""中等承载能力""较高承载能力""高承载能力"五类。

指标 2：极限耕地开发规模

$$FL_{极限} = L_{总} - FL_{强限制} \qquad (4-2)$$

式中，$FL_{极限}$ 表示各区县极限耕地开发规模（km^2）；$L_{总}$ 表示各区县土地总面积（km^2）；$FL_{强限制}$ 表示耕地强限制性因子影响土地面积（km^2）。其中，耕地开发的强限制因子包括坡度大于 25°、地形起伏度大于 200m、土壤类型、水域等。将极限耕地开发规模根据分位数法分为"低承载能力""较低承载能力""中等承载能力""较高承载能力""高承载能力"五类。

2）土地资源承载压力评价

指标 1：现状建设用地开发强度

$$CL_{压力} = CL_{现状} / CL_{极限} \qquad (4-3)$$

式中，$CL_{压力}$ 表示各区县现状建设用地开发强度，$CL_{极限}$ 表示各区县极限建设用地开发规模，$CL_{现状}$ 表示极限建设用地开发规模内现状建设用地开发规模。将现状建设用地开发强度根据分位数法分为"低承载压力""较低承载压力""中等承载压力""较高承载压力""高承载压力"五类。根据计算，现状建设用地开发强度取值位于（0,1）区间，开发强度越大，承载压力越大。

指标 2：现状耕地开发强度

$$FL_{压力} = FL_{现状} / FL_{极限} \qquad (4-4)$$

式中，$FL_{压力}$ 表示各区县现状耕地开发强度，$FL_{极限}$ 表示各区县极限耕地开发规模，$FL_{现状}$ 表示极限耕地开发规模内现状耕地开发规模。将现状耕地开发强度根据分位数法分为"低承载压力""较低承载压力""中等承载压力""较高承载压力""高承载压力"五类。根据计算，现状耕地开发强度取值位于（0,1）区间，开发强度越大，承载压力越大。

3）土地资源承载潜力评价

土地资源承载潜力根据"承载能力—承载压力"判断矩阵修正得到（表 4-1）。修正原则为：以土地资源承载能力为基础，若某区县为高承载压力地区，则该区县的承载能力下降一级，作为承载潜力，其他情况则不变。

表 4-1　土地资源承载潜力判断矩阵

承载潜力	高承载压力	较高承载压力	中等承载压力	较低承载压力	低承载压力
高承载能力	较高	高	高	高	高
较高承载能力	中等	较高	较高	较高	较高
中等承载能力	较低	中等	中等	中等	中等
较低承载能力	低	较低	较低	较低	较低
低承载能力	低	低	低	低	低

城镇建设指向土地资源承载能力—压力—潜力评价步骤如下。

第一步：数据准备。需要的基础数据包括：土地利用变更调查矢量数据、数字高程模型（DEM）、行政区划图等。

第二步：确定建设用地强限制性因子。强限制性因子所在区域指建设用地难以开发以及不允许开发的区域。主要选择由于建设危险性和不适宜生存而难以开发的因子，比如水域、坡度、地形起伏度、高程等因子（表 4-2）。将建设用地开发强限制性因子区域进行叠加，确定强限制性因子区域空间分布。强限制性因子分值赋予 0，反之为 1。赋分情况如表 4-2 所示。

表 4-2　建设用地强限制性因子

建设用地强限制性因子	分类	分值
水域	河流、湖泊、水库水面	0
	其他	1
坡度	$>25°$	0
	$\leqslant 25°$	1
地形起伏度	$>200m$	0
	$\leqslant 200m$	1
高程	$>1000m$	0
	$\leqslant 1000m$	1

第三步：建设用地承载能力评价。以各区县行政区划图为基础，扣除强限制性因子区域空间，得到各区县极限建设用地开发规模作为建设用地承

载能力。采用分位数法将承载能力分为低、较低、中等、较高、高五级,生成城镇建设指向下土地资源承载能力分级图。

第四步:建设用地承载压力评价。计算现状建设用地开发强度,采用分位数法将承载压力分为低、较低、中等、较高、高五级,生成城镇建设指向下土地资源承载压力分级图。

第五步:建设用地承载潜力评价。通过建设用地承载潜力判断矩阵,以建设用地承载能力为基础,采用承载压力等级进行修正。当某区县为土地资源高承载压力时,将其承载能力等级下降一级,作为建设用地承载潜力;当某区县建设用地承载压力不为高承载压力时,其建设用地承载能力不变,作为建设用地承载潜力。修正后,生成城镇建设指向下土地资源承载潜力分级图。

农业生产指向土地资源承载能力—压力—潜力评价步骤如下。

第一步:数据准备。需要基础数据包括:土地利用变更调查矢量数据、耕地现状分布图、土壤类型分布图、土壤数据库、行政区划图等。

第二步:确定耕地利用强限制性因子。强限制性因子所在区域指耕地难以开发以及不允许开发的区域。强限制性因子包括坡度、地形起伏度、土壤类型、水域等(表4-3)。将耕地开发强限制性因子区域进行叠加,确定强限制性因子区域空间分布。强限制性因子分值赋予0,反之为1。赋分情况如表4-3所示。

表 4-3　耕地强限制性因子

耕地开发强限制性因子	分类	分值
坡度	>25°	0
	≤25°	1
地形起伏度	>200m	0
	≤200m	1
土壤类型	粗骨土、石灰岩土	0
	其他土壤类型	1
水域	河流、湖泊、水库水面	0
	其他	1

第三步：耕地承载能力评价。以各区县行政区划图为基础，扣除耕地强限制因子区域空间，得到各区县极限耕地开发规模作为耕地承载能力。采用分位数法将承载能力分为低、较低、中等、较高、高五个等级，生成农业生产指向下土地资源承载能力分级图。

第四步：耕地承载压力评价。计算现状耕地开发强度。采用分位数法将承载压力分为低、较低、中等、较高、高五级，生成农业生产指向下土地资源承载压力分级图。

第五步：耕地承载潜力评价。通过耕地承载潜力判断矩阵，以耕地承载能力为基础，采用承载压力修正承载能力。当某区县为耕地资源高承载压力时，将承载能力等级下降一级，作为耕地承载潜力；当区县耕地资源承载压力不为高承载压力时，耕地承载能力不变，并将其作为耕地承载潜力。修正后，生成农业生产指向下土地资源承载潜力分级图。

（3）国土空间开发适宜性评价技术

1）城镇建设适宜性评价

城镇建设适宜性评价主要从自然条件、社会经济和区位优势度三个方面考虑，其中自然条件反映自然环境因素对建设开发的适宜与限制性，评价指标包括高程、坡度、地质灾害易发程度和蓄滞洪区；社会经济考察区域自身经济发展条件和规模效应，评价指标为企业密度、人口密度；区位优势度表征区位条件对城镇建设开发的积极引导作用，评价指标为中心城区可达性（见表 4-4）。

表 4-4　城镇建设适宜性评价指标体系

类型	指标	指标分类	分值
自然条件	高程	＞1000m	0
		500～1000m	60
		200～500m	80
		≤200m	100
	坡度	15～25°	40
		8～15°	60
		3～8°	80
		0～3°	100

续表

类型	指标	指标分类	分值
自然条件	地质灾害易发程度	高易发区	20
		中易发区	40
		低易发区	60
		其他	80
	蓄滞洪区	蓄滞洪区	20
		其他	80
社会经济	企业密度	≤5 个/km²	20
		5~10 个/km²	40
		10~20 个/km²	60
		>20 个/km²	80
	人口密度	≤50 人/万 m²	20
		50~67 人/万 m²	40
		67~100 人/万 m²	60
		>100 人/万 m²	80
区位优势度	中心城区可达性	车程>120min	0
		90min<车程≤120min	20
		60min<车程≤90min	40
		30min<车程≤60min	60
		车程≤30min	80

2）城镇建设适宜性集成评价方法

利用层次分析法梳理城镇建设适宜性评价的要素层级及相互关系，采用专家打分、德尔菲法确定各指标之间的重要性差异以及每个因素层级指标间的重要性差别，从而得出层次分析法的判断矩阵，由此得到城镇建设适宜性指标的权重结果（如表 4-5）。

表 4-5　城镇建设适宜性指标权重

类型	指标	权重
自然条件	高程	0.107
	坡度	0.145
	地质灾害易发程度	0.080
	蓄滞洪区	0.080
社会经济	企业密度	0.193
	人口密度	0.159
区位优势度	中心城区可达性	0.236

最后采用指标加权方法计算城镇建设适宜性得分，初步确定城镇建设适宜性等级：

$$L_{建} = \sum_{k=1}^{n} w_{建k} X_{建k} \qquad (4-5)$$

式中，$L_{建}$ 为城镇建设适宜性得分，k 为指标编号，n 为指标数量，$w_{建k}$ 为第 k 个指标的权重，$X_{建k}$ 为第 k 个指标的得分。

3）农业开发适宜性评价

农业开发适宜性评价主要从立地条件和生产稳定性两个方面考虑，其中立地条件反映土地自身条件对农业生产的影响，评价指标包括积温、降水量、高程、坡度、耕层厚度、土壤类型、距水源距离等；生产稳定性表征自然灾害等对农业生产的制约作用，评价指标为地质灾害易发程度和蓄滞洪区（见表 4-6）。

表 4-6　农业开发适宜性评价指标体系

类型	指标	指标分类	分值
立地条件	≥10℃积温	<4800℃	20
		4800～6000℃	40
		≥6000℃	60
	年降水量	<1400mm	40
		1400～1600mm	60
		≥1600mm	80

续表

类型	指标	指标分类	分值
立地条件	高程	≥1000m	20
		500～1000m	60
		200～500m	80
		0～200m	100
	坡度	15～25°	40
		6～15°	60
		2～6°	80
		0～2°	100
	耕层厚度	≤12cm	20
		12～16cm	40
		16～20cm	60
		>20cm	80
	土壤类型	滨海盐土	20
		棕红壤、黄壤、红壤、红壤性土、黄红壤、富盐基红黏土	40
		水稻土、潮土、紫色土	100
	距水源距离	>2.0km	20
		1.5～2.0km	40
		1.0～1.5km	60
		0.5～1.0km	80
		≤0.5km	100
生产稳定性	地质灾害易发程度	高易发区	20
		中易发区	40
		低易发区	60
		其他	80
	蓄滞洪区	重要蓄滞洪区	20
		其他区域	80

4)农业开发适宜性集成评价方法

利用层次分析法梳理农业开发适宜性评价的要素层级及相互关系,采用专家打分、德尔菲法确定各指标之间的重要性差异以及每个因素层中指标间的重要性差别,从而得出层次分析法的判断矩阵,由此得到农业开发适宜性指标的权重结果(表 4-7)。

表 4-7　农业开发适宜性指标权重

类型	指标	权重
立地条件	≥10℃积温	0.120
	年降水量	0.120
	高程	0.074
	坡度	0.105
	耕层厚度	0.158
	土壤类型	0.186
	距水源距离	0.134
生产稳定性	地质灾害易发程度	0.052
	蓄滞洪区	0.052

采用指标加权方法计算农业开发适宜性得分,初步确定农业开发适宜性等级:

$$L_农 = \sum_{k=1}^{n} w_{农k} X_{农k} \qquad (4-6)$$

式中,$L_农$ 为农业开发适宜性,k 为指标编号,n 为指标数量,$w_{农k}$ 为第 k 个指标的权重,$w_{农k}$ 为第 k 个指标的得分。

(4)生态保护重要性评价

1)生态保护重要性单指标评价方法

生态保护重要性评价主要从生态系统服务功能重要性和生态脆弱性两个方面考虑,其中生态系统服务功能重要性反映生态空间服务功能的重要程度,评价指标为水源涵养、水土保持和生物多样性;生态脆弱性表征生态系统对区域内自然和人类活动干扰的脆弱程度,根据浙江省实际情况,以水土流失脆弱性为评价指标。

　　①水源涵养

　　水源涵养是生态系统(如森林、草地等)通过其特有的结构与水相互作用,对降水进行截留、渗透、蓄积,并通过蒸散发实现对水流、水循环的调控,主要表现在缓和地表径流、补充地下水、减缓河流流量的季节波动、滞洪补枯、保证水质等方面。

　　通过降雨量减去蒸散量和地表径流量得到的水源涵养量,评价生态系统水源涵养功能的相对重要程度。降雨量越大、蒸散量及地表径流量越小的区域,水源涵养功能重要性越高。由于地表径流量小,森林、灌丛、草地和湿地生态系统质量较高的区域,水源涵养功能相对较高。在此基础上,结合水库、水源地等区域并考虑生态完整性和连通性进行适当修正。

　　采用水量平衡方程来计算水源涵养量,计算公式为:

$$TQ = \sum_{i=1}^{j} (P_i - R_i - ET_i) \times A_i \times 10^3 \qquad (4\text{-}7)$$

式中,TQ 为总水源涵养量(m³),P_i 为降雨量(mm),R_i 为地表径流量(mm),ET_i 为蒸散发量(mm),A_i 为 i 类生态系统面积(km²),i 为研究区第 i 类生态系统类型,j 为研究区生态系统类型数。

　　②水土保持

　　水土保持是生态系统(如森林、草地等)通过其结构与过程来减少水蚀所致的土壤侵蚀作用,这是生态系统提供的重要调节服务之一。水土保持功能主要与气候、土壤、地形和植被有关。

　　采用《资源环境承载能力和国土空间开发适宜性评价(试行)》中的评价方法,通过生态系统类型、植被覆盖度和地形特征的差异,评价生态系统土壤保持功能的相对重要程度。一般地,森林、灌丛、草地生态系统土壤保持功能相对较高。在植被覆盖度较高、坡度较大的区域,土壤保持功能重要性较高。将坡度大于 25°且植被覆盖度大于 90% 的森林、灌丛和草地确定为水土保持极重要区;在此范围外,将坡度大于 15°且植被覆盖度大于 70% 的森林、灌丛和草地确定为水土保持重要区,将坡度大于 6°且植被覆盖度大于 50% 的森林、灌丛和草地确定为水土保持一般重要区,将坡度大于 2°且植被覆盖度大于 30% 的森林、灌丛和草地确定为水土保持较不重要区,将剩余区域作为水土保持不重要区。在此基础上,结合国家一级二级公益林并考虑生态完整性和连通性进行适当修正。

③生物多样性

生物多样性是生物(动物、植物、微生物)与环境形成的生态复合体以及与此相关的各种生态过程的总和,包括生态系统、物种和遗传资源三个层次。生物多样性是人类赖以生存的条件,是经济社会可持续发展的基础,也是对生态安全格局的重要保障。方案以NPP评估法中的生物多样性维护服务能力指数作为评估指标,计算公式为:

$$S_{\text{bio}} = NPP_{\text{mean}} \times F_{\text{pre}} \times F_{\text{alt}} \qquad (4\text{-}8)$$

式中,S_{bio}为生物多样性维护服务能力指数,NPP_{mean}为多年植被净初级生产力平均值,F_{pre}为多年平均降水量,F_{alt}为海拔因子。基于浙江省实际,综合考虑生物多样性保护的格局特征,对原有评估模型进行了改进。在此基础上,结合浙江省自然保护区并考虑生态完整性和连通性进行适当修正。

④水土流失脆弱性

参照原国家环保总局发布的《生态功能区划暂行规程》,根据通用水土流失方程的基本原理,选取降水侵蚀力、土壤可蚀性、坡度坡长和地表植被覆盖等指标。将反映各因素对水土流失脆弱性的单因子评估数据,通过地理信息软件进行乘积运算,并在此基础上结合生态完整性进行适当修正,公式如下:

$$S_i = \sqrt[3]{R_i \times K_i \times LS_i \times C_i} \qquad (4\text{-}9)$$

式中,S_i为i空间单元水土流失脆弱性指数,评估因子包括降雨侵蚀力(R_i)、土壤可蚀性(K_i)、坡长坡度(LS_i)、地表植被覆盖(C_i)。

2)生态保护重要性评价步骤

①因子评价与分级

根据评价区域主要生态系统服务功能与主要生态问题,选择评价因子,评价水源涵养、水土保持、生物多样性等生态系统服务功能重要性,以及水土流失生态脆弱性,其中,水源涵养、水土保持以及水土流失评价采用自然断点法将像元划分为高、较高、中等、较低、低五个等级,形成各服务功能重要性等级评价结果。

水土流失脆弱性的评价因子分级赋值如表4-8所示。

表 4-8　水土流失脆弱性评价因子分级赋值

评价因子	高敏感	较高敏感	中等敏感	较低敏感	低敏感
降雨侵蚀力(R)	>600	400~600	100~400	25~100	<25
土壤可蚀性(K)	砂粉土/粉土	砂壤/粉黏土/壤黏土	面砂土/壤土	粗砂土/细砂土/黏土	石砾/砂
地形起伏度(LS)	>300	100~300	50~100	20~50	0~20
植被覆盖(C)	≤0.2	0.2~0.4	0.4~0.6	0.6~0.8	≥0.8
分级赋值	9	7	5	3	1

②因子复合

生态保护重要性集成评价采用极大值法对单因素评价结果进行综合，具体如下：

$$[生态系统服务功能重要性]=\max([水源涵养功能重要性],$$
$$[水土保持功能重要性],[生物多样性维护功能重要性]) \tag{4-10}$$
$$[生态保护重要性]=\max([生态系统服务功能重要性],[生态脆弱性])$$
$$\tag{4-11}$$

③结果修正

在分级和单因子修正基础上，对生态系统服务功能重要性等级结果进行完善，综合考虑粮食安全、经济发展以及生态完整性和连通性并进一步修正。

4.1.3　城镇建设"双评价"结果

(1)城镇建设指向土地资源承载力评价结果

从土地承载能力来看，高承载能力均位于沿海平原地区。高承载能力区共 6 个区县，其中 3 个为市辖区，分别为杭州、宁波、台州市辖区；其余 3 个为慈溪市、宁海县与临海市。较高承载能力区县共有 7 个，分别为柯桥区、上虞区、余姚县、象山县、温州市辖区、龙港市和苍南县。其中，地级市市辖区经过多年自然选择，处于浙江省杭嘉湖平原、宁绍平原和温黄平原，市辖区的极限建设用地开发规模较大。中等和较低承载能力区县分别为 5 个和 4 个。低承载能力区有 3 个区县，分别为嵊泗县、岱山县和玉环市，由于区域总面积较小，在绝对规模比较上处于劣势。其中，嵊泗县极限建设用地开发资源最少,仅 97.13km² ,但从与区域面积的比重来看,嵊泗县达到 73.84%。

从土地承载压力来看,浙江省建设用地承载压力呈现明显的城市规模差异,城市人口规模较大的地级市市辖区为高承载压力区或较高承载压力区。其中,高承载压力区县达到 12 个,较高承载压力区为 5 个,多位于浙江省三大都市核心区,人类开发活动强度较大;嘉善县、平湖市、岱山县、嵊泗县则主要由于极限建设用地开发规模内现状建设用地有限,也形成了较大的承载压力。较低和低承载压力区县仅有 4 个,分别为宁海县、苍南县、龙港市和三门县。它们大多位于山地丘陵地区,受自然地形条件的限制较大,极限建设用地规模内的现状建设用地分布较少,数量最高的宁海县也仅开发了 127.09km² 。

从土地承载潜力来看,可以发现建设用地承载潜力与承载能力分布类似。建设用地承载潜力大的区县主要位于杭嘉湖平原、宁绍平原和温黄平原。由于承载压力高而从高承载潜力区转为较高承载潜力区的区县是杭州、宁波、台州市辖区、慈溪市,仍为高承载潜力的区县有宁海县、临海市。嘉善县、平湖市的承载能力等级为较低承载能力,高承载压力等级使得其承载潜力等级变为低承载潜力。中等承载潜力区县共 6 个,包括奉化区、洞头区、温州市辖区、瑞安区、乐清市、柯桥区。受低承载能力限制,仍为低承载潜力的区县为平湖市、岱山县、嵊泗县。造成这些区域承载潜力低的主要原因是一方面主要受到地形影响,极限建设用地开发规模小,故而潜力小;另一方面是由于腹地面积有限,建设用地承载能力较小,加之处于平原地区,极限建设用地承载规模内现状建设用地较多,造成较大的承载压力,承载潜力小。

(2)城镇建设适宜性评价结果

浙江省海岸带土地资源具有较强的城镇建设潜力。适宜城镇建设区集中连片,适宜区和较适宜区分别占浙江省城镇建设评价备选区域总面积的 50.67% 和 26.09% ,主要分布在杭嘉湖平原、宁绍平原、温黄平原、温瑞平原等地势条件较好的地区。一般适宜区的面积为 5841.57km² ,占比为 19.02% ;不适宜区面积最小,仅为 1295.08km² ,占比 4.22% 。除舟山市辖区、象山县、温岭市等由于海岸地形约束,适宜区和较适宜区以沿着海岸线分布为主。相反地,一般适宜区和不适宜区受地形约束影响较为明显,包括四明山、天台山、括苍山、雁荡山等区域。

各区县中,海宁市、海盐县、慈溪市的建设适宜区多分布在平原地区,且区位条件较好,适宜区占比均超过 90%。其中,海宁市的城镇建设适宜区面积达到 847.12km²,面积比例达到 98.02%。龙港市、平湖市和杭州市辖区的城镇建设适宜面积次之,处于 80%～90% 之间。上虞区、宁波市区、玉环市、余姚市、温州市区、柯桥区的城镇建设适宜区也超过 50%。象山县和嵊泗县的适宜区占比最小,均不超过 10%。相反地,台州市区、洞头区、瑞安市、平阳县、象山县的城镇建设不适宜区均超过 10%,意味着这些地区的城镇开发受限制程度较大。从绝对数量上看,杭州市区的城镇建设适宜区面积达到 2703.18km²,远远领先于其他区县。宁波市辖区和慈溪市分列二三,分别达到 1570.24 和 1211.76km²。城镇适宜建设区面积较小的区县主要为海岛区县,包括象山县、洞头县、岱山县、嵊泗县,均不超过 100%,与其他区县差距较大。

4.1.4　农业开发"双评价"结果

(1)农业开发指向土地资源承载力评价结果

从土地承载能力来看,极限耕地开发资源较多集中在杭嘉湖平原、宁绍平原、温台平原,与海岸带地区基本农田保护区的分布基本一致。高承载能力区有 7 个,其中有 3 个为市辖区,分别为杭州、宁波、台州市辖区;其余 4 个区县为慈溪市、上虞区、柯桥区、临海市。其中,杭州市辖区极限耕地开发规模最大,为 2577.64km²。低承载能力区县有 3 个,包括岱山县、嵊泗县和象山县,主要源于自身的区域总面积较小,在绝对规模比较上处于劣势。其中,嵊泗县极限耕地开发规模最小,为 68.20km²,但已占区域面积的 70.22%。

从土地承载压力来看,浙江海岸带的承载压力较小,仅有少部分地区面临高承载压力。其中,高承载压力区县仅有 3 个;平湖市的耕地承载能力较小,虽极限耕地开发规模内现状耕地分布较少,但也对当地造成较大压力;其他区县为海盐县和海宁市,这两个区县则由于极限耕地开发规模内分布大量现状耕地,造成较大压力。"低承载压力"区县有 11 个,其中包含 3 个市辖区,分别为宁波、台州、温州辖区;玉环市、岱山县、嵊泗县虽然耕地承载能力低,但现状耕地分布少,承载压力也低。其中,嵊泗县耕地承载压力仅为 2.93%;象山县、不仅耕地承载能力高,现状耕地分布也少,故耕地承载压力低。

从土地承载潜力来看,与建设用地承载潜力分布格局类似,耕地承载潜力高的区县主要在沿海平原地区。由于承载压力高,从高承载潜力区转为较高承载潜力区的区县有上虞区,仍为高承载潜力区的区县有杭州、宁波、台州市辖区、慈溪市、临海市。较高承载潜力区县共 8 个,较低承载潜力区县仅有 2 个。低承载潜力区县有 5 个,由于承载压力高,由较低承载潜力区转为低承载潜力区的有海盐县、嘉善县、平湖市,其余 2 个区县均同时为低承载能力区县。

(2)农业开发适宜性评价结果

从分布格局上看,浙江省海岸带农业适宜区呈高适宜区集聚、低适宜区分散的地理格局。农业生产适宜区的土地资源面积为 11027.97km²,占区域面积的 35.97%,呈集聚形态分布于杭嘉湖平原、宁绍平原、温黄平原、温瑞平原等地区。以上农业适宜区为稻作平原、山前冲积平原和沿海河流冲积平原,拥有平坦的平原地势,土壤多为水稻土、紫色土和潮土,耕作条件优越。农业开发较适宜区的土地资源约 8805.43km²,占浙江省海岸带的 28.72%,分布格局与高适宜区较为一致。受浙江省山区和丘陵的地形影响,一般适宜区和不适宜区主要分散分布于海岸带中部和南部山区。

从适宜区面积数量来看,杭州市辖区和宁波市辖区的农业开发适宜区面积分列前二,分别达到了 1700.54 和 1128.16km²,远远超过其他区县。嵊泗县为典型的海岛县,受坡度、水源、耕层厚度等自然因素制约,不存在农业开发的适宜区面积。杭州市西部多为山地、丘陵,地形、坡度、土壤等因素导致区域不适宜农业开发,备选区总面积已不多,并且在备选区内农业适宜区、较适宜区呈显著的破碎化分布。从各区县适宜分区面积结构来看,龙港市和海盐县的农业生产适宜区土地资源比重最大,占该区域后备土地资源总面积的比例均超过 70%;三门县、舟山市区、玉环县、洞头区、岱山县和嵊泗县的比重均不超过 20%。

4.1.5 生态保护重要性结果

浙江省海岸带的生态保护重要性整体呈现南高北低的格局,生态保护重要性高和较高的区域主要分布于宁波四明山脉、台州括苍山脉、温州雁荡山脉的地区,生态保护重要性较低和低的区域主要分布于杭嘉湖平原、宁绍平原、温黄平原、温州平原等地区。总体上,生态保护重要性较弱,低重要性区域占据主导,表明生态保护并非浙江省海岸带土地开发的重点任务。生态保护低重要性区域面积为 13178.87km²,占比高达 42.98%;较低和中等重要性区域为 6403.71km²,比重达到 20.89%。相反地,极重要区的面积为 3123.88km²,占比为 10.19%。

从适宜区面积数量来看,余姚市和乐清市的生态保护高重要性面积分列前二,均超过 300km² 大关,分别达到了 362.24km² 和 351.11km²,远远超过其他区县。龙港市、平湖市、岱山县、嵊泗县则不存在生态保护重要性地区。龙港市和平湖市属于典型平原地区,农业开发较为发达,鲜有大规模山区等存在;岱山县和嵊泗县则是典型海岛县,受自然环境约束,水土保持、生物多样性、水源涵养等功能较为有限。相反地,杭州市辖区、宁波市辖区和慈溪市的生态保护低重要性区域面积分列前三名;杭州市辖区生态保护低重要性面积最大,达到 3023.33km²,占比 60.81%。从各区县适宜分区面积结构来看,乐清市、柯桥区、余姚市、瑞安市和奉化区的生态保护强重要性的土地资源比重最大,占该区域后备土地资源总面积的比例均超过 20%;海盐县、三门县、上虞区等 11 个区县的比重均不超过 10%。

4.2 海岸带土地资源利用的技术探索

本章围绕海岸带土地资源利用技术,梳理近些年浙江省的技术应用与探索。本章参考吴次芳[4]提出的土地科学分类,从土地监测、土地评价、空间规划(土地利用规划)、土地工程等四方面,分析浙江省海岸带土地资源利用的技术探索。

4.2.1　海岸带土地监测技术

（1）土地利用监测分类技术

浙江省海岸带土地利用监测分类技术包括监测制图、监测分类、分类体系等三个层面。

在监测制图上，遥感是海岸带土地监测的核心技术。长期以来，对浙江省海岸带土地利用/覆被的监测都依赖 TM、SPOT、Landsat、高分一号等系列影像产品。基于以上遥感影像，通过图像处理技术，开展监测制图工作。一般上，遥感图像处理的过程主要包括两种思路：①多种影像融合处理技术，即综合不同系列遥感影像产品，通过内插、多项式几何纠正、全色影像重采样、辐射校正、波段组合等技术处理，获取土地利用分类与监测数据[5]；②融入辅助信息的影像处理技术，即加入地形、土地利用现状、地物、POI 等辅助信息，通过遥感影像与辅助信息的关系建模，提升遥感影像分类处理的精度，实现动态监测制图[6]。然而，这两类技术思路都会受源数据制约，精度有限，同时也存在大量手动处理与数学计量工作，工作量较大。特别是海岸带区域广泛，区域特征差异大，技术思路的普适性有限。目前，涌现了各类机器学习、深度学习、人工智能技术等影像处理技术，有效地提升了海岸带土地动态监测的效率与精度。其中，GEE（Google Earth Engine）平台被广泛用于海岸带土地动态监测[7]。GEE 直接提供各类数据的免费访问，并可直接在平台上通过 Javascript、python 等语言实现数据处理；GEE 由分布在全球的高性能、并行的计算服务组成，处理大批量空间数据仅需几分钟，较传统方式更为高效。

在监测分类上，海岸带海陆过渡的复杂特性增加了土地信息监测的难度。尽管传统的监督和非监督分类技术广泛应用，但海岸带地物构成和组织复杂，"同物异谱"和"异物同谱"现象普遍存在，导致分类精度不高。目前海岸带土地信息提取方法主要为：①决策树法，将其他空间数据结合遥感影像数据，通过归纳、总结等方法制定规则进行遥感分类。例如，李楠[8]采用决策树方法对杭州湾湿地开展监测分类，总体精度高达 90.28%，kappa 系数为 0.89；结合物候特征的专家知识规则树分类方法，能够有效增大不同类型湿地间的遥感可分离性，比最大似然和随机森林分类方法更具有优势，适用于复杂滨海湿地信息提取。②面向对象方法,不仅利用地物的光谱特征,也考虑了形状、纹理、结构等信息,减少"同物异谱"和"异物同谱"对精度影响。程乾和陈金凤[9]发现面向对象方法既考虑对象的光谱、空间和纹理等多种属性特征,又充分利用高分影像所提供的丰富纹理和空间信息,对于土地类型多样、边界模糊等混合像元具有较好的识别能力,分类总精度高。毋庸置疑,这些提取方法提供了新思路,但也存在不足之处:决策树法依赖于解译者获取经验知识的丰富度,而面向对象技术对分割最优尺度选择要求较高。

在分类体系上,海岸带土地利用的分类体系尚未达成共识。囿于海岸带自然地理、社会经济差异,土地分类体系呈现区域针对性特征,缺乏普适性无疑是海岸带土地分类体系面临的重要问题,最大分歧集中在对海岸带特殊地物的归类。例如,李加林[10]将土地利用划分为建设用地、水田、旱地、水体、林地、养殖用地、盐田、滩地八个一级类和 30 多个二级类;任丽燕[11]将海岸带土地划分为耕地、建设用地、林地、海域、湿地 5 个一级类,并将湿地划分为水稻田、河流、湖泊、水库、养殖水面、滩涂;然而,张立芳[12]将海岛土地划分为构筑物、裸地、水域、草地、道路、园地、房屋等 9 类,并未细分沿海湿地。究其原因,土地分类体系的差异缘于:①土地分类参考体系有所不同。由于官方权威的土地利用分类缺少湿地精细划分,多数案例因地制宜建立土地分类体系,造成分类差异。②海岸带区域异质性。海岸带区域土地利用特点不同,决定土地分类体系的区别。目前,2017 出台的《土地利用分类》强调了对湿地的保护分别在林地、草地一级分类下增加了森林沼泽、灌丛沼泽、沼泽草地等二级分类,为海岸带土地利用分类提供了借鉴。

(2)土地利用监测分析技术

土地利用监测分析技术是解析土地资源开发在时空尺度上的动态演化规律、探索其驱动机制的技术。

在解析海岸带土地演化规律上,形成了以 GIS 为核心的监测分析技术。GIS 凭借空间化、可视化、集成化的技术方法,有效刻画海岸带土地时空演化特征,典型研究如李加林[10]。在时间尺度上,采用土地转移矩阵、重心转移、马尔科夫矩阵等方法,分析土地利用演化特征与规律;在空间尺度上,采用密度分析、八分位图、缓冲区统计等方法,从空间与规模等维度,度量土地开发利用的状态。随后,景观格局指数也被广泛用于测度海岸带土地利用的时空格局状态。以 Fragstats 为例,可以将土地利用分类作为输入数据,从斑块(Patch)、类型(Class)、景观(Landscape)三个尺度,设定面积—边缘、形状、对比度集聚等类型景观格局指数,有效识别区域土地利用格局现状。典型技术应用如任丽燕[11]。此外,空间统计分析技术也是有效刻画海岸带土地开发格局的重要手段,典型的研究如陈阳等[13]。其方法核心是将统计学原理以空间可视化的形式,表达土地利用数据在空间上的统计学特征,基础的工具包括标准距离、标准差椭圆、中心要素、平均中心等;部分方法可以辨识土地利用各类属性的空间集聚与分散态势,包括全局 Moran's I 指数、General G 指数、热点分析等。

在探测海岸带土地利用驱动机制上,以各类回归技术及衍生的技术为主。大量研究采用回归分析方法,确定海岸带土利用在社会、经济、自然环境等维度的驱动因素,常用方法包括多元线性回归、面板数据回归、Logistic 回归等。在土地斑块尺度上,一般侧重分析土地斑块质量属性的驱动因素;在区域尺度上,一般侧重探测某一行政区土地利用状态/格局的影响因素。例如,徐谅慧等[14]采用 Logistic 回归分析杭州湾南岸岸段景观演变的驱动力,发现受气候、降水等自然因素影响相对较弱,而区位因素对于景观类型演变的影响相对较为明显。然而,基于传统回归方法的海岸带土地利用驱动机制探测,难以消除变量的空间异质性影响。为此,越来越多的研究重视海岸带土地利用过程中的空间作用,引入空间计量回归模型,例如空间误差回归、空间滞后回归、空间杜宾模型等。同时,引入地理加权回归、时空地理加权回归、多尺度地理加权回归等方法,从空间局部视角,分析土地利用的驱动因素。典型的应该用如田鹏等[15]。

(3)土地利用监测信息系统

目前,海岸带土地监测信息系统形成了以数据存储与分析处埋为主的功能体系,攻克了数据信息量大、集成处理的难题,提升了信息管理的效率。在历经全国海岸带和海涂资源综合调查、我国近海海洋综合调查与评价专项等项目,积累了海岸带数据储备,如杨玉山[16]搭建了浙江省海岸带数据库。浙江省海岸带基础数据包括海岸带主要基础系列图件、重要基础数据及专项解译成果等数据,集成了浙江省海岸带基础数据的采集及在统一数据仓库中,并具有对资源环境要素查询、检索、更新、分类和叠加处理等功能,具备与遥感影像图像叠加、套合和综合处理的功能。丁丽霞[17]以多时相遥感图像、土壤普查、地形地貌等资料为数据源,建立浙江省海涂土壤资源利用动态监测系统,利用 WebGIS 技术,实现上述数据在 Internet 上的共享,方便各相关部门或者个人获取信息,开展全面的技术服务实现海涂土壤资源的动态监测和管理。孙善磊等[18]建立杭州湾土地覆盖动态监测系统,涵盖了分类类别、训练样本、执行分类、精度检验等功能。

海岸带土地监测信息系统逐渐融入了决策功能,相关咨询决策系统逐渐问世。黄家柱等[19]构建了长江三角洲地区遥感卫星动态决策咨询系统,有效地集成了数据压缩与转换、数据可靠性与验证、数据可比性、多媒体等功能。采用该系统分析杭州湾南岸岸滩的自然淤积加上人工围垦,使岸线不断向海推进,为修建标准海塘和有计划地进行滩涂围垦提供了决策咨询服务。王新[20]使用 ArcIMs 作为 WebGIS 平台,以 ArcSDE 和 SQL server2000 作为空间数据库平台,结合使用了 Microsoft RePorting services 网络数据报表软件,开发了浙江省海岸带耕地分等定级评价系统,实现海岸带土地耕地评价的空间数据交互式应用。

综合而言,浙江省海岸带土地利用监测信息系统的应用较为有限,尽管系统遍历土地数据存储、数据处理和决策三个层次,但系统功能多是分离式或单层次的,鲜有集成多重模块支持的系统构建。

4.2.2　海岸带土地评价技术

(1)"双评价"技术

1)资源环境承载力评价

资源环境承载力评价指在特定目标、需求与条件下,采用定性与定量相结合的思维来探索区域自然资源与环境支撑社会发展的承受能力,确定区域内资源环境条件本底、状态、潜力和趋势的评价[4]。浙江省海岸带的资源环境承载力评价技术可归纳为四种思路。

①基于最小限制因子的资源环境承载力评价。该方法的出发点是最稀缺资源与重要因素决定承载力的大小,强调单因子对承载力具有决定性的影响。评价步骤包括:根据一定开发与生产条件估测资源环境对人类的供

给、容量和支持能力;相互对比不同资源与环境要素承载力估测结果或与标准与阈值对比,识别最小限制因子条件下的承载力。研究一般将土地生产潜力和人均消费水平作为承载力研究的关键,关注人口容量的估算。典型的研究如黄劲松等[21]。

②基于多因素综合的资源环境承载力评价。该方法的价值取向是资源环境承载力符合综合效应原理,即区域内多种资源环境因素共同决定承载力的大小,强调多种因子对承载力的影响。评价步骤包括:承载力定义及概念框架的设计,重点开展承载力概念界定、涉及多因素确定、相关指标遴选等;研判各因素与资源环境承载力之间的影响关联,开展指标无量纲化、模型选择、关联确定、权重计算等;综合多因素测度资源环境承载力。典型研究如陶虹向[22]。

③基于承压状态的资源环境承载力评价。这种评价方法以"承载体"与"压力体"互馈状态为承载力评价的核心,重点探索人类经济活动对资源环境的承载压力状态。主要方法包括:承载—压力对比法,即直接将承载与压力进行直接对比,以对比量级的是否对等来判断承载状态;状态空间法,即采用人类活动—环境—资源的三维空间状态轴构建不同系统的状态点的模型,对比理想状态来测度承载力的超载状态与否;耦合协调测度法,即采用耦合协调度模型计算资源要素、环境禀赋与人类经济活动的协调与耦合的状态。典型研究如李陈[23]。

④基于生态足迹的资源环境承载力评价。该方法认为人类生活都需要一定的地球表面资源与环境来支持,关注人类社会经济对环境与资源消耗量的衡量,强调从资源与环境的生物生产功能入手,用面积量级表征人类资源消费和废弃物排放过程中对生态环境的占用程度。方法步骤包括:估算不同资源要素的生态足迹,即设定产品人均消费量、均衡因子、产量因子等来估测生态足迹;综合不同资源要素生态足迹核算生态足迹;判断与比较生态盈余、赤字等时空状态。典型的研究包括柳乾坤[24]、靳相木和柳乾坤[25]、田鹏等[15]。

2)国土空间开发适宜性评价

国土空间开发适宜性平台的基本理念源于土地适宜性评价,指在特定目标、需求与条件下,分析不同国土开发方式、功能和空间在特定资源环境背景下的适宜程度的评价如岳文泽等[26]。浙江省海岸带土地适宜性评价方法主要为基于多因素综合的适宜性评价，即"千层饼"模式。典型的研究包括代磊等[27]、李伟芳等[28]、蔡东燕[29]等。

该评价体系认为适宜性是国土空间内多种因素对某项国土开发活动共同作用的结果，关注的是土地空间属性与特定开发方式需求之间的匹配程度，是特定开发建设活动带来生态、灾害风险以及潜在的社会经济效率与损失。方法的核心是通过区域内多种资源、环境、社会等要素的集成来判断适宜性，一般建立在两个前提：国土开发方式的适宜性是由多种因子影响决定的，不同开发方式的适宜性影响因子存在一定差异；国土空间适宜性一般满足经济效益、生态效益或社会效益某项价值选择，使区域形成特定开发方式与国土空间有序的组织形态与空间结构。

基于多因素综合的国土空间适宜性评价关注区域气象水文、地质结构、地形地貌、土地资源、矿产资源和动植物等自然属性及景观、文化等综合性地域特征，及其对国土开发方式的制约与引导作用。通过对这些因子的量化，研究旨在理解区域综合系统的未来发展潜力，确定区内各类资源利用优化方向。评估方法包括三要素：国土开发方式，即适宜性评价所面向的对象，包括建设开发、农业开发、生态保护等；国土空间要素，包括社会、经济、自然、生态等因子；国土开发方式与国土空间要素的关系，即国土空间要素在评价中所采取的态度立场或价值取向，如强限制关系、限制关系等关系。

3）"双评价"

2019 年的《关于建立国土空间规划体系并监督实施的若干意见》（以下称"若干意见"）和 2020 年《资源环境承载能力和国土空间开发适宜性评价技术指南（试行）》（以下称"技术指南"）的相继出台，标志着"双评价"作为国土空间规划的基础评价工具开始应用推广。在浙江省海岸带的"双评价"实践中，形成了三类技术思路。

①基于国家"技术指南"的双评价技术。技术指南制定的双评价技术的基本特征是"生态优先"原则，以城镇建设、农业生产和生态保护为导向，以界定生态保护重要区为基础、划定城镇建设/农业生产适宜区为核心、预测为城镇建设/农业生产承载规模为出口，以服务"三线"划定、国土空间格局优化、土地指标分解为目的。评价方法步骤包括：确定"双评价"框架，确定

生态保护重要性、城镇建设、农业生产导向下的核心维度,甄选三个导向下共用的指标;评估与划定生态保护重要性区域,在剔除生态保护区基础上,评估城镇建设与农业生产适宜性,划定适宜区;根据人口对水土资源的消费现状和农业生产水平(人均耕地占有面积、人均水消费、耕地产出等),评估城镇建设与农业生产导向下区域承载容量和极限承载规模。目前,基于国家"技术指南"的双评价技术被广泛地用于浙江省海岸带各区县的国土空间规划中,典型的应用案例为宁波市、台州市、嘉善县[30]等。

②以国土空间开发适宜性为核心的双评价。这类评价最大的特征是基于"千层饼"思路,以栅格单元为基本尺度,以评估资源环境承载力为基础,采用修正方式获取国土空间开发适宜性,以服务"三区三线"划定为最终目标。在该方法中,资源环境承载力评价主要用于获取适宜性评价,两者结果形式相同。评价方法步骤包括:围绕生态保护、城镇建设、农业生产三个导向,确立土地、水、环境、生态、灾害等维度指标;基于"千层饼"式叠加思维,采用指标逐级修正方式,分别获取生态保护、城镇建设、农业生产导向下资源环境承载力;基于资源环境承载力,分别确定生态保护、城镇建设、农业生产的修正系数,在对应的高承载区域中界定适宜性;采用生态保护、城镇建设、农业生产的适宜性评估结果,分别用于划定生态保护红线、永久基本农田、城镇开发边界。这类思路的典型实践案例为杭州市辖区。

③基于双尺度双目标双体系的双评价。在这类评价框架中,资源环境承载力以区县为基本尺度,以摸清本底、识别压力、服务生产力布局为目标,以"能力-压力-潜力"为核心内容;适宜性评价以栅格单元为基本尺度,以服务"三区三线"划定、优化主体功能区划、建立生态安全格局为目标,以"千层饼"式评估为核心内容。技术路线包括:针对城镇建设和农业生产导向,通过剔除高程、水域、土壤等强限制因素确定承载能力,采用建设用地和耕地现状表征承载压力,采用承载压力与压力的差值体现承载潜力;在资源环境承载能力的极限范围内,集成资源环境因素,评估城镇建设和农业开发适宜性;集成水源涵养、水土保持、生境质量等,采用长板原则,评估生态保护重要性;采用资源环境承载能力摸清区域本底,采用承载压力识别人类开发压力,采用承载潜力服务于未来生产力布局与土地指标分配;采用适宜性评价结果,用于"三区三线"划定、优化主体功能区划、建立生态安全格局。该

类方法应用的典型案例为浙江省全域和嘉兴港区。

（2）土地经济评价

海岸带经济评价多倾注于海岸带土地对经济开发的支持度，分析海岸带土地利用状态或人类活动对经济发展的影响与趋势。主要的技术包括：

①土地开发效能评价，包括土地开发强度评价、土地开发潜力评价、土地可持续评价等[31,32]。尽管评价的目标有所差异，但都包括：海岸带土地开发的纵向演化探索，主要目的是评判海岸带土地利用与开发状态在时序上的演进走势；海岸带土地开发的横向比较，分析海岸带土地利用与人类影响的冷热态势，旨在寻求海岸带土地利用的矛盾焦点及破解之道。

概括评价基本流程（图4-2）大致为：明确土地开发评估目标，构建评估框架，确定影响因子和构建数据库；遴选单要素表征方法和测度技术，构建海岸带土地开发评价模型，分析海岸带土地开发的时空格局；确定分区阈值，提出管理对策。当然，视角切入点和分析维度决定了影响因子的提炼，图4-2中的对应的评价流程选择可能是单路径的抑或是多路径的，评价指标选择也是从自然维度向多维度发散。土地开发的各类评价是土地资源开发利用的基础环节，实践性强且应用范围广，但过于重视实用性与可操作性，理论基础与概念框架的建构不充分，导致科学性有待提升。

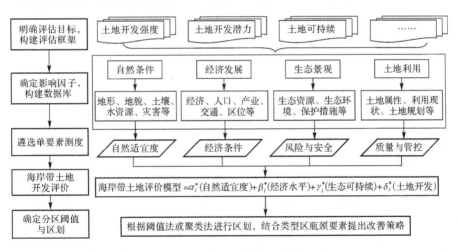

图 4-2　海岸带土地开发效能评价的基本思路

②土地利用效率评价。该方法侧重于单位面积土地的产出,反映土地资源的生产能力。在具体测度上,一般采用投入产出关系,反映资源消耗向经济、社会和环境效益转化的能力。土地投入维度通常指劳动、土地、资本、技术等生产要素,土地产出侧重于经济效益、社会和环境效益。采用的方法包括 DAE(数据包络分析)、DEA-Malmquist、SBM-Undesirable(非期望产出模型)等。这些方法在数据需求、参数设置、测度方式等方面存在一定差异,但是技术思路基本为:建立土地利用效率评价路径,采用劳动力、土地、资本、技术等生产要素设置土地利用投入,从经济效益、社会和环境效益等维度设定土地利用产出;从技术效率、规模效率和综合效率等指标,分析土地利用效率,对比土地利用效率的演化趋势。土地利用效率可有效通过利用效率指数,直观评判海岸带土地投入与产出的结构关系,但难以直接确定投入要素与效益产出的关联,无法为土地利用效率的提升提供明确的支撑。典型的应用包括朱志婉[33]、何国军[34]等。

(3)土地生态评价

土地生态评价技术关注海岸带土地开发引起的生态问题,主流的技术囊括以下三类。

1)海岸带土地景观生态评估

该方法从景观生态学视角,将土地作为生态景观,采用景观格局指数、风险指数、退化指数等方法,评价海岸带土地的景观生态特征与演变规律,包括两种主流技术思路。第一类为基于景观格局指数的土地生态评估,以几何特征为基础的景观格局指数,反映土地景观含义与生态属性,技术思路包括:采用区县或地市等大尺度遥感影像数据,确定海岸带土地分类;依托 Fragstats 软件,针对景观斑块、类型和区域等尺度,采用破碎度、分离度、多样性、集聚度等指数,分析土地景观格局的时空演变特征,揭示生态学意义。这类方法在浙江省海岸带的应用包括徐谅慧等[35]、刘永超等[36]、田鹏等[37]。这类方法可直观体现区域的土地开发所导致的生态影响,但景观格局指数多样,容易出现指数含义模糊、重复使用、解释困难等问题。第二类为基于景观格局指数集成的土地生态评估。该方法集成多重景观格局指数,通过空间地统计的方法,刻画海岸带土地的生态风险,典型研究包括李加林等[38]、黄日鹏等[39]、田鹏等[40]。基本步骤包括:采用区县或地市等大尺度遥感影像数据,确定海岸带土地分类;采用优势度、干扰度、脆弱度、损失度等指数,通过叠加集成,估算土地生态风险;通过网格切分风险区,采用半方差函数等统计方法,模拟土地生态风险的空间态势。该方法可有效探测土地生态的空间趋势,但需要经过从地类、网格、栅格等多尺度变换,评估结果不具有物理意义。

2)土地与生态系统服务价值评估

该评估包括功能量评估、价值量评估、能值分析三种技术思路。①功能量评估是指对生态系统供给、调节、文化和支持服务等服务质量进行的评估与转化,常采用生态系统服务实际量表征。具体功能量包括土壤保持量、水源涵养量、碳储量、洪水调蓄量等,常用的分析模型包括 InVEST 模型、ARIES 模型、MIMES 模型等。功能量分析结果反映的是生态系统提供真实服务量或产品价值量。然而,功能量分析结果的单位难以统一,因而无法综合多种生态系统服务量。典型的应用案例为潘艺等[41]。②价值量评估旨在通过赋予生态系统服务一定的货币价值量,确定生态系统服务总值,主要采用当量因子法和功能价值法。前者将生态系统服务价值量标准化为当量因子,再结合生态系统所覆盖的面积,获取生态系统服务价值总量,对数据需求少、操作简单,但生态系统服务的时空异质性决定了该方法的局限;后者根据生态系统服务功能量进行市场价格转化,如市场价格法、资源租金法、替代成本法等。目前,浙江省各区县开展的 GEP(生态系统生产总值)核算均采用该方法。③能值法是针对生态系统内的能量与物质流动,将投入生态系统中的能量总值与能量转换率相结合,得到生态系统最终能值。该方法能够有效刻画生态系统与人类的价值关系,揭示生态系统之间的能量关系,但不适用于生态系统文化服务的评估。典型的应用案例为任丽燕等[42]。

3)海岸带土地生态安全评价

该技术以生态安全为价值取向,以土地为评估载体,分析土地利用过程中的生态安全状态。大体上,海岸带土地生态安全评价沿袭了土地开发效益评价的思路,采用多因素集成的方式,评估生态安全态势,其技术思路为:建立土地生态安全框架(例如压力-状态-响应框架),确定人口、植被、经济、气候等维度,甄选相关指标;通过归一化处理,集成所有指标,通过各类指标加权方式,获取土地生态安全值;分析土地生态安全格局在空间与时序上的演化,提出相应的土地生态安全格局优化方案与治理措施。该技术思路属于生态安全适宜性"千层饼"模式,技术成熟、操作简单且应用广泛,但往往易出现因数据限制而导致的指标尺度不一的问题。该技术应用的典型案例包括刘勇等[43]、赵柯等[44]、毛菁旭等[45]。

4.2.3　海岸带空间规划技术

(1)"三区三线"划定

1)城镇空间划定

划定海岸带城镇空间与确定城镇开发边界的内容较为一致,较为典型的技术应用为郑擎[46]的研究。其基本技术思路如下。

- 摸清城镇土地发展态势。采用多时序的土地利用数据,分析城镇土地的重点区域,明确扩张热点,把握城镇土地的整体格局;解析城镇土地利用变化的趋势,掌握城市土地演变动态。同时,分析土地利用转化规律,形成对土地利用转化规律的认知。

- 城镇土地适宜性评价。明确城镇扩张过程中的开发与保护的价值取向:开发优先导向下的城镇土地适宜性评价以综合自然、经济、社会等条件,评估城镇土地开发适宜性,优先确定适合城镇开发的地区;生态优先导向下的城镇土地适宜性评价首先将法律法规规定的生态保护红线区、永久基本农田保护区和地质灾害区进行排除,以上区域直接划入不适宜建设区域,再对其余土地的建设适宜性进行评价。

- 城镇土地多情景模拟。①设定多情景。按照城镇土地开发保护价值取向,确定城镇土地开发的多情景,依次确定不同情景下的土地规模。海岸带土地则越来越关注港城发展与生态保护等情景[46]。②确定参数。采用元胞自动机与衍生工具,以城镇土地适宜性评价结果为基础,确定成本矩阵、邻域系数、地类规模等系数,明确参数体系。③多尺度模拟与精度验证。采用历史土地利用数据,模拟城镇土地开发利用现状,通过模拟结果与城镇土地开发现状的对比,判断模拟精度。④依托已验证的模型与参数,模拟未来土地利用现状。

- 划定城镇空间/城镇开发边界。对比多情景城镇土地模拟结果,辨识城镇未来发展重点与差异。结合城市发展需求、产业特征、自然环境等多维条件，针对不同情景模拟结果，划定城镇空间/城镇开发边界的多种方案。

2）生态空间划定

生态空间管制分区可归纳为生态要素法、生态功能法与生态格局法三种（表 4-9）。

表 4-9　生态空间划定主流方法

分类	价值取向	核心内容	研究方法
生态要素法	关注不同生态要素载体的分类	以自然属性或生态功能为判断准则，对生态要素所在空间范围的分类分区	土地生态功能法、土地利用/覆被法等
生态功能法	强调对生态系统服务的权衡	集成多重因素，辨识生态系统的功能差异与时空特征来确定生态空间	生态环境敏感性评价、生态功能重要性评价、生态保护优先度评价等
生态格局法	聚焦地表生态景观的空间结构与组织	建立人—地交互影响参数，构建节点、廊道、网络等生态空间结构	生态阻力面、生态网络分析、形态学格局分析等

生态要素法旨在面向国土空间中生态系统的要素载体，关注山水林田湖草沙冰等不同生态要素的空间分类分区。其核心思想是基于国土空间实体（土地利用、自然单元等）与生态要素的辩证关系，辨识不同国土空间载体是否具有生态属性，构建生态空间的分类体系。该方法与生态用地分类法相似，将具有自然属性或生态功能的要素载体与各类传统规划的土地分类体系衔接，实现以"要素分类"定"空间分区"。典型的案例如尹昌霞等[47]。

生态功能法从生态系统服务的角度出发，认为能够提供生态系统服务或维持生态系统原生状态的区域即是生态空间，强调对多种生态系统服务的权衡。其核心在于构建生态系统服务权衡框架，解析生态系统服务的区域分异，以服务功能高低为判断依据确定生态空间。研究侧重对水源涵养、水土保持、防风固沙等自然生态系统服务的权衡，通过生态功能重要性评价、生态环境敏感性评价、生态保护优先度评价等，确定生态空间。

生态格局法的价值取向是基于人类活动与生态系统的交互关系，从空间视角出发组织地表生态要素的分布与结构，是一种格局决定过程的思路，蕴含了一定的"生态建设"的治理逻辑。其核心是从复杂、破碎、多维的国土空间中,寻找最符合生态系统发展(如生态网络联系)的空间规律,确定最佳的生态空间格局。这类"格局"包含两类:一是强调生态保护与国土开发的空间界定;二是关注生态景观基质、节点、廊道等结构分析。典型的案例如陈阳等[48]。

3)农业空间划定

农业空间划定按照农业范畴来分,一般包括永久基本农田划定和优势农业区划定两种技术思路。

永久基本农田划定的基本目标是确定国家耕地安全和粮食安全的基本底线,以保护高产能的耕地为价值导向,形成严格管控的保护界限。永久基本农田划定的技术思路包括:①从耕地的多功能视角出发,关注生产、生态和景观等多功能,明确永久基本农田划定的多维价值取向;生产功能关注耕地肥力、土壤质地、灌溉水平等条件,生态功能为降水、蒸散、水土涵养等功能,景观功能关注耕地的空间结构与流通条件;②集成耕地的多功能,开展综合评估,采用空间连片性等指标,确定具有空间集聚特征且较强多功能的耕地;③根据综合评估阈值、专家经验和现实条件,划定永久基本农田,明确优先划入区、适宜划入区、不宜划入区等。典型的应用案例如林霖[49]。

不同于永久基本农田,优势农业区囊括的范畴与空间更大,包括农村、农地、农业活动场所等。优势农业空间的划定以国家基本农田保护区为依托,强调粮食生产安全和特色农副产品生产效益,引入农业生产三要素,划定优势农业区:以高产稳产评价服务于保障粮食生产安全,以规模经营评价服务于优化农业发展效益,以集中连片评价服务于提高农业生产质量。基本技术路线为:在生态保护极重要区以外,开展全域、全要素的种植业、畜牧业、渔业生产适宜性评价,识别农业生产适宜区和不适宜区;基于高产稳产、规模经营和集中连片三原则,进一步细化评价重要经济作物适宜区、地域特色农产品适宜区等;在此基础上,结合特色村落、重大农业基础设施等要素识别优势农业空间。典型的应用案例为苏鹤放等[50]。

(2)陆海统筹

陆海统筹是国土空间规划的重要内容,是统筹协调陆域与海洋开发的基本手段,对于海岸带土地开发具有重要意义。但是,目前陆海统筹尚处于探索阶段,未达成共识,相关技术应用多为系统性、思路性或逻辑性的尝试。主要存在两类技术思路。

1)治理结构层面的陆海统筹,侧重陆海统筹的主体结构、实践过程与实施层序,典型的研究为马仁锋等[51]。这一技术构架的核心是坚持明晰主体(利益)结构,紧扣陆海统筹的空间治理实践,强化陆海统筹管理政策实施的层序与空间尺度耦合,实现主体责权边界清晰、空间治理实践的过程科学与过程可控、政策实施的多空间尺度协调。其中,主体结构关注陆、海企业主导的生产要素的有序集聚,形成产业链式海陆产业开发集群,优化陆海最优空间配置与可持续国土利用结构;通过港口、配套交通、通信等基础设施的建设,加速生产要素在生产资料或中间产品中流通、循环,推动陆海产业系统的有效配置。实践过程重在设计统筹活动主体的陆海资源环境利用规制,即统一陆海资源环境利用基线标准与废弃排放上限标准,明确陆海统筹环境保护的重要准则和标准,搭建陆海域环境质量治理的系统监测机制。实施层序则主要指陆海统筹的不同尺度,不同尺度制定陆海统筹管理的策略。

2)空间优化层面的陆海统筹,以国土空间规划为基点,面向海陆统筹存在的关键问题和挑战,从空间、生态、经济和管治等维度,制定海陆统筹实施路径,典型的研究为候勃等[52]。这类技术构架的核心是明确统筹边界和发展定位、划定功能空间、构建保护体系、统筹多元要素和海陆一体化治理。在明确统筹边界和发展定位上,以陆域沿海行政单元界线和领海界线作为海陆统筹边界,明确陆域的统筹重点,又综合考虑流域—河口—海域生态系统整体性以及陆域与海域产业经济联动性;在划定功能空间上,将海岸带划分为生态空间、农渔空间、城镇空间三大功能类型,建立海陆空间全覆盖、空间边界不交叉、空间属性与空间用途相对应且不重叠、不冲突为划分的布局态势;在构建保护体系,建立"定点—连线—成面"的系统性保护修复体系,以规划区内兼顾陆域和海域且拥有较高生态多样性、物种多样性和生物生产力的生态系统为重点,以恢复近海域和近海岸水系为轴线,以流域为连接海域和陆域的纽带形成保护网络,加强山体生态保育,打造水源涵养功能区和生态环境支撑区;在统筹多元要素上,以产业、科技、资本、劳动力等要素为基础,以海陆产业互动为核心、以海陆空间互联、要素互通、生态共治为配套,推动海陆经济协调;在海陆一体化治理上,理顺现行规划和行政监管主体,把握好海陆统筹规划的地位,以法律法规作为制度保障。

(3)空间用途管制

空间用途管制技术由多规分立向统一的国土空间规划体系转变。长期以来,不同规划拥有不同的空间用途管制体系。例如,土地利用规划根据建设用地的开发可进入程度,建立了允许建设区、有条件建设、限制建设区、禁止建设区等为核心的用途管制制度;主体功能区划确立了以优化开发区域、重点开发区域、限制开发区域和禁止开发区域四类管制分区制度;环境功能分区拥有一类区(自然保护区、风景名胜区和其他需要保护的区域)、二类区(居住区、交通产业居民混合区、文化区、农村地区等)和三类区(工业区)的用途管制体系。然而,这些空间用途管制技术体系都是以普适性的规划推动的,尚未出现海岸带地区特殊的空间用途管制技术。

在"多规合一"的背景下,出现了越来越多的海岸带土地用途管制技术体系的探索,具有代表性的为姜忆湄等[53]提出的海岸带"多规合一"管控。它在总体框架、技术路径、协调机制等层面明确了海岸带空间用途管制技术体系。在总体框架上,从海陆自然属性着手,将海岸带陆域和海域视为一个统一的空间单元,构建空间功能分区体系、环境保护分区体系和灾害防御分区体系等,分别明确空间功能管制、环境控制线、灾害区等,综合设定规划期限、总体目标、空间布局、管控策略等目标,形成海岸带总体规划。在技术路径上,开展各规划部门基础数据整合工作,统一数据获取的技术标准、用地分类标准与数据格式,建立"多规合一"空间信息系统,实现多规的数据衔接与统筹。在协调机制上,明确规划实施主体并建立自上而下的督导与协调模式,建立健全的监督、反馈与问责机制,通过立法明确海岸带综合规划在海岸带规划体系中的核心地位。

4.2.4 海岸带土地整治技术

(1)围垦技术

围垦是浙江省海岸带土地开发的重要方式,大致经历了由人工围涂到机械化作业、从高滩围垦到深海围涂、从以围海造田到围涂与治江、防灾减灾相结合的技术转换。自 20 世纪 60 年代到 90 年代,浙江萧山和绍兴等地区掀起了大规模的围垦,主要涉及以下工程技术。

①围堤。围堤是开垦海涂进而避免潮水侵袭的首要保障,要求具有稳固性。堤线顺直可为今后基础设施建设、交通以及进一步围垦打下基础。根据围垦区位特征、滩涂数量、高程、涌潮高度等多种因素,决定围堤类型。例如,萧山地区的海堤一般以土堤为主,主要类型有:复式斜坡土质海堤、砌石护坡海堤、全堤砌石护面海堤。一般而言,围堤工作量大,特别是大规模围涂工程开展后,对围堤的规模要求急剧增加。

②排灌护堤。浙江省沿海地区多淤涨型海岸,多以粉沙性土质为主,在围堤之后容易出现土质疏松的问题,出现渗透和抗潮水冲击差的现象,需要采用水利吸泥机挖河。同时,考虑到江河侵蚀、暴风雨、潮水影响等多重因素,大堤外围滩涂容易坍塌,造成滩涂损失,因而大堤仍需抛石护坡和砌石护坡的施工,增强大堤的牢固程度。一般护堤的过程包括山宕出石、抛石堵决、抛石护堤。例如,萧山围垦容易受杭州湾喇叭涌潮和钱塘江潮冲击,易发生决堤坍江,一般都采用抛石护堤保护垦区。

③围垦区治理。在围垦后,滩涂围垦区的土地仍存在较强盐碱化状态,需要开发整治,包括水利建设、农田整治和移民改造等。在水利建设上,通过开掘河道,确保滩涂垦区的治理水源;建立机埠、排水沟、高压线路等基建设施;平整土地,修筑排灌水渠。在农田整治上,将大量河泥、青草、畜粪以及熟土运往垦区,在海涂通过大量土杂肥提升土壤肥力,改善土壤结构。同时,对垦区秸秆还田、低产田改造、标准农田建设等多种综合治理,降低垦区土地含盐量。在移民改造上,将围垦土地分配给移民,并为垦区移民提供资金与物资补助,通过促进人类活动,推动围垦区的开发活动。

(2)生态修复技术

生态修复技术从宏观与微观层面上看,主要包含生态修复分区与生态修复工程技术。

海岸带生态修复分区技术的主流技术思路是运用景观生态学理论,从构建和实现生态安全格局的角度,开展国土空间生态修复分区。较为典型的是本底评估-风险诊断-格局构建-分区的生态修复分区技术思路。该技术的核心是以评估生态重要性为基础,采用生态敏感性和规划用途进行风险诊断,以构建生态安全格局为目标,根据景观生态理论进行生态修复分区,服务于生态修复政策与生态修复工程落地。重要的技术手段包括:①集成生态系统服务价值的评估方法,重点考虑生态连通性和连贯性,评估生态保护重要性;随后,识别生态源地和廊道等结构组织,形成生态网络,建立生态安全格局。②集成植被、高程、坡度、地类等,评估生态敏感性。③基于生态安全格局,结合生态敏感性和规划用途,采用实地调研、卫星监测、实验法等,判断生态损害情况。④建立生态修复分区流程,确定保育区、恢复区、缓冲区等,为实施精确的生态修复工程技术提供参考。这类生态修复分区技术属于宏观空间分区思路,大多是基于生态系统服务功能损益的视角切入,能够全面把握生态保护态势,但难以精细诊断不同生态保护问题。典型的案例为鲍维科和林倩[54]。

生态修复工程技术涵盖范围较广,包括地球化学技术、生物技术、机械技术等。目前,用于海岸带土地生态修复工程技术多为生物生态技术,以罗柳青[55]和沈俊楠[56]的技术探索较为典型。前者提出海岸带植被修复技术的思路,不推荐采取客土替换等高成本做法,推荐"抬高地势＋沟渠排水＋阶段植配"的方式的思路。同时,更推荐阶段植物配置,主要包括:初期应充分重视土壤改良作用,选择盐生植物和绿化植物;中期选择耐高盐的景观效果佳的植物进行套种;后期注重统筹兼顾系统各要素,考虑动物友好性植物。主干道路旁植被修复时可充分利用地下排水管的市政工程,可按照路旁乔灌草进行组合配置,种植乔木应注意大穴覆膜防止次生盐渍化。后者基于生态系统服务的损益,预估出生物技术的修复工作量,指出杭州湾生物资源损害为 81.81%,海水质量损害为 32.97%,近岸生态功能损害64.63%;采取种植海草床方式进行修复,修复期为 8 年,在 3%的贴现率水平下,所需海草床 292km^2,才能使被填海域的生态服务功能在理论上恢复到初始水平。

4.3 海岸带土地资源利用的政策演进

海岸带土地政策演变史可以认为是人类针对海陆开发、利用和改造的管理过程;由传统"靠山吃山、靠海吃海"的农业行为管理,到现代大规模、长期化、综合式的政策体系革新,海岸带土地政策逐步由分散、单一、碎片式的管理,向深度化、系统化全方位的综合治理发展。随着社会发展诉求转变,海岸带土地政策的关注重点有所差异,在每个历史阶段都呈现不同的特征。然而,其核心均是在特定的时代背景下,人类对陆域与海洋空间利用的关系调整,反映陆海人地关系的统筹与协调。因此,依据浙江省海岸带社会经济与土地开发特征,大致可以将海岸带土地资源利用的政策演进划分为 4 个阶段。①1978 年以前,海岸带土地利用政策尚不明确,主要体现在海岸带围垦活动;②1979—2002 年,海岸带土地利用政策逐渐由农业围垦活动向围垦法治化、由农业开发向城镇产业的特征过渡;③2003—2017 年,以海岸带土地城镇开发与产业发展的政策为主;④2018 年以来,海岸带土地成为海陆统筹的"主战场",开发与保护协同成为重点。

4.3.1　1978 年以前:"重围垦"

(1)政策梳理

新中国成立以来,解决人民温饱成为政府关注问题。囿于国际环境与生产力的制约,浙江沿海地区尚未形成大规模的土地开发活动,主要关注沿海滩涂的农业围垦。同时,党与政府尚在探索社会主义发展道路,尽管相关政策尚不完善,但各类正式与非正式的大规模围垦运动也反映了这一阶段的政策趋势。

20 世纪 50 年代,政府以法定形式直接参与围垦,包括设立国营围垦农场与颁布围垦法规。一方面,当时沿海围垦以群众自发性的小片围垦为主,大规模的围垦则由国家投资举办围垦农场。万亩以上的围垦区包括杭州余杭乔司、台州温岭东浦、台州黄岩八塘、舟山顺母等,围垦面积达 10 多万亩。另一方面,浙江省人民委员会于 1958 年成立浙江省围垦海涂指挥部。随后,省人大常委会颁发《浙江省围垦海涂建设暂行规定》,并召开第一次全省围垦海涂工作会议。总体上,国家积极发动滩涂围垦用于农业发展,但政策有限且发动规模较小。

20 世纪 60 年代至 70 年代,浙江省掀起大规模围垦高潮,年围垦面积最多达 100km²,扩展农业用地。这一阶段的围垦已经由简单的农业活动演变为综合性的工程活动。国家重视沿海围垦与海塘建设,对于相关工程投资逐渐增长。以钱塘江为例,国家对钱塘江海塘建设与整治工程的投资由 1959 年的 110.81 万元上升到 1963 年的 617.57 万元[57]。同时,出台了围垦工程规划,将围垦纳入到国家管理的范畴内。在当时的余杭下沙围垦和萧山围垦工程中,各级政府均以正式法令确立农业围垦活动的重要地位,并通过调集资金、人力与技术等方式直接支持围垦工程的开展。例如,1975年,浙江省、杭州市将余杭围垦和治江工程正式列入国家计划;杭州市林水局、余杭县财政局、余杭县农业局为围垦给予资金支持,其中财政局拨款104万元。政府和人民对围垦的统一认识,从行动上将围垦与生存发展结合,为大规模围垦奠定基础。特别是农村人民公社参与"大跃进"运动,推动农村集体广泛地参与沿海围垦,形成了"人海战术"。

这一时期,浙江省涌现出不少围垦案例,以萧山县最为典型。1963—1983年,萧山先后组织26期大规模海涂围垦,参加人员达128万人次,共用海涂49.43万亩,被誉为"中国围垦第一县"。1966年,浙江省、杭州市、萧山县各级政府联合在九号坝下游围垦土地2.25万亩,掀开了萧山大规模围垦的序幕。1968年,完成3.6万亩围垦,依靠坚固的堤坝解决了萧山西、北、东三面临江的难题,实现治理与围垦的结合,是"历次大规模围垦事业中最具攻坚战意味的一仗"。1970—1971年,军民联围的面积高达9.71万亩,是当时规模最大的一次围垦。

(2)政策特点

新中国成立以来,浙江省以陆域社会经济发展为主,海岸带土地开发规模有限,管理制度与政策尚不完善,但掀起了一系列国家主导的大范围、大规模、群众性的农业围垦运动。本阶段的海岸带土地政策特点如下。

首先,海岸带土地政策以农业围垦为首要目标。新中国成立以来,沿海地区发展百废待兴,如何解决粮食生产与人民温饱成为重要问题。因此,各级政府与人民均掀起了大规模的海涂围垦运动,以增加农用地规模、扩大农民耕作面积、满足农业生产需求为首要目标。尽管尚未有相关政策出台,但国家发动群众力量来参与农业围垦运动,意味着国家对农业围垦的支持态度。

其次,海岸带土地政策带有明显的计划经济色彩。这一阶段,中国仍处于计划经济阶段,制定海岸带土地政策的目的与执行均是计划经济的产物。一方面,制定海岸带土地政策(特别是农业围垦)目的是拓展农业用地,支持农业发展,维持计划经济体制。另一方面,海岸带土地政策的实施与执行都与"人民公社化""大跃进"等密切相关,体现国家计划管理、集中统一、宏观调控等特征。

最后,海岸带土地政策的群众参与度高,政策成效好。改革开放前,中国农业围垦技术较为落后,缺乏产业化、工业化、集成化的技术手段,以"人海战术"的手工劳作为主。无论是"大跃进"或"人民公社化",还是农村集体经济组织,都倡导集体劳作,为群众参与围垦运动与政策执行奠定了基础。同时,由于各级政府、村集体组织、群众等多种主体协作,农业围垦工作大多顺利完成,表明政策实施绩效较好。

4.3.2 1979—2002 年:"重过渡"

(1)政策梳理

改革开放后,浙江沿海逐渐由计划经济向市场经济的阶段过渡,处于中国经济发展的前沿。杭州与嘉兴紧密联系上海,积极参与长三角经济互动;宁波凭借自身深厚的港城底蕴,侧重发展外向型经济;台州与温州走在全国民营经济前列。由此,海岸带区域成为陆域向海洋发展的"桥头堡",逐渐由传统农业开发转向城镇扩张、工业发展。本阶段,海岸带土地政策存在"过渡"的特征,主要表现为两方面:一是由以往模糊的、不成文的围垦工程运动向具体的、有组织的管理政策转变,海涂围垦政策体系渐趋丰满与立体;二是由单纯关注农业发展需求向寻求城镇化、工业化、市场化的政策转变,政策更加系统与多元。

在围垦政策上,浙江自 20 世纪 80 年代以来积极探索围垦体制改革途径,向法治化、规范化、科学化的政策制度发展。在早期围垦工程中,往往成立"指挥部"来统筹围垦工程,带有明显的工程性质,负责执行工程建设,但不存在完工后的持续管理。为此,1990 年,浙江省成立省围垦局,统筹负责全省滩涂等资源的调查评价、编制规划、开发利用、项目管理、制定法规等工作内容,为协调组织全省的围垦政策上提供支撑。1996 年,浙江省通过《浙江省滩涂围垦管理条例》,从规划与建设、保护与管理、法律与责任等内容上,明确了滩涂围垦的各项规定,为滩涂持续管理提供了明确的政策保障。20 世纪 90 年代后期,浙江省开始编制《浙江省滩涂围垦总体规划》,积极探索沿海滩涂围垦的优化策略。

这一阶段,浙江省海岸带土地政策不局限于农业围垦上,也关注沿海产业发展与城镇开发。早在1981年,浙江省提出"念好山海经"的口号,从认识浙江海岸的家底、探索资源优势的角度出发,开展海岸带调研活动,旨在发展渔、港、景、油四大产业。随着社会经济发展需求,中央与浙江省政府鼓励海岸带城镇、产业区、基础设施等建设。在城镇开发上,通过"向海要地",以行政区划改革方式确立城镇开发方向,拓展了苍南龙港镇、平阳鳌江镇、萧山宁围镇等土地开发。在产业园区建设上,考虑到招商投资和民营企业发展的需求,相继成立了杭州下沙经济开发区、舟山东港经济开发区、萧山经济开发区、宁波保税区、镇海经济开发区等国家/省级开发区。在基础设施建设上,兴建了电力、化工、港口、机场、高速公路等各类工程,包括北仑码头、杭州萧山国际机场、温州机场、舟山朱家尖机场等。总体上,这些政策为社会经济发展提供了发展空间,也推动了陆域与海域开发的衔接。

在这些政策中,《浙江省海洋开发规划纲要》扮演了至关重要的角色。它在目标、内容和政策措施上,明确了海岸带土地的开发利用导向。在目标上,关注海岸带经济开发,指出确立宁波北仑舟山港的国际深水枢纽港地位,搭建浙江省沿海港口群。在内容上,重点围绕港口海运业、临海型工业、海洋国土的开发和整治等方面,明确了浙江港口空间开发、沿海产业发展格局(重化工、电力和出口加工)、围垦与出海口整治等政策管理内容。在政策措施上,提出扶持沿海工业卫星镇、设立经济开发区、支持开发滩涂、允许外资发展旅游业、鼓励外商开发海岛土地等保障措施。

(2)政策特点

首先,海岸带土地政策向法治化、规范化、科学化发展。与改革开放前以海岸带土地开发工程为主的政策导向不同,本阶段的海岸带土地管理成立了相应的管理机构,如浙江省垦局。同时,相继出台了一系列政策管理文件,明文规定海岸带土地开发的评估、执行、规划等内容。海岸带土地政策由初级阶段向探索阶段发展,反映政府政策法规体系的逐步完善。

其次,海岸带土地政策鼓励市场行为,以发展社会经济为第一要务。受社会主义市场经济体制改革影响,海岸带土地政策不仅规范农业围垦开发,更关注城镇扩张、产业园区开发、基础设施布局等市场行为上。从价值取向上看,一般以服务社会经济发展为首要目标,关注海岸带土地开发对经济发展支撑作用;在核心内容上,以开发海岸带港口、工业、农业等开发为基本任务;在保障措施上,提倡市场手段介入海岸带土地开发。

最后,改变以陆域为主的海岸带开发导向,主动寻求海陆协同开发。新中国成立以来的海岸带土地政策制定的出发点是迫于陆域生存空间的约束,鼓励向海洋拓展土地。但这一时期,浙江省通过海岸带土地政策,主动寻求产业、基础设施等开发行为向海域进发,鼓励陆域经济和海洋经济齐头并进,彰显海岸带土地开发的"海洋"特色。可以说,海岸带土地开发改变了传统陆海分割的状态,向陆海协同发展过渡。

4.3.3　2003—2017 年:"重开发"

(1)政策梳理

进入 21 世纪,浙江省沿海地区社会经济发展进入快车道。城市化、工业化和人口增长的进程加速,对土地资源提出了迫切需求,土地资源不足和用地矛盾突出已成为制约经济发展的关键因素。为此,2003 年颁布的《全国海洋经济发展规划纲要》,对我国海岸带及邻近海域的社会经济发展与空间开发进行了综合部署,拉开了国家海洋发展战略的序幕。同年 8 月,第三次浙江省海洋经济工作会议明确提出"陆海联动,建设海洋经济强省"战略目标。在这一背景下,浙江省相继颁布了一系列海岸带土地利用政策,旨在通过引导新城镇、工业开发区、滨海旅游区和大型基础设施的开发,缓解城镇用地紧张和产业用地不足的矛盾。

在宏观政策上,国家与浙江省对海岸带空间开发秩序进行了统筹部署。全国海洋经济发展"十一五"和"十二五"规划相继确立了海洋经济发展的行动纲领。2010 年,国务院批准《长江三角洲地区区域规划》,初步地勾勒了杭州湾分工明确、布局合理、功能协调的先进制造业密集带和城镇集聚带。2011 年,国务院批复《浙江海洋经济发展示范区规划》,确立了"一核、两翼、三圈、九区、多岛"的海洋经济空间发展新布局,涵盖了杭州、宁波、温州、嘉兴、绍兴、舟山、台州 7 市 47 个县(市、区)海洋经济发展示范区。2015 年,海岸带规划管理逐步引入主体功能区划分的概念,形成《全国海洋主体功能区规划》,期望以此避免毗邻陆域和海域出现功能严重不协调的现象。同时,出于港口开发、临海工业、城镇建设大量占用岸线资源的问题考虑,国家海洋局于 2017 年印发了《海岸线保护与利用管理办法》，明确自然岸线保有率不低于 35％的管控目标，提出了海岸带节约利用的开发要求。

在此背景下，浙江省遵循国家对浙江省海岸带开发政策的意志与导向，通过各类发展规划，进一步细化了土地开发利用的时空秩序。在城镇开发上，2009 年通过的《浙江省土地利用总体规划》提出"四区、三带"建设用地开发的总体格局。其中，"四区"涵盖了杭州、宁波、温州三个沿海都市区，"三带"包括环杭州湾产业带和温台沿海产业带。2011 年批复的《浙江省城镇体系规划(2011—2020 年)》也作出相关规划部署，指明了"重点发展海港及岛屿等战略性地区"。在产业引导上，2010 年，浙江省发布《浙江省产业集聚区发展总体规划》，划定了大江东、绍兴滨海、宁波杭州湾、宁波梅山物流、舟山海洋、台州湾循环经济、温州瓯江口等 7 个产业集聚区，奠定了沿海土地的产业开发格局。在区域功能上，2013 年发布的《浙江省主体功能区规划》关注陆海联动，统筹浙江沿海区县的优化开发区、重点开发区、农产品主产区等布局。

在空间规划上，浙江关注土地开发利用的空间布局、指标配额和保障机制。在空间布局上，《关于科学开发利用滩涂资源的通知》《浙江省国土资源发展"十三五"规划纲要》《关于开展低丘缓坡荒滩开发利用试点工作的通知》等政策出台，关注沿海未利用滩涂开发，引导城镇、产业区、耕地等"向海"拓展。多个城市开展了相关的政策实践。例如，宁波市于 2013 年完成了沿象山港—三门湾临港产业集聚区项目、杭州湾海洋经济产业集聚区、杭州湾海洋经济产业集聚区等 3 个荒滩开发试点项目报批，推动海岸带建设用地开发。在指标配额上，重视海岸带建设用地新增规模与控制指标的双重目标。一方面，政府依托"向海要地"政策，补充建设用地资源。例如，《浙江省滩涂围垦总体规划》确定了 7 市 32 县的 262 万亩围垦造地目标，依次设定 22 个岸段的农业、工业、港口码头、旅游等功能。另一方面，执行国家管控政策，约束围垦造地规模，确保资源环境在可控范围内。2012 年，《浙江省海洋功能区划(2011—2020 年)》开始施行，明确规定了海岸带开发的管控指标，包括建设用地围填海规模要控制在 $5.06 \times 10^4 \text{hm}^2$ 以内、大陆自然岸线保有率不低于 35％、海岛自然岸线保有率不低于 78％等。在保障机制上，浙江在全国率先出台了《关于在全省沿海实施滩长制的若干意见》，明确"滩长制"对维护沿海滩涂资源环境的作用。其出发点是管控沿海滩涂的资源环境破坏问题，落实自然岸线保有率的目标，旨在保障生态安全。

（2）政策特点

这一阶段政策侧重对海岸带土地资源开发利用的引导与管控，支撑高速的社会经济发展。

首先，海岸带土地政策以调控产业、城镇、港口等建设用地为主。该阶段政策背景是浙江快速城市化与工业化对土地的迫切需求，刺激政府制定"向海要地"政策，以容纳产业、城镇、港口等。与前一个阶段相比，政策更注重建设开发，带有显著的"工业化"导向。特别是围填海政策，均强调通过挖掘沿海滩涂、海域、湿地等潜力资源，实现新增建设用地指标的目标。

其次，政策"重开发、轻保护"，集中表现为陆域开发意图明显，海洋保护意识更强，但前者占据主导地位[58]。陆域社会经济发展迅速，土地资源受限，政府倾向依托政策工具，向海域拓展发展空间。可以说，海岸带政策旨在推动陆域土地开发模式向海洋延伸，比如产业开发、城镇开发、农业围垦等。与陆地的开发意图相比，海洋政策的保护意识更强，更重视海岸带资源环境效应。然而，就海岸带土地资源开发而言，以土地利用规划、城乡规划为核心的陆域开发政策占据了主导地位，以围填海为基本途径新增开发建设用地，挑战海洋部门政策的管控内容，造成海岸带开发保护失序。

最后，政出多门、事权模糊、管控失序、执行低效等弊端逐渐显露。关于海岸带土地开发的多种陆海政策并行，关注重点各不相同，反映着不同部门的管理需求，成为制约海岸带土地利用统筹管理的掣肘。概览各类相关政策，自然资源政策侧重土地资源拓展，海洋政策重点在于资源环境保护，发改类政策关注的是统筹海岸带地域功能协调，在价值取向、逻辑思路、操作模式、实施路径等方面大相径庭。

4.3.4　2018 年至今："重生态"

（1）政策梳理

2018 年开始，海岸带土地政策开始向生态文明治理过渡，标志性政策有二。其一为国务院印发《关于加强滨海湿地保护严格管控围填海的通知》，取消围填海地方年度计划指标，规定除国家重大战略项目涉及围填海的按程序报批外,全面停止新增围填海项目审批。这意味国家严格管制"向海要地"行为,遏制海岸带过热的建设开发趋势。其二为国务院机构改革,将原国土资源部职能、国家海洋局的职能、发改委的主体功能区规划、住建部的城乡规划管理、水利部的水资源调查和确权登记管理等纳入到自然资源部职能中。随后,中共中央、国务院 2019 年发布《关于建立国土空间规划体系并监督实施的若干意见》,明确了保护与开发协调的空间治理导向,标志着国土空间治理向"生态文明"新阶段迈进[59]。由此,浙江省重点关注海岸带土地的生态议题,密集出台了相关政策,包括生态管控、生态修复、生态发展等三类政策。

生态管控类政策主要是对有价值的、环境、生态条件较为脆弱或稀少,以生态保护为目的,控制人类开发过程而制定的政策。早在 2017 年 11 月,浙江省即已出台《浙江省海岸线保护与利用规划》,提出"保持岸滩或海底形态特征和生态功能、保持海岸线原生态或开放式利用、提升生态功能的整治修复活动"等要求,标志着浙江对海岸带保护制度的重视。2019 年,浙江省自然资源厅和发改委印发《浙江省加强滨海湿地保护严格管控围填海实施方案》,提出强化围填海总量控制、严格新增围填海审查程序、坚决遏制新增违法围填海等要求。2021 年,《关于加快处理围填海历史遗留问题的若干意见》印发,明确强化空间规划引领、优化临港产业布局、强化资源保护利用等海岸带土地开发意见。

生态修复类政策主要针对海岸带土地开发导致的资源环境生态问题,引导采用物理、化学以及工程技术等开展修复环境的政策。最为典型的是 2018 年出台的《浙江省海岸线整治修复三年行动方案》(以下简称"《方案》")。《方案》明确了以下目标:到 2020 年,完成全省 342.58km 海岸线整治修复,确保全省大陆自然岸线保有率不低于 35%、海岛自然岸线保有率不低于 78%。针对沿海工业化过度开发问题,《方案》提出要拆除近岸废旧企业厂房和废弃码头等。目前,《方案》既定目标均基本完成,大大地推动了浙江省海岸带治理。同时,浙江省开展"蓝色海湾整治",关注沿海湿地修复与废弃工矿码头。2020 年,浙江省自然资源厅公布"浙江省自然资源系统践行'两山'理念典型案例",包括蓝色海湾整治 2 个,包括舟山市普陀区"蓝色海湾"综合整治工程,温州市洞头区"蓝色海湾"综合整治项目。

生态发展类政策主要指依托海岸带生态特色,形成的土地开发利用政策。2020 年,浙江省启动《浙江省生态海岸带建设方案》,针对海岸线陆侧 20km 左右区域,串接自然保护地、生态休闲区、人文景观区、美丽城镇村等,构建自然生态优美、文化底蕴彰显、人文活力迸发的滨海绿色发展带。同时,提出以嘉兴海宁海盐段、杭州钱塘新区段、宁波前湾新区段、温州 168 黄金海岸线作为先行四个示范段。杭州于 2012 年正式印发《杭州市生态海岸带建设方案》,宁波、台州、温州等地区的方案正在研制中。

(2)政策特点

这一阶段政策彰显了生态文明建设的决心,摆脱以海岸带土地开发建设为核心的思路,关注开发与保护协调。

生态成为海岸带土地政策中的关键词。这一阶段的时代背景是国家迈入生态文明建设新时代,关注"绿水青山就是金山银山"的生态高质量发展。海岸带土地政策正是应对资源约束趋紧、环境污染严重、生态系统退化等严峻形势的产物。这些政策涵盖了生态管控、生态修复、生态发展等内容,尽管政策核心内容、关注重点和实施方式有所差异,但共同点在于通过设立海岸带生态治理的目标,遏制海岸带土地的过度开发,重塑海岸带土地利用的管理方式。

协调开发与保护成为海岸带土地政策的主旋律。长期以来,"先发展、后保护"是海岸带土地开发利用政策的基本论调,不仅引发海岸带土地无序开发,也是产生各类资源环境问题的导火索。然而,本阶段各类土地政策一般以"生态优先"为基本思想,制定了生态保护的相关目标、准则、条例和内容。这不仅为海岸带土地开发保护提供了宏观导向与指标管控,也提供了具体的建设方案。但需要注意的是,注重保护并不意味着不发展,而是强调两者的协同。

统一的国土空间规划体系使海岸带的陆海统筹治理成为可能。目前,海岸带土地政策的制定主体统一为自然资源部门,规划工具统一为国土空间规划体系,有助于缓解因陆域与海域管理部门"分而治之"而产生的陆海规划管理边界、国土空间分类、开发保护战略、空间规划安排等冲突。特别是以国土空间规划为核心的空间治理体系中,陆海统筹已成为核心工作,有效避免海岸带土地政策政出多门、事权模糊、管控矛盾等问题。

4.4　海岸带土地开发利用过程及特征

4.4.1　1980—1990 年:人类开发活动影响小,围垦现象突出

(1)土地开发利用过程

1980—1990 年,浙江省海岸带土地利用类型转移的规模较小,表明人类对土地开发利用的活动较为有限。从所有地类的规模来看,所有土地利用类型变化的面积总规模仅为 1116.7km²,仅占整个浙江省海岸带土地面积 3.48%;各地类变化的规模均小于 310km²。其中,林地、建设用地、草地、未利用用地的面积均有所增长。林地由 12363.79km² 增长到12666.49km²,增长规模最大,达到 302.7km²;建设用地增长面积居于其次,达到 136.17km²;草地和未利用用地分别增长 39.58km² 和 1.96km²;水域、海域和耕地则是流出的地类,减少的面积规模均超过 100km²。在这10 年间,水域减少了 145.32km²,海域缩减面积也达到 229.82km²;耕地减少面积最小,为 105.21km²。

从不同地类的转移来看,浙江省海岸带的围河造地现象突出,水域是耕地、建设用地和林地的重要来源。其中,浙江省海岸带水域转换为耕地的面积达到 275.95km²,表明对于水域围填的农垦工程较为活跃。这些水域围填农垦的工程主要集中于钱塘江沿岸,包括杭州下沙经济技术开发区、萧山大江东、绍兴曹娥江口沿岸、杭州湾南岸(慈溪市北部)、北仑等地区。水域转换为建设用地面积为 47.68km²,主要为归结于宁波市沿岸水域的建设开发工程密集。水域转换为林地面积为 37.19km²,主要为沿海防护林工程的持续推进。

同时,海域转化为水域的现象也较为明显,表明沿海大规模的围海工程实施成效较好(图 4-3)。海域转化为水域的面积达到 186.99km²,这主要是沿海地区通过筑坝、围海、滩涂养殖等方式,将海域改造为水域,集中分布于杭州湾南岸慈溪和镇海区段。需要注意的是"农专用"现象显露,但规模较为有限。耕地转换为建设用地的面积规模为 94.03km²,远远落后于前述几种地类转换规模。此外,尽管土地利用类型变化规模最大的地类为耕地向

林地的转化,出现了 304.4km² 的地类转化,但这些地类转化主要出现在宁波翠屏山区,属于遥感监测数据上的误差所致。

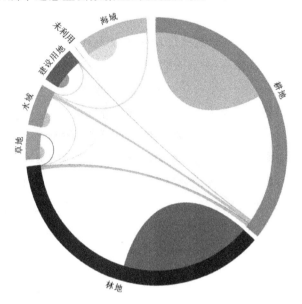

图 4-3　1980—1990 年土地利用变化趋势

(2)土地开发利用特征

1)浙江省海岸带土地利用开发规模较为有限

改革开放以来,全国百废待兴,浙江省尚处于生产力恢复阶段,海岸带土地开发建设活动较为有限,尚未形成大规模的地表覆被的改造。这一时期的海岸带人类活动主要以满足生存需求为主,以农业开发的土地利用方式为主,重点通过拓展耕地规模来满足生存发展,引发耕地增长较为显著。然而,受制于经济水平、人口规模、科技水平等条件制约,各区县对于其他地类的开发与利用需求有限,尚未引发强烈的地类转化趋势。特别是建设用地开发尚处于城镇化初级阶段,增长规模较小且增速缓慢,尚不能反映大规模的人类开发活动。据统计,建设用地在 1980—1990 年间的增长规模仅为 136.17km²,每个区县的平均增长规模仅为 5.04km²。

2)围垦现象突出,表现为沿江的农业围垦与沿海的围海工程

前者主要表现为对钱塘江下游沿岸的围涂开垦,通过围涂治理,实现滩涂的大规模耕地开发。1980—1990 年间的钱塘江沿岸的农业围垦规模大

且区域集中,275.95km² 的水域向耕地转化多集中于此,塑造了钱塘江下游围涂地区的肥沃耕地连片分布的地理分布格局。后者主要表现为对杭州湾南岸地区(余姚、慈溪、镇海、北仑等岸段)沿海地区的围海工程,将海域围填成可以为人类服务的水域。这些区域一方面为对滩涂潮间带开发,服务于未来耕地围垦与滩涂养殖,另一方面服务于沿岸地区的港口建设与城镇开发的需求。

3)"农专用"趋势初显

1980—1990 年,通过蚕食耕地来扩张的建设用地规模达到 94.03km²,位居地类转换规模的前列。这一阶段,建设用地增长主要集中于各区县城区周边,表现为摊大饼式的城镇扩张;相较之下,除去港口建设实现建设用地扩张外(水域转化为建设用地的面积为 47.68km²),通过其他地类转换的方式,实现建设用地增长并不明显。然而,"农转用"规模仅占建设用地规模的 5.95％,相对其他地类转换趋势并不明显。

4.4.2　1990—2000 年:土地利用变化加快,耕地流失加剧

(1)土地开发利用过程

1990—2000 年,浙江省海岸带土地利用类型转移速率加快,表明人类活动对土地利用的影响程度逐渐加强。从所有地类的规模来看,所有土地利用类型变化的面积总规模为 1693.69km²,仅占整个浙江省海岸带土地面积 5.28％,比 1980—1990 年间的土地利用变化规模大 576.99km²,比例高1.8％。其中,林地和建设用地均有所增长,且增长规模远远高于 1980—1990 年阶段。林地由 12666.79km² 增长到 13415.4km²,增长规模最大,达到 748.9km²;建设用地增长面积达到 456.58km²,增长率达到了 22.39％。其余 5 个地类均是规模流失的地类,减少的面积总规模超过 1000km²。在这 10 年间,耕地减少面积最大,减少规模达到 686.91km²;草地减少规模居于其次,减少了 498.35km²;未利用用地、水域和海域缩减面积均为有限,分别为 11.02、8.7 和 0.5km²。

从不同地类的转移来看,浙江省海岸带的耕地流失加剧,已成为建设用地、林地和水域的重要来源(图 4-4)。其中,浙江省海岸带耕地转换为建设用地的面积达到 433.34km²,比 1980—1990 年阶段规模高 339.31km²,表

明耕地流失的速度加快。这些向建设用地转换的耕地主要出现在海岸带各区县的主城区附近,特别是杭州市区、宁波市区、温州市区和台州市区等地区,县城区域则相对较少。耕地转换为林地面积为 268.67km^2,主要为山区的耕地与园地转换。耕地转换为水域面积为 71.96km^2,主要为钱塘江围涂区域的耕地、水田以及滩涂养殖等区域的频繁变化,集中分布于曹娥江口附近的围垦区。

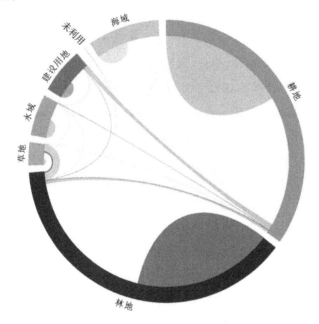

图 4-4　1990—2000 年土地利用变化趋势

　　同时,海域与水域向其他地类的转换趋势有所缓解,表明围填海工程有所降温。其中,水域转化为耕地的面积最大,但仅为 56.83km^2,远远低于上一阶段的 275.95km^2;水域转换为草地、建设用地和林地的规模较为有限,仅分别为 12.95、12.03 和 4.32km^2。海域转换为其他地类的面积更为有限,均不超过 1km^2,远远低于其他地类的转换速率。此外,值得注意的是草地与林地之间的大规模转换。草地向林地转换的面积达到了 626.27km^2,占草地总面积的 54.37%;相应地,林地向草地转换的面积为 105.77km^2,为林地向其他地类流失的主要来源,占比达 63.55%。

（2）土地开发利用特征

1）土地利用变化加剧，但人为干预有限

根据浙江省海岸带土地利用变化监测可知，1990—2000 年的土地利用转化总规模达到 1693.69km²，比 1990—2000 年增长 576.99km²，意味着土地利用转换速率加快。然而，与建设用地和耕地相关的地类流入流出面积仅为 474.9km²，仅占土地利用转换总规模的 28%；与耕地转换相关的规模面积为 452.73km²，仅为土地利用转换总规模的 26.73%，表明人类对土地开发利用行为所产生的直接影响较小，地表的人为干预强度较为有限。仍有大量的地类转换为林地、草地、水域、海域等相互之间的转换。其中，林地转换为草地、草地转换为林地的面积分别为 105.77 和 626.27km²，占据土地利用变化总规模的比例分别为 6.24% 和 36.98%，反映了自然地类之间的转换仍占据重要地位。

2）耕地流失逐渐成为人类对土地开发利用的首要外部性问题

1990—2000 年，耕地减少的规模达到 787.78km²，占土地利用转换变化总规模的 46.51%，表明耕地减少已成为土地利用变化的重要组成部分。这些流失的耕地主要集中在杭州市辖区、海宁、萧山、慈溪、余姚等地区。需要注意的是，流失的 433.34km² 耕地转换为建设用地，占流失耕地总规模的 55%，意味着由于人类对土地建设开发活动以耕地流失为代价，对农业发展空间产生了严重的负面影响。相反地，耕地补充面积仅为 100.87km²，远远落后于耕地流失的规模，无法及时有效地补充耕地面积，说明海岸带区域的土地开发利用尚未到位。特别是这些补充的耕地均是林地与水域转换而来，为人类通过毁林农垦和滩涂围垦形成的，在土壤、光温、灌溉等农耕条件上与平原优质耕地存在较大差距。

4.4.3 2000—2010 年：建设开发进入高峰期，"农转用"进程加速

（1）土地开发利用过程

2000—2010 年，浙江省海岸带土地利用的最大特征是建设用地高速增长，意味着海岸带土地的开发建设进入了高峰期，体现了海岸带人类活动进入了活跃阶段。从所有地类的规模来看，所有土地利用类型变化的面积总规模为达到 2245.44km²，占整个浙江省海岸带土地面积 7%，比 1990—

2000 年间的土地利用变化规模大 551.75km²，比例高 1.7%。这一阶段，建设用地增长迅速，由 2038.93km² 增长到 3582.19km²，增幅高达 1543.26km²，远远高于 1990—2000 阶段的增长规模；未利用用地面积增长 1.2km²，达到 10.92km²。其余 5 个地类均有不同程度的减少，减少的面积总规模超过 1500km²。其中，耕地减少面积最大，减少规模达到 1322.61km²，远远高于其他地类减少的规模；林地减少规模居于其次，减少了 144.19km²；水域、草地和海域均有所减少，但规模相对较小，分别为 47.19、22.27 和 8.21km²。

从不同地类的转移来看，浙江省海岸带的耕地流失规模大，且都转变为建设用地，表明"农转用"现象突出（图 4-5）。浙江省海岸带耕地转换为建设用地的面积达到 1380.59km²，比 1990—2000 阶段规模高 947.25km²，而补充耕地的数量较为有限，仅为 282.18km²。这些向建设用地转换的耕地不仅仅出现于杭州、宁波、温州和台州等市辖区，各区县城区周边也较为集中。耕地转换为水域面积为 148.62km²，主要为钱塘江围涂区域的耕地、水田以及滩涂养殖等区域的频繁变化，集中分布于钱塘江口、曹娥江口、三门湾等地区。

同时，建设用地增长迅速，蚕食的地类包括耕地、林地、水域等（图 4-5）。其中，除大量吞并耕地之外，林地转化为建设用地的面积最大，但仅为 134.1km²，远远低于上一阶段的 114.67km²；水域转换为建设用地规模为 58.34km²，较上一个阶段增长 46.31km²。值得注意的是，本阶段仍存在一定的水域与海域的面积缩减，表明沿河沿海的围垦工作仍在广泛开展。其中，水域向耕地转换的面积达到了 160.29km²，较 1990—2000 年 56.83km² 的缩减面积有所回升；水域向其他地类转换的总面积 23.34km²；海域向其他地类转换的面积达到 17.74km²。

（2）土地开发利用特征

1）城镇大规模扩张，建设用地增长迅速

2000—2010 年，建设用地大幅增长，远远超过 1990—2000 年的增长规模，每个区县的平均增长规模达到 57.16km²。这一阶段，"以 GDP 产出为纲"是浙江海岸带各区县的发展理念，依赖大量的土地开发与建设，来支撑高速的经济发展。因此，无论是土地管理政策还是土地利用规划，均对建设

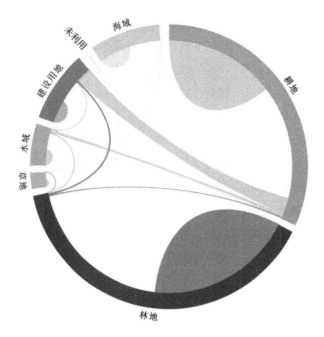

图 4-5　2000—2010 年土地利用变化趋势

用地增长持鼓励态度。例如,截至 2010 年,浙江设立了各类开发区 117 个,各类国家级开发区(保税区、出口加工区、保税港区等)15 个,省级开发区 15 个,工业园区和高新园区 45 个。这些开发区都集中在浙江省海岸带各区县。浙江主要的都市区——杭州都市区、宁绍都市区和温台都市区均位于海岸带地区,是建设用地扩张的主要地区。

　　2)耕地流失严重,"农转用"进程加速

　　耕地大幅减少是浙江省海岸带 2000—2010 年期间土地利用的主要特征之一。浙江省海岸带多为山地丘陵,土地开发利用的先天条件较差,仅杭嘉湖平原、宁绍平原、温黄平原、温瑞平原等地区地势平坦,且光、温、水、土等条件优良,被广泛地垦为农田。然而,根据浙江省海岸带的"双评价"可知,城镇建设与农业开发适宜区域的分布高度重叠,均集中在杭嘉湖平原、宁绍平原、温黄平原、温瑞平原等地区。这就导致了这些地区既要发挥社会经济发展的引领作用,又要担负耕地开发的重任,导致耕地开发与城镇建设的矛盾。杭州、宁波、台州、温州市辖区为建设用地扩张最为显著的地区,耕地流失严重。特别是这一阶段政策对于建设用地的政策管控尚不完善,土地开发出现过火发展的状态,涌现出大批乡镇工业园与开发区,直接侵占了乡镇地区的耕地资源,加剧"农转用"。

4.4.4　2010—2020 年:土地开发强度增强,围填海规模大

（1）土地开发利用过程

2010—2020 年,浙江省海岸带土地利用变化规模大,远远高于前三个阶段,表明人类对土地的开发利用活动达到了历史高峰期。从所有地类的规模来看,所有土地利用类型变化的面积总规模为达到 3231.86km²,占整个浙江省海岸带土地面积 10.07%,比 2000—2010 年间的土地利用变化规模大 986.42km²,比例高 3.07%。这一阶段,建设用地仍维持着高位增长的趋势,由 3582.19km² 增长到 4998.99km²,增幅高达 1416.8km²,与 2000—2010 阶段的增长规模相近。水域面积增长迅速,增幅达到了 274.96km²,自 1980 年代以来实现了首次增长;草地、林地和海域也出现了增长,增长的面积分别为 142.33、31.43 和 0.99km²。海域与耕地则出现了大规模的流失。其中,海域减少面积最大,减少规模达到 1097.37km²,远远超过前 30 年的各地类减少数量;耕地面积减少了 796.14km²,仅为 2000—2010 阶段耕地减少量的 58.15%,但流失量仍维持着历史高位。

从不同地类的转移来看,浙江省海岸带建设用地开发仍延续了新世纪以来的快速增长的态势,但"农转用"现象有所减缓（图 4-6）。浙江省海岸带耕地转换为建设用地的面积为 924.66km²,比 2000—2010 阶段规模减小 455.93km²;相较之下,耕地补充的数量较为有限,仅为 405.13km²。这些向建设用地转换的耕地主要集中于市辖区与各区县城区的周围,并以开发区、工业园区等各类形式散布于城市外围。同时,海域转换为建设用地的面积 331.69km²,达到改革开放以来之最,主要以沿海港口、港城、滨海开发区等形式分布于杭州湾沿岸地区,表明围填海造地工程较为活跃。林地与水域转换为建设用地的面积也分别高达 175.12 和 166.38km²,也是建设用地增长的主要地类来源。

同时,海域面积急剧减少,表明该阶段浙江省对土地需求量较大,刺激了大规模的围填海造地工程（图 4-6）。其中,海域转化为水域的面积最大,规模达到 482.48km²,比上一个阶段多 476.1km²,主要集中分布于杭州湾

南岸（余姚、慈溪、镇海）和杭州湾北岸海宁段，表明围填海在这些地区的广泛开展。海域向草地和林地转换的面积分别达到了 125.44 和 116.05km²，均远高于 1990—2000 年的增长规模，表明沿海生态防护工程的实施。海域向耕地转换的总面积 62km²，成为耕地补充的重要来源。

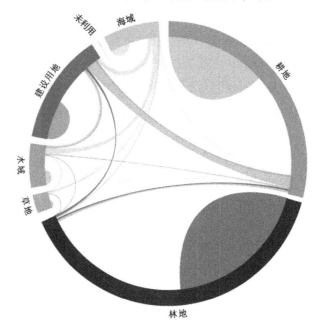

图 4-6 2010—2020 年土地利用变化趋势

（3）土地开发利用特征

1）土地利用变化规模大，人类活动干预强烈

2010—2020 年，浙江省海岸带土地利用变化与转移的规模超过了区域 10%，其中超过一半的土地利用转化规模直接与建设用地开发相关，表明人类开发对地表的剧烈改变。这主要源于本阶段浙江省工业化与城镇化进入快车道，刺激城镇快速扩张，促使建设用地快速地蚕食其他地类。比较前几个阶段，本阶段的林地、草地、水域等自然地类之间的相互转换趋势仍不明显，而建设用地扩张对自然地类产生了更广泛的影响。耕地不再是建设用地扩张的唯一来源，海域、林地、水域等向建设用地转变的规模也占有重要比例。同时，耕地、海域、水域等大幅变化也离不开人类活动影响。其中，海域面积大规模减小，主要受人为围填海影响；耕地补充量达到 405.13km²，

主要受耕地占比平衡、基本农田保护等政策影响；水域大规模增加，则是得益于沿海港口建设、围涂养殖、筑坝造地储备等项目工程。

2）"向海要地"趋势明显，围填海规模大

浙江省海岸带大部分都属于山地不适宜开发区，适宜城镇建设与适宜农业开发局限在杭嘉湖平原、宁绍平原、温黄平原等局部地区，导致区域开发不断"向海要地"。《关于科学开发利用滩涂资源的通知》《浙江省国土资源发展"十三五"规划纲要》《关于开展低丘缓坡荒滩开发利用试点工作的通知》《浙江省滩涂围垦总体规划》等政策确保了围填海的合法性。2010—2020 年，海域面积缩减面积超过 1000km²，占区域土地利用转化总面积的 1/3，表明区域围填海活动频繁，深刻地影响了区域土地利用结构与格局。围填海工程所产生的土地利用方式多元，既服务于城镇开发建设，也用于农业开发与生态保护。其中，近 1/3 的海域转换面积流向了建设用地，主要为杭州湾沿岸、三门湾、台州湾、温州湾等地区新晋开发的开发区或港城；近一半转向了水域，除自然演变为水域之外，存在大量的港口建设、围涂养殖等人为方式产生的变化；一部分转换为草地与林地，表明沿海生态保护工程的持续推进；有 62km² 转换为耕地，表明部分用于补充农业开发所需的指标。

3）"农转用"规模仍维持高位，但进程有所放缓

通过侵占耕地来维持城镇建设，仍是建设用地规模增长的重要方式。本阶段，除杭嘉湖、宁绍、温台都市区外，下辖区县社会经济高速运转，保持着对土地资源的大量需求。这些区县的城区周边开发利用条件优良，且开发成本较低，导致城区周边的建设用地扩张迅速，加速耕地流失。然而，相较 2000—2010 年，耕地转换为建设用地的规模有所放缓，这源于政府对建设用地无序增长和耕地保护的重视。一方面，浙江省各级政府相继完成了《土地利用总体规划（2006—2020）》，采用建设用地用途管制分区，在空间上划定城市增长的潜在空间；严格限制"农转用"指标，调整市辖区耕地和建设用地规划局部调整的审批部门和审批次数，控制"农转用"的审批。另一方面，采用基本农田保护制度和耕地占补平衡，保护耕地数量。在此情况下，在一定程度上限制了耕地向建设用地转换。

4.5 海岸带土地资源利用的浙江经验

4.5.1 以海陆统筹发展为价值取向,引领海岸带土地开发指向

　　海陆统筹发展是浙江省海岸带土地利用政策长期以来所遵循的核心价值取向。浙江海陆统筹发展强调对海陆两大子系统的产业、空间、人口、资源、环境等各类要素的统一优化与再配置,以实现海陆协调发展。但这种价值取向并非一成不变的,而是经历了"点""线""面"式的海陆统筹发展逻辑。由浙江海岸带土地利用特征可知,20 世纪 80 年代开发主要为小规模、点状式的土地开发模式。这显示改革开放后以"点"式海陆统筹为主,通过引进国外资金与项目,重点发展港口经济,突破重点地区的海陆发展。随着"点轴"系统理论盛行,浙江省逐渐向"点—线"海陆统筹思维发展,采取以沿海产业带和交通基础设施作为海陆空间耦合轴带的开发思路。目前,在国土空间规划的背景下,浙江海陆统筹战略思维开始转向以网络为支撑的"点—线—面"区域开发模式,统筹重点转变为依托海陆空间互动和资源的有效配置实现沿海地区的创新转型。

4.5.2 以海陆集成技术为操作手段,架构海岸带土地开发工具

　　浙江海岸带土地利用技术由单纯的陆域特征、海陆过渡向海陆技术集成工具集发展,以顺应时代发展潮流和应对复杂的海岸带人地交互环境。传统的海岸带土地利用技术多因部分沿海城市在路径依赖作用下单纯依托陆域资源,陷入"大城小海"的困境,侧重陆域土地利用技术。例如,杭州湾南岸与钱塘江沿岸滩涂围垦工程的最初目的是通过筑堤修坝、围垦造地、排灌排水、土壤治理等围垦工程技术,防御海潮以保障陆域土地发展空间,进而产生的土地资源。进入 21 世纪以来,浙江海岸带土地利用技术逐渐融入了"海洋"特色。土地监测技术关注潮间带、滩涂、湿地等海岸带特殊景观的分类与演变;土地评价技术融入了海岸带区位、海岸线特征、海洋生态环境、港口经济等因素;丰富海岸带"三区三线"划定技术。目前,浙江全面进入国土空间规划的海陆集成技术时代。拓展海岸带土地监测"一张图"技术体

系,监测分类、分析、信息系统等技术逐步完善;开发了面向浙江省海岸带的"双评价"体系,并以海岸带土地为对象,广泛地开展经济与生态评价;拓展海岸带生态景观格局与"流"空间刻画技术;探讨海岸带陆海统筹与空间用途管制体系;从微观与宏观尺度上,开发针对海岸带的生态修复工程技术。

4.5.3　以海陆空间联动为实施路径,建构海岸带土地开发秩序

以陆域土地资源为基础,从海洋拓展发展空间,实现海陆空间的交互,是浙江省海岸带土地开发的实施路径。浙江省海岸带早期的海陆空间联动模式是以满足沿海人民基本生存为目的,以农业开发为导向,通过围涂、筑坝、治江/海、排水、治土等方式,开发沿江/海的滩涂资源,形成陆域耕地与农业围垦的连片空间开发,典型的案例包括下沙围垦、萧山围垦、曹娥江口围垦、慈溪围垦等地区开发。改革开放以来,浙江港口建设为海岸带土地开发注入了新的活力。这种土地开发模式以服务社会经济为目的,以城市建设与交通运输发展为导向,依托陆域城市与产业,大规模建设沿海港区,发展保税区、出口加工区、滨海产业园等配套,形成以陆域城区为依托腹地、以产业园区为基地、以沿海港口为对外窗口的港城园发展模式,以宁波—舟山港、嘉兴港区、台州海门港、温州港等为典型。目前,随着浙江对沿海大规模工程的限制,海岸带生态空间治理成为重要趋势。海岸带生态空间治理将海岸带陆域与海域视作有机整体,以保护生态为优先目的,关注陆域与海洋的生态信息、能源、生物等交互"流",形成海岸带空间的集成治理。尽管不同阶段海岸带土地开发模式有所差异,但都以农业、城镇、生态等功能为纽带,搭建海陆空间联系,形成高效的土地利用秩序。

4.5.4　以海陆协同政策为保障手段,保障海岸带土地有序开发

浙江海岸带土地开发拥有陆域与海域政策的双重保障,反映了海陆协同治理的特点。浙江省海岸带土地利用大致经历了围垦造地、海陆开发、生态保护的政策响应阶段,但每个阶段都出现了治陆与治海相结合的政策。在围垦造地政策阶段,关注海陆土地资源的开发"规模"协同。无论是早期如火如荼的围涂攻坚工程抑或是颁布的《浙江省围垦海涂建设暂行规定》《浙江省滩涂围垦管理条例》《浙江省滩涂围垦总体规划》《浙江省海洋开发

规划纲要》等政策条例，都是面向海域与滩涂开展的土地资源拓展；相应地，通过一系列城镇空间规划、产业区建设、基础设施配套等规划，对围垦造地区域进行空间部署。在海陆开发政策阶段，侧重海陆土地资源的开发"功能"协同。这一阶段的《浙江省海洋开发规划纲要》《浙江海洋经济发展示范区规划》《浙江省海洋功能区划（2011—2020年）》等政策，从浙江海岸带农业开发、港口建设、产业发展、城镇体系等功能出发，勾勒陆域土地利用与海域空间开发的功能协同化发展蓝图。在海陆开发政策阶段，侧重海陆土地资源的开发"功能"协同。在生态保护政策阶段，明确海陆一体化治理的政策逻辑。例如，《浙江省生态海岸带建设方案》将海陆的治理集成为一体，将陆域污染源头治理、近岸海域污染防治、沿海生态资源保护、沿海生态环境修复等集成为生态保护修复工程体系。

参考文献

［1］田鹏，汪浩瀚，李加林，等.东海海岸带县域城市生态效率评价及影响因素［J］.地理研究，2021，40(8):2347-2366.

［2］岳文泽，吴桐，王田雨，等.面向国土空间规划的"双评价"：挑战与应对［J］.自然资源学报，2020，35(10):2299-2310.

［3］夏皓轩，岳文泽，王田雨，等.省级"双评价"的理论思考与实践方案—以浙江省为例［J］.自然资源学报，2020，35(10):2325-2338.

［4］吴次芳，叶艳妹，吴宇哲，等.国土空间规划［M］.北京：中国地质出版社，2019.

［5］花一明.杭州湾滩涂围垦及利用动态遥感监测研究［D］.杭州：浙江大学，2017.

［6］叶明，蒋刚毅，杨晓平.论TM图像与GIS数据综合的土地利用动态监测［J］.测绘通报，2002(S1):11-14.

［7］Liu Y，Liu L J，et al. Trajectory of coastal wetland vegetation in Xiangshan Bay，China，from image time series［J］. Marine Pollution Bulletin，2020，160：111697.

［8］李楠.杭州湾滨海湿地长时间尺度遥感动态监测及生态评估［D］.

南京:南京林业大学,2020.

[9] 程乾,陈金凤.基于高分 1 号杭州湾南岸滨海陆地土地覆盖信息提取方法研究[J].自然资源学报,2015,30(2):350-360.

[10] 李加林.杭州湾南岸滨海平原土地利用/覆被变化研究[D].南京:南京师范大学,2005.

[11] 任丽燕.湿地景观演化的驱动力、效应及分区管制研究——以环杭州湾地区为例[D].杭州:浙江大学,2009.

[12] 张立芳.海岛地表要素变化及其驱动力分析——以浙江洞头岛为例[D].泰安:山东农业大学,2016.

[13] 陈阳,李伟芳,任丽燕,等.空间统计视角下的农村居民点分布变化及驱动因素分析——以鄞州区滨海平原为例[J].资源科学,2014,36(11):2273-2281.

[14] 徐谅慧,杨磊,李加林,等.基于 GIS-Logistic 耦合模型的杭州湾南岸景观演变驱动力分析[J].应用生态学报,2016,35(1):75-85.

[15] 田鹏,李加林,王丽佳,等.基于 GTWR 模型的浙江省海岸带三维生态足迹动态变化及其影响因素[J].应用生态学报,2020,31(9):3173-3186.

[16] 杨玉山.浙江省海岸带数据建库研究[D].杭州:浙江大学,2005.

[17] 丁丽霞.浙江省海涂土壤资源利用动态监测及其系统的设计与建立[D].杭州:浙江大学,2005.

[18] 孙善磊,周锁铨,薛根元,等.杭州湾地区生态—气候监测预警系统及其应用[J].科技导报,2009,29(11):39-47.

[19] 黄家柱,赵锐,戴锦芳.遥感与 GIS 在长江三角洲地区资源与环境动态监测中的应用[J].长江流域资源与环境,2000,9(1):34-39.

[20] 王新.基于 WebGIS 的浙江省海岸带耕地等评价[D].杭州:浙江大学,2005.

[21] 黄劲松,吴薇,周寅康.温州市粮食生产潜力及土地人口承载力研究[J].农村生态环境,1998,14(3):30-34.

[22] 陶虹向.土地资源综合承载力评价研究——象山县为例[D].杭州:浙江大学,2016.

［23］李陈.基于社会人假设的土地资源综合承载力模型及其应用——以温州市为例［D］.杭州：浙江大学,2016.

［24］柳乾坤.基于改进三维生态足迹模型的土地承载力指数研究——以温州市为例［D］.杭州：浙江大学,2016.

［25］靳相木,柳乾坤.基于三维生态足迹模型扩展的土地承载力指数研究——以温州市为例［J］.生态学报,2017,37(9):2982-2993.

［26］岳文泽,韦静娴,陈阳.国土空间开发适宜性评价的反思［J］.中国土地科学,2021,35(10):1-10.

［27］代磊,汪诚文,刘仁志.宁波市土地生态适宜性评价分析［J］.环境保护,2006(24):40-42.

［28］李伟芳,俞腾,李加林,等.海岸带土地利用适宜性评价——以杭州湾南岸为例［J］.地理研究,2015(4):701-710.

［29］蔡东燕.基于适宜性评价的土地承载力研究——以宁波市为例［D］.杭州:浙江大学,2017.

［30］李永浮,蔡宇超,唐依依,等.我国县域国土空间"双评价"理论与浙江嘉善县实证研究［J］.规划师,2020,36(6):13-19.

［31］俞腾,李伟芳,陈鹏程,等.基于GIS的海岸带土地开发利用强度评价——以杭州湾南岸为例［J］.宁波大学学报(理工版),2015,28(2):80-84.

［32］李伟芳,陈阳,马仁锋,等.发展潜力视角的海岸带土地利用模式——以杭州湾南岸为例［J］.地理研究,2016,35(6):1061-1073.

［33］朱志婉.基于DEA的企业土地投入与产出效率评价［D］.杭州:浙江财经大学,2013.

［34］何国军.基于熵值法和理想值修正的开发区土地集约利用评价［D］.宁波:宁波大学,2015.

［35］徐谅慧,李加林,袁麒翔,等.象山港海岸带景观格局演化［J］.海洋学研究,2015,33(2):47-56.

［36］刘永超,李加林,袁麒翔,等.人类活动对港湾岸线及景观变迁影响的比较研究——以中国象山港与美国坦帕湾为例［J］.地理学报,2016,71(1):86-103.

［37］田鹏,李加林,叶梦姚,等.基于地貌类型的中国东海大陆海岸带

景观动态分析[J].生态学报,2020,40(10):3351-3363.

[38] 李加林,徐谅慧,杨磊,等.浙江省海岸带景观生态风险格局演变研究[J].水土保持学报,2016,30(1):293-314.

[39] 黄日鹏,李加林,叶梦姚,等.东南沿海景观格局及其生态风险演化研究——以宁波北仑区为例[J].浙江大学学报(理学版),2017,44(6):682-691.

[40] 田鹏,李加林,姜忆湄,等.海湾景观生态脆弱性及其对人类活动的响应——以东海区为例[J].生态学报,2019,39(4):1463-1474.

[41] 潘艺,鲍海君,黄玲燕,等.浙江沿海城市化时空格局演变及其对生境质量的影响——基于 InVEST 模型的研究[J].上海国土资源,2020,41(3):18-24.

[42] 任丽燕,吴次芳,岳文泽.西溪国家湿地公园生态经济效益能值分析[J].生态学报,2009,29(3):1285-1291.

[43] 刘勇,刘友兆,徐萍.区域土地资源生态安全评价——以浙江嘉兴市为例[J].资源科学,2004,(3):69-75.

[44] 赵柯,李伟芳,毛菁旭,等.基于 PSR 模型的耕地生态安全评价及时空格局演变[J].生态科学,2019,38(1):186-193.

[45] 毛菁旭,尹昌霞,李伟芳,等.东海海岸带生态安全评价及景观优化研究[J].海洋通报.2019,38(1):78-86.

[46] 郑擎.基于城市增长边界的城市空间扩展及调控研究[D].杭州:浙江大学,2018.

[47] 尹昌霞,马仁锋,毛菁旭.滨海地区三生空间冲突的时空评测及优化[J].上海国土资源,2021,42(2):78-84.

[48] 陈阳,岳文泽,张亮.空间约束背景下海岸带湿地保护边界研究[J].生态学报,2018,38(3):900-908.

[49] 林霖.温州市耕地时空演变与永久基本农田空间优化及管制研究[D].杭州:浙江大学,2018.

[50] 苏鹤放,曹根榕,顾朝林,等.市县"双评价"中优势农业空间划定研究:理论、方法和案例[J].自然资源学报,2020,35(8):1839-1852.

[51] 马仁锋,辛欣,姜文达,等.陆海统筹管理:核心概念、基本理论与

国际实践[J].上海国土资源,2020,41(3):25-31.

[52] 候勃,岳文泽,马仁锋,等.国土空间规划视角下海陆统筹的挑战与路径[J].自然资源学报,2022,37(4):880-894.

[53] 姜忆湄,李加林,马仁锋,等.基于"多规合一"的海岸带综合管控研究[J].中国土地科学,2018,32(2):34-39.

[54] 鲍维科,林倩.陆海统筹视角下海岸带生态修复分区研究——以象山港流域为例[J].海洋开发与管理,2022:1-11.

[55] 罗柳青.南方淤泥质海岸围填区植被修复——以浙江杭州湾为例[D].厦门:厦门大学,2018.

[56] 沈俊楠.基于生境等价分析法的杭州湾新区围填海工程生态修复研究[J].特区经济,2019(2):51-55.

[57] 魏擎.钱塘江河口治理工程规划研究(1960—1963)[D].杭州:浙江大学,2019.

[58] 李修颉,林坚,楚建群,等.国土空间规划的陆海统筹方法探析[J].中国土地科学,2020,34(5):60-68.

[59] 杨保军,陈鹏,董珂,等.生态文明背景下的国土空间规划体系构建[J].城市规划学刊,2019(4):16-23.

第5章　海洋旅游资源利用的理论探索、政策演进与实践经验

5.1　海洋旅游资源的本底状况

　　要了解海洋旅游资源,首先要认识旅游资源和海洋旅游。旅游资源一般包括对旅游者构成吸引力的自然景观、文化遗产,以及具有旅游效果的人类主观创造物[1]。海洋一般分为滨海、近海和远洋,以度假为中心的海洋旅游主要包括滨海旅游、海岛旅游、远洋旅游等。侯京淮[2]将海洋旅游资源定义为:对旅游者产生一定吸引力的近中远海资源的统称,包括已经开发的资源和没有开发的资源,自然海洋旅游资源和海洋文化旅游资源。根据浙江省旅游资源普查结果显示,浙江省共计拥有五级和四级海洋旅游资源 110 项,其中舟山拥有 65 项,占比高达 59.1%[2]。依据现行国标《旅游资源分类、调查与评价》(GB/T 18972—2017),涵盖了旅游资源国家标准中 8 个主类 31 个亚类 155 个基本类型,其中沿海 36 个县(市、区)拥有各类旅游资源单体 7332 个,其中直接临海的 262 个乡镇(街道)拥有各类旅游资源单体 3573 个(具体资源类型结构和 A 级景区分布数量见表 5-1、表5-2)[3]。

表 5-1　浙江省滨海地区旅游资源类型结构(个)

	地文景观	水域风光	生物景观	天象与气候	遗址遗迹	建筑与设施	旅游商品	人文活动	合计
36 个县单体数量	1496	471	365	37	385	3868	321	389	7332
262 个乡镇单体数量	877	127	157	23	158	1907	155	169	3573

资料来源:根据《2003 年浙江省旅游资源普查资料》及实地调研整理统计。

表 5-2　浙江省滨海城市国家 A 级景区(点)统计(个)

滨海城市	5A 级景区	4A 级景区	合计
杭州	3	27	30
宁波	1	26	27
温州	1	13	14
嘉兴	2	7	9
绍兴	1	12	13
舟山	1	3	4
台州	2	8	10
合计	11	96	107

5.1.1　海洋旅游资源

(1)海洋自然旅游资源

我国位于地球上最大的大陆和最大的大洋两大板块交汇之处,海岸线超过 3.2 万 km(其中岛屿岸线超过 1.4 万 km),海岸带滩涂约 20 万 km^2,500m^2 以上岛屿 6500 余个,管辖海域近 300 万 km^2(含内水、领海、毗连区、专属经济区),沿岸已开发有 1500 余处旅游娱乐景观资源,这些都是我国开发海洋旅游业得天独厚的条件。浙江是我国的海洋大省,位于中国东南沿海,长江三角洲南翼,东部濒临东海,海岸线曲折绵长、海域岛礁众多、海岸类型多样、港口海湾资源丰富、滩涂面积广大、海洋渔业资源丰富,岛屿总数和岸线总长均位居全国之首[4]。周彬等[5]就曾针对海洋旅游资源开发现状和存在问题,提出构建"一核两翼三板块"的海洋旅游空间格局,即象山海洋旅游发展核,宁海湾南翼及杭州湾北翼,镇海北仑板块、梅山春晓板块和象山港内湾板块内重点开发特色海洋旅游产品。

根据最新浙江省自然资源公报,全省海岸线 6630km,约占全国的 20%。其中,人工岸线 2253km,占 34.0%;自然岸线 4353km,占 65.6%;河口岸线 24km,占 0.4%。大陆岸线总长 2134km。其中,人工岸线 1339 千米,占 62.8%,海堤占绝对多数;自然岸线 771km,占 36.1%;河口岸线 24km,占 1.1%[6]。

海域面积达 26 万 km²,沿海分布岛屿众多,北起马鞍列岛,南至七星岛,横跨舟山市、宁波市、台州市和温州市。全省共有海岛 4350 个,约占全国总数的 44%,其中,有居民海岛 222 个,占海岛总数的 5.1%;无居民海岛 4128 个,占海岛总数的 94.9%。海岛总面积为 2022km²,其中,有居民海岛 1919.9km²,无居民海岛 102.1km²,分别占总面积的 95.0% 和 5.1%。全省面积 1km² 以上的海岛 123 个(其中,大于 500m² 的海岛有 3450 多个,无居民海岛 13 个),占全省海岛总数的 2.8%,占全省海岛总面积的 94.1%。全省 4350 个海岛行政区划涉及沿海 5 个市、23 个县(市、区),南北跨距约 270km。全省最北和最东的海岛分别为嵊泗县的灯城礁和东南礁,最西和最南的海岛分别为苍南县的表尾鼻和鹤嬉岛。全省 222 个有居民海岛,涉及沿海 4 个市的 18 个县(市、区),其中,34 个乡(镇、街道)以上政府驻地海岛的户籍人口占全省海岛总户籍人口的 91%。省内滨海和海岛旅游资源丰富,其中 70 多个岛屿拥有砂砾质海岸,沿海 7 大城市有 2700 个优良级单体,占全省的 68.9%,优质单体相对集中在杭州湾北岸、宁波东南沿海、舟山群岛、温台沿海一带,旅游资源空间分布总体上呈现大分散、小集中的特点[4]。省内共有渔港 208 个,其中中心渔港 10 个,一级渔港 18 个,二级渔港 35 个,三级渔港 43 个,等级以下渔港 102 个(2017 年渔港普查数据)。其中舟山渔场是世界四大渔场之一,共有鱼类 365 种(表 5-3 和 5-4)。

表 5-3　浙江省海洋生物分类种类(种)

海洋游动类/鱼类	底栖生物	浮游生物	浮游植物	潮间带植物
439/365	342	288	261	586

资料来源:人民网浙江频道。

表 5-4　浙江主要海洋捕捞资源及最高年产量等级

最高年产量等级（万吨）	资源种类
＞30	带鱼
＞10	马面鲀、大黄鱼
＞4	鲐鱼、毛虾、乌贼、小黄鱼
＞2	黄鲫、龙头鱼、梭子蟹、海蜇
＞1	鲳鱼、鳓鱼、蓝园鲹、梅童鱼、虾鱼尾鱼、细鳌虾、虾虎鱼

资料来源：人民网浙江频道。

（2）海洋人文旅游资源

"海兴国强民富，海衰国弱民穷。"浙江的海洋文化与中华民族的优秀传统文化紧密关联在一起，经过漫长的历史沉淀出不同特色的海洋文化，并深刻地影响着现代沿海省份的发展。海洋地理环境和长期积淀的人民生活方式孕育出灿烂的海洋文化，创造了丰富多彩的海洋文化（表 5-5），对海洋观光游客具有独一无二的吸引力[7]。

表 5-5　浙江海洋文化资源调查汇总

物质资源			非物质资源		
序号	项目名称	数量（个）	序号	项目名称	数量（个）
1	公园娱乐设施	478	1	民风民俗	699
2	自然景观区	250	2	民间传统艺术	877
3	文化场馆	237	3	现代海洋艺术	392
4	文物遗存	1657	4	沿海宗教及民间信仰	139
5	宗教及民间信仰活动场所	1570	5	民间技能	547
6	历史文化名地	353	6	民间文学	1492
			7	现代节庆会展	157
			8	沿海历史及文化名人	1549
			9	沿海著名历史事件	1507

注：本汇总简表数据是根据各市区县海洋与渔业局统计材料汇总而得。

意蕴深长、博大精深的浙江海洋文化可以追溯到 7000 多年以前的河姆渡时代，形成了异彩纷呈的海商海运文化、海洋民俗文化、海洋宗教信仰文化、海洋渔业文化、海洋海运文化、海防军事文化、海鲜文化等，潜移默化地影响着沿海居民的饮食服饰偏好、婚丧嫁娶习惯、礼仪观念形成、节庆活动等，生动形象地反映了海洋人文特色。

1）海洋民俗文化

民俗是一种文化模式，归根到底是"人俗"。如果说一个人有生物的生命，那么也有文化的生命。人是生物生命和文化生命的双重复合体。如果生命的基因是 DNA，那么文化的基因就是从哲学理念上的民俗。海洋民俗是世代承袭在沿海居民生命的 DNA 基因中，"饭稻羹鱼""错臂左衽""习水便舟"等生活习俗镌刻在沿海居民的生命中，形成持久稳定的理念文化[8]。浙江的海洋民俗文化很少独立存在，多通过渔谚、渔歌、渔曲、渔戏、渔鼓、渔灯等载体，内嵌入海洋宗教信仰、海洋渔业、海洋文化、海商海运历史、海防军事历史等形式中表现出来。各类型海洋民俗文化相互影响，相互包含，如以海神信仰为核心的传统海洋节庆活动如"开渔节""妈祖赛会""谢洋节"等民俗活动常演常新。宁波、温州、舟山海上丝绸之路文化遗址彰显着海上丝绸之路"活化石"民俗文化发展历史悠久。

2）海洋宗教信仰文化

海洋宗教信仰文化源远流长，主要包括佛教文化、道教文化、妈祖信仰、海神信仰、渔师信仰等。我们的祖先似乎常常神化海，以至于黑格尔认为中国人"在他们（中国）看来，海只是陆地的中断；他们和海不发生积极的关系"[9]，但其实广袤的浙江海域在岁月流变中孕育了灿烂的形态各异的海洋宗教信仰文化。

佛教文化是浙江海洋文化极富特色的文化形态之一，其中普陀的佛教文化更是扬名海内外。人们依海而居，借助海洋开展经济、文化生活，衍生出众多独有的佛教海洋信仰，同时也为中外佛教文化的交流往来发挥了重要作用[10]。

龙王信仰是中国沿海渔民最早崇信的海神信仰。渔民向龙王祈求海面风平浪静，鱼虾成群，平安出海，满舱而归。长期以来，浙江沿海居民对龙王充满着无限的敬畏，建庙修宫，祭典旺盛。如清康熙《定海志》记载，定海各区有龙王宫 24 个,而到了民国初年达到 48 个[11]。具体的信仰习俗亦丰富多彩,主要表现在龙王宫设置、龙王寿诞和龙王出巡习俗、海岛人在渔业生产活动重大环节中的祭典习俗,以及贯穿在渔民人生礼仪和日常生活中的龙王习俗等方面[12]。

3)海洋渔业文化

渔业是人类早期直接向大自然索取食物的生产方式,是人类最早的产业行为。那时,靠山吃山指的是狩猎,靠水吃水指的是捕鱼。或者说,先人以水域为依托、利用水生生物的自然繁衍和生命力,通过劳动获取水产品,谓之渔业。千姿百态的渔文化具有地域性特征,推动着各地历史的创造和文化的传承。在不尽相同的地理环境、气候环境中繁衍生息,形成各个不同的渔业风俗习惯。中国渔文化的内容极其丰富,大致可以分为几大类:渔业的渊源以及发展的历史;各个时期考古发现有关鱼类、渔船、捕捞工具、渔村遗址等等;从原始社会到现代,不同时代的各种渔业生产的渔船、渔具、渔法;各地渔村、渔民不同时代的生活习性、风俗习惯、渔村的建设和风土人情。在长期发展中,我国先民留下不少极为珍贵的渔文化遗物。古人“以贝为钱”,影响到“财、贸、贵、贱、赚、赔”等字的形成。在中国传统文化艺术中,“鱼”和“水”的图案是繁荣与收获的象征,人们用“鲤鱼跳龙门”寓意事业有成和梦想的实现,“鱼”还有吉庆有余、年年有余的蕴涵。“鱼水和谐”既是大自然生态协调的方式,更是渔文化的精神本质。随着时代的发展,渔文化融进了现代科学技术、新闻媒体和市场经济精髓,内涵迅速膨胀、功能更为显著、交流日益频繁,形成强大的产业带动效应,经济社会效益逐渐增强,比如浙江舟山的海鲜美食节。

因此,渔文化的保护和开发应当是科学、有序、系统地进行。象山县建设有国家级海洋渔文化生态保护区,重点建设 20 个重点项目,以保护非物质文化遗产为核心的指导思想,根据海洋渔文化非物质文化遗产的表现与集中程度,划定石浦—东门岛区域为核心保护区,同时划出晒盐技艺、妈祖信俗、徐福东渡传说和海产养殖文化等四个特殊保护区。作为海洋渔文化的核心保护区,石浦渔港古城坚持保护传承的理念,推动海洋渔文化与旅游融合发展,各类非遗在活态传承中得到最生动的展示。传统盘扣制作、鱼灯制作、元宵花灯制作的非遗传承人在城内开设工作室,弘扬传统技艺;细什番、鱼灯舞、马灯舞、宁波走书等传统表演类非遗项目,时时登上古戏台进行展示;石浦十四夜、石浦六月六、渔民谢洋节等传统盛大民俗活动,定期对渔区风情进行综合性展示。

中国五千年文明的长河中,传递着渔猎农耕变迁的景象。我国渔文化发展至今,已在更大的程度上体现出传统文明与现代之美,在社会发展中起着越来越重要的作用。

4)海商海运文化

陈国灿和王涛[13]认为中国传统海商群体兴起始于唐宋,至明清时逐渐形成不同特色的海洋贸易集团,其经营形态具有鲜明的族缘性和地缘性。海商家族依托海上贸易而兴,海商又在家谱编修活动中扮演积极的角色,使得为数众多的海商家谱成为传统谱牒文献颇具特色的组成部分,其中包含了海商活动和海洋社会的大量信息,反映出海商群体的组织结构和运作方式。

浙江历史上海商的出现可以追溯到两汉魏晋时期。《后汉书·东夷传》提到,江南会稽郡海外有澶洲,其"人民时至会稽市",会稽郡也有人"入海行,遭风流移至澶洲"。宋代以后,海商群体在沿海社会中开始扮演重要的角色。元代后,海上贸易空前盛况。庆元路鄞县人夏荣达移居定海,从事海外贸易,数年间便成为当地首富,"泉余于库,粟余于廪,而定海之言富室者归夏氏"。明清时期,民间海商在海禁政策和西方殖民势力入侵夹缝中闯荡、开拓。

浙海常关是中国最早的海关之一。浙江海关验关的关口就设在江东的包家道头,史称浙海关,后来叫浙海常关。而宁波江东的兴起也正是由于越来越繁华的三江口商贸,灵桥的前身是一座浮桥,它的建立就是为了方便宁波老城与江东的物资运输。到宋代,江东就有了大型的造船场。元代,宁波地方史志中出现了关于"周苏渡"的记载,也就是现在的舟宿渡(舟宿夜江)。在清代,江东沿江一带成为商帮集聚的场所。到了现代,贸易会展、航运物流、金融服务、文化创意等现代商业成了江东的主导产业,江东也成了现代海商的集聚地,从社会基层展示出传统海洋文化的丰富内涵和运作形态。

5)海洋军事文化

《中国海军大百科全书》上刊载有"中国人民解放军海军战史"词条 64 条,其中发生在浙东地区的共 21 条(这里只简单列举 3 条)。中国人民解放军华东军区海军和陆军各一部对海匪占据的浙江省滩浒山岛实施登陆的进攻战斗——滩浒山登陆战斗解决了中华人民共和国成立初期,盘踞在杭州湾内滩浒山岛的惯匪一部,他们经常对浙江省东部的海上航运和渔业生产进行骚扰破坏。这是华东军区海军舰艇部队第一次出海作战,也是华东军区海军与陆军首次协同实施的登陆作战。除此之外,还有嵊泗列岛登陆战斗、披山登陆战斗、南韭山登陆战斗、檀头山登陆战斗、头门山海战、争夺四岛战斗、积谷山登陆战斗、东矶列岛战斗、一江山岛空战等。在以上战斗原址中,大多还能看到温州、宁波等地保留下来的抗倭海防遗址[14]。

6)涉海非物质文化遗产

早在远古时代,海洋先民就食海而渔,雕木为舟,结绳为网,煮海为盐,傍海而居,历海而志,卫海而筑,美海而歌,惧海而祭,漂洋为侨,远航而交,悟海而论,识海而述,创造了光辉灿烂的中国海洋文化。浙江有观音传说(舟山市)、徐福东渡传说(象山县、慈溪市、岱山县)、戚继光抗倭传说(台州市椒江区、临海市)、海洋鱼类故事(嵊泗县、洞头县)、舟山渔业谚语(岱山县、舟山市普陀区)、跳蚤会(舟山定海区)、舟山渔民号子(舟山市)、舟山锣鼓(舟山市)、陈十四信俗(瑞安市、平阳县,洞头县)、妈祖信仰(洞头县)、东海龙王信仰(舟山市普陀区)等数十多项国家级涉海非物质文化遗产[15,16]。

5.1.2　海岛旅游资源

海岛旅游最早起源于 19 世纪的英国,而我国的海岛旅游开始于 20 世纪 70 年代末。浙江是全国海岛最多的省份,海岛旅游是浙江海洋旅游发展的重要组成部分,因此海岛旅游资源排摸是海岛旅游开发与规划工作中首先需要探明的环节。

浙江海岛旅游资源涉及山岳、洞穴、海岸、港湾、沙滩、泥滩、海洋生物、森林植物、渔港、渔村、文物、古迹、文化、艺术及工程建筑等,可满足不同层次游客的浏览观光、健身疗养、科学考察、品尝购物等需求(表 5-6)。目前,浙江共有 6 个国家级海洋公园[17]——象山渔山列岛国家级海洋公园、洞头国家级海洋公园、玉环国家级海洋公园、嵊泗国家级海洋公园、普陀国家级海洋公园,宁波象山花岙岛。温州平阳的南麂山列岛是我国唯一的贝藻类国家级海洋自然保护区,也是联合国教科文组织划定的世界生物圈保护区之一。总的来看,浙江海岛上已建立了 2 处国家级风景名胜区、5 处省级风景名胜区、2 处国家级自然保护区、1 处省级自然保护区、4 处国家级海洋特别保护区、3 处省级海洋特别保护区、1 处国家级海洋公园、2 处省级森林公园、1 处国家公园等,覆盖了以海岸地貌、海洋生态资源、森林资源为主的海岛自然景观和渔业文化为主的人文资源。从行政区划上看,浙江的海岛分别隶属于舟山、台州、宁波、温州和嘉兴五市,其拥有的陆域面积分别为 1256.70、101.98、254.07、137.87 和 0.70km²(表 5-7)[18]。

表 5-6 浙江海岛各类保护区

保护区类型	等级	行政区	名称	内容
风景名胜区	国家级	舟山嵊泗	嵊泗列岛风景名胜区	海岸地貌、渔业文化
		舟山普陀	普陀山风景名胜区	佛教文化、海岸地貌、渔业文化
	省级	舟山岱山	岱山风景名胜区	海岸地貌、渔业文化
		舟山普陀	桃花岛风景名胜区	海岸地貌、人文景观
		温州洞头	洞头列岛风景名胜区	海岸地貌
		温州平阳	南麂列岛风景名胜区	海岸地貌、花岗岩地貌
		台州玉环	大鹿岛风景名胜区	海岸地貌
自然保护区	国家级	温州平阳	南麂列岛海洋自然保护区	海洋生态资源、海岸带资源
		宁波象山	韭山列岛海洋自然保护区	海洋生态资源
	省级	舟山定海	五峙山列岛鸟类自然保护区	鸟类
海洋特别保护区	国家级	温州乐清	西门岛海洋特别保护区	海洋生态资源
		舟山嵊泗	马鞍列岛海洋特别保护区	海洋生态资源
		舟山普陀	中街山列岛海洋生态特别保护区	海洋生态资源
		宁波象山	渔山列岛海洋生态特别保护区	海洋生态资源

续表

保护区类型	等级	行政区	名称	内容
海洋特别保护区	省级	台州椒江	大陈海洋生态特别保护区	海洋生态资源
		温州洞头	南北爿山海洋特别保护区	海洋生态资源
		温州瑞安	铜盘岛海洋特别保护区	海洋生态资源
海洋公园	国家级	温州洞头	洞头海洋公园	海洋生态资源、海岸地貌
		宁波象山	渔山列岛海洋公园	海洋生态资源、海岸地貌
森林公园	国家级	台州玉环	大鹿岛森林公园	森林资源
	省级	台州椒江	大陈岛森林公园	森林资源
		宁波象山	南田岛森林公园	森林资源
世界生物圈保护区		温州平阳	南麂列岛海洋生物圈保护区	海洋生物资源
国家公园		舟山普陀	朱家尖大青山国家公园	森林资源、海岸地貌
一般旅游区		宁波象山	花岙石林旅游区	地貌景观
		台州三门	蛇蟠岛旅游区	采石遗址

表 5-7　浙江海岛数量、面积及岸线长度

地市	县区	海岛数量（个）		陆域面积（km²）			潮间带滩涂面积（km²）	海岛岸线长度（km）
		数量	总数	总面积	丘陵山地	平原		
舟山	嵊泗县	404	1383	1256.70	786.35	470.35	183.06	2443.58
	岱山县	404						
	普陀区	454						
	定海区	120						
	共县岛	1						
嘉兴	海盐县	11	29	0.70	0.67	0.03	0.62	15.9
	平湖市	18						
宁波	奉化区	22	527	254.07	153.47	100.6	77.11	809.41
	鄞州区	4						
	宁海县	42						

续表

地市	县区	海岛数量(个)		陆域面积(km²)			潮间带滩涂面积(km²)	海岛岸线长度(km)
		数量	总数	总面积	丘陵山地	平原		
宁波	象山县	419	527	254.07	153.47	100.6	77.11	809.41
	镇海区	5						
	北仑区	35						
台州	玉环市	136	687	101.98	80.33	21.65	34.89	791.18
	三门县	122						
	温岭市	169						
	黄岩区	25						
	临海市	138						
	椒江区	97						
温州	瑞安市	91	435	137.87	110.57	27.30	123.38	636.49
	苍南县	84						
	平阳县	64						
	瓯海区	1						
	乐清市	9						
	洞头区	186						
合计		3061		1751.32	1131.39	619.93	419.06	4645.71

数据来源:浙江省海岛资源综合调查小组.浙江海岛资源综合调查与研究[M].杭州:浙江科学技术出版社,1995:3-7.

(1)海岛自然旅游资源

1)海岛地质地貌景观

浙江海岛区处于中生代以来的中国东部活动大陆边缘构造环境,构造单元隶属于华夏古陆,由古陆基底古、中元古界变质岩系和中生代火山—沉积岩系盖层组成。基底变质岩呈局部零星出露于岱山县大衢山岛一带,属于中元古代陈蔡群,绝大部分被后期中生代火山—沉积岩系覆盖。初步统计,浙江海岛区地质遗迹资源约 63 处,其中地貌景观大类有 47 处(占74.6%),地质(体、层)剖面大类有 10 处(占 15.9%),地质构造大类有 2 处

（占 0.32%），矿物与矿床大类有 2 处（占 0.32%），环境地质遗迹景观大类有 2 处（占 0.32%）[19]。

海岛有丰富的石景、海蚀地貌景观、人工地貌景观、火山景观资源等[20]。这些地貌景观（见表 5-8）主要分布在北部舟山群岛一带，占 66.6%，中部和南部沿海岛屿上占 17%，台州和宁波较少[21]。

表 5-8　浙江海岛地貌景观

行政区		名称	等级	类型
舟山	嵊泗县	南长涂沙滩	省级	沙滩
		基湖沙滩	省级	
		大王沙滩		
		花鸟南沙滩		
		枸杞沙滩		
		六井潭海蚀地貌	省级	海蚀地貌
		马迹岛海蚀拱桥	省级	
		花鸟岛海蚀地貌		
	岱山	岱山铁板沙滩	省级	沙滩
		沙龙沙滩		
		冷峙沙滩		
		西长沙沙滩		
		柳家沙滩		
		三礁村沙滩		
		邹家沙滩		
		秀山岛泥滩		泥滩
舟山	普陀区	普陀山花岗岩地貌	国家级	沙滩
		白山—月岙花岗岩地貌		
		飞沙岙海蚀地貌		
		潮音洞海蚀地貌	省级	泥滩
		梵音洞海蚀地貌		石蛋地貌
		朱家尖乌石塘砾滩	省级	

续表

行政区		名称	等级	类型
舟山	普陀区	月岙沙滩		海蚀崖
		烂田沙滩		海蚀洞崖
		朱家尖十里金沙群	国家级	
		普陀百步沙、千步沙	省级	砾滩
		桃花岛金沙	省级	沙滩
		桃花岛悬鹁鸪沙滩		
		白沙乡小沙头沙滩		
		外门沙滩		
		台门沙滩		
宁波	象山岛	花岙岛柱状节理景观	国家级	海蚀地貌
		檀头山沙滩	省级	沙滩
	宁海县	强蛟群岛海蚀地貌	省级	海蚀洞崖
台州	椒江区	大陈岛海蚀地貌	省级	海蚀地貌
		东矶岛沙滩		沙滩
	玉环县（今玉环市）	坎门沙滩		沙滩
		坎门西台沙滩		
		鲜迭沙滩		
温州	洞头区	半屏山岛海蚀地貌	国家级	沙滩
		仙叠岩海蚀地貌	省级	海蚀穴崖
		东屏大沙岙沙滩		沙滩
		大门镇尾岙沙滩		
		南台沙滩		
	平阳县	南麂列岛海蚀地貌	国家级	海蚀柱崖
		南麂列岛花岗岩地貌	国家级	石蛋地貌
		大沙岙沙滩	省级	沙滩

2)海水和气候资源

在水资源方面,浙江海岛水资源匮乏,地表水资源在岛屿之间分布不平衡,由于分布人口密度差异,地表水资源人均占有量的差异较为显著。全省陆域面积 500m² 以上的岛屿多年平均降水总量为 1280.7mm,多年平均径流总量为 519.5mm,人均水资源占有量为 606m³/年,仅占浙江省大陆人均水资源量的 27.4%。地表水资源在岛屿之间的分布也有着很大的不平衡性,加上分布人口密度的差异,海岛地表水资源人均占有量的差异更为明显。因此,海岛淡水资源不足制约了海岛旅游规模化发展。由于浙江海岛多在近岸浅海区域,约有 60% 的海岛分布在距离大陆岸线 2km 的范围内,约有 90% 岛屿分布在离岸 5km 范围内,且部分海岛直接分布于大陆滩(涂)上。东海近海海域的海水泥沙含量高,海水浑浊,导致大部分浙江海岛周围的海水缺乏观赏性,仅有嵊泗列岛中的嵊山岛、枸杞岛,东极岛等少数靠近公海的海岛具有较高的海水质量。整体上浙江海岛海水资源禀赋无法与我国南海群岛媲美,更无法与世界级的海岛度假地如地中海海岛、加勒比海海岛相比较。另外,在气候方面,浙江海岛处中纬度,中国大陆的东南角,东临太平洋,属于亚热带季风气候,降水量季节变化明显,冬夏季风交替明显,四季分明,光照充足,雨热同步。因此,气候条件造成了严重的旅游淡旺季问题,并限制了其深度发展。

3)海岛森林植被资源

在浙江海岛,以樟为优势种的森林群落非常典型。沿海较大的岛屿上分布有地带性的常绿阔叶林(如樟木林、青冈林、石栎林和特殊的亮叶猴耳环林或以落叶成分占优的其他森林),它们是标志性的植被类型或演替阶段。我们对这些植被类型中的优势植物种类进行了区系研究[22]。结果显示,浙江海岛常绿阔叶林或类似森林中的优势和常见维管植物共有 139 种,只有热带亚洲成分、东亚成分中的中国-日本成分和中国特有成分贯穿于乔木层、灌木层、草本层和层外植物 4 大类中。但是总体上看,浙江海岛森林覆盖率较低,分布不均衡[23]。

4)渔业资源

浙江省海岛生物物种丰富,自然生态系统保存良好,多种水系相互交融,海域水质肥沃,饵料充足,为各种经济鱼类及其幼仔鱼的育肥生长提供了丰富的食物。世界四大渔场之一的舟山渔场共有鱼类 365 种,其中暖水性鱼类占 49.3%,暖温性鱼类占 47.5%,冷温性鱼类占 3.2%。虾类 60 种;蟹类 11 种;海栖哺乳动物 20 余种;贝类 134 种;海藻类 154 种。3000 多个海岛及难以计数的岩礁周围的浅海海域和潮间带,是海洋生物栖息的良好场所,繁育着大量的鱼、虾、贝、藻等海洋水产资源[24]。据调查,浙江岛屿海域有大黄鱼、小黄鱼、梅童鱼、带鱼等鱼类 358 种,中国毛虾、细螯虾等虾类 63 种,三疣梭子蟹、锯缘青蟹等蟹类 46 种,曼氏无针乌贼、长蛸等头足类 25 种,潮间带贝类则有泥蚶、牡蛎、青蛤、泥螺、缢蛏等 231 种,还有羊栖菜、浒苔、石花菜、紫菜、裙带菜等多种大型海藻类植物。丰富的渔业资源,以及基于此形成的一系列渔家乐、海钓活动等,为旅游业提供了充足的旅游餐饮、旅游活动和旅游购物产品。

(2)海岛人文旅游资源

山秀石奇、滩美草绿、海蓝天远是人们对海岛自然的想象。其实海岛内蕴含的文化资源也数不胜数。如果人们步入泗礁岛渔家号子馆、黄龙岛"石村传说阿拉生活"文化礼堂、洋山岛雄洋文化礼堂、枸杞岛杞心吧、嵊山岛百年渔场文化礼堂、花鸟岛文化礼堂[25]等,很难不被渔家的岁月峥嵘与脉脉温情所感动。

除上文中所提及的传统海洋文化资源之外,舟山还拥有像革命烈士陵园、大鱼山烈士纪念碑、登步岛战斗革命烈士纪念碑、桃花岛革命烈士陵园、东海工委旧址、金维映烈士故居等一大批红色旅游资源。连面积不足 3km² 的蚂蚁岛也处处充满了红色文化印记:全国第一个人民公社旧址、蚂蚁岛人民艰苦创业纪念室、马金星词作创作地、渔作劳动区、文化礼堂、文化广场等,文化设施丰富程度不亚于舟山地市主城区的一些街道。

"铁血战役,红色丰碑"—一江山岛(坐标台州,又称英雄岛)的一江山岛登陆作战,号称是解放军历史上首次陆、海、空联合登陆作战。也是迄今为止,解放军历史上唯一一次陆海空三军联合登陆作战。一江山岛战役是永载史册的,这次战役的胜利不仅显示了中国政府和人民不允许外国势力干涉中国内政的坚强决心和意志,奠定了台海形势的基本走向和军事格局,而且为我军联合渡海登陆作战积累了宝贵的经验,为我军进行现代化建设和现代化战争揭开了新的一页。因此可以说,一江山岛在当代具有先天独特的红色旅游资源优势,下一步需要增强岛本身的旅游吸引力。

5.2　海洋旅游资源利用的技术探索

5.2.1　GIS 技术

(1)GIS 技术平台

1)GIS 的功能与特点

地理信息系统(Geographic Information System,GIS)以地理空间为基础,采用地理模型分析方法,在空间信息数据的获取、环境分析与资源评价调查、市场项目研究开发、空间布局可持续发展等各个层面起到了举足轻重的作用,有利于提高工作效率,为工作的科学性提供强有力的支撑。

地理信息系统的核心问题可归纳为五个方面的内容——位置、条件、变化趋势、模式和模型。依据这些问题,可以把功能分为以下几个方面:①数据采集与输入。将系统外部原始数据传输到系统内部,并将这些数据从外部格式转换到系统便于处理的内部格式。②数据编辑与更新。数据编辑主要包括图形编辑和属性编辑。属性编辑主要与数据库管理结合在一起,完成图形编辑,主要包括拓扑关系建立、图形编辑、图形整饰、图幅拼接、投影变换以及误差校正等。③数据存储与管理。数据存储与管理是建立地理信息系统数据库的关键步骤,涉及空间数据和属性数据的组织。④空间数据分析与处理。空间查询是地理信息系统以及许多其他自动化地理数据处理系统应具备的、最基本的分析功能,而空间分析是地理信息系统的核心功能,也是地理信息系统与其他计算机系统的根本区别。⑤数据与图形的交互显示。地理信息系统为用户提供了许多用于地理数据表现的工具。另外,地理信息系统是在计算机硬件和软件支持下,提供规划、管理、决策和研究所需信息的技术系统。与一般信息系统相比,它具有空间性、动态性、智能性、综合性等基本特征[26]。

2)GIS 的数据和空间分析

空间数据是 GIS 的重要组成部分,是 GIS 程序的作用对象。GIS 功能应用中往往涉及大量的空间数据,而空间数据在内容分析提取中占据重要地位作用。预计会涉及以下空间数据类型:①栅格数据,将地球表面划分为大小均匀紧密相邻的网格阵列,每个网格作为一个像元或像素由行、列定义,并包含一个代码表示该像素的属性类型或量值或仅仅包括指向其属性记录的指针。一个栅格数据集就像一幅地图,它描述了某区域的位置和特征与其在空间中相对位置。②矢量数据,通过记录坐标的方式尽可能精确地表示点、线、多边形等地理实体坐标空间设为连续允许任意位置、长度和面积的精确定义。矢量数据结构主要包括点实体、线实体和面实体[27]。以上的 GIS 数据源主要指建立地理数据库所需的各种数据的来源,包括地图数据、遥感图像、统计资料、实测数据、文本资料、多媒体数据、已有系统的数据等。

空间分析是地理信息系统的主要特征[28]。利用软件的空间分析功能是比较常见的操作,即从各种已有的专题数据源的信息中获得有用的信息,再叠加专题数据并派生出新的数据信息,进行系列分析。主要的空间分析功能有:表面分析、空间查询分析、缓冲区分析、叠置分析、网络分析、三维分析。

(2)GIS 在海洋旅游资源利用中的应用

1)GIS 的应用优势

一方面,随着 GIS 中空间分析特别是空间决策支持技术的进步,基于模型的决策支持已经由单模型辅助决策发展到多模型辅助决策,模型的组织形式也由模型软件包发展到模型库。通过对应用模型库的开发,可以实现旅游资源的评价功能。另一方面,基于 GIS 技术的旅游地敏感性与适宜性分析评价在精确性、时效性以及提高效率、管理信息化方面更显示出强大的优势:精确性、时效性、提高效率、便于管理。旅游资源管理信息系统是旅游经济发展和进行旅游整体规划的关键技术支撑和重要组成部分[29]。GIS(地理信息系统)因其突出的地理信息可视化功能以及越来越受到重视的空间分析、决策支持功能而在各行各业崭露头角。

2)GIS 在海洋旅游资源领域的探索

浙江省海岸线绵长,海洋旅游资源信息多样、信息量大,而且资源分布面积十分广泛,利用计算机对旅游资源信息进行集中管理,对于旅游资源的统计、评价、开发与规划利用具有重要意义。在国外,GIS 技术一直被广泛应用于旅游资源研究中。在国内,虽然起步略晚,但是 GIS 理论和技术在旅游资源领域的发展也有了十足的进展,在海洋资源领域内的应用探索主要体现在两个大方向研究:一是基于 GIS 的技术支持,选取某个案例地研究其旅游资源开发利用方向;二是 GIS 技术在旅游资源开发和管理体系上的系统性综合开发。

借助 GIS 技术的功能特点及其在旅游规划中的应用优势,综合运用地理信息系统空间分析法和游踪数据库,搭建数据模型,可实现海洋旅游资源体系的主题化、规模化、系统化。除了 GIS 的空间分析以外,栅格分析、可达性分析以及网络分析技术结合运用,对获得旅游资源区或集聚或分散的分布状态特征也具有帮助,同时进行功能化分析,提供海洋旅游资源整合开发利用的最优解。未来利用 GIS 技术与海洋旅游资源结合时,需注意:在资源挖掘方面,借助地理信息技术排摸海洋旅游资源的分布情况,定期或不定期地对海洋旅游资源进行存量分析和价值评估;加强信息技术搜索,提升旅游资源整合能力和可持续发展水平,更好推动海洋旅游产业长远发展,助力涉海地区经济发展;稳妥开发海洋旅游业,拓展海洋资源功能,提高产业综合效益。加强横向纵向比较研究,深化各层级综合模糊评价。

5.2.2 RS 技术

(1)遥感技术的概述及特点

1)RS 技术概述

遥感(Remote Sensing,RS),是指从遥远的地方探测、感知物体,也就是说不与目标接触,从远处用探测仪器接收来自目标物的电磁信息,通过对信息的处理和分析、研究,确定目标物的属性及目标物相互间的关系。遥感技术根据电磁波的理论,应用各种传感仪器对远距离目标所辐射和反射的电磁波信息进行收集、处理,并最后成像,从而对地面各种景物进行探测和识别。利用遥感技术,可以高速度、高质量地测绘地图,为了解旅游资源的分布特征、实现旅游空间布局奠定基础[30]。旅游资源调查有助于加快调查速度、提高调查质量,并能为旅游资源规划、开发、利用和资源保护提供重要信息。目前,在旅游资源普查、旅游生态环境质量评价等方面,遥感技术都有着广泛的应用。由于其测量面积大,信息丰富、真实、客观,便于了解全面,分清主次,进行类比研究,因此可以提高工作效率与工作质量。从现实技术层面看,遥感是一种应用探测仪,即运用现代光学、电子学探测仪器,在不与目标物体接触的前提下,远距离通过收集目标地区的电磁辐射信息,研判区域环境和资源的探测技术[31]。通过遥感技术获取的图像资料清晰度高、信息丰富、形象直观、现实性强、立体感显著,同时具有重复探测、低成本高收益的调查手段优势[32]。

2)RS 技术的特点

遥感技术最突出的特征在于其直观性和实时性。遥感影像图反映地表土地覆被的各种要素,如植被、土壤、水体和森林等,为环境调查提供了重要的信息来源。有近 30 个领域或行业都能用到遥感技术,如陆地水资源调查、土地资源调查、植被资源调查、地质调查、城市遥感调查、海洋资源调查、测绘、考古调查、环境调查和规划管理等。遥感技术可以为那些在野外工作中无法触及的地方提供考古调查资料,帮助研究者可以直观地对这些区域进行调查[33]。

另一方面,遥感技术探测所得具有全面性。遥感影像图可以为规划者与管理者提供一个全面的信息来源。在规划初期帮助测定旅游区所处的地理环境和地理位置,查清旅游资源的数量和质量,发现新的旅游资源,有助于旅游资源的保护工作,能有效地提高外业调查的效率。在规划过程中利用遥感影像图制作的基础底图,后期可采用模拟现实技术和遥感数据进行动态的旅游规划,并作为地理信息系统的强大数据源,协助开发旅游信息系统[34]。

(2)RS 技术在海洋旅游资源中的应用

在海洋旅游资源开发中应用遥感技术探索,是进行海洋资源调查评价的新手段、新方式。遥感技术的应用不受地域限制,具有对危险地区探测调查的天然优势。①根据遥感图像成像规律可以分析海洋资源探测区域的地形地貌、景观分布等特征,以此作为旅游规划的依据。②通过对遥感图像的叠加分析,利用遥感技术提取、编译旅游资源信息,进而对探测区域内的旅游资源进行分类和评价,进行客观的旅游资源划分,有助于有效挖掘区域的发展潜力。

通过分析遥感图像中的影像单元所提供的海洋资源可利用区域的资源

环境背景条件,从中可得到海洋旅游资源类型、旅游区基础设施稳定性评价以及特殊资源和线路的重要信息。其次,利用遥感数据或图像识别不同类型的海洋景观及其组合结构,具有其他方法取代不了的识别水资源的优势。最重要的是,遥感信息的时间特性和定时或同步观测,可提供海洋旅游环境动态变化的信息,有助于及时应对海洋旅游区可能出现的几种突发环境信息的监测。最后,通过对上述信息的解码、翻译,识别并圈画出可供观赏或者参与游玩的海洋景观单元,为海洋旅游区总体规划和开发提供科学性、全局性、真实性的资源信息参考。值得一提的是,RS 常常和 GIS 空间定位系统、地理信息系统组合成功能强大的 3S 空间信息系统。在海洋旅游资源利用过程中,3S 有助于管理海洋旅游资源中的重要信息源如基本数据信息、图像信息、动态信息等,还可作为海洋旅游信息空间定位,数据库建立,信息存储、管理、分析处理、提取显示的重要手段。3S 系统集成可为海洋旅游资源信息提供准确及时的信息获取、信息分析、信息更新,为旅游地质景观评价、规划、适时决策、旅游景观管理提供依据和条件[35]。

众所周知,RS 技术在对水体景观、森林植被景观等方面的总体面貌的把控具有显著优势,但其参与海洋旅游资源利用的技术探索过程中,仍需要注意以下几点:一是遥感图像的选择,特别是在图像采集的时间、类型和比例尺的选择;二是准确定位旅游地的范围。目前,RS 技术多与 GIS 技术联合应用,提取旅游资源的类型、现状、特征、规模等基础资料,充分发挥人工智能优势,提高解译的精度。

5.2.3 AR 技术

(1)AR 技术概况

AR,全称"Augmented Reality",即增强现实技术,最早起源于 20 世纪 60 年代的灵镜技术,其技术概念由美国计算机科学家 Ivan Sutherland 首次提出,包括交互图形显示、力反馈装置和语音提示的虚拟现实系统等基本思想,打造了名为"The Sword of Damocles(达摩克斯之剑)"的原型机。1990 年,波音公司前研究员开发了一种能协助航空公司的飞机制造过程的系统,也就是我们现在见到的 AR 技术的雏形[36]。王涌天等[37]认为,增强现实技术其实就是借助光电显示技术、交互技术、多种传感技术和计算机图形与多媒体技术,将计算机生成的虚拟环境与用户周围的现实环境融为一体,使用户从感官效果上确信虚拟环境是其周围真实环境的组成部分。增强现实技术的优势表现在虚实融合、实时交互、正负向增强、原地保护、多元增强等 5个方面[38],高效地将计算机输出的虚拟信号与真实场景相互重叠后,使用户感受到现实增强的虚拟技术,提高了用户对现实的高清可感性[39]。当然,增强现实技术强调“增强”,不可能完全取代现实。AR 技术能够与 VR技术区别开来的特别之处在于它能与现实环境产生交互。增强现实是通过一定媒介看到现实增强信息,通过技术连接现实和虚拟世界,强调技术对现实的影响,做到突破现实与虚拟的界限,融合虚拟和现实的场景,实现混合效果,做到区别于虚拟现实的最大竞争性。

（2）AR 技术在海洋旅游资源中的技术探索

1）AR 技术的应用探索

目前,AR 技术和旅游资源的结合应用相对不多,尤其是跟海洋旅游资源上的结合,还处在一个崭新的风口上。增强现实技术的概念早在 20 世纪便已经提出,国外用 AR 技术在旅游上的应用早于国内。与 GIS、RS 技术在旅游领域内的应用相比,AR 技术和旅游的结合明显相对较晚,而且在国内,AR 技术和旅游领域的结合还属于一个新事物。但是从其他领域看来,从科技、国防到支付宝应用,其实 AR 技术已经渗透到日常生活中。目前,AR 技术与文化保护、文化展示、文化开发方面互相成就、互相促进,正逐步实现与文化资源融合应用。陈永健等[39]将 AR 技术和永泰旅游资源融合,创新性提出旅游区文化氛围提升对策,说明 AR 技术对增强氛围营造具有独特作用。王春鹏和许贞武[40]将 AR 技术推向数字化文化保护和开发领域中,特别是在数字化保护中,AR 技术的现实感减少了人与物的直接接触。史术光等[41]以白鹿洞书院为载体,利用 AR 技术活化区域文化资源,设计不同类型的文旅产品,以此来满足不同层次旅游消费者需求,增强其文化形象传播力度,在“使文化遗产活起来”方面或将有新的贡献力量。

2）AR 技术与海洋资源结合的应用探索

首先,AR 技术可以发挥的最大效用体现在旅游体验度上。AR 技术的交互式可视化系统在视觉上加强海洋世界。通过图像视频的叠加,海洋资源旅游体验爱好者的用户评论及其他偏好信息融合在 AR 技术中,提高对海洋资源特别是海洋文化资源的内涵更为深刻的把握。其次,当前智能手机的普及,在很大程度上对 AR 技术的深入发展应用起到了促进作用。作为可交互的、个性十足的技术向导,AR 技术可以精准向用户呈现海洋资源特别是一些不完整的海洋遗产资源如海洋军事遗址等的三维画面。与纯虚拟环境不同,AR 技术在使用过程中,完美地与现实场景融合,使人难辨真假,更像是处在真实的环境中,弥补了海洋资源分布广泛但缺乏感官敏感性的弱点,帮助游客更高清地感知到海洋资源的壮阔。再次,AR 技术的数字化保护功能强,在数字化展示领域具有相当的感染力和价值再生性。从另一方面来说,AR 技术对传统文化的保护也具有重要启示性的现实意义。

在未来海洋资源利用开发过程中,AR 技术可以及时提供导览、展示、加强体验、参与等功能。一方面,AR 技术能够针对性地解决游客旅游体验过程中遇到的问题,通过数字化手段快速定位自己在景区范围内的精准位置,同时快速了解景区景点资源的基本情况,一站式提供旅游资源全套服务。另一方面,AR 技术具有较强的引导性,通过足迹跟踪等手段,在真实场域内通过数字平台储存即时活动记录,给游客更加真实、丰满的沉浸式旅游参与体验。运用 AR 技术,可以极大地解放景区景点的人才队伍建设压力,给予参观人员更及时、高效、方便的体验感。最后,AR 技术与海洋旅游资源结合的过程应该是一个长期的动态过程,即不断通过对游客消费者行为和心理分析的追踪,不断更新 AR 技术的旅游体验感,提高重游率,增强客户黏性。

5.2.4　VR 全景技术

(1)VR 技术概况和特点

1)VR 技术概况

VR,全称"Virtual Reality",即虚拟现实,由美国 VPL 公司创建人拉尼尔(Jaron Lanier)在 20 世纪 80 年代初提出。VR 全景(Panorama)技术是基于图像技术生成真实感场景的虚拟现实技术,通过计算机对图像场景的技术处理,使人们在终端设备中远程体验三维虚拟场景,具有身临其境、真实感冲击的极佳虚拟现实感。

虚拟现实技术是近年来发展起来的一项先进技术,它采用计算机发展中的高科技手段构造出一个虚拟的世界,使参与者获得与现实世界一样的感觉。它区别于以往简单提供三维立体视觉的系统,使用户利用系统提供的人机对话工具,同虚拟环境中的物体对象交互操作,使用户仿佛置身于现实环境之中,呈现出"沉浸"(Immersion)、"交互"(Interaction)、"构想"(Imagination)的特征[42]。

2)VR 技术特点

一方面,虚拟现实技术是图像技术、传感技术、计算机技术、网络技术以及人机对话技术相结合的产物,它以计算机技术为基础,通过创建一个三维视觉、听觉和触觉的环境为用户提供人机对话工具,同虚拟环境中的物体交互操作,能为用户提供现场感和多感觉通道,并依据不同的应用目的,探寻一种最佳的人机交互界面形式。

另一方面,利用虚拟现实技术,可以使参与者在赛博空间中体验各种身临其境的感觉。用户不仅可以沉浸于虚拟环境中,还可以查询、浏览以及分析赛博空间中的物体,并进行决策。基于 VR 的三维全景技术可以得到优美的全景照片,显示景区内的优美景点。游客可触摸屏幕来设计个性化的旅游线路,逼真动态地展现旅游规划设计方案,使旅游规划设计方案容易修改,判断准确,具有较强的可操作性,可激发创作灵感和构思,使规划方案更具新意,具有显著的人机交互功能。游客进行联网规划设计,有利于旅游规划设计的理论研究和旅游地的管理,可促进虚拟旅游(数字旅游或电子旅游)的发展[34]。

目前,旅游地规划设计主要采用传统的区域规划、城市规划以及风景园林设计的方法手段,具有信息量小、静态表征、显示单一,以及难以进行联网设计和资源共享等众多缺陷,不能满足现代旅游地规划设计的要求。而虚拟现实技术用于旅游地的规划,却克服了这些缺点,比传统规划方法具有更为明显的优势:①能逼真动态地展现旅游地规划设计方案,给人以身临其境的感觉;②使旅游地规划设计方案修改容易,系统判断准确,具有较强的可操作性;③可激发创作灵感和构思,使规划方案更具新意;④更具有显著的人机交互功能,可进行联网规划设计;⑤有利于旅游地规划设计的理论研究[43]。

（2）VR技术在海洋旅游资源应用中的技术探索

VR全景（Panorama）技术的出现可以满足游客对海洋旅游的探索的多层次需要。首先，VR全景技术集传统图像、动画、声音、视频的优点。VR技术使用者运用视觉、听觉、触觉连接设备进入3D虚拟世界。其次，VR全景技术具有交互性。它一改传统媒体基础单向输出的呆板模式，以双向互动的方式更为灵活、全面、丰富地展示了文化旅游的开发模式。再次，VR全景技术具有全景展示功能。VR技术使用者可以超越时空地进行全景式体验和经历过去、现在及未来的场域，无限制地沉浸式饱览360°无死角全景（在海洋旅游地现场可能就没有如此宽阔的视野可以一览无余）。

从海洋文化遗迹观光游览到渔村民俗风情的体验和文化艺术活动，均可以通过VR全景技术设计出不同风格的文化旅游模式，培育产业新业态。同时，通过VR全景技术，在传统海洋旅游体验中无法或暂时无法到达的偏远岛屿区域，比如许多危险的岛礁等受道路的局限，用VR旅游便可以直观体验，无须投入大量的人力、资金等修建旅游设施。此外，随着VR全景技术越来越普及，人们在家里就可以随时通过虚拟的三维空间，足不出户体验旅游风光，同时可以通过互联网共享给更多的网民，通过新媒体的广泛传播，极大地开辟了网上旅游新阵地。

VR全景技术在旅游资源的开发功能上将有更广阔的前景，满足游客多元的文化需求，为传承保护重点文化提供数字化保护新途径。利用增强现实技术探索海洋旅游资源数字化保护的新思路、新方法，或将对海洋旅游资源数字化保护在实践中发挥重要作用。

总的来说，虚拟现实技术处理系统的工作重点就是虚拟海洋旅游地环境的生成，并能够提供一种具有沉浸感和交互能力的特色海洋空间漫游机制。主要方法有两种：一是传统方法；二是采用基于实景图像的虚拟信息空间（简称"虚拟实景空间"）。海洋旅游资源在规划开发中实现的虚拟现实技术流程主要包括：①要收集各种数据，建立背景条件数据库和目标条件数据库；②把背景条件数据输入虚拟现实技术处理系统进行处理，生成具有沉浸感和交互能力的虚拟背景；③把目标条件数据输入虚拟现实技术处理系统进行处理，生成具有沉浸感和交互能力的虚拟建筑物、游线、服务等旅游产品；④把虚拟背景与虚拟旅游产品叠加，通过人机对话工具，让游客、业主或规划设计人员进入虚拟旅游环境中漫游和亲身体验，提出意见并不断进行修改，最终生成适销对路的符合游客期待的海洋资源形象呈现[44]。

5.2.5　互联网技术

（1）互联网技术的概念与特点

1）互联网技术的概念

互联网技术是在计算机基础上开发建立的一种信息技术。互联网技术的运用是当前信息社会的突出标志。了解互联网技术，我们直接从"互联网＋"开始。"互联网＋"充分利用互联网在生产要素配置中的优化和集成作用，将互联网的创新成果深度融入经济社会各领域之中，提升实体经济的创新力和生产力，形成更广泛的以互联网为基础设施和实现工具的经济发展形态。它是以互联网平台为基础，利用信息通信技术与各行业的跨界融合，推动产业转型升级，并不断创造出新产品、新业务与新模式，构建连接一切的新生态[45]；或者是以互联网为主的一整套信息技术（包括移动互联网、云计算、大数据技术等）在经济、社会生活部门的扩散应用过程。

2）互联网技术的特点[46]

互联即网络化，是指利用信息技术（包括传感技术、计算机技术、通信技术等三大支柱）将人与网、人与人、人与物、线上与线下进行连接，并逐渐走向万物互联。其次是互通。互通是大数据的连通。在互联网时代，社交网络、电子商务与移动通信把人类社会带入了一个以"PB"（数据储存单位，1PB 大约是 1024TB）为单位的结构和非结构数据信息的新时代。互联网技术的有效发挥就是要实现不受时间地域限制的数据共享以及产业领域的数字化管理[47]。其三是互惠，即实现共享共赢。根据维基百科的定义，大数据是指无法在可承受的时间范围内用常规软件工具进行捕捉、管理和处理的数据集合，它具有 4 个"V"特点：Volume（数据体量大）、Variety（数据类型繁多）、Velocity（处理速度快）、Value（价值密度低）。大数据背景下，互联网技术提供人们更多互惠共赢的可能性。

（2）互联网技术在海洋资源利用过程中的技术探索

"互联网＋"概念在 2015 年政府工作报告中被明确提出，即利用互联网技术和思维，与各行业各领域结合，进一步激发行业领域的创造力和活力，提高生产力。但其实早在 2014 年,国家旅游局就提出"智慧旅游年"口号。所谓"智慧旅游",其实就是旅游和互联网结合下的一种新的业态。自此,互联网＋旅游发展到新高度,互联网＋冰雪旅游、互联网＋红色旅游等遍地开花。不得不说,21 世纪是个互联网世纪。互联网时代背景下,旅游需求方和供给方的思想观念和互动形式都发生了巨大的变化,传统的市场营销方式和产品推广已经满足不了旅游资源市场推广需求。因此,互联网技术的出现是应运而生,顺势而成的,有利于加快整合媒体资源,进行旅游资源推广,促进旅游产业发展转型升级。

目前,互联网和海洋旅游资源的探索在开发和推广方面有借鉴之处。在开发方面,打造互联网产业融合新模式,形成海洋经济发展新动能。结合虚拟现实全景技术复原相关特色场景,打造如渔民先祖般原生态的原始生活生产环境,促进海洋资源的深层次开发。在推广方面,由于地理位置的原因,绝大部分与海洋没有天然联系的游客可以通过互联网关注到海洋旅游资源。因此,目前在海洋旅游资源推广过程中,为了积极扩大客源权,可以通过微信、微博、抖音、小红书等短平快互联网平台推广海洋旅游资源。这不仅能够让更多的人关注到海洋旅游资源的特色,而且还能实现线上互动。海洋旅游资源打包供应商或当地推广政府利用互联网技术向消费者提供满足其需求的内容,从而实现海洋旅游目的地和旅游客源地实现互联互通互惠。

"互联网＋"背景下,互联网技术是海洋旅游资源利用的必由之路。以游客需求为中心,创新产品设计注重海洋旅游资源与互联网技术的融合,使互联网超越传统海洋优势资源体验活动,以虚拟化、便捷化颠覆游客新感知,因此,"互联网＋旅游"运作得风生水起。"互联网＋"充分实现优化旅游资源配置,将创新成果深度融合于文化产品之中,有望提升海洋旅游业的生产力和创新力,为文化旅游资源开发提供广阔的发展平台,从而深入挖掘优秀的海洋文化,让文化展现出永久魅力和时代风采。与此同时,必须认识到互联网技术对海洋旅游资源推广具有局限性,新商业模式认识不足、消费者真实需求排摸不到位等都会影响海洋资源的有效推广程度。因此,延长产业链、搭建云平台推广宣传及培养旅游信息化专业人才,或将为文化旅游开发提供新思路和模式。

未来继续深入实现互联网技术和海洋旅游资源利用的过程中,还可以考虑以下问题:一方面要注意技术的融通性。上文提到的 GIS 地理信息系统在资源普查领域的科学评估、RS 技术的图像分析、AR 技术在计算机上增强现实感、VR 技术在网络平台营造文化资源虚拟空间⋯⋯都需要互联网技术的强力支持。因此,互联网技术集成性地系统发展,将充分发挥各种技术在海洋资源利用中的综合优势,能够更高效、更便利地实现综合效益。另一方面要注意对互联网技术的全领域应用。不仅仅是在开发、推广方面,更要注重在游客体验游玩的过程中、游玩结束后增加反馈提升闭环机制。通过游客的建议要求和在互联网上共享的评价,及时处理应对不足之处,增强优势部分,不断提高海洋旅游资源的优化配置,深入挖掘消费者喜闻乐见的海洋文化,让自然和文化海洋资源展现出在旅游资源类型中的核心竞争力。

5.3　海洋旅游资源利用的政策演进

5.3.1　国家层面

旅游政策不仅是国家或地区促进旅游发展的重要措施和手段,也是国家和地区管理旅游业的重要依据和准则[48]。沿着这个逻辑理解,海洋旅游资源利用的政策不仅是海洋旅游地区促进特色海洋旅游业发展的晴雨表,也是国家和地区管理海洋旅游产业的重要抓手和切入口。回溯中国旅游事业的发展,特别是海洋旅游资源利用的相关政策发展,其政策演进大致可以分为三个阶段:海洋旅游快速发展阶段(1978—1998 年)、海洋旅游稳步发展阶段(1998—2017 年)、海洋旅游高质量发展阶段(2017 年至今)。

(1)海洋旅游快速发展阶段(1978—1998 年)

1978 年,中共十一届三中全会实行改革开放基本国策,中国进入社会主义现代化建设时期。其中,一批沿海城市率先成为中国对外开放的试点城市,1992 年设立的首批国家级旅游度假区中就包含了众多滨海度假区。以此为标志,沿海地区的海洋旅游业率先进入持续快速发展阶段。这一阶段,中国的海洋旅游业受到重视,来中国滨海地区的海外游客和中国滨海地区的旅游外汇收入逐年增加,到中国滨海地区旅游的国内旅游者越来越多,出境旅游也开始兴起,海洋旅游业在海洋产业中占有重要地位,并成为中国沿海地区新的经济增长点[49]。

进入"海洋世纪"后,随着《联合国海洋公约》的生效和《21世纪议程》的实施,海洋在全球的战略地位日趋突出。世界经济布局日益向沿海地区聚集,海洋产业已经成为世界经济发展新的增长点,而海洋旅游资源是前景远大的海洋旅游产业的重要组成部分。可以说,海洋经济发达的国家,海洋旅游业大致在其中起着非常关键的作用[50]。

随着我国海洋旅游消费需求呈现持续增长态势,海洋旅游开发过程中关于生态环境、废物处理等问题层出不穷。对此,国家和地方出台了一系列如《中华人民共和国海洋环境保护法》等法律法规来建立海洋自然保护区、发展生态渔业等有关海洋生态环境保护方面以及防止海洋污染方面的规定来实现海洋旅游资源利用的可持续发展。

(2)海洋旅游稳步发展阶段(1998—2017年)

自1998年中央经济工作会议提出把旅游业列为国民经济的新的增长点之后,海洋旅游资源作为旅游资源类型中的翘楚角色,在原来快速发展的基础上,进入稳步发展阶段。首先,在海洋旅游功能区划方面,在全国海洋主体功能区划全面发展的背景下,我国沿海地区积极开展海洋旅游功能区划研究和实践探索。

海洋资源利用政策经过10年的积淀和升级,国家旅游局在2013年首次将"海洋"作为年度旅游发展的主题。次年又出台《国务院关于促进旅游业改革发展的若干意见》,提出"积极发展海洋旅游",由此可见,海洋旅游已经成为我国旅游业的主要组成部分,海洋旅游资源已经成为我国旅游要素中的重要组成部分。在《国务院关于促进旅游业改革发展的若干意见(国发〔2014〕31号)》中提及"海洋"4次,要求积极拓展旅游发展空间,积极发展带有海洋特色的休闲度假旅游,在进行海洋功能区规划时充分考虑相关旅游项目,优化土地利用政策,并且继续支持邮轮游艇旅游。

为了继续深入发挥海洋旅游资源在旅游业的效能,《国务院关于印发"十三五"旅游业发展规划(国发〔2016〕70号)》中更是提到海洋至少11次,首先特别强调产品创新问题,在大力开发滨海、海岛等休闲度假旅游产品方面扩大旅游新供给,大力发展海洋及滨水旅游加大海岛旅游投资开发力度,建设一批海岛旅游目的地。其次提到加快海南国际旅游岛、平潭国际旅游岛建设,推进横琴岛等旅游开发。再次,重点着眼于邮轮,制定邮轮旅游发展规划,通过有序推进邮轮旅游基础设施建设,改善和提升港口、船舶及配套设施的技术水平为邮轮业发展保驾护航;推动国际邮轮访问港建设,扩大国际邮轮入境外国旅游团 15 天免签政策适用区域,有序扩大试点港口城市范围;支持天津、上海、广州、深圳、厦门、青岛等地开展邮轮旅游;制定游艇旅游发展指导意见,发展适合大众消费的中小型游艇;支持长江流域等有条件的江河、湖泊有序发展内河游轮旅游。最后,培育跨区域特色旅游功能区,特别提到南海海洋文化旅游区:以海口、三亚、三沙为核心,积极推进南海旅游开放开发,建设全球著名的国际海洋度假旅游目的地,以及北部湾海洋文化旅游区(涉及广西、海南 2 省区)。计划以广西滨海特色旅游城市为引领,推进国际旅游集散中心建设。实践证明,系列措施有效推进了边境旅游合作示范区建设,促进与东盟国家的旅游合作,建设国际知名的海洋旅游目的地和国际区域旅游合作典范区,实现海洋资源利用的大众化、多样化、特色化。

(3)海洋旅游高质量发展阶段(2017 年至今)

党的十九大报告中首次明确指出中国经济已经由高速增长向高质量增长转变。得益于改革开放 40 年来奠定的扎实海洋旅游经济发展基础,面向未来,立足于新发展阶段,树立新发展理念的背景下,海洋资源利用的政策演变也进入了高质量发展阶段。《国务院办公厅关于促进全域旅游发展的指导意见(国办发〔2018〕15 号)》中再次明确指出以建设海洋公园、开发旅游海洋海岛旅游产品、完善海洋信息类集散咨询服务体系为契机推动旅游与农业、林业、水利、海洋融合发展,并继续坚持将旅游科学发展纳入海洋主体功能区和海洋功能区划等涉海规划中。为进一步激发文化和旅游消费潜力,强调通过推进海洋海岛旅游来着力丰富产品供给。

在迎接建党百年、开启第二个百年之际,《中华人民共和国国民经济和社会发展第十四个五年规划和 2035 年远景目标纲要》专门提到要积极推动海洋经济发展空间,它指出:"建设一批高质量海洋经济发展示范区和特色化海洋产业集群,全面提高北部、东部、南部三大海洋经济圈发展水平。以沿海经济带为支撑,深化与周边国家涉海合作。"显然,利用海洋旅游资源高效运转,推动海洋旅游在海洋产业中的积极特色作用具有重要现实意义。中国旅游业"十四五"发展规划中也提到建设一批海岛旅游目的地,推进海洋旅游类业态产品,提高海洋文化旅游发展开发水平,推动无居民海岛旅游利用。

根据 2022 年 3 月披露的《2021 年中国海洋经济统计公报》初步核算,2021 年全国海洋生产总值首次突破 9 万亿元。统计公报显示,2021 年,中国主要海洋产业强劲恢复,发展潜力与韧性彰显。初步核算,2021 年全国海洋生产总值 90385 亿元,比上年增长 8.3%,占沿海地区生产总值的比重为 15.0%,比上年上升 0.1 个百分点。中国海洋经济总量再上新台阶,高于国民经济增速 0.3 个百分点,对国民经济增长的贡献率为 8.0%。其中滨海旅游业实现恢复性增长。滨海旅游业包括以海岸带、海岛及海洋各种自然景观、人文景观为依托的旅游经营、服务活动,比如海洋观光游览、休闲娱乐、度假住宿、体育运动等活动。随着助企纾困和刺激消费政策的陆续出台,滨海旅游市场逐步回暖,但受疫情多点散发影响,滨海旅游尚未恢复到疫情前水平。全年实现增加值 15297 亿元,比上年增长 12.8%。由此可见,海洋、滨海旅游业的经济价值潜能和发展前景一片大好。

虽然海洋旅游在国家层面上逐渐受到越来越高程度的重视,地方上也作出相应的政策调整,但是仍然存在一些突出问题,如旅游产品同质化。相比海外的海洋旅游,我国的海洋旅游资源利用的政策对实际发展的国际性程度影响较小,产品整合度也较为欠缺,在一定程度上影响了海洋旅游资源利用的高质量发展。加之受到全球新冠肺炎疫情大流行的影响,外部整体环境不稳定,海洋资源利用的政策演变在短期来看不确定性较强,但是从长期来看,海洋资源利用的高质量发展是大势所趋,顺势而为。

5.3.2　浙江层面

自 1998 年中央经济工作会议提出把旅游业列为国民经济的新的增长点之后,浙江省立足地理位置优势,发挥海洋资源比较优势,大力推进海洋旅游业。2011 年,《浙江海洋经济发展示范区规划》的批复标志着浙江海洋经济发展示范区的建设上升为国家战略,成为国家区域发展战略布局的重要环节。2011 年《浙江海洋经济发展示范区规划》中,浙江计划充分挖掘丰富的"海洋生产力",把海洋经济作为经济转型升级的突破口。海洋旅游在浙江的旅游产业中一直扮演着重要角色,特别是近 10 年来更是得到了长足发展,海洋旅游收入已经占到全省旅游经济总量的一半,在全省海洋经济总量中也有着举足轻重的地位。

(1)浙江省社会经济发展系列规划对海洋旅游资源利用发展的政策设计

浙江省国民经济和社会发展第十一个五年规划提及旅游业时,便明确提出大力发展海洋旅游,大力发展海洋产业,强化海洋国土意识和海洋经济意识,继续实施《浙江省海洋开发规划纲要》,合理开发海洋资源,加快发展海洋产业。坚持科技兴海,积极发展远洋渔业、养殖业和水产品加工业,加强渔港建设,推动海洋渔业结构的调整,重视渔业劳动力的合理转移。努力培育海洋药物、海洋功能食品、海水综合利用和海洋能源开发等新兴产业,大力开发海洋旅游资源,发展海洋特色旅游业。统一规划,加强联合,大力建设以宁波、舟山为重点的沿海港口体系,完善集疏运网络,加强主要海岛及半岛基础设施建设。除此之外,加强海洋资源的开发、利用和保护,坚持依法管理海洋,实施海域有偿使用制度,加强海洋生物、滩涂和港湾资源的合理开发和保护。严格执行休渔期、禁渔区制度,改善海洋渔业作业方式,建立增殖放流基地和海洋生物特别保护区,努力恢复和保护海洋渔业资源,维护海洋生物多样性。还有在安全方面非常重要的海洋生态环境监测,加强海洋灾害等自然灾害安全网建设。虽然该规划从正面上只是简单提及海洋旅游的发展,但是在海洋渔业资源保护、海洋灾害安全检测、沿海运输等基础经济设施维护、主要海岛及半岛基础设施建设加强等方面做的多方努力无疑为后来浙江省海洋旅游资源利用的飞跃式发展奠定了重要的基础和前提。

基于此,浙江省国民经济和社会发展第十二个五年规划开始明确提出加快发展现代海洋产业,布局海洋旅游产业,以滨海城市为依托,加快建设甬舟、温台和跨杭州湾三大海洋旅游区,优化海洋旅游产品结构,完善海洋旅游配套服务体系,打造我国重要的海洋休闲旅游目的地。加快推进舟山群岛海洋旅游综合改革试验区建设,打造国际佛教文化圣地和海洋休闲旅游目的地,对海岛旅游区的发展目标和发展重点方向有了较为明确的定位。适当增加浙江省旅游"十二五"的内容。

"十三五"规划提出要打造海洋经济发展新增长极,加强重要海岛开发和无居民海岛保护利用,构建海洋经济交通走廊,加快整合沿海港口资源,继续发展海洋旅游是浙江省海洋经济增长中不可或缺的部分。对于可能出现的生态问题,规划中继续坚持"两山理念"的生态保护观精髓,未雨绸缪做好实施海洋生态保护区建设计划,加大海洋自然保护区、海洋特别保护区建设与管理力度,打造蓝色生态屏障。深入实施海上"一打三整治"专项行动,加快东海渔场修复振兴,建设"海上粮仓",实现海洋环境资源可持续利用。

2021年2月,浙江省人民政府发布了《浙江省国民经济和社会发展第十四个五年规划和二〇三五年远景目标纲要》,强调要"念好新时代山海经,推动海洋经济和山区经济协同发展","加快建设海洋中心城市,深化浙江海洋经济发展示范区和舟山群岛新区2.0版建设。深入推进甬台温临港产业带建设,启动实施生态海岸带工程,加快构建海洋经济辐射联动带和省际腹地拓展延伸带","持续办好国际海岛旅游大会等活动","谋划打造好滨海文化旅游产业带","推进海岛特色化差异化发展。围绕综合开发利用、港口物流、临港工业、对外开放、海洋旅游、绿色渔业和生态保护,科学确定'一岛一功能',推进海岛功能布局优化。依法管控海岛开发,加强海岛生态环境保护,健全岛际交通网络,实现海岛高质量开发与保护共赢"。由此可见,大力发展浙江海洋旅游产业,契合浙江共同富裕示范区建设发展的新时代要求和二〇三五年远景规划要求。但在浙江海洋旅游产业发展的过程中,由于"重开发、轻管理",海洋文化内涵挖掘不够,导致产品定位雷同,资源整体效益不高、盲目重复建设、缺乏创新等问题突出,制约了浙江海洋旅游资源潜力进一步发挥。如何进一步创新管理体制,有效整合旅游资源、人才、资金等,开发具有创新意义与符合时代潮流的海洋旅游产品,推进海洋旅游资源利用的可持续发展,是亟待解决的重要问题。

(2)浙江省旅游发展系列规划和海洋经济发展系列规划的具体执行

为贯彻落实浙江省社会经济发展系列五年规划的主要文件精神,各职能部门对标对表,在系列旅游业发展规划和海洋经济发展("十二五"规划称"海洋事业发展","十三五"规划称"海洋港口经济发展")抓落实、见行动,加快建设浙东沿海海洋旅游经济带,发挥生态海洋资源优势,培育国际旅游精品(浙江省旅游业发展"十一五"规划)。浙江省旅游发展"十二五"规划中,专门提出大力推进海洋海岛旅游业发展的要求,以滨海中心城市为依托,加快建设甬舟、温台和跨杭州湾三大海洋旅游区,合理构建全省海洋旅游业布局。加快推进海陆和岛际旅游的立体交通网络建设,有效改善海洋海岛旅游目的地的交通条件。重点建设普陀金三角、宁波—定海—岱山、嵊泗—洋山、石浦—象山港、温州—洞头—南麂、苍南—平阳、雁荡—乐清湾、台州—大陈岛、三门湾—东矶列岛、石塘—大鹿岛、嘉兴平湖—九龙山和杭州湾大桥—钱江潮等板块。加快规划和建设一批以碧海金沙为特色的旅游度假海岛和岛群,使之尽快成为向国内外市场展示"海上浙江"风采的标志性休闲度假品牌。鼓励舟山国家级旅游综合改革试点城市、舟山群岛海洋旅游综合改革试验区先行先试,大胆创新,为全省海洋旅游发展提供经验。对此,提出实施旅游改革工程的对策,推进改革试验区建设。加快推进旅游改革试验区的创新发展,着力在体制机制创新、产品业态创新和配套政策创新等方面取得突破性成效。推进舟山国家级旅游综合改革试点城市、舟山群岛海洋旅游综合改革试验区建设,在深化体制机制改革、开发新业态新产品、创新海洋旅游服务标准、促进生态文明建设、创新旅游营销模式、探索更加开放的产业政策等方面先行先试,加快建成以"海天佛国、渔都港城"为特色,国际知名的群岛型佛教旅游胜地和海洋休闲旅游目的地,使舟山群岛成为我国海岛旅游的示范基地、全省旅游经济发展的重要引擎和全省海洋经济发展带战略的有力支撑,着力解决海洋海岛旅游开发中涉及的旅游用海问题,大力支持海岛旅游开发,特别提到宁波要加快整合都市圈旅游资源,在推动全省海洋海岛旅游和浙东旅游业发展过程中发挥龙头带动作用。

在既得经济社会效益的基础上,浙江省旅游发展"十三五"规划提出加快"东扩"发展海洋海岛旅游、"西进"发展生态旅游和乡村旅游,把"海上浙江"培育成为全省旅游业转型发展和创新发展的其中一翼。实践表明,在浙江省人民的不断奋斗下,省委、省政府把旅游业作为战略性支柱产业培育,制定《浙江省旅游条例》《关于把旅游产业打造成为万亿产业的实施意见》《浙江省全域旅游发展规划》等地方性法规和政策措施,启动"四条诗路""十大海岛公园""十大名山公园"等重大工程建设效益不断凸显,国际海岛旅游大会重大平台集聚辐射功能进一步增强。

未来五年,浙江省将继续发挥求真务实的浙江精神,构建"一湾引领、三带联动、四路示范、多点带动"省域发展空间布局。一湾引领就是聚焦提升环杭州湾区域在全省旅游发展的核心地位,重点把海洋旅游列为其中一个新优势,努力成为全国旅游高质量发展示范区、旅游区域合作样板区和现代旅游发展引领极。同时,立足我省海洋旅游资源和古老海洋文明,发展运动休闲旅游和海洋运动旅游产品,以宁波、舟山、台州、温州为重点建设蓝色海洋旅游带。在海洋旅游方面,依托 1800km 生态海岸带,深入挖掘和利用海洋文化资源,发展滨海旅游,打造中国最美黄金旅游海岸带。挖掘宁波、舟山"海上丝绸之路"文化遗址价值,保护沿海抗倭等海防遗址,打造海洋考古文化旅游目的地。创新杭州湾、三门湾、台州湾、象山港—梅山湾、乐清湾、温州湾等湾区旅游发展。推出游钓艇、海洋牧场、海洋运动、海水康疗、海洋食品养生等海洋旅游产品,开发邮轮游艇、休闲度假岛、海洋探险等高端旅游产品,打造海上运动赛事,大力发展海洋海岛旅游。加快打造滨海旅游景区度假区,加强滨海游和海岛游串联,丰富旅游产品供给。大力拓展境内外海洋旅游线路,形成浙江滨海旅游一日游、多日游和跨境海上旅游线路。完成"十大海岛公园"建设,海岛公园地区年接待游客总数超 1 亿人次,旅游收入超 1600 亿元。

除此之外,提升旅游标准化建设也是本次规划的亮点之一。注重以标准提升旅游质量,构建浙江旅游标准体系。承担制修订《海洋旅游安全规范》等国家标准、行业标准。越来越规范。预计到 2025 年,高质量高标准严要求推进十大海岛公园建设等工作。全面建成嵊泗、岱山、定海、普陀、花岙、蛇蟠、东矶、大陈、大鹿、洞头等十大海岛公园。海岛公园率先实现景区村庄、乡镇、城区全覆盖,丰富滨海旅游线路产品。提升国际海岛旅游大会等平台能级。扩大特色美食影响力,提高游艇邮轮、海洋海岛度假、海洋运动休闲、渔村体验、海洋探奇、生态研学等业态品质,打造"诗画浙江·海上花园"中国最佳海岛旅游目的地。根据浙江的季节特点,积极开发海岛旅游等"凉享"产品,同时合理规划自然保护地、海岛生态旅游项目开发建设。

浙江省海洋经济发展"十一五"到"十三五"系列规划中,始终强调积极发展海洋旅游业,以基地化、品牌化为导向,构建海洋旅游线路品牌,重点推进以滨海风景大道为依托的美丽海岸风情线、以大型近海游轮与豪华海洋邮轮为依托的近海巡游线建设。以邮轮游艇为引领,积极打造高端海洋港口旅游产品,加快建设舟山邮轮始发港,积极发展温州、台州邮轮访问港,拓展境外游线,推进沿海重要旅游节点的邮轮泊港建设;积极有序发展游艇旅游产业,合理布局游艇服务基地,完善游艇基地休闲度假配套设施。同时,发挥海洋港口资源特色优势,积极发展港口工业旅游。

《浙江省海洋经济发展"十四五"规划》中提到,未来五年浙江省海洋经济将把一部分注意力放在培育形成千亿级滨海文旅休闲产业集群,高水平打造一批海洋考古文化旅游目的地,海岛休闲度假等海洋旅游产品体系,合理控制海岛旅游客流,推进钱江观潮休闲、滨海古城度假等产品开发,推动十大海岛公园建设,打造"诗画浙江·海上花园"统一旅游品牌,全面建成中国最佳海岛旅游目的地、国际海鲜美食旅游目的地、中国海洋海岛旅游强省。加强内陆辐射能力,用浙东海洋经济带动浙中城市文化旅游,浙西城市生态旅游。《浙江省旅游业发展"十四五"规划》中更是提到 8 次"海岛旅游",7 次"海洋旅游",6 次"滨海旅游",4 次"邮轮旅游"(其中单独提到 19 次"邮轮")。

5.4　海洋旅游资源开发与海洋旅游经济发展过程及特征

浙江是一个陆域小省、海洋大省,而陆域空间内 70% 以上为丘陵山地所覆盖。东临大海的浙江,有着 6600km 漫长而曲折的海岸线,3000 多个岛屿散落在东海洋面,占全国岛屿总数的 43%。沿海和海岛地区有上等级海滩旅游资源 88 处,其中优良级 31 处,为开展以海滩为重要依托的"3S"旅游活动提供了有利基础。在陆域旅游特别是中心城市及其周边旅游已经积累了强大基础的条件下,海洋旅游的开拓理应成为今后一个时期旅游经济强省建设的战略重点。从海洋经济全局看,一方面巨大的市场需求和资源潜力支撑着海洋旅游的发展前景,另一方面强大的产业关联带动效应也要求海洋旅游业发挥带动全局的作用。现就海洋旅游资源开发与海洋旅游经济发展作以下四个阶段的梳理。

5.4.1　起步阶段(1990 年以前)

兴起于 20 世纪 60 年代后期的传统海洋旅游业以滨海旅游为主,其核心优势在于由"大海、阳光、沙滩"组合的"3S",吸引了大量国际旅游者。"七五"初期,我省的旅游业基本实现了从外事接待型向经济创汇型转变,旅游业作为一项经济和创汇产业而开始得到肯定。1986—1990 年,全省共接待国际游客 180.68 万人次,平均每年递增 12.7%;旅游创汇 9.05 亿外汇人民币。其中 1990 年接待国际旅游者 49.6 万人次,旅游外汇收入 5433 万美元,居全国第六位。这一时期浙江省旅游开发建设基本依靠政府投入,民间资本占总投资的比重不到 2%。海洋旅游发展开始起步,但海洋旅游产品还不多,普陀山、雁荡山等风景名胜区是吸引国内外游客的重要旅游目的地。海洋旅游总体规模较小,且缺乏统计数据。

5.4.2　发展阶段(1990—1999 年)

大力发展海洋经济,建设海洋经济强省是历届浙江省委、省政府坚持的重要发展战略。从 1993 年提出要开发蓝色国土,到 1998 年提出建设海洋经济大省。旅游业已成为浙江省国民经济的增长点和新兴的支柱产业。"九五"期间,浙江省入境旅游者、国内旅游者和旅游总收入年平均增长率分别为 11.48%、11.68%、16.55%,旅游接待量和旅游收入稳步增长,已基本形成以杭州为中心,向四周辐射的旅游布局。旅游星级饭店的数量名列全国第二,百强旅行社数量居全国第三。外资和民间资本成为旅游投入的主体。1990—1995 年,外向型经济大发展,外资投入比重占到 2/3,民间资本占 6.9%;1996—1999 年,民间资本大量涌入,4 年内政府投入 13 亿元,民资投入达 42 亿多元,占到总投入的近一半。海洋旅游得到一定的发展,开发了舟山朱家尖、宁波松兰山、温州洞头风景区等一批新景区景点。海洋旅游经济指标统计工作于 1997 年启动。1997 年全省海洋旅游接待入境旅游者 22 万人次,国际旅游收入 1.2 亿美元;到 1999 年全省海洋旅游接待入境旅游者 28.5 万人次,国际旅游收入 2.4 亿美元。

5.4.3 快速增长阶段(2000—2005 年)

在快速增长阶段,浙江省明确提出建设海洋经济强省。浙江省"十五"期间入境旅游者 1148.5 万人次,旅游外汇收入 54.3 亿美元,国内旅游者 4.66 亿人次,国内旅游收入 4106.1 亿元,旅游总收入 4551.1 亿元。旅游产业迅速发展,主要指标年均增长 20% 以上。旅游项目开发建设全面展开,旅游产品不断丰富,颁布并实施了旅游管理条例和多项旅游业地方标准,旅游基础设施、服务设施、政策法规、规划管理等旅游支撑系统逐步完善。旅游经济强省和海洋经济强省建设工作启动,海洋旅游实现了快速发展,到 2005 年,全省海洋旅游接待入境旅游者人次已达 110.8 万人次,国际旅游收入 5.7 亿美元。海洋旅游成为各市县新的经济增长亮点。自 1997 年以来的 7 年间,依托丰富的海洋旅游资源,象山旅游经济一路快跑,旅游接待人数和旅游收入年均增长 50% 以上,旅游收入在全县生产总值中的比重已占 8%,成为"三产"发展的龙头。伴随着省政府颁布实施《浙江海洋经济强省建设规划纲要》,标志着海洋经济建设和海洋旅游发展开始进入新的阶段[51]。

5.4.4 转型提升阶段(2006 年至今)

浙江旅游已经顺利度过了成长期,完成了从旅游资源大省向旅游经济大省的转换。2006 年省旅游局编制浙江省首个海洋旅游发展规划,指导全省海洋旅游发展。2007 年明确提出了大力发展海洋,加快建设港航强省的战略部署。全年接待入境旅游者首次突破 500 万人次达到 511.2 万人次,实现旅游外汇收入 27.1 亿美元,接待国内旅游者 1.9 亿人次,国内旅游收入 1820 亿元,实现旅游总收入 2026 亿元;全省海洋旅游接待入境旅游者 169.8 万人次,旅游外汇收入 8.97 亿美元,两者均占全省旅游经济总量的近三分之一。海洋旅游业已成为沿海各市县新的经济增长点。2007 年舟山市旅游总收入达到 85.34 亿元,相当于全市生产总值的 20.97%,旅游业已成为舟山国民经济重要的支柱产业。全省旅游经济已经达到相当的规模。2008 年,浙江省委提出了"发展海洋经济,建设海上浙江"的重大决策,这一重大举措为浙江快速发展海洋旅游带来了前所未有的机遇。今后一个时期,浙江旅游将进入转型提升期,由数量的扩张向品质的提升转变。全省海洋旅游的发展进入注重规划的调控、精品的建设、高端产品的开发、国际化的推进、品牌的提升这一新的发展阶段。

产业要素走向集聚。2011 年 2 月,《浙江海洋经济发展示范区规划》(2011—2015 年,展望到 2020 年)获得国务院批复,浙江海洋经济发展被上升为国家战略;出台《关于加快发展海洋经济的若干意见》明确提出"扶持发展 8 大现代海洋产业",滨海旅游业作为第四大产业名列其中。当年全省海洋旅游的游客接待量达 2.4 亿人次,占全省旅游接待量的 67% 以上,海洋旅游收入超过 3000 亿元,占全省旅游总收入的 74%。我省海洋旅游收入是海南全省旅游总收入的 10 倍。舟山的普陀金三角、宁波的象山沿海、阳光海湾、嘉兴平湖九龙山等都已经呈现出集聚发展的良好势头。同年国务院把邮轮游艇纳入国家产业政策支持的新兴产业,2015 年的国办发 62 号文件重申"要培养发展游艇旅游大众消费市场"。正是伴随着政策的大力支持,近年来发展迅速——2015 年中国大陆邮轮预计运营 629 航次,增长 35%;全年出入境邮轮旅客 248.05 万人次,同比增长 44%。产业要素从分散走向集聚,标志着全省海洋旅游正在逐步从数量扩张型进入品质效益型的发展阶段[52]。可以说,浙江省带头先行先试,探索实施海洋综合管理,提高海洋开发和控制水平,增强区域辐射带动能力,促进长江三角洲地区产业结构优化和发展方式转变,为全国海洋经济科学发展提供示范。

产业结构走向多元。海洋旅游的开发建设不仅推动了景区景点业、旅游饭店业、旅行社业和旅游交通业等传统旅游行业的发展,而且吸引了零售商业、房地产业、体育运动、文化娱乐、康复疗养等越来越多的相关行业进入旅游产业范畴。行业结构的多元化不仅增强了海洋旅游的发展动力,而且促进了旅游产品和业态结构的多元化。近年来,渔(农)家乐业态在沿海各地得到广泛发展,滨海户外运动和海鲜排档等休闲产品与日俱增,精品文化演艺项目也开始落户旅游城镇和景区,对于推动海洋旅游改变单一的观光游览功能起到了积极作用。而各种渔家(农家)民宿的大量增加,度假型饭店和主题文化饭店的出现,与经济型酒店、汽车旅馆、青年旅社、城市家庭宾馆等一起,共同为海洋旅游休闲度假提供了更加坚实的物质产品支撑。

经过"十二五"发展,产业平台日益扩大,产业体系不断优化,产业配套持续提升,营销推广趋于立体,管理体制也有了一定的实践与突破。经此,浙江海洋旅游发展虽然取得一定成绩,但也需要直面 5 大问题:生态环境的恶化,资源过度开发;缺乏旅游龙头产品,核心品牌有待强化;建设速度缓慢,设施有待完善;统计数据缺失,精准宣传不力;创新动力不足,专业人才匮乏。

面对问题,浙江省基于"生态为基、高端引领、深化改革"的思路,针对性提出加强生态保护,合理利用资源,构建有力产业平台;注重高端引领,驱动产品创新,打造有竞争力的产品体系;完善公共设施,健全公共服务;规范数据统计,实施精准营销,提升海洋旅游精细化运营水平;深化改革创新,加强人才建设,构建有效的海洋旅游管理体制。

最后值得一提的是,历年来的统计数据表明,浙江省每年接待的国内游客中,本省游客约占 40%,整个长三角地区(江浙沪两省一市)的游客约占 2/3。据第七次人口普查公报数据测算,截至 2020 年末,长三角常住人口总量达 2.35 亿人。长三角城市群拥有六个 GDP 万亿城市,总数占到全国的 1/3。在区域经济稳健增长、城乡居民人均可支配收入持续提高和旅游消费越来越深入人心的背景下,今后较长时期内长三角地区的旅游购买力仍将处在上升通道中。尤其在新冠肺炎疫情全球大流行的背景下,毫无疑问,浙江发展海洋旅游业的近程客源市场优势是国内外许多沿海地区都无法与之相提并论的。

5.5　海洋旅游资源利用的浙江经验

20 世纪 70 年代末期以来,特别是 90 年代以来我国社会主义市场经济逐步发展,国内旅游市场和旅游消费在旅游经济体系中所占的比重日渐上升。在人民群众的旺盛旅游需求驱动下,越来越多的旅游资源被开发出来,如本节中将重点提及海洋旅游资源利用,随之而来的是越来越多细分的旅游市场主体得以培育。浙江作为一个市场经济发育相对较为成熟的沿海地区,其区域经济发展推动了旅游产业的可持续增长。

5.5.1 政府部门的积极有效作为

党的十八届三中全会中指出，要让市场在资源配置中起决定性作用。虽然从根本上来说，市场在推动浙江海洋旅游发展过程中起着决定性作用，但是政府在整个过程中的作用也举足轻重。浙江省各级政府在海洋旅游发展规划、海洋旅游产业定位、产业发展战略、海洋旅游事业管理体制、沿海区域合作、产业融合推进等公共政策的制定中发挥重要作用，不断推进了浙江海洋旅游业的大踏步向前发展，提供了政府助推海洋旅游发展的生动样板。

积极有为的浙江省政府不仅从海洋旅游行政管理体制上进行了创新，还针对海洋旅游行业管理进行了不少的创新，规范了行业的有序发展，提升了海洋旅游的特色服务品质，促进了海洋旅游资源利用开发的可持续发展。一是健全法制体系，优化旅游发展环境。通过海洋旅游规划、规范海洋旅游开发、保护海洋旅游资源，加强对海洋旅游经营的管理监督，提出促进海洋旅游业发展的若干措施，同时明确消费者权益保障的内容和维权途径。二是出台地方标准，提升旅游服务品质。海洋旅游的快速发展使得海洋生态问题受到广泛关注。为了加快海洋生态的资源保护、环境保护、经营规划等方面进行了规划，并制定了细化的量化标准和配套工程的完善，进一步增强了旅游吸引力。三是创新监管手段，实施质监网络全覆盖工程。通过提高海洋旅游品质，开通官方政府渠道的旅游投诉热线，实现动态监管的积极转变。四是创新管理活动，营造良好的品质服务氛围。通过提升服务水平，提高海洋资源利用的形象高质量展示和输出，提升消费者的满意度和重游率。

在海洋资源利用四十多年发展的实践历程中，可供借鉴的经验有：一是坚持发展是硬道理，坚持体制创新，坚持市场导向。注重人才的培养，人才是海洋旅游产业发展创新的基础力量保障。政府的干预实则是以市场运作为基础上的干预，并不是凌驾于市场之上的。二是以民为本，注重海洋旅游资源和其他资源产业融合的综合功能。在发展形态上，充分注重相对较落后地区的旅游产品的特色开发和培育，形成城乡和谐发展的局面，提升人民群众对美好生活的感知。三是市场的决定性作用从根本上解决产业主体和产业要素的市场化配置问题。四是充分利用政府集中力量办大事的先天优势，调动政府、企业、居民等多方力量。

5.5.2　培育海洋旅游的市场主体

旅游企业是海洋旅游市场经济的细胞。在浙江海洋旅游的发展过程中,海洋旅游企业起到了巨大的推动作用。在市场经济规律的运作下,以海洋旅游为特色的一批旅游运营商等进入市场。经过几十年的发展,海洋旅游的市场主体从小而散向区域性、集团性不断发展,特别是民营企业的快速崛起,比如饭店业中的海洋渔民特色的民宿群等,激起了海洋旅游市场的活力和创造力。

浙江旅游企业在旅游经营实践中不断形成了一套独特的发展模式。一是打造完整产业链的综合性发展模式,如浙江省旅游集团采取全产业链整合发展,通过内部具体的板块内容整合资源,提高集团的竞争力,实现结构优化的转型升级。不仅向内,还通过向外整合资源,积极实施对外扩张战略,扩大企业影响力,积极参与开发景区景点建设,延长企业的产业链。注重品牌创新,增强品牌效应,搭建良好的口碑系统。注重加强旅游新产品的开发,对浙江沿海的几个主要城市的海洋旅游产品进行串联组合,积极开发浙江省的块状式旅游发展,特别是加强邮轮等专项旅游,充分发挥比较优势。在交通上,陆海空相结合的方式从更大程度上解放了客源地与旅游目的地的交通通达性。在整合资源的基础上,多元化发展,盘活存量,吸引增量,打造核心竞争优势,确保保值增值。二是依托旅游专业化竞争优势进行多元化发展。在饭店领域,实施集团化战略发展,依托品牌,以酒店业为中心,不断向外延伸,成为可以容纳更多产业发展的产业发展格局。同时对外输出品牌管理,实现连锁化经营。通过管理和经营模式不断创新提升企业竞争力。精细化管理和标准化管理是多元化发展的基础标准参照。多元化发展在延伸企业竞争力方面有天然的优势,形成了齐全、稳定、优质、高效的供货渠道与网络。三是依托资金和品牌优势实现产业融合发展。文化是产业发展的精神内核。文化不仅有利于扩大市场的占有率,更有利于提升品牌品质。通过互动参与的理念积极开发具有市场号召力的海洋旅游产品。四是聚焦主业的集团化发展模式。

在海洋资源利用四十多年发展的实践历程中,可供未来企业借鉴的经验有:如果是国企,可以尝试通过改制或其他渐进式手段激发内部活力,推动员工和业务积极融入日新月异的市场中。二是民营经济的强大力量。民营经济需要结合自身的优势和背靠区域的优势特点，不失时机地切入旅游资源利用的高质量发展过程中，走出一条适销对路的发展道路。三是畅通开发多元渠道融资，在信贷融资、上市融资、引进战略投资方面积极为自己寻求未来的发展机遇。四是发展产业融合，力求多元产业之间不出现相互掣肘的情况，寻求产业的资源互补、资源共享及综合收益的最大化。五是企业做好人才培养，留住人才，发展人才。六是营造创新环境，进一步提升自身的品牌形象和企业氛围。

5.5.3 开发特色的海洋旅游产品

近年来，浙江省海洋旅游产品实现了从轻质量向高质量、从低层次向高层次转变，海洋旅游产品体系从单一性向多元性过渡，海洋旅游产品的开发质量和特色程度显著提高。

在海洋资源利用的产品开发实践中，可借鉴的经验有：一是注重产品开发的多元化。积极培育以市场为导向的高端海洋旅游产品，比如邮轮专项、海上运动竞技等。发展了包括高端运动型旅游产品、高端置业型旅游产品、高端度假型旅游产品、大型会展及节事等在内的高端旅游产品。其中，高端运动型旅游产品包括游艇等；高端度假型旅游产品包括豪华度假型酒店、保健疗养、游艇度假、海岛度假、邮轮度假等；高端置业型旅游产品包括产权酒店、投资型酒店公寓、养老型酒店、度假别墅等；大型会展及节事包括各种国际博览会、交易会、洽谈会、咨询会，国际展览，各种专业化的国际论坛，国际性文化、娱乐、体育节庆或赛事活动，大型纪念活动等。重点打造了国际休闲博览会、中国开渔节等国际性大型赛事。二是提升和优化以资源、环境为基础的传统旅游产品。主要通过整合、深化、优化相关产品，增强产品内涵，突出地方性、文化性、体验性，帮助旅游产品提高档次，促进资源环境可持续发展。浙江传统的海洋旅游产品的提升和优化主要包括几个系列，即自然观光产品、文化旅游产品、渔村码头旅游产品、滨海旅游产品。在着力打造精品景区的同时，通过多样化的互动，发展促进自然观光产品向复合型产品发展。

5.5.4　注重海洋旅游的市场营销

在构成浙江海洋经济发展模式的市场基础、企业发展、政府作为、产品开发、目的地营销、人才培养、区域合作、旅游业和区域经济社会融合发展等核心要素中,市场机制是绕不过去的关键词。就本报告而言,市场机制一方面体现为旅游经济运行的核心驱动力量是客源市场,特别是长江三角洲的客源市场的旅游消费需求;另一方面则是在发展旅游业所需要的资本、土地、自然资源、人才和技术诸要素聚合中,市场机制发挥着极其重要的作用。也可以说,尊重旅游经济运行的客观规律,充分发挥市场机制在地方旅游形象、旅游市场推广、旅游资源开发、旅游企业培育和旅游公共服务中的主导作用,是浙江模式的核心,也是解读地方旅游业快速发展和制度创新的基石。

以品牌为先导,以活动为重要载体,强调针对市场,利用理念和手段的创新,在海洋旅游目的地营销中形成领导重视、上下联动、政府搭台、企业唱戏、区域合作、整合营销、旅游主导、部门协作的合力。一是积极打造国际目的地形象。改变以往分散的、多头的宣传战略,结合目的地国的实际情况,以国家或区域为单位通过不同经典线路进行境外的海洋旅游大营销。做好国际海洋旅游目的地形象市场反馈的跟踪研究,适时调整对细分市场和海洋旅游新需求的宣传促销方案。面向国际市场,提高设施和服务的便利化程度,培育一批国际海洋旅游精品。全面对接国际标准,提升海洋旅游服务品质和管理水平。进一步强化国际海洋旅游合作,形成一批示范性国际海洋旅游合作区域。充分利用网络资源,为入境游客提供更多的便利。二是深化当地与众不同的海洋精神内涵,建立完善的海洋旅游形象体系。浙江省应不断创新,结合各区域的特征与不同客源市场的需求打造海洋旅游品牌,形成系列海洋旅游资源产品,并给予不同的诠释,使其更适合市场和旅游者的需求,不断地丰富和提升浙江海洋旅游品牌的内涵,从而提高海洋旅游竞争力和市场认知度。紧跟科技发展的前沿,加快建立旅游目的地营销系统,加大对新技术的认知和利用,借助新技术、新手段、新平台、新服务增加对外宣传的手段和渠道,不断提升目的地形象和旅游业的整体服务水平。三是注意关注到巨大的国内旅游市场空间。在旅游营销的过程中应以国内市场为主体,以国内客人的需求为营销重点,既要全力加强国内重点市场开拓,又要注意区域内短距离辐射范围内的周边市场。

5.5.5　强调海洋旅游的产业融合

《"十四五"旅游业发展规划》提到,完善旅游产品供给体系,激发旅游市场主体活力,推动"旅游＋"和"＋旅游",形成多产业融合发展新局面;五是拓展大众旅游消费体系,提升旅游消费服务,更好满足人民群众多层次、多样化需求。在这个重点任务中,"融合"是关键词,因此强调海洋旅游的产业融合不是空穴来风,也是浙江海洋旅游资源高质量利用的致富密码。

海洋旅游的产业融合有利于助推产业结构转型升级。改变传统以观光为主的旅游方式,增加游客的参与性和体验性,延长游客的平均停留时间,提高游客的人均消费水平,并有力地带动当地相关产业的发展、就业的增加和群众的致富,具有非常明显的经济效应与社会效应。采取融合发展的方式,海洋旅游业体现出强劲的活力,形成广阔的市场空间,催化出新的需求、新的产品、新的业态、新的技术与服务,从而形成新的生产力与增长点,提高旅游业和相关产业发展水平。通过推进旅游业与相关产业的融合发展来优化资源的有效配置,吸纳并创造新的产业要素,延伸产业链、拓宽产业面,能够进一步提升整个旅游产业的运行效率与发展质量,使旅游业在国民经济与社会发展中的关联带动作用更加突出,社会经济效益更加明显。同时产业融合引发了旅游发展战略、经营理念和产业格局的变革,带来了产业体制创新、经营管理创新和产品市场创新,改变了旅游产业的发展方式。海洋旅游产业与工业、农业、文化产业等相融合,使得海洋旅游产业融入新的发展空间,有利于提升传统旅游产业的影响力、带动力,增强传统旅游产品的丰富度和吸引力。通过开发交叉旅游、边缘化旅游、深度化旅游,满足多元化的旅游需求,能够极大地丰富旅游内涵,推动旅游产业的转型增效。旅游产业与各有关产业融合催生的旅游产品,具有独特性、创新性和艺术性等文化底蕴,由此创造出来的旅游产品内涵深厚、回味无穷,弥补传统旅游乏于发展和创造的不足,开拓旅游产业向创意化、知识化发展的新视野,成为旅游产业转型的内驱力和推动力。海洋旅游产业融合发展,易于形成优势的产业部门,具有巨大的品牌扩张力。如将旅游活动与文化、体育赛事以及城市营销活动相结合,能有效地塑造和传播旅游形象。

5.5.6　强大的公共基建,相得益彰的官民合作

　　旅游设施感知价值、旅游地公共服务感知价值常常会作为旅游感知价值模型中的两个重要因素,用来测度海洋旅游感知价值。浙江省的公共设施和公共服务直接为旅游设施和服务的提供奠定良好的基础。随着旅游的快速发展,为当地居民服务的公共设施也经常为外来旅游者所使用,而为旅游者服务的区域旅游设施和旅游公共服务景观又经常为城市居民共享。无障碍旅游设施及环境设施、便利的康复服务车辆、无障碍旅游景点资源、轻松的无障碍旅游行程、旅游时有陪同家属的资源信息平台是浙江省海洋旅游资源开发中优于其他区域所体现出来的人文关怀[53]。

　　政府和民间投资综合效果欠佳会直接导致海洋旅游的公共基础设施跟不上产业的发展,进而影响产业化水平。随着浙江海洋旅游的现代化发展,政府和民间投资相得益彰,毋庸置疑在其中起了不可忽视的作用。由于沿海类特殊的地理位置,在涉海基建方面,实行“官民合作合资”机制,通过多方筹股非常必要,这在减轻政府筹资困境的同时,确立了一种集中央政府、地方政府和民间投资于一体的混合所有制企业制度,也提高了国有资本运行效率。海洋类的资源腹地往往离经济行政中心较远,因此政府和民间投资的结合会使海洋资源利用的发展效率更高[54]。因此,浙江省一贯将政府和民间投资双轨道同步进行,高度注重市场经济的发展规律,强化为市场和人民美好生活服务的政府形象,提高海洋资源利用的效率和水平。

5.5.7　完整的旅游人才支撑体系

　　完整的旅游人才支撑体系是营造尊重知识、尊重人才、尊重创造、尊重劳动的氛围和事得其人、人尽其才、才尽其用的环境的基础。一支结构合理、素质优良的人才队伍,使旅游人才资源供给在数量、质量和结构、布局等方面,与全市旅游产业的转型升级、结构调整相适应,为海洋旅游发展提供坚实的人才支撑与智力支持。浙江省以教育为抓手,以高等教育培养高素质旅游人才、促进旅游产业发展;以职业教育解决旅游人才需求总量。

　　尽管旅游教育自身面临着旅游高学历人才就业难、流失率高的问题,但

是行业内高素质、高层次的旅游管理人才和从事旅游科研、教育的人才基本上来自高等教育培养的结果。旅游高等教育体系下完善的理论教育方案、高层次的师资队伍、高规格的教育和科研资源为培养高素质旅游人才提供了良好的先决条件。浙江省以浙江大学、浙江工商大学等旅游高等院校为依托开展中高层次旅游人才和国际化人才培养，基本满足了地方政府、业界和教育科研机构对高素质旅游人才的需求。同时，浙江省以高职和中职的职业教育为特色的海洋旅游教育体系设计具有重要的现实意义。

浙江海洋旅游市场发展具有协调性好、内生性强、创新性强；市场化程度高、融合度高、开放度高的特征，是健康、可持续的发展方式，实现了旅游业发展的重要突破，代表着旅游业发展的重要方向，具有重要的典型意义和示范意义。

参考文献

[1]保继刚,楚义芳,彭华.旅游地理学[M].北京：高等教育出版社,1993:52.

[2]侯京准.海洋旅游资源开发对海洋经济可持续发展的影响[J].经营与管理,2020(11):156-160.

[3]陈唯奇.舟山乡村亲子游旅游产品开发研究[D].舟山:浙江海洋大学,2020.

[4]齐岩辛,张岩,陈美君,等.浙江海岛区地质遗迹资源及其价值[J].地质调查与研究,2013,36(4):311-317.

[5]周彬,范玢,王璐璐.浙江省宁波市海洋旅游资源开发对策[J].宁波大学学报(人文科学版),2016,29(2):84-89.

[6]我国近海海洋综合调查与评价专题调查[N].中国海洋报,2005-07-26(003).

[7]葛建纲,王国灿.对浙江沿海发展海洋文化的几点思考与建议.党政理论网[J/OL].(2021-12-29)[2022-10-22].

[8]陈勤建.中国民俗学[M].上海:华东师范大学出版社,2007:29.

[9]黑格尔.历史哲学[M].上海:上海书店出版社,2011:93.

[10]稂荻.浙江地区佛教海洋文化述评[J].盐城师范学院学报（人文社会科学版）,2016,36(5):41-45.

[11]苏勇军.浙江海洋宗教信仰文化的旅游价值及其可持续发展研究[J].渔业经济研究,2008(6):29-33.

[12]姜彬.东海岛屿文化与民俗[M].上海:上海文艺出版社,2005.

[13]陈国灿,王涛.依海兴族:东南沿海传统海商家谱与海洋文化[J].学术月刊,2016,48(1):31-37,48.

[14]张福将.中国海军大百科全书[M].北京:海潮出版社,1998:12.

[15]张开城.海洋文化与中华文明[J].广东海洋大学学报,2012(10):14-17.

[16]陈万怀.浙江省海洋文化产业发展概论[M].杭州:浙江大学出版社,2012:63-64.

[17]李加林.浙江省海岛资源开发利用与保护研究——基于海洋经济发展示范区建设视角[J].中共宁波市委党校学报,2013,35(2):73-80.

[18]齐岩辛,等.浙江省海岛区地质公园发展策略[J].地质调查与研究,2015(2):148-154.

[19]浙江省地质矿产局.浙江省区域地质志[M].北京:北京地质出版社,1989:93-104.

[20]齐岩辛,张岩,陈美君,等.浙江海岛区地质遗迹资源及其价值[J].地质调查与研究,2013,36(4):311-317.

[21]李加林,张忍顺,齐德利.象山红岩—旦门山岛海岸—海岛丹霞地貌及其旅游开发价值[J].宁波大学学报（理工版）,2003(1):35-39.

[22]高浩杰.舟山群岛红楠群落物种多样性研究[D].杭州:浙江农林大学,2019.

[23]彭华,杨湘云,李晓明,等.浙江海岛常绿阔叶林特征及其主要植物区系分析[J].植物科学学报,2019,37(5):576-582.

[24]翁源昌.论舟山海鲜饮食文化形成发展之因素[J].浙江国际海运职业技术学院学报,2007,3(3):5.

［25］上海发布.［名镇］江浙的这些小岛,你想和谁一起去［EB/OL］.(2011-11-13)［2022-10-22］.https://news.qq.com/rain/a/20211113A04KTH00? no-redirect＝1.

［26］黄杏元,马劲松,汤勤编.地理信息系统概论［M］.北京:北京高等教育出版社,2002.

［27］汤国安,杨昕.地理信息系统空间分析实验教程［M］.北京:科学出版社,2006.

［28］邹伦,刘瑜等.地理信息系统—原理、方法和应用［M］.北京:科学出版社,2004.

［29］邬彬.基于GIS的旅游地生态敏感性与生态适宜性评价研究［D］.重庆:西南大学,2009.

［30］李文杰,潘洪捷.区域旅游资源调查中遥感技术应用研究［J］.内蒙古师范大学学报(自然科学版),2004,33(1)86-88.

［31］魏敏.旅游资源规划与开发［M］.北京:清华大学出版社,2017.

［32］葛静茹,秦安臣,张启,等.RS在生态旅游资源信息提取中的应用研究［J］.西北林学院学报,2007(3):193-197.

［33］刘春.旅游资源开发与规划［M］.天津:天津大学出版社,2010:50.

［34］刘春.旅游资源开发与规划［M］.天津:天津大学出版社,2010:51.

［35］杨世瑜,李波.旅游地质学［M］.天津:南开大学出版社,2021:410-421.

［36］Sutherland I. The ultimate display［J］. Lflip Congress，1965，2(2)：506-508.

［37］Kangdon L. Augmented reality in education and training［J］. Techtrends，2012，56(2):13-21.

［38］陈靖,王涌天,林精敦,等.基于增强现实技术的圆明园景观数字重现［J］.系统仿真学报,2010,22(2):424-428.

［39］陈永健,林冯淦,刘慧,等.AR技术在永泰旅游资源中的创新应用研究［J］.旅游纵览(下半月),2019(6):135-136,138.

［40］王春鹏,许贞武.AR技术在文化旅游资源中的应用研究［J］.大众标准化,2021(16):203-205,208.

[41]史术光,赖芳,李松志.基于 AR 技术应用的白鹿洞书院文化旅游资源创新设计研究[J].绿色科技,2021,23(13):192-195.

[42] 周勇,吴静. 旅游管理信息系统[M]. 武汉:华中大学出版社,2008.

[43]吴殿廷,王欣,耿建忠,等.旅游开发与规划[M].北京:北京师范大学出版社,2010:323.

[44]吴殿廷,王欣,耿建忠,等.旅游开发与规划[M].北京:北京师范大学出版社,2010:325.

[45]潘凯旋."互联网+"[J].现代出版社,2015(4):17.

[46] 朱敏,熊海峰.互联网时代旅游的新玩法[M].北京:知识产权出版社,2016:24-26.

[47]郭晓春.浅谈大数据对图书馆发展的影响[J].中国西部科技,2015,14(1):125-126.

[48]罗明义.关于建立健全我国旅游政策的思考[J].旅游学刊,2008(10):6-7.

[49]董玉明.中国海洋旅游业的发展与地位研究[J].海洋科学进展,2002(4):109-115.

[50]项怡娴,苏勇军,邹智深.浙江海洋旅游产业发展综合研究[M].杭州:浙江大学出版社,2018.

[51]李建新,孟阿荣.海洋旅游新亮色.浙江在线新闻网站[J/OL].(2004-12-02)[2022-10-22].

[52]中国产业信息网.2015—2016 年全球邮轮业发展现状及未来前景预测[EB/OL].2016-03-16.

[53]李爽.旅游公共服务供给机制研究[D].厦门:厦门大学,2008.

[54]吴崇伯,姚云贵.日本海洋经济发展以及与中国的竞争合作[J].现代日本经济,2018,37(6):59-68.

第6章 岛屿资源利用的理论探索、政策演进与实践经验

6.1 岛屿资源的本底状况

6.1.1 浙江省岛屿分布概述

浙江省是我国海洋资源大省,拥有海域面积 $2.6 \times 10^5 km^2$,是陆域面积的 2.6 倍。大陆海岸线和海岛岸线长达 6715km,占全国海岸线总长的 20.3%,居全国第一位。港口、渔业、旅游和油气等各类海洋资源也极其丰富。其中,根据地质学定义和中国国家标准《海洋学术语 海洋地质学》(GB/T 18190—2000),大陆岸线以外,大潮平均高潮线以上出露面积大于或等于 $500m^2$ 的陆地称为海岛的划分标准,浙江省的岛屿数量亦位居全国首位。

据浙江省 1989—1994 年进行的调查统计资料,浙江省共有海岛 3061个,分布于 $27°06.9'$—$30°51.8'$N,$120°27.7'$—$123°09.4'$E 海域范围内,南北跨约 420km,东西跨约 250km,分属嘉兴、舟山、宁波、台州、温州五个沿海城市。其中舟山市 1383 个海岛,面积 $1256.70km^2$,岸线长 2443.58km;嘉兴市 29 个海岛,面积 $0.7km^2$,岸线 15.86km;宁波市 527 个海岛,面积 $254.07km^2$,岸线 758.6km;台州市 687 个海岛,面积 $271.49km^2$,岸线 913.24km;温州市 435 个海岛,面积 $157.43km^2$,岸线 661.45km(表 6-1 和表 6-2)。

表 6-1　浙江省沿海各市县海岛数量、陆域和滩涂面积统计表

市、县名		海岛数（个）	陆域面积（km²）			潮间带滩（涂）地（km²）*
			总面积	丘陵山地	平地	
全省合计		3061	1940.38	1255.61	684.78	448.37
舟山市	嵊泗	404	67.95	62.20	5.75	18.27
	岱山	404	269.10	165.18	103.92	57.40
	定海	454.5	530.83	315.86	214.97	37.61
	普陀	120.5	388.82	243.10	145.72	69.77
	小计	1383	1256.70	786.35	470.35	183.06
嘉兴市	平湖	18	0.24	0.24	0.00	0.27
	海盐	11	0.46	0.43	0.03	0.34
	小计	29	0.70	0.67	0.03	0.62
宁波市	镇海	5	0.18	0.18	0.00	0.01
	北仑	35	60.93	22.73	38.21	16.84
	鄞县	4	0.03	0.03	0.00	0.12
	奉化	22	7.52	6.59	0.92	6.67
	宁海	42	3.01	2.45	0.56	1.83
	象山	419	182.39	121.49	60.91	51.64
	小计	527	254.07	153.47	100.60	77.11
台州市	三门	122	30.07	13.03	17.04	7.77
	临海	138	18.53	18.36	0.17	6.26
	椒江	97	14.97	14.79	0.17	2.10
	路桥	25	5.81	5.57	0.24	0.17
	温岭	169	14.72	13.82	0.90	2.80
	玉环	136	187.40	124.97	62.43	45.21
	小计	687	271.49	190.55	80.94	64.30

续表

市、县名		海岛数（个）	陆域面积（km²）			潮间带滩（涂）地 *（km²）
			总面积	丘陵山地	平地	
温州市	乐清	9	8.64	5.92	2.72	21.83
	瓯海	1	19.56	0.05	19.51	47.10
	洞头	186	96.08	85.80	10.28	49.59
	瑞安	91	11.54	11.54	0.00	2.38
	平阳	64	11.50	11.20	0.30	0.71
	苍南	84	10.11	10.06	0.05	1.68
	小计	435	157.43	124.57	32.86	123.38

* 注：未包括大陆滩上的海岛滩地；瓯海灵昆岛的滩涂面积为海岸带调查的量算数。

表 6-2　浙江各市县海岛岸线统计

市、县名		海岛岸线长度（km）				
		合计	岩质岸线	人工岸线	沙砾质岸线	泥质岸线
全省合计		4792.72	3853.11	843.65	72.08	23.88
舟山市	嵊泗	471.35	431.39	29.66	10.17	0.13
	岱山	717.01	584.79	113.39	12.07	6.76
	定海	416.63	214.10	194.85	2.22	5.46
	普陀	838.59	620.50	192.09	25.60	0.40
	小计	2443.58	1850.78	529.99	50.06	12.75
嘉兴市	平湖	6.81	6.50	0.00	0.31	0.00
	海盐	9.05	8.42	0.00	0.63	0.00
	小计	15.86	14.92	0.00	0.94	0.00
宁波市	镇海	3.87	3.87	0.00	0.00	0.00
	北仑	92.98	36.33	56.22	0.26	0.18
	鄞县	1.33	1.33	0.00	0.00	0.00
	奉化	44.12	37.68	3.91	0.00	2.54
	宁海	40.36	35.66	4.36	0.00	0.34
	象山	575.94	492.70	76.44	4.68	2.12
	小计	758.60	607.56	140.92	4.94	5.18

续表

市、县名		海岛岸线总长	其中			
			岩质岸线	人工岸线	沙砾质岸线	泥质岸线
台州市	三门	149.55	115.77	33.38	0.40	0.00
	临海	169.86	165.92	0.51	3.30	0.14
	椒江	115.52	111.68	3.32	0.51	0.00
	路桥	49.74	48.69	0.89	0.00	0.15
	温岭	166.92	153.79	12.47	0.38	0.28
	玉环	261.65	197.90	61.80	1.53	0.42
	小计	913.24	793.74	112.38	6.12	0.99
温州市	乐清	26.28	8.75	16.94	0.00	0.59
	瓯海	24.69	0.89	23.79	0.00	0.00
	洞头	336.83	305.80	18.45	8.57	4.00
	瑞安	109.97	109.26	0.63	0.07	0.00
	平阳	80.38	79.13	0.53	0.72	0.00
	苍南	83.30	82.28	0.00	0.65	0.37
	小计	661.45	586.11	60.35	10.02	4.96

　　诸多岛屿中面积大于 20km² 的海岛有 17 个,其中大部分集中在舟山群岛。舟山本岛面积 476.17km²,是我国第四大岛,浙江第一大岛;其余分属宁波(4 个)、台州(1 个)、温州(2 个)三市。其中,海岛陆域内除岱山、高塘、梅山等少数岛屿外,均以丘陵地形为主(表 6-3)。

表 6-3　浙江面积大于 20km² 海岛陆域土地构成

行政归属	岛名	面积(km²)			丘陵与平地之比
		合计	丘陵山地	平地	
舟山市	舟山	476.17	273.96	202.20	1.35∶1
	岱山	104.97	40.16	64.81	0.62∶1
	六横	93.66	48.85	44.81	1.09∶1

行政归属	岛名	面积（km²）			丘陵与平地之比
		合计	丘陵山地	平地	
舟山市	金塘	77.35	49.87	27.48	1.78：1
	朱家尖	61.81	32.42	29.39	1.14：1
	衢山	59.79	42.67	17.12	2.49：1
	桃花	40.37	30.11	10.26	2.93：1
	大长涂	33.56	28.75	4.81	5.98：1
	秀山	22.88	13.25	9.63	1.38：1
	泗礁	21.35	17.71	3.64	4.86：1
宁波市	南田	84.38	56.63	27.75	2.04：1
	高塘	39.11	13.70	25.41	0.54：1
	大榭	28.37	14.78	13.59	1.09：1
	梅山	26.90	3.84	23.06	0.17：1
台州市	玉环	169.51	110.22	59.29	1.86：1
温州市	大门	28.70	24.29	4.41	5.51：1
	洞头	24.60	20.44	4.16	4.91：1

6.1.2　舟山群岛资源概况

舟山群岛是我国沿海最大的群岛，是全国第一个以群岛设市的地级行政区划，下辖定海区、普陀区、岱山县及嵊泗县。位于长江口以南、杭州湾以东的浙江省北部海域，地理位置为 29°32′—31°04′N、东经 121°30′—123°25′E，南北跨约 169km，东西跨约 182km。到 2014 年，在国家 908 专项的支持下，海洋二所对舟山海岛重新进行了统计，结果显示海岛数量 1814个，其中有居民海岛 141 个，海岛陆域面积 1299.0km²，海岛岸线总长 2388.2km（表 6-4）。

表 6-4　舟山市海岛及海域基本情况

县(区)名	海岛数量(个)			陆域面积（km²）	岸线长度（km）	潮间带面积（km²）	海域总面积（km²）
	有居民海岛	无居民海岛	合计				
嵊泗县	28	471	499	81.1	460.1	19.7	7262.2
岱山县	29	490	519	275.8	692.7	57.0	4939.9
定海区	38.5	99	137.5	539.7	406.8	40.0	923.8
普陀区	45.5	613	658.5	402.7	828.6	67.8	6020.6
合计	141	1673	1814	1299.4	2388.2	184.4	19146.5

注:资料来源于 2011 年国家海洋局第二海洋研究所,浙江省海岛调查研究报告。舟山岛为定海区、普陀区分界岛,各计 0.5 个。

舟山群岛的北部主要有泗礁黄龙诸岛、马鞍列岛、崎岖列岛、岱山秀山诸岛、衢山诸岛、大小涂诸岛、火山列岛和七姊八妹列岛。南部主要有舟山岛及附近诸岛、金塘、册子诸岛、普陀山、朱家尖诸岛、桃花、虾峙诸岛、六横、佛渡诸岛和中街山列岛。

(1)气候条件与水资源

舟山及附近诸岛年平均气温为 15.6～16.2℃,8 月平均气温 25.8～27.3℃,1 月平均气温 5.1～5.4℃,极端最高气温为 39.1℃,最低气温 −7.0℃,年均相对湿度 78%～81%,2−7 月为多雾期,年日照时数 2029.1h,年平均相对湿度 79%,岛群优势风向为西北风,年大风(>6 级)日数为 10.4～37.1 天。年平均雾日 17.9～38.3 天,岛群年日照时数约 2025.5h。普陀岛群风力资源丰富,年有效风能约 700kWh/m²,有效风能时数约 5200h。灾害性天气主要有台风、暴雨、干旱和海雾等。

具体各主要岛屿水资源见表 6-5。

表 6-5　舟山群岛主要岛屿水资源情况

岛名	降水量（×10⁶m³）	水面蒸发量（×10⁶m³）	河川径流量（×10⁶m³）	陆面蒸发量（×10⁶m³）	地下水量（×10⁶m³）	水资源总量（×10⁶m³）
嵊山岛	4.18	4.48	0.97	3.21	0.5	1.47
花鸟山岛	3.41	3.73	0.72	2.69	0.43	1.15
枸杞岛	5.86	6.28	1.36	4.50	0.71	2.07
绿化山岛	2.44	2.72	0.52	1.92	0.30	0.82

续表

岛名	降水量 （×10⁶m³）	水面蒸发量 （×10⁶m³）	河川径流量 （×10⁶m³）	陆面蒸发量 （×10⁶m³）	地下水量 （×10⁶m³）	水资源总量 （×10⁶m³）
泗礁山岛	21.2	24.13	4.91	16.19	2.36	7.27
大黄龙岛	5.18	5.84	1.28	3.9	0.6	1.88
大洋山	4.23	4.4	1.05	3.18	0.34	1.39
小洋山	1.74	1.85	0.4	1.34	0.21	0.61
衢山岛	63.36	66.67	17.85	45.51	5.86	13.71
鼠浪湖岛	3.01	3.19	0.83	2.18	0.39	1.22
大鱼山岛	6.81	6.56	2.06	4.75	0.58	5.33
岱山岛	117.98	110.21	38.45	79.53	5.79	44.24
秀山岛	28.81	22.88	169.5	17.51	1.88	171.38
大长涂岛	37.15	35.24	11.38	25.77	3.9	15.28
小长涂岛	12.42	11.47	3.96	8.46	0.99	4.95
金塘岛	97.73	77.07	38.02	59.71	8.02	46.04
册子岛	16.87	14.06	6.15	10.72	1.64	7.79
舟山岛	640.86	452.42	279.07	361.79	45.51	279.07
长白岛	13.39	11.16	4.79	8.6	0.94	5.75
长峙岛	8.41	5.99	3.66	4.75	0.29	3.95
大猫岛	8.13	5.87	3.49	4.64	0.86	4.35
盘峙岛	5.01	3.59	2.17	2.84	0.37	2.54
朱家尖岛	66.78	63.93	20.99	45.79	4.86	25.85
普陀山岛	13.34	12.09	4.45	8.89	1.45	5.9
桃花岛	46.89	41.18	16.31	30.58	4.45	20.76
登步岛	16.68	14.65	5.66	11.02	1.2	6.86
虾峙岛	19.96	17.52	7.03	12.93	2.12	9.15
六横岛	122.52	93.66	51.51	71.01	7.13	58.64
佛渡岛	9.82	7.06	4.29	5.53	0.69	4.98
悬山岛	8.48	7.13	3.12	5.36	0.95	4.07

（2）渔业资源

群岛北部嵊山岛素有"天然鱼库"之称，生长有鱼类 96 种、虾蟹类 34 种和海藻类 118 种。海域内主要鱼汛包括大黄鱼汛、小黄鱼汛、乌贼汛等。西绿华岛是石斑鱼等礁栖性鱼类的良好栖息场所。泗礁山岛附近海域有鱼、虾蟹、贝、藻四大类 500 多个品种。其中，大黄龙岛更是嵊泗县主要渔业张网区。崎岖列岛的大小洋山二岛渔业较为丰富，主要水产为小黄鱼、带鱼、鲚鱼、大白虾等。衢山列岛资源主要集中于衢山岛及其邻近海域。周边有岱山岛的岱衢洋渔场和黄泽洋渔场两大渔场，渔场海域面积分别为 1750km² 和 1274km²。火山列岛附近海域是渔民传统的张网作业区。优势种有龙头鱼、鲚鱼、梅童鱼、鲳鱼等。大鱼山岛附近海域有浮游植物 30 余种，浮游动物 40 种，潮间带植物 50 余种，潮间带动物 60 余种，许氏犁头鳐、斑鳐等鱼类资源近百种。大长涂岛附近海域历史上主要产大黄鱼、小黄鱼、带鱼、乌贼四大经济鱼类。海洋捕捞以带鱼、鲳鱼、鳗鱼、墨鱼、虾、蟹为主。

群岛南部金塘诸岛的滩地主要是淤泥质潮滩，张网渔获物出现的常见种有 60 种左右，主要有鮸鱼、褐毛鲿、鳓鱼等。舟山岛附近海域常见鱼类有鮸鱼、褐毛鲿、银鱼等 80 种；小型虾类资源丰富，常见的有中国毛虾、安氏白虾等 17 种；常见蟹类包括三疣梭子蟹、锯缘青蟹等 25 种。册子岛附近海域是定海区最大的张网作业水域，为鮸鱼、海蜇生长和繁育地。庙子湖岛海域是舟山渔场的重要组成部分，也是舟山渔场的中心地带。朱家尖岛周围海域盛产各种鱼、虾、蟹类，其东侧海域为洋鞍渔场，西北为岱衢洋，有经济鱼类近 200 种，虾类经济种 35 种，蟹类经济种 50 种，其中鲳鱼、虾、蟹等为岛上渔业生产的主要品种。白沙岛地处洋鞍渔场，是长江、钱塘江、甬江和台湾暖流的汇合点，其附近海域有经济鱼类 100 多种，虾蟹类 10 多种，贝类 32 种，藻类 25 种。蚂蚁岛周围海域是舟山渔场的组成部分。泥湖山岛四周海域主要有养殖对虾、藻类、贝类和鱼类。六横岛周边海域浅海内分布鱼类 48 种，虾类 31 种。佛渡岛四周主要养殖产品有紫菜、扇贝、对虾、大黄鱼、黑鲷、鲈鱼、美国红鱼等。

（3）岛屿岸线资源

群岛北部马鞍列岛地处长江水下三角洲前缘斜坡区，水深 20～30m，岛间及列岛两侧有水深大于 30m 的潮流深槽，局部有水深大于 40m 的深潭，最大水深达 70m。海礁、浪岗岛群分布区水深大于 50m。嵊山岛深水岸线长 3700m，且其水深均大于 10m；花鸟枸杞二岛发育有较好的沙质海滩。花鸟山岛深水岸线长 2700m，其中 2000m 水深大于 20m；绿华岛深水岸线长 3500m，且其水深均大于 10m；枸杞岛深水岸线长 3900m，其中 1100m 岸线水深超过 20m。泗礁、黄龙诸岛地处长江水下三角洲前缘斜坡区，水深 10～20m，潮间带滩地以淤泥质潮滩为主，但是岛群深水岸线资源较少，仅马迹山岛有水深超过 20m 的深水岸线 2500m。大洋山海岸线长 13.56km，深水岸线长 4300m；小洋山海岸线长 23.78km，深水岸线长 1200m 且其水深均超过 10m。该岛群拥有优质的港口建设条件，建有洋山港承担集装箱的装卸功能。衢山岛深水岸线长 17600m，其中 3600m 海岸线的水深大于 20m，分布于东岸和西岸，有充裕的深水岸线，相应有深水航道和锚地，具备建设大型深水港区的基本条件。黄泽山岛深水岸线长 3000m，且水深均大于 20m。小衢山岛深水岸线长 1200m，北、东面水深略大于 20m。岛间和主要岛屿两侧有潮流深槽、深潭，以淤泥质潮滩为主，仅衢山就有海涂近 14km²。岱山、秀山诸岛海岸线总长度 225.80km。岱山岛深水岸线长 7500m，其中水深超过 20m 的有 3300m，受周围岛屿掩护风浪小，船舶稳泊条件好，是避风良港，航道水深 14m 以上，是建设大型深水港区的理想港址。秀山岛深水岸线长 2800m，水深均大于 10m，水道、航门区地形起伏大，水深 10～20m，最大水深达 70m 左右。潮间带滩地以淤泥质潮滩为主，岱山岛滩地面积最大，沙砾滩以岱山岛东部的后沙洋最大。大小长涂诸岛海岸线总长度 187km，南、北两侧海面宽阔，水深 10～20m，岛间多南北向水道，最大水深约 70m。大长涂岛大沙河海滩为沙砾滩、小沙河海滩为岩滩。

群岛南部金塘岛深水岸线环绕岛屿，长 17000m，水深均超过 20m，距岸 150～600m，可建巨轮泊位多个。册子岛也有 5000m 超过 20m 水深的深水岸线。舟山及附近岛屿有丰富的深水岸线资源，可建多个深水港址。舟山岛西部有深水岸线 19700m，是建设舟山大型深水港的中心岛屿。西北侧的烟墩岸段深水岸线长 7500m，水深 10m；西南侧的老塘山—野鸭山岸段深水岸线长 9200m，其中老塘山岸段长 1200m，已建成万吨级杂货泊位、2.5 万吨级和 3000 吨级煤炭泊位；南侧西端的鸭蛋山段 10m 水深岸线长 3000m，已建有车客渡码头及其他码头数座。舟山岛西部海域的富翅岛有 20m 水深岸线 1000m。大猫岛有水深大于 10m 岸线 7600m。长白山岛有水深大于 10m 岸线 2000m。盘峙岛有水深大于 10m 岸线 4200m。长峙岛有水深大于 10m 岸线 2500m。里钓山西侧有 20m 水深岸线 1000m；外钓山东侧和南侧有 20m 水深岸线 2500m。庙子湖岛周围深水区航门水道较多。登步岛有水深超过 10m 的深水岸线 4500m，虾峙岛有 2600m，蚂蚁岛有 1000m。桃花岛有 14000m 深水岸线，其中有 6000m 海岸线的水深超过 20m。

（4）旅游资源

舟山群岛旅游资源丰富。群岛北部衢山岛，拥有金沙碧海、休闲农庄及佛教名山观音山。大洋山岛为嵊泗列岛国家级风景名胜区的一部分，主要景区有小梅山、大梅山 2 个景区和大洋山休闲度假基地，以石景、海景和现代化的港、桥工业景观为主。岱山岛为省级风景名胜区，有"海上蓬莱"之称。秀山是省级生态乡镇，也是浙江省首批重点湿地自然保护区。大长涂岛具有保存完整、比较典型的渔村和渔港风情，岛上典型地貌具有很高的科学价值与观赏价值，建有中国岛礁博物馆和叮嘴门海钓基地。小长涂山有渔港渔村风情，倭井潭、参府庙抗倭遗址，传灯庵、金海重工现代化船舶修造基地等旅游资源。

群岛南部舟山本岛有古城老宅、军事要塞、海上千岛、十里渔港、千岛新城、跨海大桥、东方大港和乡村风情等旅游资源。长白岛主要自然旅游资源有礁门赤色鹅卵石滩、后岸乱石棚海蚀地貌，人文旅游资源有后岸范家古民居、白马庙和 24 处国民党驻军留下的军事遗址。黄兴岛有海岛风光、海钓基地、渔村遗迹与军事遗址。青浜岛主要的景点有青浜渔村、西风湾砾滩、沙浦沙滩和南田湾小囡洞。朱家尖是普陀山国家级风景名胜区的一部分，有"东方夏威夷""海上雁荡"之称，目前已开发岛东部、东南部南沙景区，北部白山景区，以及东部漳州景区。普陀山岛主要的旅游资源是沙滩景观、花岗岩风化地貌和海蚀地貌。葫芦岛主要旅游资源有龙子滩、龙女滩，四周的轿礁、香炉花瓶屿、燕礁等奇礁怪岩及海市蜃楼、民俗民风的传说。白沙山岛有海钓资源、海岛风情以及海洋文化资源，主要景点有海上石笋、"渔家傲"风景区、暗礁钓场和洋鞍钓场。桃花岛现已开发海浴、划船、帆板、滑水、游艇等海上运动项目。登步岛旅游资源主要有登步战斗遗址、遗迹、纪念设施、蓝色牧场及典型海蚀地貌。蚂蚁岛人文景观有人民公社旧址、创业纪念堂和渔民休闲广场等,现该岛已开发生态公园及休闲渔业度假区。虾峙岛旅游资源主要是自然景观,如奇峰异石、渔港、碧海等,还有近 200 年历史的清凉庵、120 多年历史"义勇抗匪"纪念匾和虾峙门国际导航台等。六横岛旅游资源分为人文景观和自然景观,其中人文景观包括嵩山西麓的洪泉寺、龙山的黄荆寺和"六横暴动"原址东岳宫、"浙东第一功"石刻等,自然景观主要是碧海金沙、海上垂钓。

(5)其他资源

舟山群岛中各主要海岛还蕴藏矿产、林地、能源等资源。

矿产资源方面,衢山岛有较丰富的矿产资源,花岗岩总储蓄量大于$1.5 \times 10^8 \mathrm{m}^3$。岛上矿化点较多,含铅、锌、铜元素的最高品位 6%。岱山岛有岱中龙王山小型铜矿床,以黄铜矿为主,闪锌矿等次之。黄牛礁附近海砂资源储量巨大,主要分布在岛东岸、东南岸,资源储量 5000 万吨,可开采量3000 万吨。长白岛东北部和南部有 2 个工程性石料开采基地。朱家尖岛矿产资源主要是花岗岩和海砂资源。普陀山岛滨海砂矿储量丰富,全岛分布有花岗石矿。登步岛矿产资源主要为建筑用石料资源,现主要在岛西南部蛏子港区域建有采石场。蚂蚁岛矿产资源主要为建筑用凝灰岩以及海砂等。虾峙岛有 1 处水晶矿点、1 处建筑石料。六横岛西北海域洋小猫岛附近海底是舟山群岛主要海底砂储藏区。

林地资源方面,舟山本岛有林地 18649.8hm^2,立木蓄积量为564182m^3。大黄龙岛有林地 1260.5hm^2,立木蓄积总量 33966m^3。岱山岛有林地 2439.1hm^2,立木蓄积量 83259m^3。秀山岛有林地 1070.8hm^2,立木蓄积量 34350m^3。小长涂有林地 481hm^2,立木蓄积量为 11000m^3。大长涂有林地 2188.7hm^2,立木蓄积量为 33952m^3。金塘岛拥有林地 3673.5hm^2,立木蓄积量为 66023m^3。

舟山岛可再生能源包括风能、太阳辐射能、潮流能等。衢山岛拥有华东地区极为丰富的风力资源,系我国东南沿海风能资源 I 类地区,年太阳辐射总量接近 4600MJ/m^2,是浙江海岛太阳辐射的高值区。潮汐能分布甚为普遍,总可装机 8739kW,仅在对面山北湾可装机 3450kW。鼠浪湖岛潮汐能分布于北湖和南湖两澳湾处,理论装机容量分别为 232kW 和 610kW。小长涂岛上潮汐能资源有两处,理论装机容量为 590kW。大长涂山海域潮汐能资源比较丰富,共有 6 处,理论装机容量合计为 1764kW,为全国最佳风能区之一,3m/s 以上风速时效超过半年,6m/s 以上风速时效超过 2200h。西堠门海域潮流能资源丰富,潮流能平均能流密度为 3.47kW/m²。登步岛的岛南清滋门潮流能平均能流密度达 1.58kW/m²,理论功率为 2.25×10^4 kW。虾峙岛周围均有丰富的潮流能资源,凉潭岛和虾峙岛之间的水道潮流能平均理论功率达 12.21×10^4 kW。庙子湖岛年太阳辐射总量约 4200MJ/m²,年有效风能时数约 7500h。青浜岛风能资源藏量丰富,年平均风速≥7m/s,年有效风速时数在 7000h 以上,年有效风能为 3200kWh/m²。白沙山岛年有效风时为 5000h 以上,有效风能频率为 60% 以上,有效风能密度为 200W/m² 以上。

6.1.3　宁波近海海岛资源概况

宁波近海岛屿主要包括穿山半岛近海诸岛、象山港诸岛以及象山东南诸岛。穿山半岛近海以大榭、梅山诸岛为主,属宁波市北仑区。共有岛屿 24 个,分成穿山半岛北、南两个岛群,分属 7 个乡镇。其中面积大于 1.0km² 的岛屿 4 个;有常住居民岛 6 个,无居民岛 18 个。此外,甬江口南至北仑港,近岸有黄蟒、北仑等 11 个小岛,属北仑区小港、新碶两镇。该岛群除了梅山、大榭等 4 岛面积较大,其余均为小岛。

象山港内有 58 个岛屿,分属于鄞州区(4 个)、奉化区(21 个)、宁海县(17 个)和象山县(16 个)4 个县市。该海域岛屿面积小,大多为无居民海岛,面积大于 1km² 的岛屿 3 个,有常住居民岛 3 个,无镇乡级建制岛。

象山县东南部近海共有岛屿 390 个,包括离大陆较远的渔山列岛,其中面积大于 1km² 的岛屿 10 个,常住居民岛 12 个,镇、乡政府驻地岛 2 个。其中南田岛面积 84.38km²,为浙江省第五大岛。岛屿基本近岸分布且较矮小(韭山列岛除外),总体呈北东—南西向展布,且地势较高。

(1)气候条件与水资源

本海域岛群年平均气温为 16.4℃,7月平均气温 27.5℃,1月平均气温 5.5℃,极端最高气温 37.6℃,最低气温 -5.6℃。年日照时数 1753.6h,年平均相对湿度 80%,年降水量 1522mm。年平均风速 2.8m/s,优势风向为静风和北风,年有效风能约 350kWh/m²,有效风能时数约 4000h。年平均雾日 18.1 天。诸岛多年平均年径流深 550～900mm。具体各主要岛屿水资源如表 6-6 所示。

表 6-6　宁波近海主要岛屿水资源情况

岛名	降水量 ($\times 10^6 \mathrm{m}^3$)	水面蒸发量 ($\times 10^6 \mathrm{m}^3$)	河川径流量 ($\times 10^6 \mathrm{m}^3$)	陆面蒸发量 ($\times 10^6 \mathrm{m}^3$)	地下水量 ($\times 10^6 \mathrm{m}^3$)	水资源总量 ($\times 10^6 \mathrm{m}^3$)
大榭岛	38.37	27.24	16.96	21.41	3.10	20.06
梅山岛	36.40	25.83	16.14	20.26	0.73	16.87
南田岛	110.53	141.60	46.95	63.58	11.98	58.93
高塘岛	53.69	41.07	24.15	29.54	3.00	27.15
东门岛	2.44	1.97	1.02	1.42	0.90	1.92
檀头山	14.01	11.92	5.52	8.49	2.10	7.62
穿鼻岛	2.44	1.74	1.07			1.07
南韭山	5.31	4.33	2.14			2.14
对面山	5.70	4.71	2.38			2.38
花岙岛	17.67	13.25	8.20			8.20

(2)岛屿岸线资源

北仑穿山半岛近海岸线资源丰富,大榭岛深水岸线长 10500m,其中大于 20m 水深的岸线长 9500m,沿金塘水道和螺头水道伸展,分布在西北和东北两侧;梅山岛深水岸线长 3000m,其中大于 10m 水深的岸线长 2500m,大于 20m 水深的岸线长 500m。

(3)其他资源

本海域岛屿林业资源也较丰富。大榭岛林业用地 838.3hm²,有林地 729.6hm²,森林覆盖率 25.7%,立木蓄积量 11357m³,占全省海岛 0.77%。梅山岛林业用地 270.6hm²,有林地 250.3hm²,占全省海岛 0.36%;森林覆盖率 9.3%,立木蓄积量 4886m³,占全省海岛 0.33%。南田岛林业用地 4153.1hm²,有林地 2918.8hm²,森林覆盖率 34.7%,立木蓄积总量为 89479m³,占全省海岛 6.08%;高塘林业用地 1524.1hm²,有林地 1271.6hm²,森林覆盖率 33.1%,立木蓄积总量为 17625m³。高塘岛点外锆英石含量 8.67kg/m³,东门岛含 Au 元素(49～130)$\times 10^{-9}$kg/m³。

6.1.4 台州近海海岛资源

台州及周边海域诸岛主要包括三门东部诸岛、东矶列岛、路桥东部诸岛、温岭东部诸岛、台州列岛、玉环岛及附近诸岛、鸡山披山诸岛。其中,三门东部诸岛中面积大于 $1km^2$ 的 6 个,有常住居民岛 7 个,乡级建制岛 1 个,共乡岛 2 个。岛屿分布零散。东矶列岛中面积超过 $1km^2$ 的岛屿有 5 个,常住居民岛 3 个,分属于临海市上盘镇和东洋镇。台州列岛有面积超过 $1km^2$ 的岛屿 2 个,镇政府驻地岛 1 个,常住居民岛 1 个。路桥东部诸岛中面积大于 $1km^2$ 的岛屿 2 个,有常住居民岛 3 个。温岭东部诸岛中面积大于 $1km^2$ 的岛屿有 3 个,其中龙门岛最大,面积达 $3.96km^2$;有常住居民岛 9 个。玉环岛及附近诸岛面积大于 $500m^2$ 的岛屿共有 40 个,常住居民岛 1 个。玉环岛陆域面积 $169.51km^2$,是浙江省第二大海岛。鸡山披山诸岛中面积大于 $1km^2$ 的岛屿 2 个,常住居民岛 4 个。

(1)气候条件与水资源

该岛群年平均气温为 $16.7\sim17.7℃$,极端最高气温 $38.7℃$,最低气温 $-9.3℃$。年日照时数 $1760.2\sim2020.6h$,年平均相对湿度 $80\%\sim83\%$,年降水量 $1387.5\sim1722.7mm$。年平均风速 $1.7\sim6.8m/s$。台州列岛年大风(>6 级)日数为 141.9 天,年有效风能约 $3368kWh/m^2$,有效风能时数约 7600h,年平均雾日 70.9 天。玉环岛及附近诸岛优势风向为北风,年有效风能约 $1300kWh/m^2$,有效风能时数约 7000 h。年平均雾日 52.0 天。乐清湾该岛群优势风向为静风和东北风,年有效风能约 $300kWh/m^2$,有效风能时数约 4500 h。主要自然灾害为台风、暴潮、台风暴雨和大风。

三门东部诸岛多年平均年径流深 $600\sim900mm$,东矶列岛 $500\sim650mm$,台州列岛 $450\sim650mm$,路桥东部诸岛 $500\sim650mm$,温岭东部诸岛 $450\sim600mm$,乐清湾诸岛多年平均年径流深 $650\sim1100mm$。具体各主要岛屿水资源如表 6-7 所示。

表 6-7　台州近海主要岛屿水资源情况

岛名	降水量 ($\times 10^6\,m^3$)	水面蒸发量 ($\times 10^6\,m^3$)	河川径流量 ($\times 10^6\,m^3$)	地下水量 ($\times 10^6\,m^3$)	水资源总量 ($\times 10^6\,m^3$)
蛇蟠岛	16.66	11.04	8.50	0.42	8.92
花鼓岛	12.07	7.17	6.41	0.16	6.57
崇塑岛	2.62	1.87	1.24		1.24
扩塘山	7.05	4.96	3.40		3.4
雀儿岙	5.65	4.62	2.41	0.92	3.33
田岙岛	5.40	4.56	2.15	0.89	3.04
头门岛	4.66	3.86	1.89	0.77	2.66
下大陈	6.12	5.09	2.30	0.82	3.12
上大陈	8.76	7.29	3.29	1.17	4.46
白果山	3.14	2.24	1.41	0.41	1.82
黄礁	2.83	2.05	1.29	0.41	1.70
龙门岛	5.35	4.00	2.36	0.63	2.99
玉环岛	236.76	169.51	108.62	21.83	130.45
鸡山岛	2.07	1.61	0.89	0.30	1.19
披山岛	2.39	2.50	1.13	0.47	1.60
大鹿山	1.95	1.56	0.79	0.30	1.09
茅埏岛	6.83	4.49	3.15	0.46	3.61

（2）渔业资源

该海域岛屿渔业资源以大陈诸岛和玉环岛最为丰富。其中,大陈诸岛渔业资源丰富,为浙江省第二大渔场,生物种类丰富,有鱼类 59 种、甲壳类 25 种、软体类 5 种,分属于 15 目 41 科。大陈海域理化环境优越,发展海珍品养殖非常有利,近年来养殖的大黄鱼、石斑鱼、黑鲷、真鲷、鲈鱼等海珍品颇受市场欢迎,产生了较高的经济效益。玉环岛东部为披山渔场,是浙江省著名渔场之一,有海洋生物 359 种,包括虾类、带鱼、海鳗、蛏子、鲳鱼等各种海产品。此外岛上还有多种淡水鱼类,包括白鲢、花鲢、鳊鱼、草鱼等。披山渔场生物资源丰富,种类繁多,适合建立生物多样性保护区和鱼类遗传基因种子库。

（3）岛屿岸线资源

该海域内深水岸线资源以玉环岛最突出。玉环岛深水岸线长 15700m，水深超过 10m。玉环岛大麦屿港址可建 3～5 万吨级深水泊位，是浙江南部地区的天然深水良港。岛南部海域有坎门湾（港）和玉环南水道。坎门湾及其东部、东南部水深 5～10m；玉环南水道区水深绝大部分超过 20m，有潮流深槽、浅槽，最大水深超过 70m。

（4）旅游资源

该岛群旅游资源各具特色。其中，蛇蟠岛产优质石材，由于开山取石留下上千个奇特的岩洞，其中旱洞 800 余个，水洞 600 余个，有"千岛洞"之称。近年来蛇蟠岛也建立了 4A 级国家景区，并成为国内唯一一个海盗主题的海岛洞窟风景区。田岙岛有鸡笼山景区，下有两个天然浴场，称粗、细沙头浴场。大陈诸岛景点主要集中在上、下大陈岛及一江山岛，有海岸沙滩、海蚀地貌和岛上的大陈十景、大陈四忆，以及以一江山岛、上大陈岛为主的战争遗迹等。龙门岛主峰保留有宋代龙王堂的遗迹，且遗迹北侧有蔚为壮观的自然景观。玉环岛的峦岩山面对东海，山腰有明代的知空寺，岛南部有晚第三纪古火山口，三合潭古遗址有三个相互叠压的文化堆积层，出土有春秋战国、商至西周时期、新石器时代的各种文物，岛上还有古城、古建筑、名人古墓等旅游资源。披山、大小洞精岛拥有天然的海蚀洞、海蚀窗、海蚀崖和海蚀拱桥以及自然风光，可开发成海蚀景观区。洋屿岛留存着许多珍贵的历史遗物、战斗遗址，可开发成休闲渔村；中鹿岛海区是省级深水网箱养殖基地和无公害养殖基地，为海上牧场和观光渔业提供体验富有情趣的渔家生活。鸡山海岛人文资源丰富，是体验纯粹渔岛生活、品味渔乡风情的好去处，开发周边居民短期休闲度假旅游潜力巨大。

（5）其他资源

该海域岛屿海洋能资源相对丰富，东矶列岛有 5 处潮汐电站，清水岙装机容量为 285kW，年发电量为 $57×10^4$ kW·h，倒水岙装机容量为 311kW，年发电量为 $62×10^4$ kW·h；东岙装机容量为 1084kW，年发电量为 $217×10^4$ kW·h；倒小岙装机容量为 506kW，年发电量为 101kW·h；大田岙湾装机容量为 1380kW，年发电量为 $276×10^4$ kW·h。台州列岛有四处潮汐电站。其中,象桐乔装机容量 337kW,年发电量 $67×10^4kW·h$;中咀装机容量 337kW,年发电量 $67×10^4kW·h$;大乔里装机容量 365kW,年发电量 $53×10^4kW·h$;小乔里装机容量 368kW,年发电量 $74×10^4kW·h$。下大陈岛潮流能平均能流密度为 $0.95kW/m^2$。玉环岛林业用地 $7282.9hm^2$,有林地 $5466.6hm^2$,占全省海岛有林地 7.84%,森林覆盖率 34.5%,立木蓄积总量为 $52808hm^2$,占全省海岛蓄积量 3.59%。

6.1.5　温州及周边海域岛屿资源

该海域岛群主要包括大门鹿西及灵昆诸岛、洞头霓屿诸岛、大北列岛、北麂列岛、南麂列岛和苍南东部诸岛。其中,大门鹿西及灵昆诸岛位于瓯江口及其外东北侧,分别隶属于温州市瓯海区和洞头区。共有岛屿 41 个,其中面积大于 $1km^2$ 的岛屿 4 个,常住居民岛 4 个,乡镇级建制岛 3 个。洞头霓屿诸岛为洞头列岛的主体岛群,位于瓯江口东南。该岛群共有 146 个岛屿,其中面积大于 $1km^2$ 的岛屿 8 个,常住居民岛 11 个。洞头岛是温州市第二大岛。大北列岛地处飞云江口外东北部,共有岛屿 56 个,其中陆域面积大于 $1km^2$ 的岛屿仅 1 个,常住居民岛 9 个。北麂列岛共有岛屿 35 个,其中常住居民岛 4 个,北麂岛是唯一陆域面积大于 $1km^2$ 的岛屿。南麂列岛共有岛屿 52 个,其中陆地面积大于 $1km^2$ 的 1 个,常住居民岛 3 个。苍南县东部诸岛分布于鳌江口外到霞关港近岸,外加距大陆海岸较远的七星岛,共计海岛 84 个,是浙江省最南端的岛群,其中陆域面积大于 $1km^2$ 的岛屿 3 个,常住居民岛 3 个。

(1)气候条件与水资源

岛群年平均气温为 17.5～17.9℃,极端最高气温 38.7℃,最低气温 -4.3℃。年日照时数 1774～1931.8h,年平均相对湿度 82%,年降水量 1153.5～1543.3mm。年平均风速 2.2～7.2m/s,优势风向大北列岛为静风和东南东风,北麂列岛为北北东风。年有效风能约 1500～4500kWh/m²,有效风能时数约 2200～7900h。年平均雾日 29.3～39.6d。自然灾害主要是台风和干旱。

大门、鹿西及灵昆诸岛多年平均径流深 500～700mm,洞头、霓屿诸岛较低为 450～600mm。具体各主要岛屿水资源如表 6-8 所示。

表 6-8　温州近海主要岛屿水资源情况

岛名	降水量 ($\times 10^6 m^3$)	水面蒸发量 ($\times 10^6 m^3$)	河川径流量 ($\times 10^6 m^3$)	地下水量 ($\times 10^6 m^3$)	水资源总量 ($\times 10^6 m^3$)
大门岛	38.06	28.98	16.32	21.74	4.00
鹿西岛	11.32	8.97	4.75	6.57	1.40
灵昆岛	28.36	18.58	13.20	15.16	0.01
洞头岛	30.85	27.06	12.01	18.84	3.38
状元岙	7.00	5.82	2.81	4.19	0.89
霓屿岛	13.83	10.85	5.84	7.99	1.65
大三盘	2.10	1.81	0.81	1.29	0.28
半屏岛	3.06	2.71	1.17	1.89	0.39

(2)岛屿岸线资源

该海域岛屿深水岸线资源相较于浙北地区偏少。灵昆岛北和西南为瓯江北口和南口,其中北口为瓯江的主要出口,其余诸岛北和岛间以潮流深槽、浅槽为主,最大水深超过33m。大门岛有深水岸线1500m,且水深均超过10m。洞头岛深水岸线长3200m,状元岙岛深水岸线长3000m,大三盘岛深水岸线长1200m,半屏岛深水岸线长1800m,且水深均大于10m。北麂列岛大部分处于20m等深线以内,岛群东、南及东北、西南水深均超过20m。七星岛分布区水深略超过30m。南关岛附近有潮流槽,水深大于20m。

(3)其他资源

该海域岛屿有较为丰富的矿产、林业与自然保护区资源。

大小门岛拥有丰富的花岗岩资源,享有"花岗岩之乡"盛誉。花岗岩出露面积约21.6km²,占岛屿陆域面积75.5%,总储量逾21亿m³,可开采资源量约3.2亿m³。

洞头岛林业用地866.7hm²,有林地402.3hm²,占全省有林地0.58%,森林覆盖率达17.3%;立木蓄积量为14178m²,占全省蓄积量的0.96%。霓屿岛林业用地571.2hm²,有林地283.9hm²,占全省有林地0.41%,森林覆盖率达26.6%;立木蓄积量为434m²,占全省蓄积量的0.03%。

南麂列岛有"贝藻王国"、"碧海仙山"和"海上神农架"之美誉,1990年设立南麂列岛国家海洋级自然保护区,是我国首批五个海洋类型的自然保护区之一。

6.2　岛屿资源利用的技术探索

6.2.1　海洋渔业养殖技术探索与应用

海水养殖是岛屿资源利用的重要方式之一。作为全国岛屿数量居首的省份,浙江省是我国主要的渔业经济大省,素有"中国渔都""鱼米之乡"之称,具备开展海水养殖的天然基础。根据浙江省渔业经济统计资料,浙江省海水养殖产量从 2008 年的 84.05 万吨增加到 2017 年的 116.26 万吨,共增长了 38.32%。同时,根据中国渔业统计年鉴,浙江省水产养殖产量(包括海水养殖与淡水养殖)在水产品总产量中的占比也呈现出上升趋势,从 2013 年的 33.63% 增长至 2019 年的 42.34%。由此可见,海水养殖产业正在浙江省渔业产业中扮演愈发重要的角色。

然而,受到多方面因素的掣肘,浙江省的海水养殖业正面临着巨大的压力。随着浙江省沿海地区工业化与城镇化的快速推进,海水养殖空间受到了严重的挤压。过去几年间,浙江省的水产养殖面积从 2013 年的 302376hm² 减少至 2019 年的 255060hm²,减幅近 15.65%。同时,东海近海地区严重的环境污染导致部分重要养殖水域丧失生产功能,海水养殖业的发展潜力受到了显著的抑制。

在此背景下,立足省内岛屿资源,提升产业附加值与技术含量,发展资源节约型、环境友好型的海水养殖业已是势在必行。目前,浙江省内各高校与科研院所在此领域已做了不少探索,形成了技术积累,在"良种引进与选育育种""海水网箱养殖技术""海水养殖疫病与防控""海水鱼类营养与饲料"等主要研究方向均取得了不错的成绩[1]。

(1)良种引进与选育育种

良种引进(引种),是指从外地或国外引进作物新品种,通过适应性试验,直接在本地区(或本国)推广的一种育种手段。选择育种(选育),则是指从自然和人工创造的变异群体中,采用合适的技术,挑选符合育种目标的基因型,使目标性状稳定遗传下去的过程。目前,我国已在此方面积累了丰富的经验。在引种方面,大菱鲆、美国红鱼等良种的成功,有力推动了我国北方海水鱼养殖产业的发展;良种选育方面,我国已先后培育出了大黄鱼"东海1号""闽1号"、牙鲆"北鲆1号"等新品种,提高了生长速度、成活率、抗病力等,有力推动了海水鱼养殖良种化的进程。

经过数十年的发展,浙江省在渔业引种与选育方面已有了较为丰厚的技术积累。浙江省水产养殖研究所取得了"缢蛏围塘整涂附苗技术""日本真牡蛎人工育苗和增养殖技术""滩涂贝类高效人工繁育及健康养殖技术体系建立与应用"等技术创新。宁波市与舟山市以岱衢族大黄鱼的原种繁育与选育为工作重点,近年来实现了"岱衢族大黄鱼全人工水产育苗""美洲黑石斑及斜带髭鲷人工繁育""厚壳贻贝人工繁育"等技术,并建立了"宁波市水产增养殖种质资源库",开展了梭子蟹、泥蚶、缢蛏等良种选育,突破了黄姑鱼、银鲳和马鲛鱼等本地野生经济鱼种的繁育技术难题[2]。

(2)海水网箱养殖技术

海水网箱养殖,是指利用竹木、金属、合成材料、网片等材料制成某种形状的箱体,将鱼类等生物养在箱内置于海水中,依靠海潮的流动和涨落实现箱内外的水体交换以维持其生存的一种现代化养殖方式,主要依靠人工投喂。海水网箱养殖又包括普通网箱养殖和深水网箱养殖,普通网箱养殖多设置在水深0~10m的浅海,而深水网箱养殖一般设在水深10~30m的海域。近几年海水网箱养殖发展迅速,养殖规模和效益均超过淡水网箱养殖,已然成为网箱养殖的主体。

我国的海水鱼类网箱养殖的技术积累起源于20世纪80年代。随着多种海水养殖鱼类人工繁殖、苗种培育以及养成技术的日臻成熟,网箱养殖快速发展[3]。浙江省网箱养殖业已取得了显著的成果,自2000年浙江海洋学院在沿海自主引入国产深水网箱设备以来,先后完成了上大陈、浪通门、羊峙岛、洛华岛等深网箱基地的建设,并进行了大黄鱼、鲈鱼、美国红鱼等品种的养殖实验。近年来,舟山市提出了深水网箱及养殖的技术攻关与产业化,主要实现了包括"深水网箱高密度养殖技术及设备研制开发""大型深水网箱制造""深水网箱养殖品种优化"等关键技术突破。2020年,嵊泗县实现浙江省首座大型智能深水网箱"嵊海一号"在花鸟岛附近海域的成功投放入海,标志着花鸟乡成为浙江省第一个大型深海网箱养殖试验点。

（3）海洋水产疫病防控

疫病的暴发与传播对于海洋水产养殖业具有严重的负面影响。历史上白斑综合征导致我国对虾养殖产业几乎崩溃,病毒导致我国杂色鲍产业消失。当前,我国养殖水域严重的富营养化与底层缺氧造成海区内病菌大量繁殖,加大了养殖生物染病死亡的风险。无论是考虑到环境资源的紧迫压力还是产业转型升级的现实需求,建立完善的海洋水产疫病防控机制都刻不容缓。

在过去的数十年间,浙江省重点开展了海水养殖鱼、虾、蟹类重大病害病原生物学、病理学、传播途径、流行规律、快速诊断检测技术以及防治方法等方面的研究工作,完成了"水产品中几种重要药物残留关键检测技术""梭子蟹主要病害防治及健康养殖技术研究""白斑综合征病毒与三疣梭子蟹死亡的相关性研究",同时发布了"水产品中氰化物残留量的测定"等行业标准,为进一步研究海洋水产的疫病防控与建立相关标准体系打下了坚实的基础。

（4）海水鱼类营养与饲料

饲料是一切养殖业的物质基础,与水产养殖的产量有着直接的联系。我国虽有悠久的渔业史,但过去主要投喂天然饵料,产量很低。20 世纪 80年代伊始,渔民才开始投喂混合饲料。时至今日,受水产动物营养与饲料相关基础研究不足、饲料加工设备参差不齐、传统养殖观念等因素的影响,水产配合饲料普及率依然不高,制约了海水鱼类养殖的进一步发展。

为进一步推动海水鱼类营养与饲料的相关研究,浙江省相关单位进行了专项技术攻关,重点开展了海水养殖对象的营养与代谢调控研究并进行了饲料生物技术及新型饲料添加剂的开发,完成了"中国对虾配合饵料的研究""海水仔稚鱼系列生物活饵料的大量培养与应用研究""黑鮸、美国红鱼等养殖鱼类营养与饲料产业化研究""梭子蟹主要病害防治及健康养殖技术研究"等相关课题。

6.2.2　清洁可再生能源技术探索与应用

浙江省是全国首个提出创建国家清洁能源的示范省份。在"绿水青山就是金山银山"理念的指导下,浙江省全面推行生态文明建设,大力发展可再生能源,全省可再生能源得到了快速发展。"十三五"期间,全省可再生能源装机增长127%;到2020年末,占电力总装机近1/3。

作为全国岛屿资源最丰富的省份,浙江省一直在积极推动岛屿资源与清洁可再生能源的结合。2012年,浙江省人民政府印发的《浙江省重要海岛开发利用与保护规划的通知》,根据重要海岛的区位条件、资源禀赋及发展基础,对浙江省内100个重要海岛进行了分类规划,专门确立了8个清洁能源岛以期推动清洁能源关联产业的发展。其中,4个海岛位于宁波市,分别为南田岛、高塘岛、屏风山岛和海山屿;2个海岛位于舟山市,分别为大鱼山和东福山;1个海岛位于温州市,为北关岛;1个海岛位于台州市,为雀儿岙岛。目前浙江省已在海洋能资源与风力资源的技术研究方面取得了长足的进步与深厚的积累。

(1)海洋能

海洋能,通常指依附于海水的潮汐能、潮流能、波浪能、温差能和盐差能,是取之不尽、用之不竭的清洁能源。根据国际海洋能组织 Ocean Energy System(OES)的调查,世界潮汐能(含潮流能)、波浪能、温差能、盐差能储量分别为1200、29500、44000、1650TWh/a,资源总储量约为全球现阶段用电量2倍以上,具有巨大的开发价值与应用前景。

根据联合国环境署的数据,我国海洋能可开发利用的蕴藏量达 $1.9 \times 10^8 kW$,约占全球海洋能发电蕴藏量的1/5,是绝对的海洋能大国。然而,我国的海洋能资源分布并不均匀,主要分布于福建与浙江两省。其中,浙江省地处长江和钱塘江的入海口,其下辖的舟山市拥有大小1339个岛屿,是我国潮流能拥有量最大的海域片区。仅舟山群岛海域就拥有 $700 \times 10^4 kW$ 可开发潮流能潜力,具有得天独厚的自然优势。尽管自然资源丰厚,我国目前在海洋能的应用方面相较于技术成熟的欧美国家依然有着较大的差距。譬如在潮汐能发电技术研究方面,我国仍受到材料技术水平有限、发电成本较高等因素的负面影响。当前我国仅剩江厦电站一座正在运行发电的潮汐电站[4]。

幸运的是,随着综合国力的不断增长,我国的海洋能研究正在迅速展开。2010年以来,在海洋可再生能源专项资金支持下,我国累计投入资金约 13.23 亿元,包括试验研究、示范工程、装备产品化、支撑服务等方面,116 个项目获得资助。在此背景下,浙江省海洋能研究也取得了诸多进展[5]。

在潮汐能领域,2010 年以来,我国先后完成了健跳港、乳山口、八尺门、马銮湾、瓯飞等多个万千瓦级潮汐电站工程预可研工作,还开展了利用海湾内外潮波相位差发电、动态潮汐能等新技术的研究。

在潮流能领域,国家科技计划和专项资金等支持使得我国潮流能技术得到了快速发展。2014 年 5 月,浙江大学研制的 60kW 半直驱水平轴潮流能机组工程样机开始在舟山摘箬山岛海域海试。截至 2020 年 4 月底,摘箬山岛海域试验基地累计发电量超过 $200 \times 10^4 kW \cdot h$。另外,2016 年,LHD 林东模块化垂直轴设计装机容量为 3.4MW,实际装机容量 1MW 的大型潮流能发电机组在舟山岱山正式安装下海,后经扩容现机组容量为 1.7MW[6]。

在波浪能领域,我国虽已装备了多种形式的波浪能装置,但基础理论研究不足,实际海况运行效果并不理想,目前仍在进一步研究过程中。自 2010 年海洋能专项设立以后,十几个研究所和大学开展了振荡浮子式、摆式、筏式等波浪能转换装置的研究。2011 年,中国科学院广州能源研究所基于“索尔特点头鸭”装置的概念,提出了“鹰式”波浪能装置的设计理念并将其付诸海试。2018 年,“先导一号”在南海并网运行,这是全球首次波浪能装置在偏远海岛的成功应用。2020 年 7 月,装机容量 500kW 的中国单台装机功率最大的波浪能发电装置“舟山号”开始海试[7]。2021 年 4 月,单机 500kW 波浪能机组“长山号”交付。

(2)风能

风能是太阳能的一种转化形式。作为一种清洁的可再生能源,风能取之不尽,用之不竭。在目前化石能源日趋枯竭和温室气体减排压力巨大的大环境下,加大风能等清洁可再生能源的使用力度是保证能源安全的重要举措。相比于陆地,海面由于粗糙度低,湍流小,剪切力小,风速更大且稳定。在同容量装机的情况下,海上比陆地成本增加 60%,电量亦增加 50% 以上,发电成本未出现较大差异,性价比相对较高。近年来,海上风电已成为国际风电产业发展的新潮流与新方向。

作为海上风能开发重点省份,浙江省内的海上风能资源主要分布于宁波、台州、舟山、温州和嘉兴地区。近海和离大陆较远的海岛是风能资源丰富区,也是浙江风能资源最好的地区。总体来看,浙江省内的海上风能资源呈近海(海岛)—沿海—内陆递减的分布规律。省内大多数岛屿的平均风速在 5m/s 以上,平均风功率密度在 $300\sim400W/m^2$,各类海岛的有效风速小时数在 $6000\sim7000h$,占全年总时数的 $70\%\sim80\%$。丰富的风能资源为浙江省风电事业的发展创造了良好的条件。

浙江省对风能资源的开发利用很早便已开始。浙江运达风电公司早在20 世纪 80 年代就研发了 200kW 风电机组并进行了风电机组并网运行试验,2010 年建设成立风力发电技术国家重点实验室并确立了风力发电机组总体设计技术、风力发电系统控制技术、风力发电机组检测和试验技术以及海上风电关键技术等研究方向。根据 2021 年公布的《浙江省能源发展"十四五"规划(征求意见稿)》,浙江省未来将新增风电 450 万 kW,建成嘉兴1♯、2♯,嵊泗 2♯、5♯、6♯ 等海上风电项目,打造若干个百万千瓦级海上风电基地,开展象山、洞头和苍南深远海风电开发。舟山群岛海域受海岸线走向影响,风能资源比周边地区更丰富[8]。舟山现有六横岛东南侧的普陀风电场和岱山岛西北侧海域的岱山风电场两座海上风电场,长白风电、岑港风电、金塘风电、大衢风电和东绿华风电 5 座地调集中式风电场,已并网运行的总装机容量达到 65.4 万 kW,发电规模占全省风电的 30%左右。宁波象山计划在南田岛以东、檀头山以南海域建设 1 号海上风电场。浙南台州市玉环披山岛东北侧海域预计建设 300MW 的海上风电项目。未来,海上风电的进一步利用应着眼于开发更大容量的海上风电机组,解决好支撑基础,研发出适用的海上风电机组的安装船与漂浮式支撑基础,探索建设深海漂浮式风电场[9]。

6.2.3　岸线与空间资源技术探索与应用

浙江沿海岛屿众多,约占全国岛屿的 1/3。对岛屿岸线开展调查研究获取调查对象的数量与质量,可为岛屿开发、规划、保护与管理等提供科学的依据。通常对海岛资源的调查包括气候、岸线、地质地貌、生物、植被、土地利用等方面的内容。其中,对岸线资源的调查以实地勘测为主、遥感调查为辅。同时,由于河口海岸淤积、人工围垦、填海、港口建设等原因,岛屿个数、面积、岸线长度也在不断变化。遥感技术因其大范围、高效率、低成本等优势,逐渐成为一种实现岸线提取及监测其动态变化的方式,克服了传统岸线提取方法的时间周期长、劳动强度大等缺点[10]。开展大陆海岸线与海岸工程的遥感监测研究,正确把握大陆海岸线的分布状况,揭示大陆海岸线与海岸工程的时空变化特征,能完成宏观、动态、同步监测所研究区域生态环境和资源开发利用状况,弥补常规观测方法的不足。对海岸工程建设造成的海岸线变化、土地利用变化进行研究,以期为探讨其对陆地、海洋生态环境造成的影响打下基础,可以指导海岸工程合理规划,更好地推动沿海地区经济、资源与环境的可持续发展。同时,为海洋经济的发展、海岸带资源的开发、自然环境及生态系统保护等,还可为更深入的研究夯实基础,可为土地可持续利用提供数据支持和技术支撑。因此,利用现代遥感技术与实地调查、校正相结合的方法,在计算机技术的支撑下,快速、有效地对海岛进行调查,查清海岛资源的分布情况与特征,可为地方政府进行海岛资源的开发利用和环境保护提供基础资料。

(1)岛屿岸线监测遥感技术

利用遥感技术手段开展海岸线的变迁研究分为三类:一是不同数据源支持下的海岸线提取方法研究,包括自动化方法和目视解译技术;二是海岸线的精度验证与分析方法研究,以达到对海岸线信息的固有特征和演变规律的分析;三是结合海岸带区域的人文、经济、生态、地理等特征对海岸线的变迁影响因素和效应的分析。

基于遥感影像提取海岸线的方法包括人机交互目视解译法和自动化提取两大类。目视解译法是指结合海岸线在遥感影像上的光学、纹理、下垫面、地理位置等特征形成的"色""形""位"等解译标志,借助图像融合、图像拉伸、主成分变换等遥感增强方法,在遥感图像上获得特定目标地物的过程[11]。自动化提取方法是指以计算机系统为支撑,以数字图像处理技术为基础,根据遥感影像中目标地物的各种影像特征以及统计特征等信息,借助光谱运算、矩阵运算等手段实现对象目标的自动化获取。常用于海岸线信息提取的方法有阈值分割法、图像分类法、边缘检测法、水平集法、主动轮廓模型法等。

海岸线位置精度评价方法一般包括叠加对比法、随机点样本验证法、理论允许最大误差法、基于距离准则的线段匹配法和基于线目标匹配的精度评价方法。海岸线的分析方法可以从基本特征、深层次的特征指标、海陆格局演变、海湾面积特征等角度进行分析。海岸线的深层次的特征指标分析方法，是指构建一定的特征指标对海岸线的形态特征进行挖掘与探讨[12]。

目前，国内外对海岸线变化研究主要针对自然因素的影响，而对人为因素的影响尚待深入。

（2）岛屿岸线遥感技术的应用

国内海岸线调查方面，在 1958—1960 年、1966—1970 年、1980—1986 年进行了三次全国海洋普查；"全国海岛资源综合调查和开发试验"在 1988—1995 年实施，调查了我国海岛岸线状况；2003 年，由国务院批准的"我国近海海洋综合调查与评价"专项（908 海岸带专项）历时 8 年，对我国大陆海岸线进行了系统调查，统计了我国近海海洋资源、环境要素的分布特征和变化规律，更新了我国近海海洋基础数据和图件，实现了海岛海岸带数据的全面更新。

将遥感技术应用于海岸线及海岸带的研究，我国起步较晚。20 世纪 80 年代，恽才兴等学者利用卫星遥感技术，通过对遥感影像中河口及悬浮泥沙、沿海滩涂等的信息提取研究，完成了对我国沿海多个海岸进行的调查研究。之后的研究利用多波段和多时相遥感图像对潮滩的宽度、坡度及海岸带的现状、历史变迁及发展趋势进行分析；将改良的小波变换算法运用到黄河三角洲遥感图像的边缘自动提取；将不同时期的海岸带滩涂资源遥感影像图与 GIS 技术相结合以研究海岸带滩涂的变化趋势。

海岛遥感研究方面，工作均集中在福建、浙江、广西和海南省的海岛。其中有利用美国 Landsat 卫星 TM 数据，识别与量算了福建海岛的位置、形态、面积和岸线长度等信息，并对临界岛的判别与面积量算、岛礁的区别等技术难题作了讨论；根据福建省厦门市 1989—2000 年的岸线不同时相来研究其变化情况；应用航空航天遥感技术对海南岛地质灾害、重点地区矿产资源、旅游资源进行了综合调查，系统分析了地质灾害形成条件与发展趋势，编制了海南岛地质灾害综合区划图；利用 2003 年的 TM 数据，重点分析了广西海岛具代表性岛区的基本特征，讨论了广西海岛资源和开发利用的状况并分析岛屿变化的原因。

国内学者利用遥感技术对浙江省海岸线变迁进行了研究。2003 年之后,有研究利用 Landsat TM/ETM 以及 SPOT 图像,对舟山群岛—宁波深水港群现状、海岸类型和仓储场地进行调查,并结合常规调查数据,对港口资源进行了综合评价[13];应用 IKONOS 卫星遥感图像监测南麂列岛土地覆盖状况;采用具有 1m 空间分辨率的 IKONOS 卫星数据,对南麂列岛土地覆盖进行监测研究,提取南麂岛的植被覆盖和土地利用信息,获得草地、灌木林地、庄稼地和居民地等主要土地覆盖类型及其分布图,并开发了南麂列岛海洋自然保护区信息系统。2006 年,有研究利用 TM 数据,对各岸段不同时期海岸线变迁的幅度与速度进行了数量化的分析与比较,发现浙江海岸线变迁幅度与速度都呈现由南至北逐渐变小的趋势;2010 年,利用 Landsat 和 CBERS 影像结合地形图和潮汐表等数据,对我国海岸线进行了遥感调查与监测,主要就不同海岸类型在长度变化方面进行了分析;对于浙江省人工修建的岸堤、海塘等研究对象,利用 TM、ASTER 和 HJ 影像数据重点研究人类活动对浙江省海岸带的改造;在对海岸线分形特征的尺度效应进行探索性分析的基础上,提取了不同年份的中国大陆海岸线,并对近年来我国大陆海岸线时空变化进行了分析。

6.2.4　岛屿交通与工程技术探索与应用

海岛是国土资源的重要组成,是海洋经济发展的桥头堡。海岛交通建设主要包括陆岛对接工程、港口码头建设和填海造陆工程等三个方面。目前浙江省共有海港 58 个,分布在宁波、舟山、温州、乍浦和海门五个主要港口,为适应海洋经济日益发展的需要,我省海岛陆续建设了一批交通码头和滚装运输线,改建了部分经济大岛的公路,增添了部分客轮和车客渡船,在一定程度上改善了海岛交通的落后面貌。浙江省常住居民超过 5000 人以上的 51 个大岛都有了客货运码头,3000～5000 人的 6 个岛屿建有交通码头。已有海岛客货交通码头 67 座,泊位 70 个,建成滚装轮渡码头 15 座,开通 8 条滚装运输线,海岛公路已达 1200km,其中国道 29km,省道 70km。

温州和台州是省内沿海填海造陆工程的主要开展区域,2021 年台州市现状围填海面积 13681hm²,主要分布在台州湾新区、临海头门港北洋涂、玉环漩门三期、温岭担屿涂、临海红脚岩、三门洋市等区域,温州更是计划造陆

20 万亩。除此之外，舟山民航机场也使浙江省海岛交通跃上了新的台阶。

(1)深水港口发展技术

目前，浙江依托丰富的岛屿与岸线资源，已经形成以宁波—舟山港为中心，温州、台州、嘉兴港为骨干，其他 39 个地方小港口配套的沿海港口群。近些年来，我国海港码头建设进入了快速发展的阶段，港口建设在朝着大型化及高效化和智能化方向发展，资源节约型与环保型技术成为这一时期港口建设的技术核心。总体来说，我国深水港口、航道等一大批建设和养护关键技术取得了突破，大型、高效港口机械装备研制与开发取得了质的飞跃，总体上已达到世界先进水平，在全球港口机械市场上占据重要地位，现代信息化、智能化技术逐步得到应用。

在洋山港的建设中开发了海岸多功能数学物理复合模型研究、泥沙运动规律和模拟技术、试验潮汐控制等技术[14]。引入全球定位系统和静力触探等技术用于数据采集和自动化处理，提出了 FRP 钢筋混凝土结构初步设计理论与方法[15]。在宁波北仑港区开发了真空预压法、爆炸挤淤法技术和水下深层水泥搅拌法(CDMA)用于软基处理，使其能采用重力式结构。温州港根据瓯江口内深槽动力特征，整治工程采用了丁顺坝组合用于维护水深，在状元岙港区施工建设中，从钢管锚岩桩工程实践中，探索出了一种用锚岩桩替代全断面冲击成孔的新施工方式[16]。

作为未来港口建设发展趋势的资源节约、环境友好型港口关键技术方面，主要有中小码头经济灵活的装备与工艺技术、港口生产的节能减排和港口污染、噪声减少技术。其他的可持续发展方面技术还包括海岸现场观测技术研究，深化骤淤的机理、骤淤预报和防淤减淤措施方法研究，老码头改造、维护技术混凝土结构耐久性与寿命预测、超大型码头新型结构等技术研究。

(2)岛屿连接技术及应用

浙江作为岛屿海湾众多的省份，桥梁工程的建设尤其是跨海大桥的建设对于加强各地之间的联系具有重要意义。浙江省的岛屿连接工程主要有舟山—宁波、舟山—岱山大陆连岛工程、灵倪大堤、象山港大桥等。这些连接工程不仅连接了里钓岛、富翅岛、册子岛、金塘岛等岛屿，还缩短了岛屿与陆域的距离，节约了运输时间，促进了区域交通运输一体化，完善了周边区域的物流网络。

不同于陆地桥梁建设,海上桥梁工程施工工程量巨大,工序繁杂,施工作业点多,工艺衔接点多,需要很好地组织、协调施工各方的关系。同时,台风、大风、大潮、巨浪、急流、暴雨、大雾及雷电等气象水文条件复杂恶劣,并且海上施工需要大量的船舶运输,这也加大了海上施工的安全隐患与管理难度。在诸多施工技术难题中,桥梁基础施工受海洋环境影响最为明显。我国跨海大桥建设的迅猛发展,海上施工平台、耐久性设计、预制套箱承台等技术逐渐地崭露头角,很好地解决了施工遇到的各项难题,促进了我国跨海大桥的建设发展。

近年来,杭州湾大桥等一大批特大型跨海大桥的工程施工中使用了大量针对桥梁的施工工艺和专门设计制造的定制设备,其中包括深水打桩机、大口径专用钻机、海上运架梁起重设备等。为了解决因海上施工环境复杂恶劣而延误工程进度的问题,常采用工厂预制构件分段组装,将海上施工作业转移到陆地。这一装配式方案逐渐在桥梁施工中得到应用,由小型单个预制组件安装到大型承台、混凝土套箱整体组装,节约了造价,加快了工程进度[17]。装配化是未来跨海大桥施工技术发展的一个重要的方向。

针对海工混凝土结构防腐蚀问题,我国在海港工程做了一定的调研工作,例如中国科学院海洋研究所与有关科研单位联合研究开发了适合海港码头、海洋桥梁、海洋石油平台等钢铁设施的新型包覆防蚀 PTC 技术。此外还有钢筋防腐涂层技术、电化学防腐蚀技术等方面的技术措施。

在工程建设中还利用多种现代信息技术,开展大型深水基础安全与健康监测、承台温控监测、钢吊箱整体下放过程中应力变形监测,应用浅地层剖面仪、侧扫声呐系统和多波速测深仪对河床防护结构、桩底注浆进行检测[18]。

(3)填海造陆技术及应用

进入 21 世纪,随着经济建设的快速发展,围海造陆成为中国沿海地区解决建设用地的重要手段。现阶段的围海造陆工程具有规模大、速度快、难度高的特点,因此,现阶段的围海造陆工程,是在拟填的海域中围拦出围堤,在围堤内抛填岩土材料形成陆域,并对其进行地基处理以满足使用要求的工程。围海造陆技术按工程环节依次包括围堰隔堤技术、陆域形成技术与地基处理技术。

围堰隔堤是指在拟建海域通过围堰的方式形成造陆界限,并形成后续工程的交通条件,一般使用抛石挤淤法。近年来,新型围堰技术得到应用,如复合沙袋围堰技术、大直径钢圆筒围堰技术、充水管袋临时性围堰技术、自流式模袋充泥筑堤技术等。陆域形成是指在围堰内抛填岩土材料而形成陆域的工程。陆域形成技术有干填法、吹填法及干湿结合法。地基处理技术是指对形成的陆域地基进行加固处理以满足使用要求的技术,是围海造陆工程的重要组成部分。

围绕填海造陆相关工程的技术研究涉及方面众多,主要侧重陆域形成填土技术研究。为了减少粗颗粒填料的使用量,同时加速疏浚泥、吹填土地基的固结,探索出了一种利用成层的夹砂土层的吹填方法[19]。此外,国内外学者还尝试在疏浚泥中添加适量的水泥等固化剂,使其变成具有良好工程特性的材料。经过处理的疏浚泥可用作围海造陆的填筑材料,当水下淤泥厚度大于5m,结合水下强夯挤淤法、爆破挤淤法,利用外力的作用加强块石置换的深度。为满足大规模的机械化施工及大重型施工机械进入,中交四航工程研究院有限公司成功开发了浅表层快速加固整套技术。有学者结合温州某新吹填淤泥处理工程,提出了取消排水砂垫层的吹填淤泥浅层处理施工工艺并进行了现场试验研究。后续还开展了浅层超软地基真空预压加固技术、塑料排水板的浅层真空预压法、复式负压快速固结等技术用于超软地基处理[20]。此外,还有多点胁迫振冲联合挤密法和强排水复合型动力固结法适用于大型吹填土地基加固处理。

6.3　岛屿资源利用的政策演进

我国是一个海岛大国,大大小小岛屿很多,有着得天独厚的海岛资源。海岛按照有无常住人口可分为有居民海岛和无居民海岛两大类。其中大部分是无居民海岛,数量多,约占总海岛面积94%。其面积小,具有独立、封闭、生态系统脆弱的特点,有自己相对独立的生态系统,综合开发利用的价值也比较突出。有居民海岛的数量少,但面积大、深水海岸线长,且离岸距离近、岛陆连结工程完善,开发相对较完善。

有居民岛开发历史悠久,土地拥有权比较明确,但海岛地区存在交通不便、淡水等资源短缺、基础设施落后、防灾能力薄弱等问题,这些现实状况严重制约了海岛地区经济社会发展。因此,要加强海岛地区交通,水资源保障,电力、防灾减灾等基础设施建设,大力发展海岛地区教育、卫生、就业和社会保障等社会事业,加快发展海岛特色经济,进一步加强海岛资源与生态系统保护,加强对海岛地区经济社会发展的政策支持,有效促进海岛地区经济社会的发展。

无居民海岛是国家海洋领土的重要组成,其周围有丰富的海洋生物、港口、油气、矿产、海洋能、风能和海洋空间资源,在海域资源环境利用上具有重要的地位与作用。无居民海岛分布范围广,加之现行的海岛开发技术水平低,利用效率低下,管理长期滞后,对海岛尤其是无居民海岛的盲目性和破坏性开发,自然环境和资源严重遭受破坏,甚至影响到了我国领海、专属经济区等的主权和安全。

6.3.1　有居民岛资源开发利用政策

(1)国家有居民岛开发利用基本政策

20 世纪 80 年代末,随着改革开放的不断深入,中国有居民海岛的开放与开发活动空前活跃,经济发展取得了长足进步,港口建设、交通运输、供水供电、社会保障等各项事业也稳步推进。然而,由于缺乏统一规划与科学管理,30 多年来粗放、无序的发展模式也给海岛的生态环境造成了严重破坏。2010 年 3 月《中华人民共和国海岛保护法》正式实施,国内相关海岛综合开发保护规划才被实践重视。随后 2010—2012 年的 3 年间,国家印发的关于海岛的政策共有 6 部。但这 6 部法规均侧重于海岛保护方面,包括 2018 年印发的《海岛及海域保护资金管理办法》同样是对海域和海岛保护方面进行了规范(见表 6-9)。国家层面对于海岛的开发重视度不够,缺乏一套行之有效的政策和方法。

而在海岛保护方面,长期以来,由于人们的海岛保护意识还比较薄弱,海岛保护与利用缺乏科学合理规划,开发活动自主性、随意性大,导致海岛生态破坏严重、开发秩序混乱,严重损害了中国的海岛生态,迫切需要通过海岛立法予以解决。2010 年,颁布了《中华人民共和国海岛保护法》。2012

年,国家制定了《全国海岛保护规划》,这是继《中华人民共和国海岛保护法》之后,我国在推进海岛事业发展方面的又一重大举措,对于保护海岛及其周边海域生态系统、合理开发利用海岛资源、维护国家海洋权益、促进海岛地区经济社会可持续发展具有重要意义。

表 6-9　国家有关岛屿开发利用的政策法规

时间、政策法规	制定部门	主要内容
2010 年 3 月 1 日起实施《中华人民共和国海岛保护法》	第十一届全国人民代表大会常务委员会第十二次会议	保护海岛及其周边海域生态系统,合理开发利用海岛资源,维护国家海洋权益;国家对海岛实行科学规划、保护优先、合理开发、永续利用原则;无居民海岛属国家所有
2010 年 6 月印发《海岛名称管理办法》(国海发〔2010〕16 号)	国家海洋局	加强对海岛名称的管理,适应海岛开发、建设、保护与管理的需要
2010 年 8 月 25 日《省级海岛保护规划编制管理办法》(国海发〔2010〕25 号)	国家海洋局	规范省级海岛保护规划编制工作,提高省级海岛保护规划编制科学性
2010 年印发《关于开展海域海岛海岸带整治修复保护工作的若干意见》(国海办字〔2010〕649 号)	国家海洋局	要求省级海洋主管部门编制海域海岛海岸带整治修复保护规划及计划,规范海岛整治修复和保护工作
2010 年 12 月《中国海监海岛保护与利用执法工作实施办法》(国海办字〔2010〕782 号)	国家海洋局	对有居民海岛及其周边海域生态保护、无居民海岛保护和开发利用活动和特殊用途海岛保护进行监督检查
2012 年 4 月 19 日正式公布《全国海岛保护规划》	国家海洋局	全面分析了当前海岛保护与利用的现状、存在的问题和面临的形势,提出了 2020 年规划目标,明确了海岛分类、分区保护的具体要求,确定了海岛资源和生态调查评估、偏远海岛开发利用等十项重点工程,并在组织领导、法治建设、能力建设、公众参与、工程管理和资金保障等方面提出了具体保障措施

时间、政策法规	制定部门	主要内容
2018 年 12 月印发《海岛及海域保护资金管理办法》（财建〔2018〕861 号）	财政部	加强和规范海岛及海域保护资金管理，提高资金使用效益，促进海洋生态文明建设和海域的合理开发、可持续利用

（2）浙江省有居民岛开发利用地方政策

1）省级有居民岛开发利用政策

浙江海岛数量多、分布广、类型多样。全省 100 个重要海岛中，有居民海岛占 92 个，均进行了不同程度的开发利用。不同的海岛由于其区位条件、自然条件和资源特征的差异，存在不同的价值，因此，进行浙江海岛价值评价和分类是进行浙江海岛开发的前提和基础，应在符合海岛主导功能的基础上，实行分类型、分时序的引导，有序进行海岛开发利用。浙江省颁布的关于海岛的政策，大部分针对不同海岛的资源类型与价值，以及开发利用程度进行分类，根据个体海岛特色，按照功能用途的不同，实施差异化开发利用和保护详细政策（见表 6-10）。

表 6-10　浙江省有关岛屿开发利用的政策法规

时间、法规	制定部门	关于海岛的主要内容
2011 年发布《关于印发浙江省重要海岛开发利用与保护规划的通知》（浙政发〔2011〕48 号）	浙江省政府办公厅	按照浙江海洋经济发展示范区建设总体要求，以培育重要海岛主导功能为方向，以港口物流、临港工业、清洁能源、滨海旅游、现代渔业、海洋科教和海洋保护等为重点，以推进海岛开发开放为动力，以维护海洋生态平衡为前提，立足海岛自然资源条件，实施重要海岛分类开发与保护，建立健全符合实际、科学规范的海岛开发与管理制度，推动海岛资源合理利用与有效保护，促进海洋强省建设

续表

时间、法规	制定部门	关于海岛的主要内容
2011 年发布《浙江海洋经济发展示范区规划》	国家发展和改革委员会	提出完善重要海岛基础设施配套。将重要海岛海陆集疏运体系建设纳入国家交通和港口规划,加大对桥隧、航道、锚地、防波堤等基础设施建设支持力度。有序推进海岛供水供电网络与大陆联网工程、风电场建设及并网工程,积极发展海水淡化、海水直接利用,提高水电资源保障能力
2018 年 3 月发布《浙江海岛海水淡化工程实施方案》(浙发改资环〔2018〕98 号)	浙江省发展和改革委员会	阐述了浙江海岛基本情况、海岛常规水资源供应、海岛海水淡化水供应、海岛淡化水需求分析、海岛海水淡化技术应用等方面的情况,提出了浙江实施海岛海水淡化工程的指导思想、基本原则和总体目标,明确了重点任务、重点工程和保障措施
2019 年发布《浙江省海岛大花园建设规划(2019—2025 年)》	浙江省发展和改革委员会	提出"生态护岛""旅游兴岛""绿色用岛""设施联岛""创新活岛"等五大行动,培育展现浙江海岛风情的十大"海岛公园",推进浙江沿海岛屿串"珠"成链的全域旅游发展
2020 年发布《浙江省十大海岛公园建设三年行动计划(2020—2022)》	浙江省文化和旅游厅	指导"一岛一规划"的编制实施,对浙江省十大海岛公园建设的具体落实
2021 年 5 月发布《浙江省海洋生态环境保护"十四五"规划》	浙江省发展和改革委员会、浙江省生态环境厅	提出要求加快建设海岛生活垃圾处理处置项目,打造海岛资源循环利用基地;提出了立足我省海岛的资源条件和发展基础,加强人文与自然生态相融合,建设展现海岛风情的美丽城市、美丽乡村、美丽田园、美丽海岸、美丽渔港,打造长三角海上大花园;重点建设嵊泗等十大海岛公园,推进海岛特别是十大海岛公园的全域旅游发展

2)市级有居民岛开发利用政策

新形势下,发展海洋经济已上升为国家战略,海岛成了海洋经济开发的热土。其中,有居民海岛是海岛地区社会经济活动的载体,是自然、经济、社会等各种要素综合影响的产物,在长期的历史发展过程中已形成较为固定的开发利用方式,并且具有地理区域适应性。但与沿海陆域相比,有居民海岛总体开发程度不高,而且发展不均衡;与无居民海岛相比,它具有与陆地距离较近、面积较大、有一定行政建制、基础设施相对完善、资源相对充足、开发利用比较剧烈等特点,理论上与实践中都很难把有居民海岛视为一种独立的资源种类。因此,在有居民海岛政策制定中,需要关注海岛中的居民和独特资源,根据实际情况来制定政策法规(见表 6-11)。

表 6-11　浙江省市级有关有居民岛开发利用的政策法规

地方	时间、政策法规	制定部门	关于海岛的主要内容
宁波市	2011 年 5 月发布《宁波市海洋经济发展规划》	宁波市人民政府办公室	科学开发利用十岛,重点开发梅山岛、大榭岛、南田岛、高塘岛、花岙岛、檀头山岛、对面山岛、东门岛、悬山岛、田湾山岛等重要海岛,着力打造成为全省乃至全国重要的综合利用岛、港口物流岛、临港工业岛、海洋旅游岛、清洁能源岛等,努力成为我国海洋开发开放的先导地区
宁波市	2013 年 4 月发布《关于修改〈宁波大榭开发区条例〉的决定》	宁波市人民代表大会常务委员会	调整、明确了开发建设管理的主体、开发区管委会的职权、开发区内投资建设或兴办项目、企业的规定,更加符合大榭开发区管理体制的实际,为大榭开发区经济社会快速发展提供了良好的法律保障
宁波市	2013 年印发《浙江省重要海岛开发利用与保护规划象山县实施方案》	象山县发展和改革委员会	明确了 10 个省级重要海岛的功能定位、空间布局、产业培育内容、主要项目安排、开发保护时序、生态保护举措等,将初步建立起海岛开发开放新格局和高效、综合、规范的现代海岛管理体系
宁波市	2014 年发布《关于印发象山县海域海岛储备管理暂行办法的通知》(象政发〔2014〕25 号)	象山县政府办公室	建立海域海岛储备出让机制,参照土地储备管理办法,对依法取得使用权的海域或无居民海岛,进行前期开发、储存,再以"招拍挂"方式公开出让使用权,积极推动了海洋资源市场化配置改革进程

续表

地方	时间、政策法规	制定部门	关于海岛的主要内容
宁波市	2013 年颁布《象山县海域海岛基准价格》	象山县人民政府	对全县海域海岛供需状况进行系统梳理,建立海域海岛储备数据库,实行动态跟踪管理;专门建立海洋资源管理中心网络平台,定期发布海域海岛储备信息,落实储备运营报告制度
宁波市	2020 年发布《推进宁波舟山一体化发展 2020 年工作要点》	宁波市人民政府、舟山市人民政府	开展海上非法捕捞重点区、渔业资源保护区、非法海砂采运区、管辖海域交叉区联合专项整治,深入开展"一打三整治"等海上联合执法检查,共同推进两市海域海岛保护利用
宁波市	2021 年,印发《宁波市海洋经济发展"十四五"规划》	宁波市人民政府	重点开发梅山岛、大榭岛、南田岛、高塘岛、花岙岛、檀头山岛、对面山岛、东门岛、悬山岛、田湾山岛等重要海岛,着力打造成为全省乃至全国重要的综合利用岛、临港工业岛和港口物流岛、海洋旅游岛、清洁能源岛等,建立和完善高效、综合、规范的现代海岛管理体系
宁波市	2021 年印发《中国(浙江)自由贸易试验区宁波片区建设方案》	宁波市人民政府办公厅	提出大榭片为油气全产业链、新材料创新和国际航运枢纽功能区;梅山片为国际供应链创新功能区,打造具有全球影响力的国际供应链创新中心;综保片为新型国际贸易和智能制造产业高质量发展示范区
舟山市	2013 年 1 月国务院已正式批复《浙江舟山群岛新区发展规划》(2012—2030)	舟山市自然资源和规划局	明确了舟山群岛新区作为浙江海洋经济发展先导区、全国海洋综合开发试验区、长江三角洲地区经济发展重要增长极"三大战略定位"和中国大宗商品储运中转加工交易中心、东部地区重要的海上开放门户、重要的现代海洋产业基地、海洋海岛综合保护开发示范区和陆海统筹发展先行区"五大发展目标"

续表

地方	时间、政策法规	制定部门	关于海岛的主要内容
舟山市	2014 年发布《舟山市土地利用总体规划（2006—2020 年）（2013 年修改版）》	舟山市自然资源和规划局	实施"陆海统筹、集约用地、保护耕地、生态优先"的土地利用战略，将新区建成海洋经济领先、工业港口重塑、城镇风光独特、生态环境美好的海岛花园城市；首期新增 12 万亩建设用地规划指标，并适当调整了基本农田保护任务，至少保障了新区到 2020 年的规划新增建设用地
舟山市	2016 年 11 月 1 日《舟山市国家级海洋特别保护区管理条例》	舟山市第六届人民代表大会常务委员会第四十一次会议	用于国家海洋行政主管部门批准设立的浙江嵊泗马鞍列岛海洋特别保护区、浙江普陀中街山列岛海洋特别保护区的规划、建设、保护、利用和监督管理等活动
舟山市	2017 年印发《中国（舟山）海洋科学城定海园区建设实施方案》	中共舟山市定海区委、区政府办公室	围绕"创新驱动"发展战略，全面强化平台支撑和服务保障，高标准推进城西"双创"走廊建设，积极谋划打造定海海洋科学城，力争建成省内一流的科技创业园
舟山市	2019 年 5 月印发《舟山市海岛保护规划（2017—2022）》	舟山市海洋勘测设计院	舟山市定海、普陀、岱山、嵊泗等四县区海岛保护规划一并通过评审；该规划以省规划总体格局为依据，综合分析舟山市海岛的开发利用潜力、生态环境影响以及资源利用效益，明确舟山市海岛岛群的功能定位、近远期保护与利用安排等相关保护要求
舟山市	2020 年 11 月发布《舟山市建设项目用海用岛全周期监督管理意见》	舟山市自然资源和规划局	对舟山市辖区内建设项目新增用海用岛实行全周期监督管理。要求项目用海用岛面积、用海用岛方式、界址、施工方式、岸线占用等是否与批复文件一致，严格按照批准的用海用岛方案和平面设计进行施工；不允许存在擅自改扩建、擅自改变海域用途以及其他违法违规用海用岛行为的情况等

续表

地方	时间、政策法规	制定部门	关于海岛的主要内容
温州市	2020年发布《关于坚持农业农村优先发展加快海岛乡村振兴的若干意见》(洞政办发〔2020〕4号)	洞头区政府(外事办、大数据发展管理局)	包含绿色农业发展、构建质量安全农产品体系、鼓励承包地流转、支持农业产业做强、支持农产品展示展销、鼓励休闲渔农业发展、支持现代渔业发展、鼓励开展渔船安全改造、规范发展"三位一体"合作组织、推广"两菜一鱼"区域品牌等十个方面补助;旨在培育农业农村转型发展新动能,巩固提升农业产业化水平,加快我区现代渔农业发展,推进海岛乡村振兴
台州市	2016年印发《建设湾区经济发展试验区的实施意见》	台州市人民政府办公室	加快滨海旅游产业发展,加强大陈岛、蛇蟠岛等近岸海岛开发力度,支持游艇基地及游艇俱乐部建设,共建"三湾"滨海旅游黄金线
台州市	2015年印发《浙江玉环海岛统筹发展试验区规划》	浙江省发展和改革委员会	率先开展海岛统筹发展先行先试,推动浙江海洋经济发展示范区建设,促进我省海洋经济转型升级,加强我省对台开放合作,推进我省海岛城乡统筹和海陆联动发展
嘉兴市	2013年发布《海盐核电综合旅游区开发规划》	浙江美地思旅游规划研究中心	拟将秦山、海岛、乡村旅游等资源整合,共同组成既有核电文化,又有海盐历史文化的特色旅游线,实现核电旅游参与化、海岛旅游生态化、农业旅游休闲化

宁波的有居民海岛主要分布在北仑区和象山县,其中北仑区的有居民海岛以大榭岛为典型,比如2013年4月发布的《关于修改〈宁波大榭开发区条例〉的决定》,促进大榭岛的开发有法可依;而大部分的有居民海岛分布在象山县,象山县关于有居民海岛开发的政策也更丰富、全面。

2013年,象山县颁发了多部政策法规用于促进海岛的开发利用。1月份,象山县编制出台全国首个《海域海岛基准价格》评估体系,为海域海岛使用权储备、出让流转提供执行基础,标志着象山县在提升海域海岛使用价值和优化海域海岛使用权市场配置上迈出了重要的一步。之后,象山县海洋与渔业局还组织实施了鹤浦镇盘基塘1号宗海域使用权挂牌出让,最终中国供销集团(宁波)海洋经济发展有限公司竞得该宗海域使用权,成交价

2536 万元。这也是象山海域海岛基准价格发布后实施的首个海域使用权出让项目。4 月,《浙江省重要海岛开发利用与保护规划象山县实施方案》印发,针对不同海岛的资源价值和开发程度,明确了 10 个省级重要海岛的功能定位。其中,南田岛战略定位为浙江省清洁能源岛、浙江省现代渔业岛;高塘岛战略定位为浙江省清洁能源岛、对台经贸合作示范岛;屏风山岛战略定位为浙江省清洁能源综合利用智能信息岛;海山岛的战略定位为浙江省清洁能源高效利用示范岛;花春岛战略定位为高品质旅游岛;檀头山岛战略定位为长三角浪漫爱情岛;对面山岛战略定位为长三角商务旅游岛;东门岛战略定位为长三角渔文化传承示范岛;南韭山岛战略定位为国家级海洋生态自然保护区、全国著名的海洋科研科普岛;北渔山岛战略定位为国家级海洋生态特别保护区、国际海钓岛。

舟山市是一个以群岛建制的地级市,海岛数量占浙江省的将近一半,居民在舟山群岛中生活历史悠久,基础设施不断建设,经济产业发展进步,因此相关部门的政策也在不断推进,在海岛保护、土地利用、产业发展等多方面作出了详细的规划。

2013 年 1 月国务院已正式批复《浙江舟山群岛新区发展规划》。从 2011 年 6 月 30 日舟山正式成为首个以海洋经济为主题的国家级新区,到如今为其量身打造的《浙江舟山群岛新区发展规划》获国务院批复,这个东海上的美丽海岛终于有了一个明确而具体的发展方向。群岛新区定位和发展功能的逐步清晰,除了给舟山自身发展带来前所未有的契机,更重要的是,它为浙江经济发展开辟了一条新路径,为全省的经济结构转型带来了新机遇。还包括 2014 年同意的《舟山市土地利用总体规划(2006—2020 年)》(2013 年修改版)、2016 年 1 月通过的《舟山市国家级海洋特别保护区管理条例》、2019 年 5 月发布的《舟山市海岛保护规划(2017—2022)》等政策,都对舟山海岛的基础设施建设、居民生活保障、特色海岛开发等做出详细的规划和指导,为促进舟山经济发展打下坚实基础。

温州市、台州市和嘉兴市的有居民海岛相对较少,其开发利用是基于国家或浙江省相关政策的实际情况作出的规定,与沿海地区的开发相差不大,海岛个体特色体现不大,还需要加大政策、技术的支持,大力开发。

6.3.2 无居民岛资源开发利用政策

（1）国家无居民岛开发利用基本政策

我国有关海岛开发的政策存在起步晚、政策不完善、国家与地方衔接不当等问题。2003 年之前，包括浙江在内的各省开发利用海岛资源的政策缺少，基本是无法可依。当时，无居民岛的开发存在粗放开发、单纯利用、综合效益普遍低下等问题。直到 2003 年发布的《无居民海岛保护与利用管理规定》，加强了对无居民海岛的管理，此后关于无居民海岛开发的相关政策接连制定（表 6-12）。实施之初，包括外资在内的大量资金涌向沿海各省份的无居民海岛，各地和个人纷纷申请开发海岛。但此时，无居民海岛仍是以粗放型增长为主流发展模式，存在缺乏统一规划和多头管理，海岛的使用权和承包权的审批混乱，最后海岛开发热潮很快散去。

表 6-12　国家有关无居民岛开发利用的政策法规

时间、政策法规	制定部门	关于无居民海岛的主要内容或地位
2003 年印发《无居民海岛保护与利用管理规定》	国家海洋局、民政部、总参谋部	无居民海岛属于国家所有；国家实行无居民海岛功能区划和保护与利用规划制度
2010 年印发《无居民海岛使用金征收使用管理办法》	财政部、国家海洋局	确定了无居民海岛使用金最低价制度和评估制度；明确了无居民海岛使用金征收、免缴、使用、监督检查与法律责任等
2010 年印发《无居民海岛使用项目评审工作的若干意见》	财政部、国家海洋局	明确了国家和省开展无居民海岛开发利用审核工作的程序；无居民海岛使用项目评审工作进行了规范
2010 年印发《无居民海岛开发利用具体方案编制办法》《无居民海岛使用申请书》	国家海洋局	规范无居民海岛申报材料的编写工作；对具体方案中的工程建设方案和生态保护方案作出规定
2011 年印发《首批无居民海岛开发名录》	国家海洋局	积极引导单位和个人按照开发利用无居民海岛名录，科学、合理、有序地开展无居民海岛开发利用活动

时间、政策法规	制定部门	关于无居民海岛的主要内容或地位
2011 年印发《无居民海岛使用申请审批试行办法》	国家海洋局	划分了无居民海岛审批权限
2011 年印发《无居民海岛保护和利用指导意见》	国家海洋局	对地形地貌、海岸线、动植物资源、淡水、人文遗迹及公益设施的保护和利用和废弃物的处理提出了要求和具体操作,积极倡导新能源新材料的广泛应用,严格限制填海连岛工程,规范用岛秩序
2011 年印发《无居民海岛用岛区块划分意见》	国家海洋局	以工程设计标准和行业规划编制规范为主要依据对海岛进行区块划分,保持区块的相对完整性和避免区块重叠
2011 年印发《无居民海岛使用测量规范》	国家海洋局	规范和指导无居民海岛使用测量工作
2018 年印发《无居民海岛开发利用审批办法》	国家海洋局	对申请受理、审查、批复、登记环节作出了规定;印发之日起,2011 年印发的《无居民海岛申请审批试行办法》同时废止
2018 年 3 月印发《调整海域无居民海岛使用金征收标准》	财政部、国家海洋局	征收海域使用金和无居民海岛使用金统一按照国家标准执行;居民海岛使用权出让实行最低标准限制制度

2010 年 3 月,《中华人民共和国海岛保护法》正式实施,国家对海岛的重视度逐渐上升。由此,国家海洋局在 2010 年 6 月至 10 月期间陆续公布了《无居民海岛使用金征收使用管理办法》《无居民海岛使用项目评审工作的若干意见》《无居民海岛开发利用具体方案编制办法》《无居民海岛使用申请书》《无居民海岛使用论证资质单位名单》等政策,用于规范省级海岛保护规划编制工作,提高省级海岛保护规划编制科学性。一系列政策的实施,极大地激发了民间利用开发海岛的热情,宁波市大羊屿岛使用权就是通过公开拍卖方式出让的。

国家无居民岛开发系列政策发布后,2010 年 10 月,沿海各省启动了第一批无居民海岛名录制定工作。到 2011 年 4 月,国家海洋局公布了《首批无居民海岛开发名录》,共有 176 个可开发利用的无居民海岛,涉及沿海的

8个省区。海岛开发主要用于旅游娱乐、交通运输、工业、仓储、渔业、农林牧业、可再生能源、城乡建设、公共服务等多个领域,最长开发使用年限为50年。这次公布名录,再次引发了对无居民海岛的投资热潮。

为防止各省无居民海岛开发无序、建设成本高昂、开发与生态保护边界不清等原因,促进无居民海岛使用申请审批工作规范化,国家海洋局海岛管理办公室相关负责人在公布名录时表示,原则上无居民海岛不进行房地产住宅开发,无户籍常住人口,不会因为开发利用变为有居民海岛,并在2011年4月再次印发《无居民海岛使用申请审批试行办法》,对申请审批权限划分、审批程序、内容等都作了详细规定。《办法》规定,《中华人民共和国海岛保护法》实施前,已经获得批准的无居民海岛使用项目,凡符合海岛保护规划的,由县级(市级)政府补编无居民海岛保护和利用规划,并由国家海洋局或省级海洋主管部门补办无居民海岛使用手续,不再进行论证评审,但需提交无居民海岛使用申请书和无居民海岛开发利用具体方案,补缴无居民海岛使用金差价。宁波市旦门山岛就属于这种情况。到2018年,国家海洋局《无居民海岛开发利用审批办法》印发的同时,废止了2011年印发的《无居民海岛申请审批试行办法》。

此外,2011年8月,国家海洋局出台了《无居民海岛保护和利用指导意见》《无居民海岛用岛区块划分意见》《无居民海岛使用测量规范》等政策,有力改善了无居民海岛开发混乱的情况,遏制了海岛填海造陆、开山炸岛挖沙等行为。

随着无居民海岛开发利用与保护的各项政策的印发,其开发秩序进一步规范。截至2015年底,我国已建成各类涉岛保护区180个,全国共颁发《无居民海岛使用权证书》16本。之后,关于无居民海岛政策逐渐减少。直到2018年,财政部、国家海洋局制定了《调整海域无居民海岛使用金征收标准》,弥补《无居民海岛使用金征收使用管理办法》中无居民海岛使用权出让最低价偏低,使得一些拥有丰富矿产、生物、景观等资源的无居民海岛的实际价值难以体现,以及使用金征收标准偏低等问题。

(2)浙江省无居民岛开发利用政策

1)省级无居民岛开发利用政策

中央政府对无居民海岛的管理政策尚留下了许多供地方政府因地制宜

创新的空间,如对于无居民海岛使用金、开发保护模式选择、省域海岛规划与单个海岛开发保护利用方案编制、审批体制与产权交易等。地方对于无居民岛开发利用政策的制定需要以国家政策法规文件为基础,在不违反国家制定的法律法规的基础上,根据当地的实际情况,对无居民海岛的开发利用程序进行细化(见表 6-13)。

表 6-13　浙江省有关无居民岛开发利用的政策法规

年份、政策法规	制定部门	关于无居民海岛的主要内容
2011 年印发《浙江海洋经济发展示范区规划》	国务院批复	强化无居民海岛使用权管理,合理利用海岛资源;建立海岛巡查、修复和利用评估制度,禁止开发未经批准利用的无居民海岛
2011 年 11 月印发《浙江省无居民海岛使用金征收使用管理办法》(浙政办发〔2011〕123 号)	浙江省人民政府办公厅	对无居民海岛使用金的征收、免缴、使用和监督检查与法律责任等方面作出规定
2013 年 6 月印发《浙江省无居民海岛开发利用管理办法》	浙江省海洋与渔业局	规范和指示了居民海岛保护和利用规范、开发利用审批程序以及省区县等内容
2013 年 6 月实施《浙江省无居民海岛使用权招标拍卖挂牌出让管理暂行办法》(浙海渔发〔2013〕19 号)	浙江省国土资源厅	对省人民政府审批权限内,以招标、拍卖或者挂牌方式出让无居民海岛使用权进行了规范和指示
2019 年 1 月印发《关于加强无居民海岛开发利用申请审批管理工作的通知》	浙江省自然资源厅	规范浙江省无居民海岛开发利用审批管理工作;对无居民海岛的审批范围、部门职责、审批程序、后续管理进行了规定
2020 年 7 月印发《关于加强无居民海岛使用金征收管理的意见》(浙政办发〔2020〕33 号)	浙江省人民政府办公厅	明确浙江(除宁波外)海域使用金征收标准和无居民海岛使用金征收标准,进一步健全了无居民海岛使用金征收管理机制
2021 年 6 月印发《关于进一步规范无居民海岛使用权招标拍卖挂牌出让管理工作的通知》(浙自然资规〔2021〕2 号)	浙江省自然资源厅	规范无居民海岛使用权出让行为;明确规范与指示出让范围、部门职责、报批程序、出让程序等

近年来,海洋经济已成为我国国民经济的一个新增长点,是转型升级的重要突破口。浙江海域面积广大,海岛众多,跳出陆地,发展海洋,成为浙江的必然选择。2011年3月1日,国务院正式批复《浙江海洋经济发展示范区规划》,这是我国第一个海洋经济发展示范区规划,也是新中国成立后浙江省第一个国家级经济发展战略,意味着浙江向海洋经济世纪迈进的大门已经洞开。海岛作为重要的海洋经济资源,《规划》中对无居民海岛的开发利用方面做出叙述,提出开展无居民海岛普查,加大资金投入,加强海岛资源的分类管理与有效保护。但《浙江海洋经济发展示范区规划》仅仅是对无居民岛开发利用的提出,对开放利用办法还需要继续细化。

浙江省关于无居民海岛开发的政策大多是在国家政策基础上进行地方细化、具体化。2011年,浙江在国家2010年印发的《无居民海岛使用金征收使用管理办法》基础上,结合浙江省的情况,印发了《浙江省无居民海岛使用金征收使用管理办法》;2013年6月,浙江以国家2011年印发《无居民海岛保护和利用指导意见》为基础,正式实施《浙江省无居民海岛开发利用管理办法》;根据国家2018年发布的《无居民海岛使用金征收标准》,2020年浙江省人民政府办公厅印发了《关于加强无居民海岛使用金征收管理的意见》;2021年,根据《无居民海岛开发利用审批办法》,浙江省自然资源厅发布了《关于进一步规范无居民海岛使用权招标拍卖挂牌出让管理工作的通知》。

其中,2013年印发的《浙江省无居民海岛开发利用管理办法》,是2010年《中华人民共和国海岛保护法》实施以来,全国范围内首个规范无居民海岛开发利用活动的政府规章。它在《中华人民共和国海岛保护法》的框架下,对无居民海岛使用权公开出让、二级市场流转等首次以法律形式加以明确,在制度设计上走在了全国前列。从此,浙江省无居民海岛的开放有政府规章可依,岛屿资源开发更具合法化。

总之,省级的无居民岛开发法律法规是在国家政策的引领下,针对当地实际情况对无居民岛开发利用的管理、规划和权利等方面进行规定,并对市级海岛开发做出总体规划,起着承上启下的作用。但其一系列可操作的配套制度还有待于制定完善,主要由于国家没有具体的实施细则出台,导致省、市、县政府责任不能明确,也不能形成一个系统的配套政策,浙江省发展无人居住的岛屿,仍然没有实质性的突破。因此,浙江无居民岛开发的政策法规需要不断健全,做到"生态用岛"的手续内容齐全,促进无居民岛的可持续发展。

2)市级有居民岛开发利用政策

浙江省有丰富的海岛资源,据统计,浙江省共有海岛 3061 个,分属嘉兴、舟山、宁波、台州、温州五个沿海城市,其中大部分集中在舟山群岛。不同的海岛,其岛地域分布、自然成因、外部环境不同,资源禀赋差异较大,海岛功能呈现多样化特性。因此各市需要根据各海岛特色,细化国家或省级制定的政策,按照其功能用途,实施差异化开发利用和保护,最大程度提高海岛资源利用价值(见表 6-14)。

表 6-14　浙江省市级有关无居民岛开发利用的政策法规

地方	时间、政策法规	制定部门	主要内容
宁波市	2005 年发布《宁波市无居民海岛管理条例》	浙江省宁波市人大常委会	对宁波行政区域内无居民海岛保护、利用和管理进行规定
宁波市	2011 年 11 月发布《旦门山岛开发利用规划》	国家海洋局第二海洋研究所	旦门山岛 2020 年前投资额不少于 10 亿元,主要建成沙滩高尔夫、温泉度假酒店、海滩泥浴、海岛影视基地等项目
宁波市	2011 年发布《象山县无居民海岛建设开发试行办法》(象政发〔2011〕160 号)	象山县人民政府办公室	规划和指示象山县无居民海岛的利用规划、无居民海岛使用权的出让、基本建设项目的审批管理、权利登记等方面
宁波市	2012 年发布《无居民海岛开发利用具体方案》以及《无居民海岛使用项目论证报告》	浙江省海洋与渔业局	标志着投资公司在获取《无居民海岛临时使用权证》后,可进入实质性的岛上建设工程项目;突出对大羊屿海岛动植物资源、生态环境、海岛景观等的保护;划分了鸟类和沙滩保护区
舟山市	2012 年发布《舟山市定海区"十二五"服务业发展规划》	舟山市定海区人民政府	提出积极实施《定海生态环境功能区规划》,加强对无居民岛开发利用保护,合理利用岛屿资源,保护海洋海岛原生态自然环境

续表

地方	时间、政策法规	制定部门	主要内容
舟山市	2021年发布《舟山市建设项目用海用岛全周期监督管理意见》	舟山市自然资源和规划局	利于加强无居民海岛的使用进行了监管；有效遏制违法违规的用海用岛行为
舟山市	2021年10月发布《浙江省舟山市岱山县秀山青山岛保护和利用规划》	舟山市岱山县人民政府	在保障岱山县发展的基础上，明确规划期间秀山青山岛保护和利用目标，划定海岛空间功能分区，提出海岛空间功能分区的管理要求，为海岛管理部门引导秀山青山岛的保护和利用、审批海岛使用申请、监管海岛使用活动提供依据
温州市洞头县	2004年12月发布《洞头县海洋经济发展规划》	洞头县发展计划局、温州经济建设规划院	按海岛资源优势对洞头县无居民岛进行功能划分，加强无居民岛管理和生态保护，促进无居民岛的合理开发利用
台州市	2021年发布《台州市椒江区大陈镇国民经济和社会发展"十二五"规划》	椒江区发展与改革局	将主要的无居民海岛建造为"一区一场四中心"的格局
嘉兴市	2014年4月发布《关于印发加快推进嘉兴滨海港产城统筹发展试验区建设若干意见的通知》（嘉政办发〔2014〕64号）	嘉兴市人民政府办公室	探索可开发利用无居民海岛的收储制度，实施并规范海岛使用权招标、拍卖及挂牌出让等交易活动；海域使用金留市、县（市）部分，全额支持试验区海域与无居民海岛保护、管理和生态修复

我国关于海岛开发保护的立法工作起步较晚，而作为临港城市的宁波，在全国性法律尚未出台的情况下，最早就无居民海岛进行了地方立法。2005年1月1日《宁波市无居民海岛管理条例》正式实施，这是国内第一个关于无居民海岛的地方性法规。《条例》实施后，推进了宁波市无居民海岛开发、保护了海岛生态环境，但大多无居民海岛开发项目的经营状况还是不容乐观，主要原因是法律法规不完善[21]。

2010年《中华人民共和国海岛保护法》颁布后，全国迎来了海岛开发热潮。2011年4月，国家海洋局公布首批"可开发利用无居民海岛名录"，其中宁波市有 3 座，分别是马岛、大羊屿、牛栏基岛。该名录的公布，意味着单位和个人都可以通过行政审批或招标、拍卖等方式来申请海岛使用权，给民间开发无居民岛提供了依据[22]。2011 年 11 月 4 日，象山海洋产权交易中心成立，在全国属于首创。11 月 8 日，由国家海洋局颁发的编号为"11001"的第一张无居民海岛使用权证落户象山县，旦门山岛成为第一个有证的无居民海岛。首个无居民海岛使用权证书的颁发，标志着我国海岛开发依法用岛的开始，也为今后其他无居民海岛开发项目的依法实施提供了经验。11 日，在象山县举办了全国首个无居民海岛公开拍卖会，象山海洋产权交易中心完成第一笔交易"浙江宁波大羊屿岛进行公开拍卖"，由宁波高宝投资有限公司以 2000 万元的价格拍到大羊屿岛使用权的申请资格，这是我国启动首批无居民海岛开发使用以来首个被公开拍卖的海岛。宁波市的海域海岛开发加速发展，其开发机制创新走在了全国前列。

　　关于上述的旦门山岛，除了颁发使用权证之外，还制定了《旦门山岛开发利用规划》。根据规定，旦门山岛 2020 年前投资额不少于 10 亿元，主要建成沙滩高尔夫、温泉度假酒店、海滩泥浴、海岛影视基地等项目。

　　另一个拥有无居民海岛使用权证的大羊屿岛，也随之颁布了相关政策。2012 年 6 月 11 日，大羊屿《无居民海岛开发利用具体方案》以及《无居民海岛使用项目论证报告》，正式通过浙江省海洋与渔业局组织的专家评审，这标志着"岛主"可以开始实质性的岛上建设工程项目。

　　依据目前的经营模式，两岛 50 年内能否收回成本并盈利，有较大风险。无居民岛开发成本高导致了开发门槛过高，因此在我国现行的无居民海岛开发过程中引入适当的融资模式可以有效地降低门槛，吸引更多的民间资本进入海岛开发市场。

　　无居民海岛的开发是一项长期、复杂的系统工程，是从陆地向海洋延伸的一个新的工作。宁波有关无居民岛开发发展的法律法规正在开发过程中逐渐建立完善，在规范宁波各无居民海岛开发利用使用管理工作，促进无居民海岛的有效保护和合理开发利用等方面发挥了积极作用，但在海岛开发利用方面缺乏一套行之有效的法律机制，这与国家提出海洋经济发展战略、建设海洋经济发展示范区的政策很难呼应。因此需要加强海岛开发政策的制定，在不破坏海岛的前提下，加大对海岛的开发，充分挖掘无居民岛的独特价值,实现其生态效益、经济效益和社会效益。

　　舟山市坐落在舟山群岛中,海岛数量众多,其中无居民海岛 1673 个。面对丰富的无居民海岛资源,舟山人民的开发历史悠久、程度强烈。尽管舟山拥有千座无居民海岛,但针对无居民海岛的开发利用和保护的政策法规较少,且只是在海岛或海洋开发政策中进行简单粗略地描述。舟山海岛情况复杂,在小岛迁大岛过程中出现无居民海岛拥有权不规范等问题,针对舟山实际情况而制定的法律的缺少,将导致无居民岛的开发层次都比较低,存在管理无序、开发无度、使用无偿的情况。直到 2021 年,舟山市不动产登记中心办理并颁发了全市第一本无居民海岛使用权不动产权证,用于新城大桥及其改扩建工程建设。总之,舟山的无居民海岛无论是政策制定还是开发实施方面都需要大力完善,任重而道远。

　　与舟山市无居民岛开发相似,台州、温州和嘉兴市当地出台的无居民岛开发利用政策几乎为零,主要依靠国家或省级印发的相关政策来规范海岛,关于无居民岛的规定大部分散见于各种政策法规中,大多为指导性规范[23]。由于没有相应的法规实施细则、管理办法来约束开发行为,各地试点的开发项目缺乏或只有简单的保护和规划方案而没有统一的思想认识,其编制过程、审批要求也是各自为政,存在程序不完善等问题。

6.4　岛屿资源开发利用过程及特征

　　海洋是未来经济发展的新空间,世界各沿海国家都逐渐将开发海洋作为国家发展的重要战略选择。海岛作为海洋的重要组成部分,不仅自身拥有较高的开发利用价值,是重要的海洋开发基地,并且是大陆深入开发海洋的桥头堡,关系到未来海洋的可持续发展。浙江省作为全国海岛数量最多的省份,岛屿资源的开发利用日益受到关注。

6.4.1　浙江省有居民海岛开发利用过程

　　浙江省是国务院确定的全国海洋经济发展试点省之一,海岛数量居全国之首,是发展海洋经济的突出优势。省内有居民海岛 239 个,分别隶属宁波、舟山、台州、温州、嘉兴,其中舟山为地级海岛市,嵊泗县、岱山县、定海区、普陀区、玉环市及洞头区为县(区)级行政区,另外有海岛乡 195 个。省内有居民岛虽然数量不多,但由于海岛面积大,居民多,离岸距离近,开发程度相对较高,在浙江省海洋经济发展中占据着十分重要的地位。

浙江省有居民海岛的开发利用可追溯到上古时期,当时便有沿海居民移居近岸海岛,但受到当时生产力水平的制约,海岛的开发利用仅限于"行舟楫之便,兴渔盐之利"。明朝中叶,省内海岛的开发开始由传统单一的模式向以农业、渔业、海上贸易等为主的多样并举的开发模式转变。据清朝朱正元的《浙江省沿海图说》记载,浙江沿海海岛多是以农业为主开发出来的,如舟山附近的乔山以山芋、水稻种植和晒盐为主,居民三四百户。浙江省海岛渔业资源丰富,舟山群岛、玉环群岛、台州列岛、韭山列岛等岛屿的渔业资源在明清时间就已得到较大程度的开发,清代诗人用"琐碎金鳞软玉膏,冰缸满载入关舫"描绘了当时舟山渔场大黄鱼丰收的景象[24]。唐宋时期得益于海内外贸易发展,浙江岛屿的港口资源也得到了开发利用;明清时期由于海禁政策影响,沿海港口贸易往来受限,相对较难管理的海岛成为海上走私贸易的重要基地。如宁波双屿岛,作为倭夷海上活动的必经之路,当时成为海上武装走私贸易的重要基地,双屿岛港市繁荣也由此繁荣起来。但从总体来看,明清时期实施的消极海防政策,使得浙江省海岛资源的开发利用进程被迫中断。

新中国成立后,浙江省海岛资源的开发利用也重新开启,大致经历了四个时期。

(1)1949 至 20 世纪 70 年代末以海防建设为主的开发利用

省内的舟山群岛作为东南沿海的重要屏障,自古以来就是重要的国防要地。这一时期,我国将海岛开发的重点放在国防建设之上,在定海、沈家门、岱山等岛屿兴修国防工程,大建军民联防,大力打造"海上不沉的航空母舰"。由于政府对省内海岛的基础设施建设方面投资较少,岛屿交通、能源、通信等基础设施得不到发展,海岛资源的开发利用也受到制约。

(2)改革开放时期的海岛经济恢复建设与大力探索发展阶段

在改革开放的大背景下,海岛开发迎来契机。邓小平同志指出,首先是从农业开始的,包括渔业。随之,鱼价开放政策大大解放了渔业生产力。得益于浙江省海岛丰富的渔业资源,省内海岛渔村首先富裕起来。岛屿渔民生产力的空前高涨,推动了岛屿交通、通讯、水利等基础设施的建设,进而大大促进了海岛工业、农业经济的迅速发展。浙江省温州市所属的海岛,在1978年后的8年间,到位、完成的基础设施建设资金是新中国成立后30年投资建设的3倍之多。1991年10月,江泽民同志深入视察舟山岛,为舟山题词"开发海洋,振兴舟山",舟山市进而确定了"围绕海字做文章,依靠科技兴舟山"的战略方针,大力开发舟山群岛的海洋渔业、岛屿港口运输以及海岛旅游等海岛事业。不仅舟山,浙江省内的海岛资源开发利用都在这一时期得到一定的发展。海岛资源的开发利用以海洋生物资源为主,并逐步探索非生物资源与空间资源的利用。如温州市洞头县1991年开始加大海岛风景区及配套基础设施建设的投入,仙叠岩、大瞿岛、大门岛等岛屿的旅游业得到进一步开发,洞头县旅游业收入迅速增长。

(3)社会主义市场经济时期的加快发展阶段

1993年底,中共十四届三中全会决定在我国实行社会主义市场经济。在此背景下,浙江省海岛资源的开发利用迎来了新机遇。随着1993年首个国家海洋经济计划规划实施,浙江省以宁波—舟山港为核心的临港工业与海运产业快速发展;1995年起,嵊泗、岱山岛抓住了上海开发洋山深水港,建设国际航运中心的契机,大力发展船舶修造、大宗散货中转(铁矿山、煤炭)和水产品加工等;1996年,液化石油气中转站及5万吨级配套码头在小门岛动工兴建,温州洞头借此加速海洋化工产业的发展;台州玉环岛在玉环对外交通(漩门大坝、渡头至深埔2km接线公路)完善后,汽摩配产业和阀门产业得以崛起发展。总的来说,该时期得益于政策、资金的加持,省内海岛基础设施建设迅速提升,省内岛屿临港工业、化工产业等得到快速发展。

(4)21世纪海岛资源开发全方位发展阶段

进入21世纪以来,海洋开发成为我国的重要发展战略,海岛开发也不再局限于渔业和旅游业,而是转向"景、渔、港"全面发展。2003年国务院印发《全国海洋经济发展规划纲要》,明确指出要"加快发展海洋产业,促进海洋经济发展"。自此,浙江省加大对海岛的开发利用以及进一步推动跨海基础设施建设,尤其是陆岛交通建设项目,包括跨海桥梁、沿海港口建设等。如2003年宁波舟山大陆连岛一期工程中的岑港大桥、响礁门大桥、桃夭门大桥三座跨海大桥建成,接着2005年投资超过100亿元启动舟山大陆连岛工程最为关键的一环：金塘大桥、西堠门大桥建设，并于 2009 年通车。宁波舟山跨海大桥包含上述 5 座大桥、9 个涵洞、2 座隧道和 6 座互通立交。基础设施的完善对进一步开发舟山海洋资源，推动浙江省海岛经济发展具有重要意义。同时，浙江省海岛的港口建设也如火如荼，舟山洋山港、洞头大门港、台州头门临海港区等深水大港成为海岛开发的重点工程[25]。

随着 2011 年国务院正式批复《浙江省海洋经济发展示范区规划》，以及正式批准设立浙江舟山群岛新区，海岛资源的开发利用成为浙江省经济社会发展新的增长极。舟山群岛新区是我国首个国家级群岛新区，发展至今，其丰富的岛屿资源在多方面得到开发利用。在建设大宗商品储运中转加工交易中心方面，舟山群岛的原油、矿砂、煤炭和粮油等大宗货物转运已经牢牢确立了其在中国东部沿海的龙头地位；在建设现代海洋产业基地方面，舟山群岛新区全速建设绿色石化基地 4000 万吨/年炼化一体化项目，借助海洋科技大力发展国家级远洋渔业，并且连续举办四届国际海岛旅游大会，成为第二批国家全域旅游示范区创建单位；在建设陆海统筹发展先行区方面，舟山群岛新区陆海统筹基础设施实现重大突破，包括甬舟铁路顺利开工、500 千伏输变电工程陆续建成等。同年，浙江省出台了《关于加快发展海洋经济的若干意见》等若干规划，提出大力发展海洋工程装备和高端船舶、海水淡化和综合利用、海洋医药和生物制品、海洋清洁能源等海洋新兴产业。为此，浙江省财政安排专项资金，重点支持海岛基础设施、海洋科技研发、海洋新兴产业、公共服务平台和海洋生态环境保护等项目建设，引导社会资金投向海洋新兴产业、涉海现代服务业、海洋经济制造业和现代海洋渔业等领域。

2011 年 6 月 23 日，浙江省筛选出 100 个重要海岛（表 6-15），岛屿面积（含玉环岛）1819km² ，占全省海岛总面积的 90.8%。这些重要海岛根据其区位条件、资源禀赋及发展基础分为综合利用岛、港口物流岛、临港工业岛、清洁能源岛、滨海旅游岛、现代渔业岛、海洋科教岛和海洋生态岛，采用分类开发的方式进行有序利用，实现差异化、特色化发展。目前，浙江省 100 个重要海岛中，除 8 个无居民海岛尚未开发外，其余均进行了不同程度的开发利用，开发类型主要集中在城镇建设、港口航运、临港工业、海洋渔业、滨海旅游等领域。金塘岛、梅山岛、大小门岛等海岛依托优良的深水岸线，已成为浙江省的主要港区;大榭岛、长白岛等海岛依托岸线资源和后方腹地,重点发展海洋装备制造等产业;朱家尖岛、普陀山、大鹿岛等依托自身优势,重点发展特色旅游;而南麂岛、西门岛、披山岛等一批海岛则稳步推进海洋生态保护。

表 6-15　浙江省重要海岛分类

海岛分类	分类标准	发展方向	岛屿分布
综合利用岛	陆域面积较大、自然资源较为丰富、人口集中分布、城(镇)依托较强、产业门类较多,对周边具有较强辐射能力的海岛,一般为县级以上政府驻地岛,或是战略区位较为优越的海岛	主导功能应涵盖城镇建设、临港工业、现代渔业、生态农林业、休闲旅游业中的 3 种及以上;以现代服务业、高新技术产业及绿色先进制造业为发展方向	舟山市 5 个:舟山岛、六横岛、岱山岛、泗礁山和大洋山;温州市 2 个:灵昆岛、洞头岛;台州市 1 个:玉环岛
港口物流岛	具有优越的地理区位、深水岸线资源和一定陆域腹地空间,以集装箱或大宗商品储运、中转等港口物流功能为主,辅以国际贸易、金融与信息物流服务、增值加工、博览展示等功能的海岛,一般为沿海港口群中核心港区所在地的海岛	重点发展集装箱储存、转运以及大宗散货的储运、加工、贸易、博览展示。积极发展第三方物流和港航服务业,构建包括集疏运网络、大宗商品交易平台、金融和信息支撑系统的"三位一体"港航物流服务体系,形成以现代化、网络化、多元化为特征的港口物流产业集群	宁波市 1 个:梅山岛;舟山市 16 个:金塘岛、册子岛、佛渡岛、大猫岛、岙山、鼠浪湖岛、黄泽山、小洋山、西绿华岛、东绿华岛、东白莲山岛、凉潭岛、马迹山、外钓山、西蟹峙、双子岛;温州市 4 个:小门山岛、状元岙岛、北麂岛、凤凰山;台州市 3 个:上大陈岛、头门岛、龙山岛
临港工业岛	具有较好的港口建设条件以及充裕的后方腹地空间,以临港石化产业、重型装备制造业、船舶修造产业、大宗物资加工等工业为主导,兼备一定的生产和生活服务功能的海岛,一般为沿海港口群中重要港区所在地且具备一定临港工业基础的海岛	发挥毗邻深水良港的优势,以产业集聚区、经济开发区、工业园区等平台为依托,发展具有较强港口指向性的重化工业;围绕大企业、大项目的布局,加快上下游和相关配套产业发展,辅助发展金融、物流等生产性服务业和商贸、休闲、房地产等生活性服务业,增强配套服务能力	宁波市 1 个:大榭岛;舟山市 10 个:衢山岛、大长涂岛、虾峙岛、长白岛、小长涂岛、小干—马峙岛、蚂蚁岛、小衢山岛、泥湖山、西白莲山;温州市一个:大门岛

续表

海岛分类	分类标准	发展方向	岛屿分布
清洁能源岛	具有较好的核能、风能、海洋能等能源资源基础,具备大规模开发利用或开展清洁能源利用技术性研究的可行性并具有良好基础设施接入条件的海岛	重点发展核电、风电、潮汐能、潮汐能、液化天然气、太阳能等新能源产业;引导能源装备及相关配套设备制造企业和清洁能源技术研发、工程设计、运营管理与培训等机构聚集,推动清洁能源关联产业发展;加快基础设施特别是高压主电网和骨干网架与大陆、大岛的连接线建设,适应系统高效运行和多元化电源的接入需求	宁波市 4 个:南田岛、高塘岛、屏风岛、海山屿;舟山市 2 个:大鱼山、东福山;温州市 1 个:北关岛;台州市 1 个:雀儿岙岛
滨海旅游岛	具有优美滨海景观、良好生态环境、深厚人文底蕴等海洋旅游资源,以发展滨海观光、休闲度假、海洋文化、海鲜美食、休闲海钓、滨海体育、海洋生态等特色滨海旅游业为主,以海洋生态环境保护为辅,兼备一定的生产和生活功能的海岛	重点发展滨海旅游观光、休闲度假、海洋文化、海鲜美食、休闲海钓、滨海体育、海洋生态等特色旅游,探索发展游轮游艇、海洋主题公园等高端休闲旅游业;统筹开发全省海岛旅游资源,构建以海洋佛教文化和海洋休闲度假为主的多元化海洋旅游产品体系,努力构建海洋旅游产业集群,着力打造"浙江海岛之旅"高端休闲旅游品牌	宁波市 3 个:花岙岛、檀头岛、对面山;舟山市 16 个:朱家尖岛、桃花岛、秀山岛、登步岛、普陀山、元山岛、盘峙岛、花鸟岛、大鹏岛、东岠岛、鲁家峙、白沙山、庙子湖岛、金鸡山岛、徐公岛、滩浒山;温州市 2 个:半屏岛、大竹峙岛;台州市 3 个:大陈岛、江岩山岛、大鹿山;嘉兴市 1 个:外蒲岛
现代渔业岛	具有较好的渔业发展基础,以发展现代海洋捕捞、海水养殖、水产品加工贸易等功能为主,辅以海洋生物资源保护,兼备一定生产和生活功能的海岛	以发展生态渔业为导向,优化海水养殖结构,创新海水养殖模式,完善海水养殖管理;提高海洋捕捞队伍素质,积极拓展远洋渔业,提高获取国际渔业资源的能力。加强水产品深加工,延伸水产品产业链,提高水产品附加值,加强水产品加工企业品牌建设,构筑以生态渔业、高效渔业和品牌渔业为特色的现代渔业产业体系	宁波市 1 个:东门岛;舟山市 3 个:枸杞岛、大黄龙岛、嵊山;温州市 2 个:鹿西岛、北龙山;台州市 4 个:茅埏岛、扩塘岛、田岙岛、鸡山岛

续表

海岛分类	分类标准	发展方向	岛屿分布
海洋科教岛	适合从事海洋科研、教育、试验等功能的海岛;一般为海洋类高校或科研机构所在地的岛屿	加强国内外知名海洋科研院校合作,加快推进海洋科研院校、海洋技术研究中心、海上实验室等海洋科研创新技术平台的建设,努力建设成为全省海洋高科技人才队伍培养的高地和海洋高新技术开发和应用转化的前沿阵地	舟山市 2 个:长峙岛、摘箬山
海洋生态岛	以保护海岛及其周边海域的海洋生态环境、海洋生物与非生物资源功能为主的海岛,一般为已建成或具备建设海洋自然保护区、海洋特别保护区等区域内的核心海岛	重点加强海洋生态保护区建设,积极开展生态修复工程,加大海洋生态保护的投入,完善海洋生态环境的管理,加强海洋生态环境的监控能力,改善海洋生态环境。在不影响海洋生态保护主体功能的基础上,适度开展相关的滨海旅游、增殖放流、科研考察等低强度的利用活动	宁波市 2 个:南韭山、北渔山;舟山市 2 个:黄兴岛、大五峙岛;温州市 5 个:南麂岛、西门岛、铜盘山、南爿山、北爿山;台州市 2 个:披山岛、下屿

综上,新中国成立以来浙江省有居民海岛的开发利用过程,从整体上来看经历了从军事防卫为主到经济利用为主,从发展渔业、旅游业到海岛综合开发等过程[26]。伴随着海岛的开发利用,陆岛关系也在悄然变化,海岛逐渐从相互独立的孤岛、可有可无的补充发展成为城市发展的重要组成部分,部分临港工业岛形成强大的临港产业群,并辐射扩散到周边区域,带动区域经济发展[27]。

6.4.2 浙江省无居民海岛开发利用过程

浙江省的海岛数量居全国之首,其中又以无居民海岛居多。2639 个无居民海岛隶属宁波、舟山、嘉兴、温州、台州等地级市,其中舟山占比 44.9%,台州占比 20.9%、宁波占比 18.8%,温州占比 14.5%,嘉兴占比 0.9%。这些海岛不仅控制着我国东部沿海的内海海域和领海的范围,而且蕴藏着十分丰富的海洋生物、矿产、化工、港口、旅游等海洋资源。无居民岛作为国家领土的重要组成部分,在维护海洋权益、发挥港口航道价值、开发海洋资源等方面具有十分重要的意义,其开发利用也越来越受到关注。

无居民海岛开发是指单位或个人在国家管辖范围内的无居民海岛及其周围海域进行投资、使用、劳动以产生成果、获得收益的活动,开发的对象包括国家管辖海域中所有在正常情况下永久位于高潮水位之上的岛、礁、滩。浙江省无居民海岛的开发利用历史悠久,如《管子·禁藏篇》中就有记载,春秋战国时期人们开始向离岸的无居民岛开展渔业捕捞,许多无居民岛成为人们眼中的"富庶之地",此时的舟山群岛也因此被越国首设"甬东"。唐宋时期,经济繁荣,海外贸易频繁,无居民岛被用作航运中转,航运价值得到利用。唐宋时期繁荣的海运贸易一直延续到明朝中叶,位于现今浙江舟山普陀区六横岛的舟山双屿港得益于其特殊的地理位置,成为当时亚洲最大、最繁华的海上国际自由贸易港口,被誉为"十六世纪的上海"。

明朝末年至清王朝统治期间,受到顽固的"重陆轻海"思想及严格的海禁政策影响,浙江省的无居民岛开发进程中断,部分已开发的无居民岛屿再次成为荒岛,昔日繁华的双屿岛成为"国家驱遣弃地,久无人烟往来"。民国时期,在民族资本和海外华侨的推动下,无居民岛的开发得到一定程度上的恢复,部分渔民开始前往无居民岛开展渔业捕捞以及农业种植活动,政府当局为保障无居民海岛开发的安全性,在浙江建立"浙江省渔业管理委员会",下设宁波、台州、温州等地区渔业警察局,负责浙江沿海岛屿管理,浙江省的无居民海岛开发并没有取得实质性的进展。

20 世纪 50—70 年代末,出于国防需要,浙江省无居民海岛开发以海防军事利用为主,政府投入大量人力、物资建设海岛国防,"有岛无守、有海难防"的屈辱历史就此结束。其中浙江台州市大陈岛位于我国广东、福建、浙江三省海上交通要道,占据着十分重要的战略位置,是我国东南沿海的海防屏障,解放军部队先是逼退占领大陈岛的国民党军队,接着在岛上开启了一手拿锄一手握枪的艰苦垦荒与海防任务,为浙江省海岛安全防卫与开发建设奠定了坚实基础。

  直至 20 世纪 90 年代,伴随着东部沿海地区对外开放战略的深入发展,无居民岛的开发建设得到重视。与此同时,浙江省舟山六横岛被设立为国家级海岛开发试验区,标志着浙江省无居民岛的开发迈入了一个全新的阶段,开发主体也从国家为主发展到民间资本参与。1900—2007 年,浙江省共有 583 个无居民海岛得到不同程度的开发,在这期间主要存在两类开发:一类是因围填海工程、城镇建设与临港产业开发等需要,改变了无居民海岛属性的岛屿,总计 294 个;另一类是仅局部进行了基础设施工程、海洋旅游和海洋农业等开发的无居民岛屿,总计 289 个。

  2007 年以来,随着海洋经济的快速发展,大量民间资本进入无居民海岛临港产业开发和海岛旅游开发。浙江省内无居民海岛的现有开发利用模式主要有六种类型:岛陆连结工程开发、渔业开发、旅游开发、公共服务开发、农业开发和采石开发(表 6-16)。以舟山无居民海岛为例,嵊泗县的白礁、蝴蝶岛、小青山岛、庄海岛和大指头岛,普陀区的乌贼山岛、金钵盂岛,岱山的小鱼山岛、菜花岛和西霍山岛等主要围绕海洋渔业进行开发利用;嵊泗县的淡菜屿、浪岗东西奎山岛、岱山的蚊虫山岛、海横头岛、楠木桩岛、小西寨岛、南园山岛,普陀的黄胖山岛、北葡岛、石柱山岛、蛋山岛、北鸡笼山岛等进行了休闲旅游开发,并以发展海钓休闲项目为主;而普陀山及其周边岛屿和嵊泗县的圣姑礁岛则侧重开发佛教资源旅游;六横岛南边已规划的世界旅游度假用岛已超过 30 个。部分无居民海岛被用于设置航标、铁塔、桥墩等基础设施建设,如螺头水道(紫微半洋礁,鸭蛋山屿、洋螺山屿、大桶山、小团鸡山、干山等)、马岙港区进港航道(瓜连山岛、小瓜连山岛、干览凉帽山屿、粽子山屿、癞头礁、秀山青山岛、小长山、小团山屿)、金塘水道(捣杵山岛、大黄狗礁、小黄蟒屿、小菜花山屿)、虾峙门航道(大前门屿、黄豆礁、虾峙外长礁、小马足礁、夫人山、鲎尾礁等)、洋山进港航道(白节山、外马廊山岛、小半边山岛、白节半洋礁、西马鞍岛、虎啸蛇岛、筲箕岛等)周边无居民岛用于航标建设;舟山岛南部的普陀、定海海域的无居民岛主要用于宁波至舟山高压输电的铁塔建设;西堠门大桥的老虎山岛、新城大桥的担峙岛、绿华大桥的栏门虎礁则主要用于桥墩建设。

表 6-16　浙江省无居民海岛现有利用模式

利用类型	利用内容	典型岛屿
岛陆连结工程开发	通过围填海的形式使海岛的特性发生改变，即使海岛成为堤连岛或者堤内岛，或者已完全成为陆地的一部分	老虎山岛、担峙岛、牛轭岛
渔业开发	以海岛为依托开展渔业生产活动	淡菜屿、蝴蝶岛、小鱼山岛
旅游娱乐开发	以海岛为依托开展海岛旅游娱乐活动	大洋屿、旦门山岛、大竹峙岛
公共服务开发	修建导航标志、输电铁塔、电线杆、电讯发射塔等社会公益性的建筑物，或其他建筑物	七里峙岛、北渔山岛、白节山岛、小团山屿、虾峙外长礁
农业开发	早期的垦荒，现在仍保留有开垦的耕作地用以种植作物，但大部分已荒废	大平岗岛
采石开发	在海岛上开山采石的破坏性开发	桥梁山岛、北策岛

　　2011 年，国家海洋局公布了我国第一批 176 个可开发利用无居民岛名录，其中浙江省有 31 个无居民岛在名录中，其中旅游娱乐用岛 12 个、工业用岛 2 个、渔业用岛 5 个、交通运输用岛 3 个、公共服务用岛 8 个以及仓储用岛 1 个（表 6-17）。该名录的公布，意味着单位和个人都可以通过行政审批或招标、拍卖等方式来申请海岛使用权，给民间开发无居民海岛提供了依据，成为民间资本开发无居民海岛的又一重要途径，极大地促进了民间资本参与开发无居民海岛的热情。同年 11 月 8 日，通过实施补办手续及向国家缴纳 344 万元使用金的方式，宁波龙港实业有限公司董事长黄益民获得了由国家海洋局颁发的编号为"11001"的无居民海岛使用证，使用年限为 50 年，这也是我国首张无居民海岛使用权证书。富商黄益民于 2009 年接手旦门山岛旅游开发，并在山上放养了大量野猪、野鸭、山羊，开设了狩猎区。11 月 11 日下午，宁波高宝投资有限公司以 2000 万价格拍下宁波象山县大羊屿岛 50 年的使用权，浙江省无居民岛拥有了首位"岛主"，同时也是我国公布首批可开发利用无居民岛名录后首个正式拍出的岛屿。在拍下使用权后，高宝公司初步规划将该岛打造为以游艇业为主的高端休闲度假区，初步预计开发投入 5 亿元。

表 6-17　浙江省第一批可开发利用无居民海岛及其用途

海岛用途	海岛名称	所属市（区、县）	面积（km²）
旅游娱乐用岛	大羊屿	宁波市象山县	0.2528
	牛栏基岛		0.8304
	大竹峙岛	温州市洞头县	0.4532
	小瞿岛		0.1532
	前屿山屿	温州市苍南县	0.0266
	担峙岛	舟山市定海区	0.1672
	盐仓枕头屿		0.0419
	茶山岛		0.1208
	外马廊山岛	舟山市嵊泗县	0.1755
	里马廊山屿		0.0249
	二蒜岛	台州市温岭市	0.2400
	南排岛	台州市玉环县	0.5439
工业用岛	马岛	宁波市宁海县	0.0571
	团鸡山岛	舟山市定海区	0.2299
渔业用岛	内长屿	温州市瑞安市	0.0314
	外长屿		0.0211
	小门南礁		0.0044
	外长南屿		0.0165
	黄门岛	台州市玉环县	0.6357
交通运输用岛	小癞头礁	舟山市普陀区	0.0005
	大瓦窑门屿	舟山市岱山县	0.0119
	明礁		0.0005
公共服务用岛	西笼岛	台州市路桥区	0.1865
	鹁鸪嘴屿		0.0212
	西猪腰岛	台州市椒江区	0.0597
	东猪腰岛		0.0559
	缸爿屿		0.0126

海岛用途	海岛名称	所属市（区、县）	面积（km²）
公共服务用岛	癞头圆山屿	舟山市普陀区	0.0036
	双鼓一礁	台州市临海市	0.002
	双鼓二礁		0.0012
仓储用岛	小龟屿	台州市温岭市	0.0042

总体而言，浙江省无居民海岛的开发程度不高，特别是远离大陆的海岛，尚未进行开发利用，基本保持相对原始的状态[28]。

6.4.3　浙江省海岛开发利用特征

（1）浙江省有居民海岛开发利用特征

1）海岛的开发利用趋于多元化，产业结构不断优化

浙江省海岛众多，海洋生物、港口航道、海洋能源、海岛旅游等岛屿资源丰富。自新中国成立以来，省内海岛资源的开发利用趋于多元化，海洋渔业、港口海运、临港工业、旅游业等多方面发展。同时，海岛资源的开发利用改变过去以渔业发展为主的状况，加快发展现代工业及服务业，产业结构不断优化。①海洋渔业作为浙江省海岛传统优势产业，为更进一步发挥渔业优势，浙江省不断推进渔业结构优化，建立合理的捕捞业，健康高效的养殖业、先进的水产品加工业、繁荣的水产品流通业以及新兴休闲渔业五大产业体系格局，促进传统渔业向现代渔业转变；②深入发展水产品深加工、大宗货物加工、临港石化、船舶修造等临港型工业；充分发挥省内海岛港口航道资源优势，积极开发深水良港，中小港口配套发展，打造现代港口物流基地；积极打响海岛旅游品牌，因岛制宜打造海洋休闲旅游基地；努力促进港口航运服务、金融保险、海岛信息服务等新兴海洋服务业的发展；大力推动二、三产业发展，优化海岛产业结构[29]。

2）注重陆海联动发展，克服自然资源与基础设施限制

海岛资源的开发利用受自然资源与基础设施建设的限制较大，浙江省海岛资源的开发注重陆海联动发展，通过海陆间资源互补，帮助海岛突破发展障碍。以淡水资源为例，省内海岛受降水的季节差异影响，季节性缺水明

显,加之淡水资源开发利用程度较低,淡水资源较为匮乏,该问题较大程度上限制了海岛资源的开发利用。对此,靠近大陆的岛屿,通过跨海引水上岛工程建设,引大陆水缓解岛上缺水问题。如早在 1998 年,浙江省就投资 3 亿多元,开展全长 76km 的舟山大陆引水工程建设,从宁波姚江引水,穿越杭州湾灰鳖洋海底至舟山本岛,并于 2004 年 1 月开始通水,舟山由此告别"水荒"时代。此外,省内海岛尤其是舟山群岛、洞头岛、玉环岛等,通过修建跨海大桥、建设海底电缆、光缆、打造教育资源共享平台等方面的陆岛联动发展,岛上交通、电力、通讯、教育、医疗等基础设施不断完善,省内海岛资源开发利用的整体情况得以稳步上升,海岛经济得到进一步发展[30]。

靠近大陆的海岛能借大陆之力克服限制,但省内大多数海岛远离大陆,难以依靠大陆解决水资源短缺、基础设施落后等问题。为进一步推动浙江省丰富的海岛资源的开发利用,如何克服海岛自然资源与基础设施的限制需要更多的关注与研究[31]。

3)海岛的生态环境破坏问题突出

2010 年 3 月 1 日,我国颁布并实施了《中华人民共和国海岛保护法》,自此,我国的海岛开发与保护工作才提上重要的议事日程。此前,由于缺乏管理与约束,浙江省海岛资源开发利用的随意性较强,开发个人及单位缺乏保护海岛生态环境的意识,加之新中国成立后海岛开发力度不断加大,造成污染以及破坏海岛生态环境现象严重。以省内的围海工程建设为例,围海工程一方面使得海岛与陆地相连,珍贵的岛屿资源减少,如舟山钓梁促围工程使舟山本岛与梁横山岛陆地相连,温州半岛工程的实施使灵昆岛与洞头霓屿岛相连,象山大目涂围垦工程使部分海岛连到了陆地。另一方面,围海工程的建设使海岛不再四面环海,海岛附近的海洋水动力环境发生变化,极大地改变了海岛的生态环境;加之在海岛上随意倾倒工程垃圾,更进一步导致海岛及其周边海域生态环境恶化、滨海景观资源破坏、生物多样性减少。如台州市玉环县漩门港的围海蓄淡和筑坝工程引起乐清海域沉积环境的变化,导致乐清湾的纳潮量减少,加剧了附近海域生态环境的恶化。此外,围海所需的材料部分来自岛屿的开山采石,大型围海工程甚至会使岛屿消失。据海岛资源调查数据的不完全统计,省内面积在 500m² 以上的海岛数量自 20 世纪 90 年代至 2008 年减少了 183 个(包含无居民海岛)。海岛的生态系统独立且脆弱,面对省内开发利用海岛过程中的环境破坏严重的状况,既要注重岛屿的生态修复,又要加强法律的约束,注重开发与保护并行,推动省内海岛经济的可持续发展。

4)海岛资源开发利用缺乏科学统筹,资源利用率较低

浙江省人民政府关于《浙江省重要海岛开发利用与保护规划》的批复中,以海岛的资源状况与基础条件为依据,对省内海岛的功能定位和发展引导进行了布局。但由于《规划》中提出的保障措施过于笼统,且缺乏政策保障与专门部门领导组织,《规划》落地情况不理想,甚至出现因某个项目而去修编《规划》的情况,导致部分海岛在开发利用过程中缺乏科学统筹,资源利用率较低。其中海岛、滩涂、岸线、海域等要素由于缺乏规划衔接,造成功能定位和布局的矛盾,影响资源的有效配置。海岛与海岛之间缺少相互协作,尤其是跨区域海岛的开发缺乏合作机制。不同行政区之间由于涉及利益需求不同、经济发展水平和财政能力不同,对于海岛开发利用的积极性存在较大差异,片面顾及自身利益与彼此间的竞争,导致重复建设现象严重、基础设施与资源得不到有效利用等问题,阻碍省内海岛整体发展[32]。

(2)浙江省无居民海岛开发利用特征

1)开发利用难度大,投资成本大

浙江省无居民海岛的开发由于以下三方面原因导致开发利用难度及投资成本大。

首先,无居民岛基础设施建设投资成本大。无居民海岛面积小且分散,岛屿与岛屿之间有海水相隔并远离大陆,导致无法使用区域性的电网、电讯网、水利设施等,需要投资者自行解决用水用电问题[33]。单岛开发配套基础设施需要在开展管线路由勘测、海域使用论证、海洋环评、通航安全论证等基础上,铺设海底输电电缆、海底输水管道、建造专用码头等,基础设施建设上投资成本非常大。如 2011 年 11 月 11 日,宁波高宝投资有限公司以 2000 万元的成交价拍下了大羊屿 50 年的使用权,计划投资 5 个亿将这座无人岛打造成具有特色休闲和度假项目的高端旅游海岛,但由于投资成本过大,资金短缺,开发被迫中断。此外,海岛与外界的交通联系单一,主要依靠船只通行,但船只航班有限并且受天气的影响较大,一旦遇到大风等恶劣气候条件,船只无法通行。交通条件进一步制约了无居民岛的开发利用。

其次,无居民岛的脆弱的生态环境导致其开发难度大、生态环境维护成本大。由于海岛面积狭小,生态系统食物链层次少,复杂程度低,生物物种之间及生物与非生物之间的关系相对简单,导致海岛的生态环境较为脆弱,任何一个环境因素的改变或物种的消失,都会对海岛生态系统造成不可逆的破坏。如 20 世纪 90 年代出租给采石企业的桥梁山岛,短短几年间整个山体被完全挖空,海岛生态系统遭受严重破坏;嵊泗县的双连岛,全部山体被挖空,大潮时可将整个岛屿淹没。因此,无人岛的开发需要严格按照规划用途开发,投资人在开发过程中不可随意改变地形地貌,不能进行大规模采石等,这在较大程度上制约了无人岛的开发利用;此外,开发过程中以及开发以后还要特别注重保护海岛的生态环境,如必须保留原始植被作为鸟类栖息地,健全生活废水、固体废弃物的归置处理设施等,海岛生态环境的维护成本较大[34]。

最后,浙江省无居民海岛特殊的地理环境导致其自然灾害频繁,进一步加大了开发难度及投资成本。浙江沿海地区台风及风暴潮频繁,无居民海岛基本没有应对严重的海洋灾害的能力。每次台风过后,一些基础设施甚至建筑物都会遭到破坏,而高盐度的海水会对金属设备、五金造成腐蚀,岛上每年的设施设备维修费用都非常高,进一步制约无居民海岛的开发。

2)开发模式粗放单一,利用程度低

综合目前浙江省无居民海岛的开发利用方式来看,大多数无居民海岛的开发局限于单一用途,如单纯用于渔业发展、海岛旅游、仓储平台或作为灯塔航标基地等,缺乏对无居民海岛资源的整体综合开发利用,发展模式较为粗放单一,利用程度较低。且前期开发过程中由于监管不到位,投资者只顾及眼前经济利益,缺乏规划和评估,盲目性强,一些开山采石和炸岛炸礁等掠夺性开发模式让不少海岛生态系统遭到重创,甚至永久性消失。此外,以发展旅游娱乐为主的无居民海岛来看,其开发手段较为落后,开发层次低,创造的效益也不高,产出较少。旅游项目单一,旅游定位同质化现象严重,停留在滨海景观游、海钓等层次,尚未形成以自然景观为主导,兼顾休假疗养、消遣娱乐为重要内容的系统功能,以延长旅游期,增加经济效益[35]。

3)相关法律法规不完善,缺乏有效的审批、监管与执法机制

目前,我国已有不少涉及无居民海岛开发的法律法规相继颁布。2003

年,《无居民海岛保护与利用管理规定》的出台,使得无居民海岛的开发活动
得到法律允许和规范。2010 年 3 月,《中华人民共和国海岛保护法》正式实
施,从综合管理与保护开发的角度,确立了海岛开发的合法程序,填补了中
国无居民海岛开发利用管理的法律空白,使其由无序走向有序。随后,多套
配套规章相继出台,如《无居民海岛使用金征收使用管理办法》《无居民海岛
使用申请审批试行办法》等,构建了包含用途管制、审批管理、有偿使用、监
督检查的无居民海岛开发利用管理制度体系,规定凡涉及无居民海岛围海
造地、筑堤连岛、开山采石等项目用岛及在特殊用途海岛上进行开发利用活
动的,都需按规定报国家海洋局审核、国务院审批。但由于中国海岛法律体
系构建起步晚,相关管理制度仍需完善。地方层面上,浙江省也出台了诸如
《关于进一步加强无居民海岛管理工作的通知》《浙江省海洋事业发展“十二
五”规划》等规定,但各级政府在管理中仍然职责模糊,没有形成系统的政策
体系,海岛开发的程序比较烦琐,国家有很详细的规定,在此前提下,还要符
合全省规划,以及与地区规划相符,申报项目层层上报,审批环节多、报批项
目时间长,这给无居民海岛的开发利用和社会经济的发展造成了制约[36]。

　　此外,《中华人民共和国海岛保护法》明确无居民海岛归海洋部门管理。
但实际上部分无居民海岛曾有居民,20 世纪 80 年代“大岛建、小岛迁”背景
下,部分小海岛居民迁往大岛。岛上的土地资源属于村民集体所有,村民拥
有经政府部门认可的土地证,相关土地的使用权归国土部门管理。若海洋
部门贸然将无居民海岛的使用权交给投资者,必然会引起产权纠纷。无居
民海岛确权问题对海岛的开发利用造成阻碍,亟待出台相关法律法规明确
产权问题[37]。

6.5　岛屿资源利用的浙江经验

　　我国海岛的开发可以按照是否有户籍居民分为有居民岛和无居民岛两
类,两者资源禀赋不一、管理部门不一、开发政策不一。本章节选取朱家尖
岛作为有居民岛开发的浙江经验进行介绍,选取旦门山、大羊屿岛作为无居
民海岛开发的浙江经验进行介绍。

6.5.1 有居民海岛开发的浙江经验

(1)朱家尖岛概况

朱家尖岛位于舟山群岛东南部海域,舟山群岛第五大岛,为朱家尖镇政府驻地,隶属于普陀区。

朱家尖岛北面以及东北面为黄大洋,东面为普陀洋、福利门以及乌沙门水道等。滩地主要是潮滩,也有部分岛屿有沙滩、砾石滩。沉积物主要是黏土质粉砂。年平均气温为 16.1℃,8 月平均气温 26.8℃,1 月平均气温 5.6℃,极端最高气温 38.2℃,最低气温 −6.5℃。年日照时数 2025.5h,年平均相对湿度 80%,年降水量 1305.6mm。年平均风速 5.0m/s,优势风向为北北西风,年大风(>6 级)日数为 37.1 天,年有效风能约 700kWh/m²,有效风能时数约 5200h。年平均雾日 38.3 天,3−6 月为多雾期,占总雾日 77.0%。该岛年降水量为 $66.78×10^6 m^3$,水面蒸发量为 $63.93×106 m^3$,河川径流量为 $20.99×10^6 m^3$,陆面蒸发量为 $45.79×10^6 m^3$,地下水资源总量 $4.86×10^6 m^3$,水资源总量为 $25.85×10^6 m^3$。

朱家尖岛周围海域盛产各种鱼、虾、蟹类,有经济鱼类 200 余种,贝类经济种 35 种,藻类经济种 31 种,虾类经济种 35 种,蟹类经济种 50 种。主要鱼种有带鱼、大小黄鱼、白姑鱼、银鲳、鳓鱼、蓝点马鲛、海鳗、鲐鱼、蓝圆鲹、金色小沙丁鱼等。深水岸线资源较为贫乏,10m 深水岸线仅有 5700m。朱家尖岛有林业用地 2481.1hm²,有林地 1918.6hm²,占全省海岛有林地的 2.75%,森林覆盖率为 34.1%;立木蓄积量为 35490m³,占全省的 2.41%。朱家尖是普陀山国家级风景名胜区的一部分,旅游资源丰富,有"东方夏威夷""海上雁荡"之称。岛东部、东南部有 11 处风景点。目前已开发南沙景区。北部白山景区有景点近 30 处,东部漳州景区有景点 8 处。

1993 年时,朱家尖居民有 27061 人,全岛总产值 1.83 亿元,主要从事渔农业活动。到 2010 年,人口持续小幅增长,达到 27981 人;全岛生产总值达 33.9 亿元,其中第一产业增加值 7.3 亿元,第二产业增加值 13 亿元,第三产业增加值 13.6 亿元,处于普陀区经济发展前列。主要海洋产业包括临港工业、海运业、海洋渔业和海岛旅游业。2010 年养殖总面积 233.3hm²,产量 6000 吨,产值 2.48 亿元。岛上有旅行社 6 家,全年接待游客 309.52

万人次,旅游总收入 13.6 亿元。

到 2012 年,朱家尖街道实现工农渔业总产值 31.19 亿元,实现地方财政税收收入 1.87 亿元,渔农民人均纯收入达到 18279 元,其生产能力位居全区第二,渔业生产总值占街道整体的 50%。在经济社会发展方面,以旅游为主的第三产业优势凸显。2012 年全岛旅游接待人数达 388.61 万人次,以旅游为主的第三产业收入达 16 亿元。

2019 年,根据舟山市统计年鉴记载,朱家尖户籍人口数达到 29525 人。接待旅游人数 1096.74 万人次,比去年增长 19.0%,规上工业总产值比去年增加了 3.5%,公共财产收入为 19455 万元。

(2)朱家尖岛开发管理模式

2013 年 8 月,根据《中共浙江省委办公厅浙江省人民政府办公厅印发〈关于创新浙江舟山群岛新区行政体制的意见〉的通知》,设立浙江舟山群岛新区普陀山－朱家尖管委会,为新区管委会直属机构,舟山市普陀山风景名胜区管委会与其合署办公。2015 年 11 月,市委、市政府、新区党工委管委会在普陀山朱家尖管委会干部大会上,宣布正式启动普陀山朱家尖功能区一体化管理工作。普陀山朱家尖管委会主要有规划建设与生态环境局、旅游和文化体育局、社会事业发展局、普陀山管理服务局等九个部门,主要负责区域内的经济发展、公共服务、旅游资源与生态环境保护以及城乡规划等,还需要根据中央、省、新区党工委、管委会和市委、市政府的规定,负责编制普陀山、朱家尖区域的区域总体规划、经济社会发展规划及建设规划,经批准后组织实施。合署办公一年多以来,普陀山做减法,朱家尖做加法,双方体制机制日趋完善,功能定位更加细化,功能区面貌日新月异。

(3)朱家尖岛开发现状

20 世纪 80 年代,改革开放不久,浙江省政府决定挖掘一批有旅游资源的岛屿,为今后旅游复苏或开发创造条件,于是对朱家尖的旅游资源进行大规模摸底调查。由于其自然景观独特,风景旅游资源丰富,1988 年朱家尖旅游区开发启动。为科学地发展朱家尖,1998 年 11 月,省政府编制了《普陀朱家尖国家海岛生态公园旅游发展规划》,2000 年又委托上海同济大学编制了《2000—2030 年朱家尖总体规划》。从此,朱家尖风景区走上了一条景区开发、利用与资源合理保护相结合的科学发展道路。

经过 20 多年的开发与探索,朱家尖坚持做强海洋旅游休闲居住圈,以"渔都佛国,活力海湾"为总体定位,构筑"城在海中,海在城中"海滨水城景观,大力建设海洋休闲旅游基地。朱家尖凭借适宜的沙质和沙滩风景以及完善的配套设施,被评为"省十大最佳旅游度假胜地"之一、"中国最美海岸线"等。

在旅游观光方面,朱家尖主要打造了大青山海岛生态公园、白山公园、南沙沙雕艺术广场、乌石砾滩、观音文化苑等景点,与朱家尖的文化与海洋特色共同形成四条特色路线,即以朱家尖新运行的观音法界等热门景区为主的"观音圣迹"主题线路,以朱家尖海鲜为主的"普朱美食"主题线路,以大青山、白山、乌石塘、南沙等海景山景等为主的"山海风景"主题线路,以重禅修场地抄经、行脚、禅修为主的"净心禅行"的主题线路。此外,朱家尖从1999 年起每年在南沙举行舟山国际沙雕节,还在南沙举办沙滩足球锦标赛等,吸引外来游客参观。

在公共设施建设与服务方面,朱家尖相关设施与服务管理到位。商业金融、综合服务设施、旅馆设施、旅游商贸、游乐设施、文化娱乐、休闲疗养、教育科研设计等重点内容并重发展,并辅助行政办公、医疗卫生等支撑功能,构建完善的服务功能,为在朱家尖的旅游人员和居民提供高品质的物质生活和精神生活,作为朱家尖发展的一大吸引点。

在交通方面,朱家尖四通八达。西北部建立舟山民航机场,与十多个城市通航;北部通过快艇与普陀山相联系;西侧与沈家门通过一座跨海大桥连接,周围城市可以直接驱车进入朱家尖,成为朱家尖是舟山群岛核心旅游区域"普陀旅游金三角"的重要组成部分。

现如今,朱家尖坚持实施旅游精品战略,加快推进高档酒店、休闲度假别墅、大型旅游商品购物中心、中国佛教学院、游艇、海钓俱乐部、沙滩运动娱乐城、海岛国际会议中心等主体产业群,使之成为与国际接轨、设施优良、服务一流、环境优美、形象鲜明的长三角海滨度假旅游首选地。

朱家尖实行的是"旅游兴岛"的战略,其开发的功能定位是依托普陀山国家级风景名胜区的品牌优势,抓住实施海洋综合开发试验区建设的有利时机,打造以海洋观光旅游、海岛度假旅游、佛教文化体验等为主的、具有国际影响力的"自在岛"。朱家尖在开发过程中更加重视社会人际关系的融洽、自然生态系统的平衡以及人与自然的统一,建立"社会生态圈",考虑岛屿人口、资源、环境、经济等特征,做出全局性、宏观性、长远性和方向性的可持续发展战略规划。

6.5.2　旦门山、大羊屿无居民海岛开发经验

(1)无居民海岛开发过程

1)旦门山无居民海岛开发过程

旦门山岛又名金沙湾,位于宁波象山县东陈乡东南,即象山半岛中部的大目洋中部海域。该岛长 1.82km、宽 0.52km。岛上植被以草丛为主,具有少量稀疏针叶林,还有全国并不多见的丹霞地貌。旦门山岛自然资源丰富,海岛旅游又是旅游业中的新兴产业,发展潜力巨大,于 2001 年开始进行林木种植、禽畜养殖、狩猎、采摘等旅游休闲活动的开发利用。

旦门山岛权属曾发生多次变化。1952 年,分"岛"到户,当时有 41 户人家,每户村民分了岛上 5.3 亩的土地;1956 年,搞农村合作社,旦门山岛又从村民手中收回,小岛成为村集体财产;1983 年,村民开始轮流承包旦门山岛,承包者向村委会缴 800～1000 元承包费。1999 年,象山商人胡祖岳承包旦门山岛建造度假村,并在山上放养了大量野猪、野鸭、山羊,经营旦门山岛 10 年。

黄益民于 2009 年接手旦门山岛旅游开发,并在山上放养了大量野猪、野鸭、山羊,开设了狩猎区。2011 年 11 月 8 日,黄益民以补办手续、补交海岛使用金方式获得象山县旦门山岛无居民海岛使用权证书,成为国内首个确权"岛主"。2017—2020 年,黄益民及旗下多个公司因金融借款合同纠纷等被列为被执行人,限制高消费,总计执行标的达近亿元。

2)大羊屿无居民海岛开发过程

浙江拥有无居民海岛 2639 个,2011 年公布的首批可以开发利用的有 31 个,主导功能包括旅游娱乐、工业、渔业、公共服务等,其中可作旅游娱乐用岛的只有 12 个,大羊屿就是其中之一。

大羊屿岛处在象山县百里黄金海岸带中心位置,距大陆最近处 300 多米。海岛面积 $0.258km^2$,海岸线长约 3.01km。大羊屿岛属于亚热带季风性湿润气候,生态环境良好,植被覆盖率高,周边海域渔业资源丰富。2011

年政府公开出售大羊屿,该岛出让面积 0.258km²、出让年限为 50 年、用途为旅游开发用岛。

2011 年 11 月,宁波高宝投资有限公司以 2000 万元买下了这座小岛 50 年的使用权。2013 年 6 月底,大羊屿正式动工。根据规划方案,大羊屿项目计划投资 5 亿元,分 3 期进行施工建设,未来将打造成为以游艇业为主,具备特色休闲和度假项目的高端旅游海岛。然而,大羊屿开工建设一期酒店项目,就因资金短缺,被迫中断。随后,公司法人也发生了变更,法定代表人由"杨伟华"变更为"刘北丹"。2012 年 12 月成立的游艇公司——宁波高宝游艇俱乐部有限公司,也于 2018 年 9 月进行了清算。时至今日,大羊屿已经淡出人们的视线,有媒体爆料称其正在寻找新的开发商。

(2)无居民海岛开发经验

2013 年 6 月 1 日,《浙江省无居民海岛开发利用管理办法》正式施行,也标志着浙江将无人岛管理纳入法治化轨道,为海岛开发提供很多的规范支持。但现实的情况是,对海岛有兴趣的人不少,可真正能够接受在原始的基础上开发海岛的人并不多。

虽然宁波市无居民海岛资源总量丰富,但就海岛个体而言,生物多样性指数小,食物链短,稳定性差,造成了生态环境脆弱,自我修复能力弱,在进行开发时对环境保护要求很高。同时,由于宁波市大部分无居民海岛区位偏远,且缺乏相应的海陆连接工程、输电电缆、输水管道、专用码头等配套基础设施,这些限制条件大大提高了在无居民海岛在开发建设与管理维护过程中资源运输成本。无居民海岛的特殊位置就决定了它是海洋自然灾害的前沿,在海洋灾害多发的环境条件下,岛上基础设施的建设和维护更加艰难,并进一步制约了海岛生态资源、渔业资源和旅游资源等的开发利用。

以宁波市已拍卖的大羊屿、日门山为例进一步说明:首先,交通不便,该二岛均无岛陆连接工程,对于海岛基建而言,运输成本高,目前岛上基础设施建设落后简单;对于游客登岛而言,没有固定摆渡船,只能租用渔民船上岛,这将极大地影响二岛作为旅游开发用岛的发展前景。其次,二岛开发时必须注重对海岛脆弱环境的保护,包括投资人不能随意改变地形地貌,不能进行大规模石料开采,必须保留原始植被作为鸟类栖息地,健全生活废水、固体废弃物的归置处理设施等。如果两岛开发过程中出现生态环境的破坏等情况,政府甚至可以收回使用权。在开发成本与回报之间衡量后,在这样的约束下进行海岛开发的意愿降低。第三,季节性太强,冬天严寒,来岛上游玩的游客寥寥无几,季节性因素会导致二岛的收益大大减半。第四,二岛面临的自然灾害问题也成为投资者必须面对的问题。两岛均属象山县,平均每年约有 1.7 个/台风正面影响象山沿海,对海岛旅游、基建设施有较大影响,此外海岛及其海上交通面临大风威胁,海岛多大雾,对岛上设备也有较大影响。最后,二岛投资额高,风险大,旦门山岛 2020 年前投资额不少于10 亿元,大羊屿仅初步投资额已达 5 亿元,依据目前的经营模式,两岛 50年内能否收回成本并盈利,有较大风险。

无居民岛开发成本高导致了开发门槛过高,因此在我国现行的无居民海岛开发过程中引入适当的融资模式可以有效地降低门槛,吸引更多的民间资本进入海岛开发市场。而宁波市乃至我国目前的无居民岛开发融资模式仍较单一,融资渠道有限,资本市场不发达,缺乏市场化的融资模式,特别是目前我国无居民海岛的流转功能尚不成熟,包括开放抵押、转让、租赁、继承、合资合作等经营方式仍较为罕见,且对于无居民海岛使用权抵押等融资方式的法律保障、融资经验均较为欠缺,影响了无居民海岛的开发。

无居民海岛的开发使用还是起步阶段,还有很多问题需要摸索,因此很多开发者表现出观望的态度,相信随着国家对海洋经济的总体布局,这些无居民海岛的价值都会有所体现。因此,政府应该协助开发者,或者是加大对基础公共设施建设的服务力度,以降低开发成本,让更多人有信心投入无人岛开发当中。

参考文献

[1]张玫,霍增辉.浙江省海水养殖业发展特征及路径[J].江苏农业科学,2014,42(5):453-454.

[2]毛芝娟.浅淡宁波市海水网箱养殖的可持续发展[J].福建水产,2000(1):58-61.

[3]李晓超,乔超亚,王晓丽,等.中国潮汐能概述[J].河南水利与南水北调,2021,50(10):81-83.

［4］刘伟民,刘蕾,陈凤云,等.中国海洋可再生能源技术进展［J］.科技导报,2020,38(14):27-39.

［5］Technology Collaboration Programmeon Ocean Energy Systems. OES Annual Report［R］. Lisbon：Ocean Energy Systems(OES),2019.

［6］高艳波,柴玉萍,李慧清,等.海洋可再生能源技术发展现状及对策建议［J］.可再生能源,2011,29(2):152-156.

［7］马洪海,佘孝云.对浙江省风电发展的建议［J］.可再生能源,2008(2):107-109.

［8］沈德昌.我国风能技术发展历程［J］.太阳能,2017(8):9-10.

［9］吴一全,刘忠林.遥感影像的海岸线自动提取方法研究进展［J］.遥感学报,2019,23(4):582-602.

［10］孙丽娥.浙江省海岸线变迁遥感监测及海岸脆弱性评估研究［D］.青岛:国家海洋局第一海洋研究所,2013.

［11］许宁.中国大陆海岸线及海岸工程时空变化研究［D］.烟台:中国科学院烟台海岸带研究所,2016.

［12］张华国,周长宝,楼琇林,等.舟山群岛—宁波深水港群遥感综合调查［J］.国土资源遥感,2003(4):63-67.

［13］张志明,杨国平.中国沿海深水港口建设技术进展和发展趋势［J］.交通建设与管理,2008(12):45-50.

［14］孙子宇,谢世楞,田俊峰,等.离岸深水港建设关键技术［J］.中国港湾建设,2010(S1):1-11.

［15］杨璐,周伏萍,黄磊.温州港状元岙港区化工码头钢管锚岩桩施工技术［J］.山西建筑,2020,46(15):55-57.

［16］段渊译.跨海大桥下部结构设计与施工技术探讨［J］.江西建材,2016(5):204,206.

［17］朱明权.组合沉箱在海上桥梁基础中的应用［J］.交通科技,2011(5):35-37.

［18］苏权科.跨海大桥特殊技术问题探讨［J］.公路交通科技,2005(12):101-104.

［19］赵建斌,申俊敏,董立山.吹填土真空预压过程中夹砂层的作用机

理[J].土木工程与管理学报,2012,29(3):91-93.

[20]何清举.围海造陆工程地基快速处理关键技术研究[J].河南水利与南水北调,2011(18):55-57.

[21]马仁锋,李冬玲,李加林,等.浙江省无居民海岛综合开发保护研究[J].世界地理研究,2012,21(4):67-76,89.

[22]杨长松.宁波市无居民海岛开发利用法律调研[J].宁波职业技术学院学报,2015,19(4):48-52.

[23]郑文炳,吴蓓莉,甘付兵.浙江省海岛现状和管理对策研究[J].海洋开发与管理,2013,30(11):27-29.

[24]李德元.明清时期海岛开发模式研究[J].中国边疆史地研究,2005(1):72-79,150.

[25]李德潮.中国海岛开发的战略选择[J].海洋开发与管理,1999(4):22-26.

[26]朱坚真,吕金静.我国海岛开发模式研究[J].河北渔业,2012(12):41-46.

[27]马仁锋,梁贤军,李加林,等.演化经济地理学视角海岛县经济发展路径研究——以浙江省为例[J].宁波大学学报(理工版),2013,26(3):111-117.

[28]郑文炳,吴蓓莉,甘付兵.浙江省海岛现状和管理对策研究[J].海洋开发与管理,2013,30(11):27-29.

[29]张振克,张云峰.当前我国海岛开发中存在的关键问题与对策[C]//2010年海岛可持续发展论坛论文集,2010:44-61.

[30]蒋云飞.我国海岛开发进程中海岛与陆域联动发展策略研究[D].上海:华东师范大学,2013.

[31]王明舜.中国海岛经济发展模式及其实现途径研究[D].青岛:中国海洋大学,2009.

[32]沈锋,罗成书.浙江省海岛保护与利用的思路与对策[J].海洋开发与管理,2016,33(S2):63-67.

[33]王琪,许文燕.中国无居民海岛开发的历史进程与趋势研究[J].海洋经济,2011,1(5):16-24.

[34]程骅.无居民海岛有序管理与开发利用的研究[D].上海:华东政法大学,2014.

[35]张元和,苗永生,孔梅,等.关注无人岛——浙江省无人岛的开发与管理[J].海洋开发与管理,2000(2):26-30.

[36]苗增良,陈朝喜,崔大练,等.无居民海岛开发利用存在的问题及开发模式探讨——以浙江舟山为例[J].安徽农业科学,2013,41(13):6108-6110.

[37]谢慧明,马捷.海洋强省建设的浙江实践与经验[J].治理研究,2019,35(3):19-29.

第7章 滨海湿地资源保护的理论探索、政策演进与实践经验

7.1 滨海湿地资源的本底状况

7.1.1 滨海湿地资源概述

依据《湿地公约》《全国湿地资源调查技术规程(试行)》和《浙江省第二次湿地资源调查技术操作细则》(2011)的湿地分类系统与分类标准,浙江省域范围湿地可划分为近海与海岸湿地、河流湿地、湖泊湿地、沼泽湿地和人工湿地5类。现有面积 8hm² 以上的近海与海岸湿地、湖泊湿地、沼泽湿地、人工湿地以及宽度 10m 以上、长度 5km 以上的河流湿地总面积 111.01×10⁴hm²,占全国湿地总面积 2.07%,湿地率(湿地面积与国土面积的比率)为 10.90%,排全国第 7 位。其中,①近海与海岸湿地692523.36hm²,占 62.92%。包含浅海水域 409895.90hm²,占 37.24%;岩石海岸 1793.36hm²,占 0.16%;沙石海滩 3087.13hm²,占 0.28%;淤泥质海滩 154730.85hm²,占 14.06%;潮间盐水沼泽 17970.21hm²,占 1.63%;红树林 20.11hm²;河口水域 95073.95hm²,占 8.64%;三角洲2444.58hm²,占 0.22%;海岸性淡水湖 7507.27hm²,占 0.68%[1]。②河流湿地 141230.69hm²,占 12.83%。包含永久性河流 138625.46hm²,占 12.60%;洪泛平原湿地 2605.23hm²,占 0.24%。③人工湿地266838.22hm²,占 24.24%。包含库塘 131514.45hm²,占 11.95%;运河/输水河 21977.57hm²,占 2.00%;水产养殖场 110991.18hm²,占 10.08%;盐田 2355.02hm²,占 0.21%[2]。

浙江省湿地类型较齐全,共有 5 类 23 型,除了季节性河流、季节性湖泊

等少许几个类型外,基本上均有分布,是全国湿地类型分布最全的省份之一。全省 5 大类湿地中,近海与海岸湿地面积 69.25×10^4 hm²,比重高达 62.38%,充分体现了浙江省海洋湿地丰富的特点。在 23 型湿地中,面积占据前 5 位的有浅海水域、淤泥质海滩、永久性河流、库塘、水产养殖场,合计湿地面积 94.58×10^4 hm²,占全省湿地面积的 85.20%。

浙江省各湿地类型面积、比例统计情况分别见表 7-1 和图 7-1。

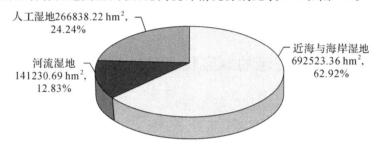

图 7-1　浙江省各湿地类型面积比例

表 7-1　浙江省各湿地类型面积统计表

湿地类型	面积(hm²)	比例(%)
①近海与海岸湿地	692523.36	62.92
浅海水域	409895.90	37.24
岩石海岸	1793.36	0.16
沙石海滩	3087.13	0.28
淤泥质海滩	154730.85	14.06
潮间盐水沼泽	17970.21	1.63
红树林	20.11	0
河口水域	95073.95	8.64
三角洲	2444.58	0.22
海岸性淡水湖	7507.27	0.68
②河流湿地	141230.69	12.83
永久性河流	138625.46	12.60
洪泛平原湿地	2605.23	0.24

湿地类型	面积(hm²)	比例(%)
③人工湿地	266838.22	24.24
库塘	131514.45	11.95
运河/输水河	21977.57	2.00
水产养殖场	110991.18	10.08
盐田	2355.02	0.21
合　计	1100592.27	100

7.1.2　滨海湿地类型和面积

近海与海岸湿地是指在近海与海岸地区由天然的滨海地貌形成的浅海、海岸、河口以及海岸性湖泊湿地,包括低潮水深不超过 6m 的浅海区与高潮位(含高潮线)海水能直接浸润到的区域。浙江省近海与海岸湿地位于我国海岸中段,濒临东海,面积 8hm² 以上的近海与海岸湿地面积 $69.25 \times 10^4 hm^2$,占全省湿地总面积的 62.38%。湿地型包括浅海水域、岩石海岸、沙石海滩、淤泥质海滩、潮间盐水沼泽、红树林、河口水域、三角洲(沙洲、沙岛)、海岸性淡水湖 9 个湿地型,行政范围涉及杭州、宁波、温州、嘉兴、绍兴、舟山、台州、丽水 8 市的 47 个县(市、区)。

(1)浅海水域

浅海水域是指低潮时水深不足 6m 的永久性水域,植被盖度<30%,包括海湾、海峡。全省浅海水域湿地面积最大,达 $40.99 \times 10^4 hm^2$,占近海与海岸湿地面积的 59.20%,占全省湿地面积的 36.92%。该湿地涉及 5 市的 26 个县(市、区)。象山县浅海水域面积最大,达 $5.41 \times 10^4 hm^2$;全省浅海水域面积 $2 \times 10^4 hm^2$ 以上的县(市、区)依次有象山县、临海市、洞头区、苍南县、玉环市、瑞安市、三门县、海盐县,合计面积 $23.81 \times 10^4 hm^2$,占该类湿地面积的 58.09%。

(2)岩石海岸

岩石海岸是指底部基质 75% 以上是岩石和砾石、植被盖度<30% 的岩质海岸,包括岩石性沿海岛屿和岩石峭壁。岩石海岸主要集中在舟山群岛、

宁波大榭岛、象山县东部诸岛等地,被人工海岸等类型切割得比较零散,分布比较零星,连片面积 8hm² 以上的很少。全省岩石海岸湿地面积 0.18×10⁴hm²,占近海与海岸湿地面积的 0.3%,占全省湿地面积的 0.16%。

(3)沙石海滩

沙石海滩是指底质由砂质或沙石组成的、植被盖度<30%的疏松海滩。沙石海滩在浙江省仅见于花岗岩组成的海洋动力强盛的岛屿迎风面,或基岩岬角之间,主要分布于舟山市的普陀区、嵊泗县,宁波市的象山县,台州市的温岭市、临海市,温州市的平阳县、洞头区等地。全省沙石海滩面积的 0.31×10⁴hm²,占近海与海岸湿地面积的 0.4%,占全省湿地面积的 0.28%。

(4)淤泥质海滩

淤泥质海滩是指底质以淤泥为主的、植被盖度<30%的海岸滩涂。淤泥质海滩是浙江省海岸湿地的主要类型之一,湿地面积 15.47×10⁴hm²,占近海与海岸湿地面积的 22.3%,占全省湿地面积的 13.94%。其分布十分广泛,涉及 5 市的 25 个县(市、区)。其中淤泥质海滩湿地面积超过 1×10⁴hm² 的县(市、区)有 6 个,分别为慈溪市、象山县、宁海县、龙湾区、温岭市、乐清市,合计面积 7.85×10⁴hm²,占该类湿地面积的 50.70%。

(5)潮间盐水沼泽

潮间盐水沼泽是指潮间地带形成的、植被盖度≥30%的潮间沼泽,包括盐碱沼泽、盐水草地和海滩盐沼。潮间盐水沼泽在宁波、温州、嘉兴、台州等地均有分布,面积尤以杭州湾、三门湾、乐清湾和温州湾为大。全省潮间盐水沼泽面积 1.80×10⁴hm²,占近海与海岸湿地面积的 2.6%,占全省湿地面积的 1.62%。

(6)红树林

红树林是指由红树科、海桑科植物为建群种所构成的沼泽。苦槛蓝科、锦葵科的一些树种由于具有与红树林植物类似的生态习性,称为半红树林或亚红树林,也被归入此类。浙江省的红树林为我国人工引种分布的最北端,有秋茄林、无瓣海桑林两个类型。半红树林有海滨木槿林、苦槛蓝林,均系人工栽培。近几年虽有发展,但由于造林成本高、管护难度大,目前全省红树林单块面积 8hm² 以上的仅有 20.11hm²,主要分布在台州市的温岭市、玉环市,温州市的乐清市、龙湾区、苍南县等地。

（7）河口水域

河口水域是指从近口段的潮区界（潮差为零）至口外海滨段的淡水舌峰缘之间的永久性水域。浙江省入海河流众多,流域面积在 $10000hm^2$ 以上的有 20 余条。在河流入海处均有一定面积的河口水域湿地分布,主要分布在钱塘江、甬江、椒江、瓯江、飞云江、鳌江等处。全省河口湿地面积 $9.51×10^4hm^2$,占近海与海岸湿地面积的 13.7%,占全省湿地面积的 8.56%（表 7-2）。

表 7-2　各水系河口水域湿地面积统计

水系	湿地面积（hm^2）	各县（市、区）湿地面积（hm^2）
钱塘江	72390.33	上城（463.63）、江干（2060.96）、滨江（1075.62）、西湖（1446.28）、萧山（9383.47）、富阳（3940.49）、桐庐（1471.91）、余姚（14600.17）、海盐（8249.55）、海宁（13383.47）、越城（293.71）、绍兴（3461.30）、上虞（12559.77）
甬江	1463.89	海曙（59.69）、江北（608.24）、镇海（334.92）、北仑（238.66）、鄞州（222.38）
椒江	3847.08	椒江（1503.92）、黄岩（85.86）、临海（2257.3）
瓯江	12416.95	鹿城（3117.45）、龙湾（3264.73）、乐清（1696.72）、永嘉（3729.29）、青田（608.76）
飞云江	4037.59	瑞安（4037.59）
鳌江	918.11	苍南（257.23）、平阳（660.88）
合计	95073.95	

7.1.3　滨海湿地分布格局

浙江省湿地从沿海到内陆、从平原到山区均有分布,呈现一个地区内有多种湿地类型和一个湿地类型分布于多个地区的特点,构成了丰富多样的类型组合。另一方面,本省湿地随气候的南北过渡和地形的东西转折而形成的区域分布十分明显。东部沿海地区以近海与海岸湿地为主,浙北平原以湖泊和平原河网湿地为主,丘陵、山区则以河流、库塘及沼泽湿地为主,形成明显的区域性分布特征。

(1)地理区域分布

依据全省自然环境、湿地类型及区域分布特征,将全省湿地分为浙北水网平原、浙东滨海与岛屿(表 7-3)、浙中西南内陆 3 个湿地地理区。

表 7-3　各地理区域湿地面积统计表(hm^2)

地理区域	近海与海岸湿地面积（hm^2）	河流湿地面积（hm^2）	人工湿地面积（hm^2）	湿地面积合计（hm^2）
浙北水网平原湿地区	163783.64	53515.24	87192.53	304491.41
浙东滨海与岛屿湿地区	517440.59	23982	58562.32	599984.91
合计	681224.23	77497.24	145754.85	904476.32

1)浙北水网平原湿地区

本区位于浙北平原,包括杭嘉湖平原、萧绍平原、姚江平原等,其行政范围涉及嘉兴、湖州、杭州、绍兴、宁波 5 个设区市的 29 个县(市、区)。本区以平原地貌为主,地势低平,海拔多在 10m 以下,其间分布有少许海拔 200m 以下的孤山或丘陵,区内水网密布,比降平缓,为典型的"江南水乡"。全区现有湿地面积 304491.41hm^2,占全省湿地面积的 27.43%,涉及湿地类型 5 类 15 型,主要有近海与海岸湿地、河流湿地和人工湿地等。其中该区域近海与海岸湿地也有较大面积分布,主要类型有浅水海域、淤泥质海滩河口湿地、海岸性淡水湖、三角洲湿地、潮间盐水沼泽等湿地类型。全省的运河和输水河大部分分布于该区。

2)浙东滨海与岛屿湿地区

本区位于浙江东部沿海地区,是浙江省湿地分布面积最大的区域,其行政范围涉及舟山、宁波、台州、温州 4 个设区市的 23 个县(市、区)。地貌以低海拔山地丘陵为主,其中舟山群岛是我国最大的群岛,海岸线曲折,港湾众多[3]。区内主要河流有甬江、椒江、瓯江、飞云江、鳌江等。全区现有湿地面积 600215.05hm^2,占全省湿地面积的 54.05%,涉及湿地类型 5 类 17 型,主要有近海与海岸湿地、河流湿地和人工湿地等。其中,近海与海岸湿地是该区域湿地分布最主要的特征,面积达 517440.59hm^2,占全省同类型湿地面积的 74.72%。主要湿地类型有浅海水域、淤泥质海滩、岩石海岸、海岸性淡水湖、三角洲湿地、河口湿地等。本区的乐清湾西门岛拥有目前全国最北端的一片红树林,也是浙江省唯一的海岛红树林种植区[4]。

（2）流域分布

从流域的角度,浙江省可分为钱塘江、苕溪、运河、甬江、椒江、瓯江、飞云江、鳌江八大流域和浙东独流入海河流、浙西南跨省河流流域。为便于统计,将浙东独流入海河流、浙南跨省河流流域合并称为其他流域;同时为便于对近海上海岸湿地的分类管理,增加了一个湿地类域。

1）钱塘江流域

钱塘江是浙江省最大的河流,也是我国东南沿海一条独特的河流,以雄伟壮观的涌潮著称于世。钱塘江,古名"浙江",又名"折江""之江",浙江省因此而得名。钱塘江有南、北两源,均发源于安徽省休宁县,流至建德市梅城汇合后,流经杭州市区并东流出杭州湾入东海。河长以北源为长,总长 668km,流域面积 55558km²。流域内现有湿地面积 263991.65hm²,占全省湿地面积的 23.78%,涉及湿地类型 5 类 13 型。其中,近海与海岸湿地 75588.46hm²;河流湿地 49064.54hm²,人工湿地 138358.66hm²。

2）运河流域

运河水系属长江水系太湖流域,也称"杭嘉湖东部平原"河网水系。流域面积 7500km²,其中浙江省境内 6481km²。运河水系是以纵横交错的河道形成的平原河网水系,流域内地表径流向北注入太湖,向东注入黄浦江;"南排工程"兴建后,有部分经由南排工程的各个排水闸注入钱塘江,由于京杭运河横贯其中,故称为"京杭运河水系",简称"运河水系"。运河水东浙江境内大小河道总长度 24600km,河网密度 3.9km/km²,是著名的"鱼米之乡""丝绸之府"。流域内现有湿地面积 73928.25hm²,占全省湿地总面积的 6.66%,涉及湿地类型 5 类 12 型。其中,近海与海岸湿地 5197.57hm²,河流湿地 31798.03hm²,人工湿地 29989.82hm²。

3）甬江流域

甬江在浙江东部,因流经古甬地,故名。甬江由南源奉化江、北源姚江汇集而成,两江在宁波市区三江口汇合后,东北流经镇海外游山入海,总长 133km,流域面积 4518km²。甬江两源中,姚江略长,流域面积奉化江略大,流域内现有湿地面积21629.62hm²,占全省湿地面积的1.95%,涉及湿地类型4类8型。其中,近海与海岸湿地4134.18hm²,河流湿地9024.69hm²,人工湿地8377.81hm²。

4）椒江流域

椒江亦称灵江,发源于缙云、仙居与永嘉三县边界的括苍山水湖岗石长坑,干流流经仙居县、临海市、椒江区注入台州湾,河长209km,流域面积603km²,是浙江省第三大河流。流域内现有湿地面积19721.4hm²,占全省湿地总面积的1.78%,涉及湿地类型4类9型。其中,近海与海岸湿地4111.64hm²,河流湿地8417.12hm²,人工湿地7111.7hm²。

5）瓯江流域

瓯江古名慎江,曾以地取名为永宁江、永嘉江、温江,发源于庆元、龙泉两县交界的百山祖锅帽尖,流经龙泉、云和、莲都、青田、永嘉、瓯海、鹿城、龙湾等8个县(市、区),出温州湾入东海,干流长384km,流域面积18100km²,是浙江省第二大河流。流域内现有湿地面积46525.76hm²,占全省湿地面积的4.19%,涉及湿地类型4类10型。其中,近海与海岸湿地13010.00hm²,河流湿地16839.28hm²,人工湿地16643.03hm²。

6）飞云江流域

飞云江古代曾名罗阳江、安阳江、安固江、瑞安江,发源于景宁畲族自治县景南乡的白云尖西北坡,自西向东流经泰顺、文成两县,在瑞安市上望镇新村入东海,干流长193km,流域面积3719km²。流域内现有湿地面积15210.72hm²,占全省湿地面积的1.37%,涉及湿地类型4类8型。其中,近海与海岸湿地4159.55hm²,河流湿地2895.45hm²,人工湿地8143.67hm²。

7）鳌江流域

鳌江曾名始阳江、横阳江,又名钱仓江,发源于文成县桂山乡吴地山麓桂库村上游,干流长81km,流域面积1530km²。流域内现有湿地面积5071.39hm²,占全省湿地面积的0.46%,涉及湿地类型3类6型。其中,近海与海岸湿地952.89hm²,河流湿地2806.08hm²,人工湿地1312.42hm²。

8）其他流域

其他流域包括分布在庆元县、泰顺县、开化县的流域面积较小的边界水系,以及分布在浙江东部沿海地区(海岸线以内)的独流入海河流的流域。流域内现有湿地面积 55838.97hm², 占全省湿地面积的 5.03%, 涉及湿地类型 5 类 15 型。其中,近海与海岸湿地 10482.38hm², 河流湿地 11537.03hm², 人工湿地 33690.59hm²。

9)滨海湿地

海岸线以外的近海与海岸湿地,包括岛屿上的河流湿地和人工湿地,统计到滨海湿地中,其湿地面积 585543.94hm², 占全省湿地面积的 52.74%, 涉及湿地类型 3 类 11 型。其中,近海与海岸湿地 574886.69hm², 河流湿地 270.00hm², 人工湿地 10387.25hm²。

表 7-4　各流域湿地面积统计表

流域	近海与海岸湿地面积（hm²）	河流湿地面积（hm²）	人工湿地面积（hm²）	合计（hm²）
钱塘江流域	75588.46	49064.54	138358.66	263991.65
运河流域	5197.57	31798.03	29989.82	73928.25
甬江流域	4134.18	9024.69	8377.81	21629.62
椒江流域	4111.64	8417.12	7111.70	19721.40
瓯江流域	13010.00	16839.28	16643.03	46525.76
飞云江流域	4159.55	2895.45	8143.67	15210.72
鳌江流域	952.89	2806.08	1312.42	5071.39
其他流域	10482.38	11537.03	33690.59	55838.97
滨海湿地	574886.69	270.00	10387.25	585543.94
总计	692523.36	141230.69	266838.22	1110129.05

(3)设区市分布

浙江省各设区市中,湿地面积占前三位的分别是宁波市、温州市、台州市,合计面积 65.23×10⁴hm², 占全省湿地总面积的 58.77%(图 7-2、表 7-5、表 7-6)。

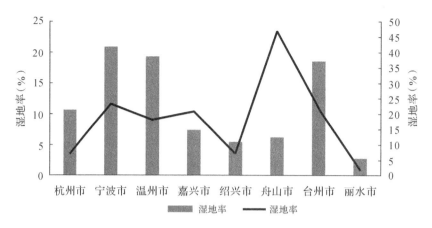

图 7-2　各设区市湿地分布状况

表 7-5　各设区市滨海湿地面积占比及湿地率

设区市	总面积(hm²)	湿地面积(hm²)	占全省湿地比例(%)	湿地率(%)
杭州市	1657100	117821.27	10.61	7.11
宁波市	984500	231659.29	20.87	23.53
温州市	1178400	214551.87	19.33	18.21
嘉兴市	391500	81717.65	7.36	20.87
绍兴市	827900	58945.59	5.31	7.12
舟山市	145500	68870.72	6.20	47.33
台州市	941100	206107.11	18.57	21.90
丽水市	1730800	29136.04	2.62	1.68

表 7-6　各设区市湿地面积占比及湿地率

设区市	湿地面积合计		近海与海岸湿地		河流湿地		人工湿地	
	面积(hm²)	位序	面积	位序	面积(hm²)	位序	面积(hm²)	位序
杭州市	117821.27	4	22491.86	6	16730.24	3	78001.86	1
宁波市	231659.29	1	181002.20	2	11764.00	8	38499.46	2
温州市	214551.87	2	184727.49	1	12512.36	7	17299.96	7
嘉兴市	81717.65	5	50462.90	5	18511.84	1	9011.06	9

设区市	湿地面积合计		近海与海岸湿地		河流湿地		人工湿地	
	面积(hm²)	位序	面积	位序	面积(hm²)	位序	面积(hm²)	位序
绍兴市	58945.59	7	19004.09	7	15822.07	4	23720.98	4
舟山市	68870.72	6	62621.36	4	180.07	11	6069.29	11
台州市	206107.11	3	171447.77	3	12977.35	6	21523.51	5
丽水市	29136.04	10	765.69	8	13538.36	5	14798.35	8
合计	1110129.05		692523.36		141230.69		266838.22	

宁波市地处长江三角洲的南翼，浙江省东北部的东海之滨。境内有"两湾两港"，即杭州湾、北仑港、象山港和三门湾，以及浙江省八大水系之一的甬江。宁波的河、湖、海、湾、港、岛孕育了丰富的湿地资源，全市湿地面积 $23.17 \times 10^4 hm^2$，湿地率 23.53%，占全省湿地面积的 20.87%，涉及湿地类型 5 类 15 型。慈溪庵东湿地是浙江省最大的海涂，其位于东亚—澳大利亚水鸟迁徙通道，是我国东部大陆海岸冬季水鸟最富集的地区之一，也是世界濒危物种黑嘴鸥和黑脸琵鹭的重要越冬地与迁徙地之一[5]。

温州市位于浙江省东南部，南接福建。境内港湾众多，有乐清湾、温州湾、沿浦湾、大港湾四大海湾，主要水系为瓯江、飞云江、整江。全市湿地面积 $21.46 \times 10^4 hm^2$，湿地率 18.21%，占全省湿地面积的 19.33%，涉及湿地类型 4 类 14 型。温州湾、乐清湾滩涂湿地为重要鸟区，是世界濒危物种黑嘴鸥和卷羽鹈鹕的重要越冬地，也是世界濒危物神黑脸琵鹭的重要停歇地，是大量鸻鹬类水鸟的重要栖息地。

台州市位于浙江省沿海中部，是中国黄金海岸上一个新兴的组合式港口城市。境内港湾众多，有三门湾、台州湾、漩门湾、乐清湾等海湾，主要水系有浙江省八大水系之一的椒江水系。全市湿地资源丰富，湿地面积 $20.61 \times 10^4 hm^2$，湿地率 21.90%，占全省湿地面积的 18.57%，涉及湿地类型 5 类 17 型。漩门湾、乐清湾滩涂湿地为重要鸟区，是世界濒危物种黑嘴鸥的重要越冬地，也是大量鸻鹬类水鸟的重要栖息地[5-6]。

7.2　滨海湿地资源保护的技术探索

7.2.1　滨海湿地资源保护技术

湿地是重要的生态系统,在生态系统中同森林、海洋具有同等重要的地位。湿地能够有效地调节气候、抵御洪水、降解污染物、涵养水源,同时在保护地球生物多样性等方面也发挥着重要作用。在湿地系统中,植物主要有芦苇、蒲草、水花生等,同时,还有多种动物[7]。

(1)湿地生态环境保护的重要性

加强湿地生态环境保护有助于维持湿地生态系统的平衡,促进社会的可持续发展。湿地是一类重要的资源,也是保障社会可持续发展的关键。在湿地生态自然系统中,其生物群落由水生和陆生两类组成,系统中不断进行着能量流动和物质循环,从而达到不断更新的目的。我国城镇化进程的加快,对湿地生态环境造成了一定的影响,甚至造成了一定程度的破坏,特别是位于城镇周边的湿地容易受到工业化发展的影响[8],因此需要对湿地生态环境采取切实有效的保护措施。湿地不但具有丰富的资源,还有巨大的环境调节功能和生态效益。各类湿地在提供水资源、调节气候、涵养水源、均化洪水、促淤造陆、降解污染物、保护生物多样性以及为人类提供生产、生活资源等方面发挥了重要的作用。

1)旅游效益

湿地的社会效益:发展观光旅游。湿地具有自然观光、旅游及娱乐等美学方面的功能,我国有许多重要的旅游风景区都分布在湿地区域。滨海的沙滩、海水是重要的旅游资源,还有不少湖泊因自然景色壮观秀丽而吸引人们向往,被开辟为旅游和疗养胜地。滇池、太湖、洱海及杭州西湖等都是著名的风景区,除可创造直接的经济效益外,还具有重要的文化价值。作为一种旅游资源,湿地带来了巨大的社会效益。受湿地环境和资源的影响,许多湿地都呈现出迷人的自然风景,已经作为旅游景点进行开发,吸引了许多游客,推动了我国旅游业的发展。湿地适宜的气候使其非常适合人类居住[9]。同时湿地中的各种动植物资源具有极高的研究价值,这正是我国物种多样性的体现,为我国科研和教育提供了研究实验场所。

2)经济效益

湿地的经济效益:提供丰富的动植物产品。中国鱼产量和水稻产量都居世界第 1 位。湿地资源丰富,具有多样的动植物产品,如鱼类、虾类等。湿地资源中的植物有些还具有一定的商用价值,如芦苇等植物可以当作造纸的原材料,推动当地轻工业的发展。湿地中还蕴含着丰富的水资源和油气等能源,有着广阔的开发前景。这些资源为当地居民提供了收入来源,提高了当地居民的收入。

3)生态效益

湿地的生态效益:维持生物多样性。湿地的生物多样性占据非常重要的地位,依赖湿地生存、繁衍的野生动植物极为丰富,其中许多是珍稀特有的物种。湿地是生物多样性丰富的重要地区,也是濒危鸟类、迁徙候鸟及其他野生动物的栖息繁殖地。在 40 多种国家一级保护的鸟类中,约有 1/2 生活在湿地。中国是湿地生物多样性最丰富的国家之一。利用湿地生态保护技术,能有效提升湿地的生态效益,满足绿色发展的基本要求。湿地是众多动植物栖息与生长的家园,通过湿地保护能丰富生态多样性[10]。随着我国经济发展迅速,对湿地资源的需求不断增加,就需要国家有关部门率先重视湿地保护,制定相关政策和措施,带动人民群众共同保护湿地资源,充分贯彻绿色发展的理念。

目前,我国已经开始高度重视对湿地生态环境的保护,并且也采取了一系列行之有效的技术措施,使湿地生态环境得到了有效的保护。在目前的湿地生态环境保护中也存在着一些亟待解决的问题,如鸟类栖息地建设、野生动物保护以及湿地规划等。

(2)当前湿地生态环境保护中存在的问题

1)鸟类栖息地建设问题

鸟类栖息地建设是湿地生态环境保护的重要内容,可以为湿地中的鸟类提供良好的生存环境。但目前湿地鸟类栖息地建设中存在着一些问题。湿地中的鸟类主要有灰喜鹊、斑鸠、戴胜、苍鹭等,还有迁徙的大雁、白鹭、野鸡、野鸭等在湿地停歇。在实际的鸟类栖息地建设过程中,需要考虑不同鸟类对栖息地环境要求的差异性,尽可能为不同的鸟类提供良好的栖息地环境。

2）野生动物保护问题

在湿地中生存着大量的野生动物,如何对这些野生动物进行有效保护也是一个较大的挑战。目前,在湿地生态环境的保护过程中,通常采用阻隔式的保护装置,主要是通过设置防护栅栏来阻止外界的垃圾流入湿地中,从而起到相应的保护作用,但这种保护效果不显著。为了更好地保护湿地中的野生动物,应采取更为有效的保护措施。

3）湿地保护和恢复规划问题

在湿地保护和恢复项目工程建设之前,需要做好合理的规划设计,保证在建设过程中不会出现较为严重的问题。首先是对湿地进行合理的功能区划分,保证湿地系统中的各个区域得到合理有效的保护和利用;其次是在湿地生态环境保护设施选择上,应采用体积相对较小、实际安装较为方便、拆卸和清理过程不会太过繁杂的设施,这样就能够更加符合实际应用需求,进而更好地保护生态湿地环境[11]。

（3）湿地生态保护的技术措施

近些年来,我国自然灾害和极端天气出现的频率不断增加,如洪涝灾害、干旱、沙尘暴和荒漠化等。制定湿地保护措施刻不容缓,需要全社会的共同参与。但实施生态保护、湿地保护并不是要将周围的居民迁移出湿地保护的范围,让湿地在原始的状态下发展,而是要用科学的方法引导居民参与到湿地保护的队伍中来,真正实现人与自然和谐相处,使居民能够在不破坏生态环境的基础上实现更好的生活。只有让居民真正意识到湿地保护的重要性,他们才能积极主动地参与其中[12]。为了取得更好的湿地保护成果,需要做好以下 5 个方面。

1）提高湿地保护意识

湿地保护仅仅依靠国家是难以达到理想效果的,只有每个人都参与到湿地保护的行动中来,才能达到预期的效果。因此,开展湿地保护中首先要提高人们对湿地保护的意识,让人们真正意识到湿地资源对人类生存、国家发展的重要性,使人们能够在日常生活中主动保护湿地。这就需要相关部门的人员有效落实湿地保护的宣传教育工作,利用现代化宣传方式和传统宣传方式相结合的方法进行宣传,确保宣传范围覆盖到各个年龄层次,提升宣传工作的效率。例如,可以使用传单、教育手册分发的方式向年龄较大及不会上网的人群进行宣传教育;对于年轻人,可以采用线上宣传教育的方式,如微信公众号、微博等渠道;对于学生而言,学校和教师要做好相关教育工作,安排主题班会、学校活动等,从小培养学生湿地保护的意识[12]。通过各种方式使人们树立正确的生态文明意识,提高人们对于湿地保护的意识,让更多的人意识到湿地保护是一件势在必行的事情,促进湿地资源保护工作的顺利开展。

2)利用综合策略强化湿地保护

①加大执行和监督力度:大力推进湿地保护的相关工作,需要相关制度的支持。有关部门要在现有的制度上按照现阶段湿地保护的情况进行进一步完善,并加大执行和监督的力度。同时国家要出台相关的法律法规,让湿地保护有法可依。湿地保护相关工作人员在工作的过程中一定要严格遵守相关法律法规和制度,一旦发现不遵守制度、违反法律法规的人员要批评教育,严重的要予以惩罚。

②加强沟通:在工作时要加强和下层所属部门的沟通和联系,下层部门也需要及时将实际情况向上层反映,明确各部门之间的分工,最大程度地提高工作效率和质量。在湿地保护执法的过程中,工作人员需要加强和周围群众的交流,考虑周围群众的需要,不能因为工作的推进而对群众的正常生活造成影响。

③严格遵守相关规定:在执法时,必须严格遵守相关规定,注意方式方法,杜绝粗暴执法现象的发生。因此在湿地保护时,需要充分贯彻人与自然和谐相处的理念,做好群众的思想工作,让群众以积极的态度配合工作,在保护湿地的同时为群众创造更好的生活条件。

3)建立湿地自然保护区和生态公园

建立湿地自然保护区和湿地公园是保护效果较好的方法之一。在建立湿地自然保护区和湿地公园及后续的管理工作中,需要做好以下 3 个方面来保证自然保护区和公园的有效性。①根据各个地区湿地的具体情况有针对性地实施控制措施。在保护湿地资源中,人类在利用资源的同时,要对湿地中的各种动植物资源进行合理的保护,保证湿地环境良好发展,保护物种多样性[13]。②聘请专业人员规划保护区和公园区域的建设和管理,不可盲目实行,要保证园区和自然保护区的科学合理性,并且保证保护区和园区的建立能够充分发挥湿地的价值,在保护资源的同时能够保留其美观性。③保护区和园区建立完成后还需要工作人员按照相关制度做好监督管理的工作,为湿地保护工作保驾护航。

4)推进生态旅游发展

利用湿地资源发展生态旅游业也是一项有效的措施,在有效保护湿地资源的同时,带动当地旅游业的发展,提高湿地资源的经济效益。在推进生态旅游发展的同时,需要将湿地资源保护放在首位,不能为了发展旅游业而忽视湿地保护,不能为了提高经济效益而对湿地资源造成破坏。国家可以请相关专家进行合理的规划,力求在保护湿地资源、调节湿地生态平衡的同时,将湿地资源的经济效益发挥到最大,实现双赢。

5)加快产业结构调整

湿地周围的工业发展、轻工业发展都会给湿地造成一定的破坏。拥有湿地资源的地区应加快产业结构的调整,充分贯彻绿色发展的理念,大力发展绿色产业,并做好污染处理的相关工作。通过产业结构调整,我国可以走一条绿色可循环的发展之路,减少对湿地的破坏与影响,实现我国社会经济的健康发展。

(4)湿地生态环境保护新技术及其应用

1)有害生物的监测及防治技术

湿地系统中生存着大量的生物,有些会对湿地生态平衡有益,有些会对湿地生态平衡有害,因此需要对湿地系统中的有害生物进行实时监测。一旦发现其中的有害生物超标,则应及时采取必要措施,对有害生物进行综合防治。在湿地系统中有害生物的监测技术方面,可以借助物联网技术,构建湿地系统有害生物监测系统;在湿地系统有害生物的防治方面,可以采取环境友好的技术措施,尽量不对湿地生态环境造成影响。

2)湿地保护规划技术

在湿地保护规划中,保护任务包括水质保护、水岸保护、鸟类及其栖息地保护和文化保护。①水质保护。对水质进行保护,使湿地中的水质条件能够达到相关技术标准中的要求。其一,管控湿地非生态工程建设活动,划定湿地控制线,最大限度地降低周边农业面源污染的入湖负荷,建立湿地与周边农业用地之间的生态缓冲带。其二,针对湿地高滩区生态涵养林、滨岸带及浅水滩地,开展滨岸带湿地生态修复,进一步发挥滨岸带对外源性面源污染的拦截与消减作用。其三,通过潜流构造湿地以及表面流湿地的营建,提升尾水进入湿地后的水质净化效果。②水岸保护。实施针对性的湿地生态工程措施,构建植被生长平台—稳定的基底以及地形重塑。在此基础上构建多层次、具有立体结构的湖滨植被带,从而改善滨岸带动植物栖息地环境。③鸟类及其栖息地保护。人类活动主要集中在宣教展示区、合理利用区及管理服务区。观鸟等人为活动应进行定点设置,尽量减少对鸟类的干扰。对湖区浅滩地、生态小岛以及芦荡高滩地进行升级改造,营造多种类型的鸟类栖息地,为鸟类来此觅食、栖息、繁衍提供场所。④文化保护。湿地所在区域的代表文化有塌陷区煤文化、农业文化等,是湿地人文内涵的重要体现,需要加以保护和传承。

7.2.2　滨海湿地资源恢复技术

湿地恢复技术是指利用生态技术对正在退化的湿地资源进行修复或重建的一系列技术,主要包括三个方面,即湿地生境恢复技术、湿地生物恢复技术、湿地生态结构与功能恢复技术[14]。只有充分把握好这三个方面,才能更好地恢复湿地生态系统。

(1)生境恢复技术

湿地生境指的是湿地的生态环境,湿地生境恢复技术就是恢复物种栖居地生态环境的技术,主要包括湿地基底恢复技术、水状况恢复技术及土壤恢复技术等。基底恢复技术包括基底改造技术、水土流失控制技术等,主要就是改造湿地地域的地形地貌特点,使之符合所在地区的实际情况;水状况恢复技术主要包括水环境质量的改善、污水处理技术等,即应对各类水污染而采取的各种处理技术;土壤恢复则主要包括对土壤进行维护的各种技术,其主要目的是改善土壤中的营养成分,保证土壤适合地域要求,使各物种能够更好地生长。如在重庆市城口县大巴山湿地公园建设过程中,通过建设梯级湿地植物滤池等方式,净化排入河道的城镇生活污水;对河漫滩土壤瘠薄情况,采取客土、控根容器苗栽植等方式恢复土壤。

（2）生物恢复技术

物种是湿地生态系统的重要组成部分，也是评价湿地生态系统的一个重要标志。湿地生物恢复技术主要包括物种引入技术、物种培育技术、物种保护技术等。我国幅员辽阔，地形复杂、气候多样，因而我国湿地类型也具有多样性特征。不同地域的湿地资源，其物种类型也有所不同。例如，南北方不同地区，引入的物种品种也不相同，而且，因气候条件的差异，其培育技术和保护技术也不一样。

（3）生态结构功能的恢复技术

湿地有着自身的结构与功能，要想让湿地的功能得到有效发挥，必须保护及维持湿地生态系统的平衡与稳定，这就需要有良好的结构与功能恢复技术。湿地生态结构功能恢复技术包括生态系统总体设计技术、生态系统构建与集成技术等。具体而言，就是对湿地所处的地域环境做一个总体分析，使湿地的生态结构与当地的环境适应和匹配，构建一个符合当地生态环境的生态体系。

7.2.3 湿地生态系统的保护技术

恢复湿地生态系统之后，需要继续对其加强保护。伴随着气候变化及人类活动的影响，我国湿地资源逐年减少，这对我国的生态环境发展十分不利。因此，要持续加强对湿地的保护。

（1）引入水源与兴建水利工程

湿地，顾名思义，就是具有一定水源的区域，由此可见，水是湿地的重要特征之一。在现实条件下，许多湿地资源的退化及生态系统被破坏与水资源不足有关，要想保护好湿地资源及生态系统，必须引入水源，增加湿地区域的水量比重，这样才能让湿地资源与生态系统保持生机和活力。具体来说，可通过开源节流等方式将湿地周边的河流、湖泊等引导进入湿地区域内，或是扩大区域内河流湖泊的容量大小，以随时补充水源，并确保湿地区域水量的充足[15]。水利工程的兴建也是保护湿地资源的重要措施之一。如果湿地周围没有较大的河流或是湖泊时，就可以修建一些水利工程来保证湿地的水源状况。例如，在湿地中修建一些大型的水库，雨季时可存储水源，而到了旱季时再放水，通过调节季节性水量来保护湿地。

(2)扩大湿地面积

一个生态系统的面积越大,那么该系统内部物种的多样性就越大,系统就越稳定。湿地生态系统就是如此。当湿地的地域面积越大时,区域内的物种就越丰富,其生态系统也越平衡与稳定。想要更好地保护湿地资源,扩大湿地面积是一个有效的措施,这需要依靠国家出台政策,禁止围地造田,对于那些影响或是破坏了湿地环境的农田实行退耕还湿,切实保证湿地的面积。

7.3　滨海湿地资源保护的政策演进

7.3.1　我国滨海湿地保护政策

《中华人民共和国海洋环境保护法》旨在保护和改善海洋环境,保护海洋资源,防治污染损害,维护生态平衡,保障人体健康,促进经济和社会的可持续发展,于 1982 年 8 月 23 日由全国人民代表大会常务委员会令第九号公布制定实施。2008 年,林业局发布的《中国湿地保护行动计划》提到湿地的具体范围,统计了中国滨海湿地主要分布地区。《全国湿地保护工程规划》发布于 2007 年 9 月 28 日,重点提出了全面调查和评估我国的红树林资源状况,逐步恢复我国的红树林资源。通过建立示范基地,提供不同区域红树林资源保护和合理利用模式。《中国多样性保护行动计划》发布于 2010 年 9 月 17 日,主要关注了滨海湿地优先区域及保护重点地区的生物多样性。

(1)《中华人民共和国海洋环境保护法》

其关于滨海湿地的主要内容有:

第二十条:国务院和沿海地方各级人民政府应当采取有效措施,保护红树林、珊瑚礁、滨海湿地、海岛、海湾、入海河口、重要渔业水域等具有典型性、代表性的海洋生态系统,珍稀、濒危海洋生物的天然集中分布区,具有重要经济价值的海洋生物生存区域及有重大科学文化价值的海洋自然历史遗迹和自然景观。对具有重要经济、社会价值的已遭到破坏的海洋生态,应当进行整治和恢复。

第二十二条:凡具有下列条件之一的,应当建立海洋自然保护区:

①典型的海洋自然地理区域、有代表性的自然生态区域,以及遭受破坏但经保护能恢复的海洋自然生态区域;

②海洋生物物种高度丰富的区域,或者珍稀、濒危海洋生物物种的天然集中分布区域;

③具有特殊保护价值的海域、海岸、岛屿、滨海湿地、入海河口和海湾等;

④具有重大科学文化价值的海洋自然遗迹所在区域。

第九十四条:本法中下列用语的含义是:

①滨海湿地,是指低潮时水深浅于六米的水域及其沿岸浸湿地带,包括水深不超过六米的永久性水域、潮间带(或洪泛地带)和沿海低地等。

(2)《中国湿地保护行动计划》

计划中提到,湿地是重要的国土资源和自然资源,其同森林、耕地、海洋一样具有多种功能。湿地系指那些天然或人工,长久或暂时的沼泽地、泥炭地或水域地带,带有或静止或流动,或为淡水、半咸水、咸水水体者,包括低潮时水深不超过 6m 的水域。此外,湿地可以包括邻接湿地的河湖沿岸、沿海区域以及湿地范围的岛屿或低潮时水深不超过 6m 的水域。所有季节性或常年积水地段,包括沼泽、泥炭地、湿草甸、湖泊、河流及洪泛平原、河口三角洲、滩涂、珊瑚礁、红树林、水库、池塘、水稻田以及低潮时水深浅于 6m 的海岸带等,均属湿地范畴。

第一章第四条提到,浅海、滩涂湿地。我国的滨海湿地主要分布于沿海的 11 个省区和港澳台地区。海域沿岸约有 1500 多条大中河流入海,形成浅海滩涂生态系统、河口湾生态系统、海岸湿地生态系统、红树林生态系统、珊瑚礁生态系统、海岛生态系统等 6 大类、30 多个类型。目前对浅海、滩涂湿地开发利用的主要方式有:滩涂湿地围垦、海水养殖、盐业生产和油气资源开发等。

第五章第三部分第一条提到,根据中国湿地资源保护的现状,多方采取有效措施,尽可能地恢复已退化的湿地,减缓或降低人为因素对湿地的负面影响,开展一批重点湿地的恢复治理工程,有计划地恢复五大淡水湖泊面积,湿地点污染源基本得到控制,开展治山与治水结合进行的综合治理,促进湿地的综合保护与治理,有效地减缓湿地的退化,遏制人为活动导致的天然湿地数量下降趋势。优先行动主要有:将湿地保护与合理利用纳入国家和省区的土地利用、生态治理、资源恢复、水资源管理、河流流域与海岸带管理以及相关的管理规划中。

第六章第二部分提到,中国重要的经济海区和湖泊,滥捕的现象十分严重,不仅使重要的天然经济鱼类资源受到很大的破坏,而且也严重影响了这些湿地的生态平衡,威胁着其他水生物种的安全。中国许多海域的经济鱼类年捕获量明显下降,渔捕物的种类日趋单一、种群结构低龄化、小型化。在内陆湿地生态系统中,生物多样性受到严重威胁。如白鳍豚、中华鲟、达氏鲟、白鲟、江豚已成为濒危物种,长江鲟鱼、鲥鱼、银鱼等经济鱼种种群数量已变得十分稀少;湿地水禽由于过度猎捕、捡拾鸟蛋等导致种群数量大幅度下降,特别是在鸟类迁徙季节,一些人使用排铳、地枪、农药等方法,不择手段地进行猎取,严重破坏了水禽资源。中国的红树林由于围垦和砍伐(木材、薪柴)等过度利用,天然红树林面积已由 20 世纪 50 年代初的约 $5 \times 10^4 hm^2$ 下降到目前的 $1.4 \times 10^4 hm^2$,已经有 72% 的红树林丧失。红树林的大面积消失,使中国的红树林生态系统处于濒危状态,同时使许多生物失去栖息场所和繁殖地,也失去了防护海岸的生态功能。珊瑚礁是中国南部海域最富特色的景观和自然资源,多年来由于无度、无序的开发,已受到严重破坏。此外,沼泽湿地中的泥炭资源、北方沿海的贝壳砂以及沙岸,也都因过度或不合理开采而受到破坏。

(3)《全国湿地保护工程规划》

《全国湿地保护工程规划》中的滨海湿地区条目评估了油气田开采、盐田和农业开发对辽河三角洲、黄河三角洲、长江三角洲和珠江三角洲等湿地的潜在影响和威胁。加强对该区域珍稀野生动物及其栖息地的保护。建立具有良性循环和生态经济增值的湿地开发利用示范区。对退化海岸湿地生态系统,以生态工程为技术依托,对其进行综合整治、恢复与重建。

其中湿地生态恢复和综合整治工程条目提到的红树林恢复工程说明:目前我国红树林资源不断被蚕食,导致红树林面积急剧减少、质量下降和功能退化,急需恢复、修复和营造红树林,以充分发挥红树林维护海岸生态安全和生物多样性等生态功能。规划期内拟实施红树林恢复工程。

（4）《中国多样性保护行动计划》

《中国多样性保护行动计划》中提到的优先区域及保护重点：

①黄渤海保护区域。本区的保护重点是辽宁主要入海河口及邻近海域，营口连山、盖州团山滨海湿地，盘锦辽东湾海域、兴城菊花岛海域、普兰店皮口海域，锦州大、小笔架山岛，长兴岛石林、金州湾范驼子连岛沙坝体系、大连黑石礁礁群、金州黑岛、庄河青碓湾，河北唐海、黄骅滨海湿地，天津汉沽、塘沽和大港盐田湿地，汉沽浅海生态系、山东沾化、刁口湾、胶州湾、灵山湾、五垒岛湾、靖海湾、乳山湾、烟台金山港、蓬莱—龙口滨海湿地，山东主要入海河口及其邻近海域，潍坊莱州湾、烟台套子湾、荣成桑沟湾，莱州刁龙咀沙堤及三山岛，北黄海近海大型海藻床分布区，江苏废黄河口三角洲侵蚀性海岸滨海湿地、灌河口，苏北辐射沙洲北翼淤涨型海岸滨海湿地、苏北辐射沙洲南翼人工干预型滨海湿地、苏北外沙洲湿地等，以及黄海中央冷水团海域。

②东海及台湾海峡保护区域。本区的保护重点是上海奉贤杭州湾北岸滨海湿地、青草沙、横沙浅滩，浙江杭州湾南岸、温州湾海岸及瓯江河口三角洲滨海湿地，渔山列岛、披山列岛、洞头列岛、铜盘岛、北麂列岛及其邻近海域，大陈、象山港、三门湾海域，福建三沙湾、罗源湾、兴化湾、湄洲湾、泉州湾滨海湿地，东山湾、闽江口、杏林湾海域，东山南澳海洋生态廊道，黑潮流域大海洋生态系统。

③南海保护区域。本区的保护重点是广东潮州及汕头中国鲎、阳江文昌鱼、茂名江豚等海洋物种栖息地，汕尾、惠州红树林生态系统分布区，阳江、湛江海草床生态系统分布区，深圳、珠海珊瑚及珊瑚礁生态系统分布区，中山滨海湿地、珠海海岛生态区，江门镇海湾、茂名近海、汕头近岸、惠来前詹、广州南沙坦头、汕尾汇聚流海洋生态区，惠东港口海龟分布区、珠江口中华白海豚分布区，广西涠洲岛珊瑚礁分布区、茅尾海域、大风江河口海域、钦州三娘湾中华白海豚栖息地、防城港东湾红树林分布区，海南文昌、琼海珊瑚礁海草床分布区，万宁、蜈支洲、双帆石、东锣、西鼓、昌江海尾、儋州大铲礁软珊瑚、柳珊瑚和珊瑚礁分布区，鹦哥海盐场湿地、黑脸琵鹭分布区，以及西沙、中沙和南沙珊瑚礁分布区等。

7.3.2　浙江滨海湿地保护政策发展进程

为适应浙江省经济社会发展的需要,进一步协调和规范各种涉海活动,加强对海洋资源和生态环境的保护,推进浙江海洋经济发展示范区和浙江舟山群岛新区建设,加快浙江海洋经济强省战略的实施,在国务院 2006 年批准实施的《浙江省海洋功能区划》基础上,依据《全国海洋功能区划(2011—2020 年)》和国家有关法律法规,根据海域区位、自然资源、环境条件和开发利用的要求,按照海洋基本功能区的标准,将全省海域划分成不同类型的海洋基本功能区,作为全省海洋开发、保护与管理的基础和依据。《浙江省自然保护区管理办法》于 2006 年 4 月 20 日浙江省人民政府令第 215 号发布,根据 2014 年 3 月 13 日浙江省人民政府令第 321 号公布的《浙江省人民政府关于修改〈浙江省林地管理办法〉等 9 件规章的决定》修正。《浙江省湿地保护条例》于 2012 年 5 月 30 日经浙江省第十一届人民代表大会常务委员会第三十三次会议通过,自 2012 年 12 月 1 日起施行。《浙江省湿地保护条例》根据有关法律、行政法规的规定,结合浙江省实际制定,旨在加强湿地保护,改善湿地生态状况,维护湿地生态功能和生物多样性,促进湿地资源可持续利用,推进生态文明建设。《浙江省海洋功能区划》于 2012 年 10 月启动实施,主要目的是坚持在发展中保护、在保护中发展的原则,合理配置海域资源,优化海洋开发空间布局,实现规划用海、集约用海、生态用海、科技用海、依法用海,促进经济平稳较快发展和社会和谐稳定。

(1)《浙江省自然保护区管理办法》

第二条:本办法所称自然保护区,是指对有代表性的自然生态系统、珍稀濒危野生动植物物种的天然集中分布区、有特殊意义的自然遗迹等保护对象所在的陆地、陆地水体或者海域,依法划出一定面积予以特殊保护和管理的区域。

第八条:省环境保护行政主管部门会同省有关自然保护区行政主管部门根据全省自然环境和自然资源状况,以及自然保护区建设和发展的需要,组织编制全省自然保护区发展规划,经省发展和改革行政主管部门综合平衡,报省人民政府批准后实施。自然保护区发展规划应当与土地利用总体规划、海洋功能区划、江河湖泊利用规划、城市总体规划、村镇规划等规划相衔接。

（2）《浙江省湿地保护条例》

第三条：本条例所称湿地，是指天然或者人工形成、常年或者季节性积水、适宜野生生物生长、具有较强生态功能并列入县级以上人民政府保护名录的潮湿地域。本条例所称湿地资源，是指湿地及依附湿地栖息、繁衍、生存的野生生物资源。

第四条：湿地的保护和管理应当遵循严格保护、生态优先、合理利用、可持续发展的原则。

第五条：县级以上人民政府应当加强湿地保护工作的领导，将湿地保护纳入国民经济和社会发展规划。湿地保护管理经费和湿地生态效益补偿经费列入财政预算。乡镇人民政府、街道办事处应当做好湿地保护和管理的相关工作。

第六条：省人民政府成立湿地保护委员会，组织、协调、决定湿地保护工作中的重大问题。省湿地保护委员会由省林业、海洋与渔业、建设、发展和改革、财政、水利、农业、环境保护、国土资源、旅游等有关部门组成，日常工作由省林业主管部门承担。设区的市、县（市、区）人民政府可以根据需要成立湿地保护协调机构，组织、协调、决定湿地保护工作中的重大问题。

第七条：县级以上人民政府林业主管部门负责湿地保护工作的组织、协调、指导和监督，并具体负责有关的湿地保护和管理工作。海洋与渔业、建设、水利等部门按照职责分工，具体负责有关的湿地保护和管理工作。发展和改革、财政、环境保护、国土资源、农业、旅游等部门按照各自职责，做好湿地保护和管理的相关工作。

（3）《浙江省海洋功能区划》

浙江省滩涂资源丰富，浙江全省潮间带面积约 2290km²，其中海涂面积约 2160km²。按岸滩动态可分为淤涨型、稳定型、侵蚀型三类，其中淤涨型滩涂面积占 87.54%，主要分布于杭州湾南岸、三门湾口附近、椒江口外两侧、乐清湾和瓯江口至琵琶门之间。潮间带滩涂大致可分为三种环境类型，包括河口平原外缘的开敞岸段、半封闭海湾组成的隐蔽岸段和海岛及岬角海湾内的海涂，面积小，分布零星。

其中农渔业区指适于拓展农业发展空间和开发利用海洋生物资源，可供农业围垦，渔港和育苗场等渔业基础设施建设、海水增养殖和捕捞生产，以及重要渔业品种养护的海域，包括农业围垦区、养殖区、增殖区、捕捞区、水产种质资源保护区、渔业基础设施区。

海岸基本功能区共划分农渔业区 28 个，面积 210069hm²，占用大陆岸线长 818km，占用海岛岸线长 551km，包括象山港、大目洋、石浦、高塘—南田、三门湾北、沥港、定海西码头、高亭、长涂、普陀山—朱家尖、沈家门、虾峙、台门、三门湾南、浦坝港、临海东部、石塘、隘顽湾、玉环东、坎门、乐清湾、瓯江口、洞头东部、瓯飞、飞鳌滩、江南涂、大渔湾、沿浦湾农渔业区。

近海基本功能区共划分农渔业区 18 个，面积 2710274hm²，占用海岛岸线长 597km，包括海盐、平湖、杭州湾南岸、象山、嵊泗、岱山、定海、普陀、三门、临海、椒江、路桥、温岭、玉环、洞头、瑞安、平阳、苍南农渔业区。

农渔业区要保障渔民生活生存依赖的传统用海；除渔港、农业围垦等基础设施建设用海外，严格限制改变海域自然属性，农业围垦要控制规模和用途，严格按照围填海计划和自然淤涨情况科学安排用海；严格保护象山港蓝点马鲛、乐清湾泥鳅等水产种质资源保护区；加强渔业资源增殖放流，科学规划与建设增殖放流区、水产种质资源保护区和海洋牧场，扩大放流规模，规范资源管理；合理利用海洋渔业资源，严格实行捕捞许可证制度，控制近海捕捞强度，严格实行禁渔休渔制度；重点加强杭州湾、舟山本岛周边海域、象山港、浦坝港、椒江口、乐清湾、瓯江口、飞云江口、鳌江口等海区的海岸环境整治，合理规划养殖规模、密度和结构，保障渔业资源可持续发展；积极防治海水污染，禁止在规定的养殖区、增殖区和捕捞区内进行有碍渔业生产或污染水域环境的活动。加强滩涂资源统筹开发，有序推进滩涂围垦开发，科学确定围垦区域的功能定位、开发利用方向，合理安排农业、生态、旅游等用地。农渔业区执行不劣于二类海水水质标准，其中捕捞区和水产种质资源保护区执行不劣于一类海水水质标准、海洋沉积物质量标准和海洋生物质量标准。

海洋保护区指专供海洋资源、环境和生态保护的海域。包括海洋自然保护区和海洋特别保护区。海岸基本功能区共划分海洋保护区 6 个，面积 15982hm²，占用大陆岸线长 26km，占用海岛岸线长 40km，包括杭州湾湿地、象山港海岸湿地、西门岛、温州树排沙、洞头列岛东部、南策岛等海洋保护区。近海基本功能区共划分海洋保护区 12 个,面积 478167hm²,占用海岛岸线长 461km,包括韭山列岛、渔山列岛、马鞍列岛、五峙山列岛、中街山列岛、大陈、披山、南北岭山、铜盘岛、南麂列岛、七星岛、东海水产种质资源等海洋保护区。

在不影响基本功能的前提下,海洋保护区除核心区外,可兼容旅游休闲娱乐和农渔业功能,兼容的用海类型有科研教学用海、生态旅游用海和人工鱼礁用海等。加强对海洋保护区的科学规范化管理,以保护特定海域资源和生态环境,对已受到损害和破坏的海域资源与环境进行恢复治理。严格保护各类珍稀、濒危生物资源及其生境,维持、恢复和改善海洋生物物种多样性;保护红树林、河口湿地、海岛等生态系统,防止生态系统的消失、破碎和退化;保护重要的地形地貌和重要经济生物物种及其生境等。海洋保护区执行不劣于一类海水水质质量、不劣于一类海洋沉积物质量标准和不劣于一类海洋生物质量标准。

7.4 滨海湿地开发利用过程及特征

浙江滨海湿地(120°20′E—122°9′E,27°8′N—30°48′N)地处东南沿海,长江三角洲南翼,北邻上海,南接福建,涉及的沿海城市有嘉兴、杭州、绍兴、宁波、台州、温州及舟山。浙江省位于欧亚大陆与西北太平洋的过渡地带,属亚热带季风气候,季风显著,四季分明,年平均气温适中,降水充沛,雨热季节变化同步。全省年均温为 15~18℃,极端最高温 33~43℃,极端最低温−2.2~−17.4℃;年均降水量在 980~2000mm,年均日照时数为 1710~2100t。浙江省海域面积广阔,海岸线绵长曲折,总长 6622km,约占全国海岸线总长的 1/5,浙江滨海地区港湾众多,自北向南有杭州湾、象山港、三门湾、台州湾、乐清湾、温州湾 6 大重点海湾。浙江省境内河流湖泊众多,有钱塘江、曹娥江、瓯江、飞云江、鳌江等八大河流水系,有杭嘉湖和萧绍宁等主要滨海平原,地势平坦,水网密布,是著名的"江南水乡";省内湖泊主要分布在浙北杭嘉湖平原和浙东萧绍宁平原[16];近岸为强潮区,潮汐主要为正规半日潮和不正规半日潮,具有区域差异性。省内地势西南高东北低,西南地区山地突起,中部地区以丘陵和盆地为主,东北部地区多为沉积平原,地形复杂,小气候明显,生物资源丰富;港阔水深、岸线曲折,为发展海水养殖及航海运输业等一系列海洋产业提供了得天独厚的条件[17-18]。

浙江滨海地区海洋资源丰富,生物资源种类繁多,盛产鱼、虾、贝类等产品,拥有众多优良渔场,湿地珍稀濒危物种较多,其中列为国家Ⅰ级保护的有 20 种,国家Ⅱ级保护的有 92 种,省级重点保护的有 70 种。植被种类丰富,约有高等植物 4552 余种,其中木本植物 1407 种,地带性植被为常绿阔叶林,具有明显的亚热带性质,种类繁多,类型复杂,次生性强,地域分异明显。浙江滨海地区作为长三角经济圈的关键部分,极大促进了长三角经济发展,在区域经济中发挥着不可替代的作用,拥有杭州湾新区、大江东产业集聚区、瓯江口产业聚集区、台州湾产业聚集区等引领经济增长的重大产业平台,沿海的杭州、宁波、绍兴、嘉兴、温州、台州 6 市经济占全省的 79.8%。浙江滨海湿地是东亚迁徙鸟类的重要通道,为黑嘴鸥和黑脸琵鹭等世界濒危物种提供了重要的越冬地,是我国东部大陆海岸重要的冬季水鸟富集地,更是沿海地区重要的生态屏障,对维护东部沿海地区生态安全起了至关重要的作用。为便于对比不同年份浙江滨海湿地动态演变过程,我们参照全国海岸带和滩涂资源综合调查的海岸带界定办法[19-20]以及浙江省滨海湿地实际情况,以 1990 年海岸线为基线,向陆延伸 10km 作为内边界,外边界由不同年份滨海湿地的最大外边界(滩涂、草本沼泽)确定。

7.4.1　数据处理

(1)遥感数据

遥感影像作为一种重要的地学信息源,具有宏观、时效性强等特点,利用遥感数据对滨海湿地进行监测,不仅可以节省大量的人力物力财力,监测人力难以到达地区的滨海湿地变化情况,还可以实现滨海湿地种类及数量的实时动态监测,为湿地保护提供可靠的参考资料。相关研究证实,Landsat 系列卫星的 5 号星到 8 号星,它们在相同波段保持很好的一致性[21],能够较好地实现浙江滨海湿地长时间序列动态监测。为了保证遥感影像稳定性,本研究选取 Landsat5 和 Landsat8 来作为浙江滨海湿地动态监测的数据源。本研究为准确揭示浙江滨海湿地景观格局演变情况,每隔 8～10 年,选择光谱信息丰富的植被生长季(6—10 月)遥感影像。为保证不同时期影像数据的可比性和数据质量的优质性,根据以下原则对影像数据进行初步筛选:①同一时期内不同行列号上的影像成像时间尽可能接近;②不同时期的遥感影像成像时间尽可能接近;③研究区覆盖的区域范围内云量低于10%。相关研究表明,不同季相影像数据结合利于区分不同土地利用类型,故进一步选取各时期对应的冬季(12月—次年2月)影像[22-23]。最终根据遥感影像的清晰性和可获取性,选择了来自美国地质调查局(http://glovis.usgs.gov)的1990、2000、2008、2017年共4期24景Landsat TM/OLI影像,具体的影像信息见表7-7。

表 7-7 4 个时期 24 景影像信息

传感器类型	年份	轨道号	成像时间(夏天)	成像时间(冬天)
Landsat5 TM	1990	118/39	1990-8-14	1989-12-1
		118/40	1990-6-11	1989-12-1
		118/41	1990-8-14	1989-12-1
	2000	118/39	2000-9-18	2001-1-16
		118/40	2000-9-18	2001-1-16
		118/41	2000-9-18	1999-12-29
	2008	118/39	2009-7-17	2008-12-5
		118/40	2008-10-2	2008-12-5
		118/41	2008-10-2	2008-12-5
Landsat8 OLI	2017	118/39	2017-7-23	2017-2-13
		118/40	2017-7-23	2017-2-13
		118/41	2017-7-23	2017-2-13

(2)非遥感数据

为建立相应分类规则,研究组于2017年8月和2018年9月分别在浙江滨海地区进行了野外考察工作,用GPS记录各采样点的土地利用类型信息,基于实地调查和谷歌高清影像上采集的样点数据建立了浙江滨海湿地解译标志系统,采集的样点数据可作为湿地分类及精度验证的依据。根据研究需要获取了1990—2017年浙江省统计年鉴以及浙江滨海地区各县市的统计年鉴,DEM 数据从地理空间数据云网站获得。

(3)遥感数据预处理

遥感影像在成像过程中会受到诸多因素影响,如卫星成像时姿态、高度和速度变化、传感器灵敏性、大气干扰、地形起伏变化等。在这一系列干扰下,影像灰度值并不完全是地物辐射电磁波能量大小的反映,导致影像上反映的并不是地物真实光谱值,与实际情况存在一定偏差,此时的影像数据不能满足研究者的研究需求,因此在影像处理前需要进行影像辐射校正和几何校正。辐射校正包括辐射定标和大气校正两个过程,其中辐射定标是将灰度值转化成辐射亮度值,大气校正是排除大气、太阳光及其他因素引起的地物反射误差,从而获得地物更加真实的反射率。几何校正主要是对成像过程中产生的几何畸变进行校正,消除几何变形,实现影像与标准图像或地图的几何整合。因此,我们利用 ENVI5.3 软件,分别对 4 个时期的影像数据进行辐射定标、大气校正、裁剪、镶嵌等预处理,获得符合条件的较高质量的研究区遥感影像。

7.4.2 　分析方法

(1)分类体系与分类方法

遥感影像分类方法主要包括目视解译、计算机自动分类和人机交互分类。目视解译方法主要是根据解译者对地物光谱及地物特征的认识,建立相关解译标志,根据地物的颜色、形状、纹理和空间位置等地物特征对各种地物类型进行人工识别,这种人工判别地物类型的方法精度相对较高,但工作量大,分类效率低下,受人为因素影响大。计算机自动分类就是利用计算机技术来模拟人类的识别功能,对影像信息进行属性的自动判别和分类,主要就是依靠计算机将具有某些相似性质的地物类型进行自动归类,分类效率高,但分类精度比较低。本案例综合考虑目视解译和计算机自动分类的优点,在计算机决策树分类的基础上,配合人工目视的方法对分类结果进行适当调整,既提高了各种土地利用类型的分类效率,又保证了分类精度。

按照《湿地公约》中的湿地定义,借鉴国内外学者对滨海湿地的经验,结合浙江滨海湿地实际情况及研究目标,最终确立了由浅海水域、沿海滩涂、草本沼泽、自然水面、人工水面、农田、建设用地和林地 8 大类组成的浙江滨海湿地分类系统(表 7-8)。本研究参考湿地分类相关文献及一系列专家知识,主要选用 NDVI、NDWI、NDBI 等相关植被指数,结合植被亮度信息、湿度信息、物候信息及高程信息等建立了浙江滨海湿地相关分类规则[24-27],利用决策树分类方法分别对 1990、2000、2008、2017 年 4 期遥感影像进行分类。后期结合实地样点数据及 Google Earth 高清影像,对各地物类型进行人工修正,得到 4 期湿地空间分布图。由于稻田在闲置时会种植一些短期蔬菜,在大范围尺度上我们很难将旱地与水稻田分开,故文中不单独区分稻田,将稻田与旱地一起统称农田,划为非湿地。人工湿地主要考虑了各种人工水面。

(2)分类精度评价

分类精度验证是遥感图像分类中必不可少的一项工作,通过精度评价可以确定分类结果的可靠性。获得符合分类精度的结果数据是进行相关湿地研究工作的基础。在本研究中,精度验证是基于实地野外调查数据和谷歌高清影像,随机选取验证点,采用混淆矩阵法分别对 2000、2008、2017 年 3 个年份的分类结果进行验证。由于缺乏 1990 年的历史数据,故 1990 年分类结果未进行验证。在研究区内均匀选取 2000 年 300 个、2008 年 307 个、2017 年 307 个,总计 914 个验证点来验证分类精度。在实地考察时,以手持 GPS 和手机户外助手两种方式共同定位样点坐标,对样点区植被类型、分布格局及生长状况进行记录,并拍照作为辅助记录。评价结果表明,3 期修正后的影像分类结果总体精度均大于 90.23%,Kappa 系数均超过0.89,达到精度要求。

(3)景观格局指数

为探讨研究区内不同年份之间各湿地类型的相互转化情况,引入马尔科夫模型。马尔科夫模型包括系统的状态和状态转移,状态用描述系统状态的变量值来定义,状态转移就是描述系统状态的变量值由一个值变化到另一个值。马尔科夫过程是一种"无后效性"的特殊随机过程,它的变化趋势由系统中不同状态的初始概率和不同状态之间的转移概率确定。当系统状态由 t 时刻转化到 $t+1$ 时刻时,$t+1$ 时刻的状态只与 t 时刻有关,而与其他状态无关[28-29]。马尔科夫模型可以通过景观组分的转移矩阵来反映景

表 7-8 浙江滨海湿地景观分类系统

类型	描述	野外特征	影像特征
浅海水域	低潮时水位在 6m 以内的近海水域		
沿海滩涂	植被覆盖度低的潮间带淤泥质或沙砾质浅滩		
草本沼泽	植被覆盖度大于 30% 的海岸和潮间带各类沼泽,包括互花米草、芦苇、薦草、香蒲等		
自然水面	陆地表面天然形成的线型水道以及溪流和湖泊		
人工水面	海岸附近养鱼、养虾的养殖池,人工规划的蓄水或养殖水库坑塘,为灌溉、排水而人工开挖的线性水道		
农田	种植水稻、蔬菜等农作物的土地		
建设用地	供人们日常居住、生活使用的建筑物或正在开发建筑项目或用于通行的土地等		
林地	堤坝以内非水生、湿生生长的乔木、灌木等林业用地,郁闭度大于 30% 的天然林和人工林		

观格局和过程的时空动态变化,明确各种土地利用类型之间的变化方向,直观地体现不同时期内各土地利用类型之间的相互转化状况[30]。其数学表达式为:

$$\begin{bmatrix} P_{11} & \cdots & P_{1n} \\ \vdots & \vdots & \vdots \\ P_{m1} & \cdots & P_{mn} \end{bmatrix} \tag{7-1}$$

式中,P 代表上述 8 种土地利用类型,包括浅海水域、沿海滩涂、草本沼泽、自然水面、人工水面、农田、建设用地、林地;m、n 分别代表研究初期和研究末期的土地利用类型;P_{mn} 表示土地利用类型 m 转换成土地利用类型 n 的转移概率。本研究包括 3 个研究时段,分别为 1990—2000 年、2000—2008 年、2008—2017 年。

(4)湿地景观格局特征

为了直观地研究浙江滨海地区湿地空间格局演变,本案例采用景观格局指数来分析景观格局、景观空间变化特征和规律。景观格局指数是景观生态学中常用的空间分析方法,它能够定量分析浙江滨海湿地景观格局演变特征,反映其结构组成和空间配置某些方面的特征,在反映景观破碎化程度和多样性变化方面应用广泛。根据研究区湿地景观类型的特征及各指数生态学意义,在类型水平上选择斑块个数(NP)、边界密度(ED)、平均斑块面积(MPS)、最大斑块指数(LPI)4 个指数,在景观水平上选择斑块个数(NP)、斑块密度(PD)、边界密度(ED)、蔓延度指数($CONTAG$)、景观形状指数(LSI)和香农多样性指数($SHDI$)6 个指数[31-34]。各景观生态意义及计算方法如下[35]。

· 斑块个数(NP)

$$NP = N \tag{7-2}$$

式中,N 表示景观中的斑块总数。NP 既可应用于类型级别,也可以用于景观级别,在类型级别上等于景观中某一土地利用类型的斑块总数,在景观级别上等于景观中包含的所有土地利用类型的斑块总数。取值范围:$NP \geqslant 1$,无上限。

- 边界密度（ED）

$$ED = \frac{E}{A} \times 10^6 \tag{7-3}$$

式中，E 指边界总长度，A 指景观总面积。ED 既可应用于类型级别也可应用于景观级别，可以用于揭示类型和景观尺度上边界的分割程度，能直接反映景观破碎化程度。取值范围：$ED \geqslant 0$，无上限。

- 斑块密度（PD）

$$PD = \frac{E}{A} \tag{7-4}$$

式中，N 指景观中斑块总数，A 指景观总面积。PD 表示每平方千米范围中的斑块数。取值范围：$PD > 0$，无上限。

- 平均斑块面积（MPS）

$$MPS = \frac{A}{N} \times 10^{-6} \tag{7-5}$$

式中，A 指景观总面积，N 指斑块总个数。MPS 可以表示景观中一个斑块的平均面积，也可以表示景观破碎化程度。取值范围：$MPS > 0$，无上限。

- 最大斑块指数（LPI）

$$LPI = \frac{\max(a_1, \cdots, a_n)}{A} \times 100 \tag{7-6}$$

式中，A 指景观总面积，$\max(a_1, \cdots, a_n)$ 指景观中最大斑块的面积。LPI 表示景观中最大斑块面积在景观总面积中的占比，能够表示最大斑块对整个类型或者景观的影响程度。取值范围：$0 < LPI \leqslant 100$。

- 蔓延度指数（CONTAG）

$$CONTAG = \left[1 + \sum_{i=1}^{m} \sum_{j=1}^{n} \frac{P_{ij} \ln P_{ij}}{2 \ln m} \right] \times 100 \tag{7-7}$$

式中，m 是斑块类型总数，P_{ij} 是随机选择的两个相邻栅格细胞属于类型 i 与 j 的概率。$CONTAG$ 可以用于表征同一类型斑块的聚集程度，但取值受到类型总数及其均匀度影响。取值范围：$0 < CONTAG \leqslant 100$。

- 景观形状指数（LSI）

$$LSI = \frac{0.25E}{\sqrt{A}} \tag{7-8}$$

式中，E 指边界的总长度，A 指景观总面积，0.25 是正方形校正常数。LSI

表示景观形状的复杂程度。取值范围：$LSI \geqslant 1$，无上限。当景观中只有一个正方形斑块时，$LSI = 1$；当景观形状逐渐偏离正方形或者不规则程度增加时，LSI 值逐渐增大。

· 香农多样性指数（$SHDI$）

$$SHDI = -\sum_{i=1}^{m}[P_i \ln P_i] \tag{7-9}$$

式中，m 表示斑块类型总数，P_i 表示景观中某种斑块类型在景观总面积中的占比。取值范围：$SHDI \geqslant 0$，无上限。当景观中只有一种斑块类型时，$SHDI = 0$；当斑块类型增加时，$SHDI$ 的值也相应增加。随着香农多样性指数增加，景观结构组成逐渐趋于复杂。

7.4.3 滨海湿地时空演替过程

（1）时空变化分析

1）浙江滨海湿地总体演变分析

整体来看，1990—2017 年，浙江滨海湿地面积减少，湿地率由 23.41％减少到 18.32％。湿地中自然湿地面积减少，人工湿地面积增加，自然湿地占比由 88.46％减少到 64.45％，人工湿地占比由 11.54％增加到 35.55％。虽然人工湿地面积有所增加，但依然没能弥补湿地减少的总体趋势，湿地总面积共减少了 607.18km²，较 1990 年减少了 21.76％。1990—2017 年，自然水面、沿海滩涂和浅海水域面积都在减少，分别减少了 13.02、544.57 和 772.93km²；草本沼泽和人工水面面积整体有所增加，分别增加了 221.26 和 452.09km²。

浙江滨海地区各海湾湿地演变情况如下：①杭州湾：1990—2000 年，草本沼泽和人工水面面积增加；2000—2008 年，草本沼泽和人工水面面积持续增加；2008—2017 年，草本沼泽面积持续增加，部分人工水面转化成农田，人工水面面积略有减少。②象山港：1990—2017 年，各湿地类型变化不明显，草本沼泽在 2000—2017 年面积增加。③三门湾：1990—2000 年，草本沼泽面积减少，人工水面面积增加；2000—2008 年，草本沼泽面积略有增加，人工水面面积持续增加；2008—2017 年，虽有部分人工水面向农田转化，但大量沿海滩涂向草本沼泽和人工水面转化，导致草本沼泽和人工水面面积持续增加。④台州湾:1990—2000 年,草本沼泽面积减少;2000—2008 年,部分浅海水域转化成草本沼泽,草本沼泽和人工水面面积增加;2008—2017 年,草本沼泽面积减少,人工水面面积也大幅减少。⑤乐清湾:1990—2000 年,各种湿地类型变化不明显,2000 年之后浅海水域和沿海滩涂向农田、草本沼泽及人工水面的转化,农田、草本沼泽和人工水面面积明显增加。⑥温州湾:1990—2000 年,草本沼泽面积有小幅增加,人工水面面积增加;2000—2008 年,草本沼泽和人工水面面积持续增加;2008—2017 年,草本沼泽持续增加,大范围人工水面转化成农田、建设用地等土地利用类型,人工水面面积大幅减少。

2)浙江滨海湿地类型转变分析

通过对 1990、2000、2008、2017 年 4 个时期的浙江滨海资源分布图进行叠加分析,得到 1990—2000 年、2000—2008 年、2008—2017 年转移矩阵(表 7-9～表 7-11)。

1990—2000 年,草本沼泽面积减少 28.80km² (−2.88km²/a),主要转化成农田、人工水面和建设用地;浅海水域面积增加 60.88km² (+6.09km²/a);沿海滩涂面积减少 421.97km² (−42.20km²/a),除浅海水域和沿海滩涂相互转化外,大量沿海滩涂转化成人工水面、草本沼泽和农田;人工水面转入量大于转出量,面积增加 232.69km² (+23.27km²/a);自然水面面积保持稳定;各湿地类型向建设用地及农田转化,建设用地和农田面积均有所增加。

表 7-9　1990—2000 年浙江滨海湿地景观类型面积转移矩阵(km²)

景观类型	净变化量	人工水面	建设用地	农田	林地	草本沼泽	自然水面	浅海水域	沿海滩涂
人工水面	+232.69	—	28.61	56.44	4.02	9.36	3.69	18.37	5.67
建设用地	+55.40	31.71	—	311.20	130.40	2.57	7.88	0.57	2.34
农田	−45.79	90.08	392.20	—	55.92	27.85	14.56	0.70	4.40
林地	+135.22	6.77	47.54	10.39	—	0.72	0.25	0.72	0.77
草本沼泽	−28.80	33.41	19.75	103.70	6.00	—	2.80	2.61	5.36
自然水面	+12.37	9.28	8.28	7.33	0.55	0.25	—	11.91	0.52
浅海水域	+60.88	66.04	11.75	4.09	0.46	28.98	9.11	—	163.80
沿海滩涂	−421.97	121.60	33.92	46.78	5.07	75.14	12.22	310.00	—

表 7-10　2000—2008 年浙江滨海湿地景观类型面积转移矩阵(km^2)

景观类型	净变化量	人工水面	建设用地	农田	林地	草本沼泽	自然水面	浅海水域	沿海滩涂
人工水面	+231.12	—	103.60	57.16	6.24	50.49	4.76	5.62	11.28
建设用地	+604.16	43.16	—	203.80	40.31	18.84	7.44	0.23	3.17
农田	−474.62	136.50	644.70	—	8.34	42.01	9.58	0.23	1.29
林地	−50.55	10.33	70.28	24.44	—	2.53	0.90	0.43	0.92
草本沼泽	+124.58	39.42	22.48	36.65	0.94	—	0.20	7.26	8.16
自然水面	−13.24	18.26	10.80	15.08	0.74	0.75	—	1.28	0.29
浅海水域	−473.38	150.10	29.92	16.20	1.26	7.15	10.49	—	229.40
沿海滩涂	+51.93	72.39	39.35	14.76	1.47	47.90	0.58	26.68	—

表 7-11　2008—2017 年浙江滨海湿地景观类型面积转移矩阵(km^2)

景观类型	净变化量	人工水面	建设用地	农田	林地	草本沼泽	自然水面	浅海水域	沿海滩涂
人工水面	−11.73	—	141.50	163.30	6.79	79.12	4.72	23.17	7.14
建设用地	+354.78	61.61	—	453.00	49.35	25.67	9.80	0.69	2.78
农田	+62.63	110.60	548.10	—	13.44	33.56	17.45	0.36	0.57
林地	−34.06	7.56	92.02	7.89	—	6.32	0.70	0.15	0.67
草本沼泽	+125.47	47.56	65.31	106.80	2.54	—	0.82	1.82	3.75
自然水面	−12.15	28.78	8.70	11.30	1.45	6.85	—	1.02	0.24
浅海水域	−310.42	84.21	62.39	16.44	4.90	117.30	12.38	—	109.10
沿海滩涂	−174.52	73.78	39.75	27.84	2.80	85.19	0.31	68.71	—

2000—2008 年,草本沼泽面积增加 124.58km^2(+15.57km^2/a),除部分草本沼泽转化成人工水面、农田和建设用地外,大量浅海水域、人工水面和沿海滩涂转化成草本沼泽;浅海水域面积减少 473.38km^2(−59.17km^2/a),与1990—2000 年不同的是,除沿海滩涂与浅海水域相互转化外,大范围浅海水域转化成人工水面和草本沼泽;沿海滩涂面积增加 51.93km^2(+6.49km^2/a),大量浅海水域转化成沿海滩涂,部分沿海滩涂转化成人工水面、草本沼泽及建设用地;人工水面面积持续增加,增加量为 231.12km^2(+28.89km^2/a),填海造陆等引起部分人工水面转化成建设用地和农田,同时有大量浅海水域、农田和沿海滩涂转化成人工水面;自然水面基本稳定,仅有少量转化成人工水面;各湿地类型及农田向建设用地转化,建设用地面积持续增加,农

田面积有所减少。

2008—2017 年,草本沼泽增加 125.47km^2(＋13.94km^2/a),围填海等引起草本沼泽转化成农田和建设用地,但同时有更多的浅海水域和沿海滩涂转化成草本沼泽;浅海水域和沿海滩涂持续减少,浅海水域减少 310.42km^2(－34.49km^2/a),沿海滩涂减少 174.52km^2(－19.39km^2/a),除浅海水域和沿海滩涂相互转化,大量浅海水域和沿海滩涂转化成草本沼泽、人工水面及建设用地;人工水面保持动态稳定,人类活动造成大量人工水面转化成农田和建设用地,但也有大量浅海水域、沿海滩涂和草本沼泽转化成人工水面;自然水面减少 12.15km^2(－1.35km^2/a),主要转化成人工水面、农田及建设用地;建设用地面积持续增长,农田面积也呈现一定增长。

7.4.4　滨海湿地景观格局分析

(1)类型水平上景观格局变化特征

1990—2017 年,建设用地边界密度和斑块个数最高,且边界密度仅次于农田,表明建设用地破碎化程度高;农田、人工水面和草本沼泽斑块数量增加,而斑块平均面积很小且呈减少趋势,则农田、人工水面和草本沼泽的破碎化加剧。1990—2017 年,建设用地和农田边界密度高于其他景观类型,表明这两种景观类型形状复杂。1990—2017 年,林地和农田最大斑块指数高,表明林地跟农田优势度较高;浅海水域早期最大斑块指数较高,但围垦等人类活动使其最大斑块指数降低,浅海水域优势度降低,2008 年之前优势度降低速度明显高于 2008 年之后,这可能与 2008—2017 年浅海水域减少速率放缓有关;沿海滩涂、自然水面、草本沼泽和人工水面等湿地类型最大斑块指数很低,一定程度上说明该区域内湿地类型优势度很低,但沿海滩涂最大斑块指数在 2008 年出现最大值,表明沿海滩涂在 2008 年优势度达到最高,这可能与 2000—2008 年沿海滩涂面积增加有关。可见,受人类活动影响,建设用地破碎化程度很高,人工水面、草本沼泽等湿地景观破碎化程度加剧;非湿地景观占比大且形状复杂;湿地景观优势度较低且呈现一定的降低趋势,非湿地类型优势度较高。

(2)景观水平上景观格局变化特征

1990—2017 年,斑块个数、斑块密度、边缘密度均呈现总体上升的变化趋势,这在一定程度上说明了浙江滨海湿地资源的破碎化程度有所加剧,2000 年之后破碎化程度加剧主要是因为人类活动强度加强,城市化速度加快。1990—2017 年,该研究区内蔓延度指数都小于 55,这从另一层面上说明湿地生态系统中景观连通性比较差,破碎化严重,并且蔓延度指数在2000 年之后逐渐减小,这也说明 2000 年之后研究区内湿地景观破碎化程度加剧,其直接表现就是斑块个数增多。1990—2017 年,景观形状指数逐年递增,说明斑块形状复杂性有所增加。1990—2000 年,香农多样性指数降低,表明该期间内湿地多样性降低,这主要与原本优势度很高的林地及农田优势度持续升高而其他优势度较低的浅海水域及沿海滩涂等湿地类型优势度降低有关;2000—2008 年,香农多样性指数有所增加,主要是由于人类活动引起建设用地和人工水面面积增加,使景观丰富度提高;2008—2017年,香农多样性指数降低,表明研究区内湿地景观多样性和异质性有所降低,优势度升高,这可能与建设用地的持续增加有关。总的看来,近 30 年来研究区内景观破碎化程度加剧,景观异质性增强;斑块形状趋于复杂化;景观多样性较高且呈现波动变化态势。

7.4.5　潜在驱动力分析

将社会经济因素及自然因素与各种滨海湿地面积进行相关分析(表 7-12),发现海水产品产量与沿海滩涂面积呈极显著负相关性($p <$0.01);人口密度、人均 GDP 与浅海水域、草本沼泽面积均呈显著相关性($p < 0.05$),其中人口密度和人均 GDP 与浅海水域面积呈负相关,与草本沼泽面积呈正相关;人口密度与人工水面面积呈显著正相关性($p < 0.05$);湿地总面积与人口密度、人均 GDP 均呈显著负相关性($p < 0.05$)。浙江滨海地区年均温呈上升趋势,年降水量呈波动变化趋势。湿地总面积与年均温呈显著负相关性($p < 0.05$),年降水量与各种湿地类型面积变化相关性均不显著。

表 7-12　不同湿地类型面积与社会经济及自然因素的相关性分析

类型	人口密度	人均 GDP	海水产品产量	年均气温	年降水量
沿海滩涂	−0.879	−0.757	−0.995＊＊	−0.684	0.670
浅海水域	−0.918＊	−0.964＊	−0.562	−0.733	0.581
草本沼泽	0.907＊	0.973＊	0.545	0.796	−0.478
人工水面	0.901＊	0.802	0.803	0.492	−0.917
自然水面	−0.661	−0.810	−0.176	−0.674	0.182
湿地总面积	−0.973＊	−0.988＊＊	−0.790	−0.924＊	0.462

　　1990—2017 年,浙江滨海地区浅海水域、沿海滩涂和草本沼泽等自然湿地向人工水面、建设用地、农田等人工湿地和非湿地转化,自然湿地占比由 88.46％减少到 64.45％,湿地退化严重。张晓龙等[36]对中国滨海地区各省份湿地退化程度进行评估,得出浙江滨海地区天然湿地损失在 15％～30％,湿地退化严重,与本研究结论基本吻合。草本沼泽在 2000 年前后呈不同变化趋势,2000 年之前面积减少,2000 年之后面积持续增加,主要由于 2000 年之前草本沼泽扩散速度小于围垦及沿海养殖扩张速度;浅海水域在 2000 年前后呈不同变化趋势,2000 年之前面积增加,2000 年之后面积减少,主要转出类型由人工水面、草本沼泽和农田变为人工水面、草本沼泽和建设用地,2000 年之后建设用地开始变成浅海水域的主要转出类型,这在一定程度上说明 2000 年之后围填海进程有所加快;人工水面在 2008 年前后呈不同变化趋势,2008 年之前面积持续增加,2008 年之后面积处于动态稳定,这主要由于 2008 年之前沿海养殖扩张明显,2008 年之后人类活动更侧重围垦[18]。另外,浅海水域和沿海滩涂转化过程复杂,既有潮位变化和海平面上升影响,又有滩涂淤涨等影响,还有填海造陆等人类活动影响,文中对此未进行太深入剖析。在以后研究中可以注重海平面上升及滩涂淤涨等方面数据收集,结合潮位校正来更好地进行浅海水域和沿海滩涂转化分析。文中采用 Landsat 影像可以使我们从整体上把握浙江滨海湿地演变情况,但分类有待进一步细化。随着遥感技术发展,在以后的研究中可获取更多高空间分辨率影像,细化滨海湿地分类,进行不同季相湿地景观演变分析。

(1)社会经济因素

研究区内人口密度增加对建设用地等非湿地需求增加,掀起填海造陆狂潮,大量浅海水域和沿海滩涂等湿地被占用,1990—2017 年围垦总面积达到 1046.7km²;城市化背景下,人类过分追求经济效益,将大量沿海滩涂和浅海水域等自然湿地转化成养殖池等人工水面,养殖规模扩大,海水产品产量由 1990 年的 113.17 万吨增加到 2017 年的 472.37 万吨。1990—2017年,各海湾岸线均在一定程度上向海偏移。其中杭州湾、台州湾、乐清湾和温州湾向海偏移程度较大,主要由填海造陆和围垦造田等人类活动引起;象山港和三门湾地区因区位优势,大力发展养殖业,其岸线偏移主要由沿海养殖引起。随人口密度增加和社会经济发展,浅海水域、沿海滩涂和湿地总面积减少,人工水面面积增加。这表明人口密度、人均 GDP 和海水产品产量是导致浙江滨海地区自然湿地减少、人工湿地增加的主要驱动因素。这与周昊昊等[37]对珠江三角洲、姜洋等[38]对大连市金普新区滨海湿地的研究结论一致,表明人口增加、滩涂开发和围填海是影响滨海湿地景观变化的主要驱动力。因此,要注重湿地资源合理规划,建立自然保护地,分区分级管理、封闭式管理及植被修复等多种手段并用。杭州湾、台州湾和温州湾地区,围填海现象和土地开发利用强度大,围垦现象需得到控制;象山港和三门湾地区湿地退化主要由沿海养殖引起,应注重生态养殖。

(2)自然因素

湿地总面积随年均温升高而减少,这可能是温度上升在一定程度上加快了地面蒸发,对滨海湿地景观产生影响,但温度对滨海湿地景观的影响过程相对复杂,更细致的原因有待后续研究。浙江滨海地区年降水量呈波动变化,与各种湿地类型面积变化相关性均不显著,故降水量不是影响该区域内湿地面积变化的主导因素。这与吕金霞等[30]对京津冀地区景观的研究有一定一致性,表明温度升高可能在一定程度上引起湿地萎缩,而降水量的波动变化对湿地景观影响不显著。国家海洋局报道显示,1980—2014 年,中国沿海海平面以 3.0mm/a 的速度上升,可能也会引起部分滩涂被海水淹没,滩涂面积减少[39-40]。另外,相关研究[41]也表明滨海湿地景观变化会受到海岸侵蚀及淤积的影响。

（3）政策因素

1998 年国家取消福利性住房政策后，掀起了大规模的房地产开发浪潮，浙江滨海湿地由于其优越的自然环境条件直接导致了大规模占用。根据《浙江省滩涂围垦总体规划》可以了解到，随着杭州湾跨海大桥在 2001 年立项开工，慈溪经济开发区由慈溪市城区迁入杭州湾新区，正式启动区域开发建设，开展了一系列的滩涂围垦工程，2005 年以后比较大型的有慈溪徐家浦两侧围涂、慈溪陆中湾两侧围涂、宁海下洋涂围垦、建塘江两侧围涂、慈溪陆中湾十一塘闸北侧围涂等，直接导致了道路、建筑等建设用地向海的扩展，部分沿海滩涂被围垦成农田；1999 年 2 月开展的玉环漩门二期蓄淡围垦工程、2006 年的玉环漩门三期围涂工程开工建设以及 2012 年 9 月温州瓯飞工程的正式签发，使得造地规模与速度快速增加。以上围垦工程，与2000 年之后湿地类型向农田及建筑用地等非湿地类型的转化速度加快有直接关系。1991 年之后，浙江省开始扩大互花米草种植范围，并确立了苍南海城涂、瓯海灵昆涂等现场试验点[42]。相对应地，1990—2000 年之间草本沼泽在温州湾地区有所增加。

本案例以浙江滨海湿地为研究对象，在 3S 技术支持下，采用目前应用比较广泛的土地利用变化定量分析方法，以景观生态学为基础，研究了1990—2017 年浙江滨海湿地资源时空变化的景观过程。

1990—2017 年，浙江滨海湿地面积有所减少，沿海滩涂和浅海水域面积减少明显，非湿地面积有所增加，农田面积呈现先减少后增加的变化趋势，建设用地持续增加，各种土地利用类型之间转换频繁。采用景观指数法对浙江滨海湿地景观格局演变状况进行研究，结果表明区域内景观破碎化指数加剧，景观形状日趋复杂化，景观多样性水平较高且呈波动变化趋势。通过定性和定量相结合分析，揭示了浙江滨海湿地演变的驱动机制，人为因素是引起湿地面积和景观格局发生变化的主要因素，自然因素也对滨海湿地变化产生一定的影响，不过自然因素对滨海湿地的影响相对较小、较慢。

7.5　滨海湿地资源保护的浙江经验

7.5.1　加强湿地自然保护区、湿地公园建设

湿地自然保护区和湿地公园共同构成湿地保护群网,在维护和保持湿地生态系统的完整性、稳定性,保护湿地的生物多样性及水鸟的繁殖和越冬栖息地等方面发挥着不可替代的作用。按照《浙江省湿地保护规划(2006—2020 年)》要求,对建设条件较好的长兴扬子鳄自然保护区、景宁县望东垟高山湿地自然保护区等 6 个自然保护区进行升级保护;规划新建象山港海岸湿地自然保护区、千岛湖水生生态自然保护区、温州湾滩涂水鸟湿地自然保护区等 10 个自然保护区,其中拟建国家级自然保护区 4 个,省级自然保护区 6 个。规划建设 16 个省级以上湿地公园示范工程,新建宁波东钱湖、嘉善汾湖、桐乡乌镇等 10 处省级湿地公园;推荐申报定海五峙山鸟类栖息和繁殖保护区加入国际重要湿地名录。通过湿地保护区、湿地公园建设,不断扩大湿地保护面积,完善浙江省湿地保护体系。

7.5.2　积极开展水源地生态保护与修复

水源保护是确保饮用水安全的根本所在,在全面推进"五水共治"行动、严格实施"河长制"的同时,积极探索湿地农业、渔业、水利等合理利用示范区建设,有效控制藻类及氮、磷污染,提高水源地生态自净功能。大力开展生态清洁型小流域建设、水源地源头水源涵养林和水土保持林建设,面向湖库坡度 25°以上的山体应实施退耕还林。严格控制水源地上游及周边地区的开发活动,依法查处未经规划许可乱砍滥伐、毁林开垦、私挖滥采等破坏生态环境的违法行为,切实加强溪源湿地的保护。

7.5.3　切实贯彻湿地生态补偿制度

积极实行合理的湿地补偿制度,促进湿地资源权益的统一,补偿措施可采取财政补贴、税收减免、资源优先准入等方法,补偿因保护给相关利益者造成的损失。以国家开展生态补偿试点为契机,探索建立湿地生态效益补

偿机制,实现湿地生态效益补偿的制度化、常态化。

7.5.4　研究建设湿地资源常态化监测体系

湿地资源综合监测能全面、及时、准确地掌握湿地资源现状和消长变化情况,预测湿地资源的发展趋势,分析变化原因,定期提供动态监测数据,从而为湿地保护与可持续利用提供科学依据。要利用现有的湿地资源数据库和"3S"技术,建立覆盖全省湿地的监测网络,开展湿地资源动态监测。同时要编制湿地监测规划,建立湿地监测制度,加强对监测技术人员的专业培训,整合各类湿地资源监测机构,建立湿地资源信息、数据共享机制,构建适合浙江省实际的湿地资源综合监测评价体系。

7.5.5　加强公众参与促进社区共管

湿地可持续利用必须依靠公众的支持与参与,公众参与方式和参与程度将影响到可持续发展目标实现的进程。为此,湿地管理部门应采取多种媒体形式进行大规模、多角度、深层次宣传湿地功能与保护意义,为湿地保护管理营造良好的舆论氛围。其次,通过湿地保护区、湿地公园建设、湿地保护与恢复项目实施,树立典型样板,充分展示湿地的功能和价值,增强公众的湿地保护意识。此外,要加大对湿地保护管理工作中成绩显著的单位和个人的表彰力度,鼓励当地居民和社区共同参与湿地保护工作,不断提高公众保护湿地的积极性。

参考文献

[1]王斌,杨校生,张彪,等.浙江省滨海湿地生态系统服务及其价值研究[J].湿地科学,2012,10(1):15-22.

[2]蒋科毅,王斌,杨校生,等.浙江省滨海湿地生态效益评价[J].浙江林业,2014(S1):30-33.

[3]郭亮,吴才华,郑若兰,等.浙江台州湾滨海湿地植物区系的研究[C].第五届中国湖泊论坛论文集,2015.

[4]焦盛武.浙江沿海地区芦苇湿地珍稀鸟类的生境需求、评价及其保

护对策[Z].浙江省,中国林业科学研究院亚热带林业研究所,2020-06-06.

[5]徐益力.杭州湾滨海湿地鸟类现状和资源保护对策研究[D].杭州:浙江农林大学,2010.

[6]李楠.杭州湾滨海湿地长时间尺度遥感动态监测及生态评估[D].南京:南京林业大学,2020.

[7]陆琳莹,邵学新,杨慧,等.浙江滨海湿地互花米草生长性状对土壤化学因子的响应[J].林业科学研究,2020,33(5):177-183.

[8]郎佳文.湿地生态环境保护建设的研究[J].神州,2019(3):269.

[9]杨丰旺.湿地保护的重要性与湿地生态保护措施[J].江西农业,2019(10):124.

[10]张豪峰,乔亚峰,李卫红.论湿地保护的重要性与湿地生态保护方法[J].现代园艺,2020,43(7):213-214.

[11]赵腾飞,郭准,郭净净,等.黄河湿地孟津段生态环境状况及对策研究[J].西北林学院学报,2019,34(1):170-174.

[12]肖立垚.浅谈湿地保护的重要性与湿地生态保护措施[J].农民致富之友,2019(4):220.

[13]延琪瑶,王力,张芸,等.新疆艾比湖小叶桦湿地 3900 年以来的植被及环境演变[J].应用生态学报,2021,32(2):486-494.

[14]林炳挑.湿地保护与湿地生态恢复技术[J].现代农业科技,2010(6):314-315.

[15]刘毅.浅析湿地保护与湿地生态恢复技术[J].现代园艺,2014(13):103-104.

[16]陈桥驿.浙江地理简志[M].杭州:浙江人民出版社,1985:4-56.

[17]叶鸿达.海洋浙江[M].杭州:杭州出版社,2005:2-42.

[18]徐谅慧.岸线开发影响下的浙江省海岸类型及景观演化研究[D].宁波:宁波大学,2015.

[19]严恺.中国海岸带和海涂资源综合调查报告[M].北京:海洋出版社,1991:2-17.

[20] Li D Q, Lu D S, Li N, et al. Quantifying annual land-cover change and vegetation greenness variation in acoastal ecosystem using

dense time-series Landsat data[J]. GIScience & Remote Sensing，2019，56 (5)：769-793.

[21] Vogelmann J E，Gallant A L，Shi H，et al. Perspectives on monitoring gradual change across the continuity of Landsat sensors using time-series data[J]. Remote Sensing of Environment，2016，185(SI)：258-270.

[22] Li N，Lu D S，Wu M，et al. Coastal wetland classification with multiseasonal high-spatial resolution satellite imagery[J]. International Journal of Remote Sensing，2018，39(23)：8963-8983.

[23] Davranche A，Lefebvre G，Poulin B. Wetland monitoring using classification trees and SPOT-5 seasonal time series[J]. Remote Sensing of Environment，2010，114(3)：552-562.

[24] Corcoran J M，Knight J F，Gallant A L. Influence of multi-source and multi-temporal remotely sensed and ancillary data on the accuracy of random forest classification of wetlands in northern Minnesota [J]. Remote Sensing，2013，5(7)：3212-3238.

[25] Xu H Q. Modification of normalised difference water index (NDWI) to enhance open water features in remotely sensed imagery[J]. International Journal of Remote Sensing，2006，27(14)：3025-3033.

[26] Allen Y C，Couvillion B R，Barras J A. Using multitemporal remote sensing imagery and inundation measures to improve land change estimates in coastal wetlands[J]. Estuaries and Coasts，2012，35(1)：190-200.

[27] Chen X L，Zhao H M，Li P X，et al. Remote sensing image-based analysis of the relationship between urban heat island and land use/cover changes[J]. Remote Sensing of Environment，2006，104(2SI)：133-146.

[28] 李加林，赵寒冰，刘闯，等.辽河三角洲湿地生态环境需水量变化研究[J].水土保持学报，2006(2)：129-134.

[29] 顾丽，王新杰，龚直文，等.北京湿地景观监测与动态演变[J].地理科学进展，2010，29(7)：789-796.

[30]吕金霞,蒋卫国,王文杰,等.近30年来京津冀地区湿地景观变化及其驱动因素[J].生态学报,2018,38(12):4492-4503.

[31]白军红,房静思,黄来斌,等.白洋淀湖沼湿地系统景观格局演变及驱动力分析[J].地理研究,2013,32(9):1634-1644.

[32]刘世梁,安南南,尹艺洁,等.广西滨海区域景观格局分析及土地利用变化预测[J].生态学报,2017,37(18):5915-5923.

[33]陈永富,刘华,邹文涛,等.三江源湿地变化驱动因子定量研究[J].林业科学研究,2012,25(5):545-550.

[34]王艳芳,沈永明.盐城国家级自然保护区景观格局变化及其驱动力[J].生态学报,2012,32(15):4844-4851.

[35]邬建国.景观生态学:格局、过程尺度与等级[M].北京:高等教育出版社,2000:96-110.

[36]张晓龙,刘乐军,李培英,等.中国滨海湿地退化评估[J].海洋通报,2014,33(1):112-119.

[37]周昊昊,杜嘉,南颖,等.1980年以来5个时期珠江三角洲滨海湿地景观格局及其变化特征[J].湿地科学,2019,17(5):559-566.

[38]姜洋,刘长安,刘玉安,等.大连市金普新区滨海湿地动态变化及驱动力分析[J].海洋环境科学,2018,37(5):748-752.

[39]易思,谭金凯,李梦雅,等.长江口海平面上升预测及其对滨海湿地影响[J].气候变化研究进展,2017,13(6):598-605.

[40]朱季文,季子修,蒋自巽,等.海平面上升对长江三角洲及邻近地区的影响[J].地理科学,1994(2):109-117.

[41]李雪莹,王方雄,姚云,等.基于GIS的庄河市滨海湿地景观格局变化及其驱动力分析[J].水土保持通报,2015,35(2):159-162.

[42]赵月琴,卢剑波.浙江省主要外来入侵种的现状及控制对策分析[J].科技通报,2007(4):487-491.

第8章 近岸海洋环境保护的理论探索、政策演进与实践经验

  近几十年来,人类大规模向海洋进军、开发利用海洋资源的同时,对海洋生态环境的破坏程度也越来越严重。海洋污染物主要来源于陆源污染物排放及海洋上的生产活动,大量陆域污染物通过人为排放以及河流地表水携带入海。据《2020 年中国海洋生态环境状况公报》显示,我国海洋生态环境状况整体稳定,但近岸海域依然面临着赤潮频发、海水污染严重、渔业资源枯竭、生物多样性减少等现实问题,近岸陆源污染物排放总量仍然呈现增长态势,长江口、杭州湾以及浙江沿海等近岸海域海水水质较差,污染问题严重。因此,在建设海洋强国、守护碧海银滩成为全社会共同行动的大趋势下,进一步加强海洋环境保护及治理是我国政府亟须面对的问题。

  浙江作为我国的海洋大省,临近东海,海岸线曲折漫长,海岸线总长约 6630km,约占全国海岸线总长度的 10%,同时拥有广阔的海域面积 $4.44 \times 10^4 km^2$,其中内水面积 $3.32 \times 10^4 km^2$,含滩涂面积 $2285km^2$。近年来,浙江省在海洋生态文明法治化建设基础上,不断创新海洋治理的新机制,取得了较好的治理效果。然而,浙江省及其所处的长三角地区由于产业布局密集、人口密度大、自然资源少,海洋生态环境受陆域环境影响较大,浙江近海海域的生态环境问题仍不容乐观[1]。本章节广泛收集浙江省近岸海域环境质量监测数据,系统梳理近年来浙江海洋生态环境本底状况及所采取的海洋环境保护相关政策措施;在此基础上,归纳总结近岸海洋环境保护的浙江经验,为进一步提升海洋环境治理效能、推动浙江海洋强省建设、促进海洋经济高质量发展提供决策支撑。

8.1 近岸海洋环境保护的本底状况

浙江近岸海域是连接浙江沿岸与东海内陆架之间的重要地区,也是陆海相互作用显著,人类活动频繁的地带。长江、椒江、瓯江等河流携带大量陆源物质输入近岸海域,同时在东亚季风、海平面变化及东海海流体系的综合作用下,形成了独特的近岸沉积特征和海洋环境本底,蕴含了历史时期和当前海洋环境的丰富信息。

8.1.1 浙江省海域地形地貌

东海是西太平洋边缘岛弧与亚洲大陆之间的边缘海,为西太平洋沟—弧—盆体系的重要组成部分,与浙闽两省邻接,其北部以长江口北岸与韩国济州岛一线和南黄海分隔开,东北面以济州岛、五岛列岛和长崎一线为界,南部通过台湾海峡与南海相通,南北长约 1400km,宽约 740km,总面积约为 $7.7 \times 10^5 \text{km}^2$。

东海海域主要包括宽广的东海陆架、台湾陆架和冲绳海槽等三部分。东海陆架是世界上最为宽广且接受大量沉积物供给的陆架之一,其北部宽而缓,南部窄而陡。海底地形大致呈阶梯状自岸线向东南方向缓缓倾斜,平均水深为 72m。东海陆架可进一步分为长江三角洲地区、浙江近岸海底台地和外陆架平原与潮流沙脊群等地貌单元[2]。

浙江近岸海底台地主要位于浙江省和福建省岸外,其长度达 300km,其中台面宽 40~50km,水深 5~25m,坡度较小(1′~2′);台坎宽 20~30km,水深 25~50m,坡度可达 4°以上。浙江沿海北接长江三角洲,南邻低山丘陵海岸,地势由陆向海方向逐渐降低。浙江海岸线曲折,海湾众多,入海河流以钱塘江和椒江等河流为主,发育了多种海蚀地貌。杭州湾作为其中最大的海湾,其底部地形普遍较为平缓,在形态上表现为典型的漏斗状海湾,湾内宽度由澉浦向东不断加宽。北岸水深多小于 10m,由北向南由滩面、经岸坡逐渐过渡为海底地形。历年来强潮流的不断作用,导致北岸侵蚀后退,南部岸滩迅速外涨呈扇形凸出[3]。

东海陆架外侧以陆架平原和潮流沙脊群为主,北至济州岛,南至台湾海峡北部,东西方向上主要分布在 50～60m 等深线至陆架边缘之间。该潮流沙脊群大致呈 NW—SE 方向延伸,长度可达 100～200km,宽 10～20km,高度 10～20m,由细砂和贝壳砂组成,是东海残留砂的主要组成部分。

8.1.2　浙江省海域海洋沉积物

在海平面升降及沉积物源不断变化的背景下,东海的环流体系直接控制着沉积物在东海陆架上的悬浮、输运和沉积过程,决定着东海陆架的沉积格局,也影响着东海陆架沉积模式的塑造。东海陆架盆地持续较强沉降区发育了厚约 500m 的新近系－第四系松散沉积层,厚达 50～60m 的全新统沉积表明这种缓慢沉降持续到现在,表现出新构造期持续的沉降性。

第四纪以来,长江和黄河携带巨量的泥沙在宽阔的东海陆架上沉积,进入东海后在东海环流的作用下进行搬运、转化、沉积和积累或再搬运作用。东海内陆架现代沉积物则主要形成于距今 6000 年以来的高海面时期,沉积物主要来源于长江输送的泥沙,以及浙闽沿岸一些山区河流直接搬运而来的陆源碎屑。其中,长江源沉积物占 88.6%,钱塘江源沉积物占 0.8%,瓯江、九龙江、崛江及台湾的众多河流源沉积物占 1.5%,还有部分来自东海涨潮流携带的外海沉积物。而根据沉积物地球化学分析结果,浙江近岸泥质区沉积物地球化学特征与长江沉积物非常一致。

研究表明,黄河和古黄河水下沉积体的剥蚀再悬浮搬运也是东海的主要物质来源。根据长江水下三角洲的钻孔岩芯测试分析表明,东海北部的物质与黄海物质的输运密切相关,黄海沿岸流冬季携带大量的黄海悬浮物向东南输送至东海北部,为东海北部的现代沉积作用提供了丰富的陆源碎屑物质。同时,根据黏土矿物组成和沉积物组分分析,长江口泥质区和浙江近岸泥质区沉积物来自长江。因此,黄河入海沉积物对浙江近岸海域的作用较小,大量的陆源沉积物入海后多沉积在近岸地区,使得近岸地区的沉积层较厚,近海悬沙含量也较高,水体较为浑浊。

总体而言,东海陆架沉积物的分布格局是在晚更新世末次盛冰期低海面时形成的残留砂质沉积区的背景上分布着呈斑状发育的泥质沉积区。东海陆架沉积物分布总体上表现为从内陆架、外陆架至大陆坡依次分布着细粒－粗粒－细粒沉积物带。此沉积分布格局是在东海流系的水动力作用下和晚更新世以来的海平面升降变化中形成的,并伴随着物源的多源性和海陆相互作用而发生着变化,形成了复杂多变的东海陆架沉积地貌。

8.1.3　浙江省海域水文环境特征

（1）近海潮汐与潮流

浙江近海的潮汐主要是由西北太平洋传入的协振动潮波潮汐,受岸线反射影响,浙江舟山群岛以南海域的潮波具有驻波性质,其余海域则保持前进波的特点。东海陆架区除舟山群岛海域为不规则半日潮类型外,其余海域均为规则半日潮类型,海湾湾顶受浅海分潮影响较为明显。本海域是我国的强潮海区之一,潮差在金塘水道附近海区最小,平均值小于 2m。以此为中心,潮差呈放射状递增,各港湾区的潮差则由湾口至湾顶逐渐增大。杭州湾、三门湾、乐清湾、温州湾等港湾区平均潮差均超过 4m。由于钱塘江口—杭州湾是典型的喇叭形河口海湾,潮波自东海传入后,随着南北两岸急剧收缩、底床抬高,潮波能量集聚,潮差迅速增大,到澉浦增至 5.58m（钱塘江志）,并在海宁尖山至杭州闸口一带形成天下闻名的钱江涌潮。

东亚季风环流是影响我国东部沿海气候最直接的因素。东亚季风与地球自转偏向力共同作用于海水而形成季风环流。冬季以东北方向的冬季风为主,冬季风和科氏力联合作用,形成表层向陆、底层向海的季风环流,促进底层悬沙向深海的搬运;夏季则以西南方向的夏季风为主,形成反向环流。在季风影响下,冬季（2 月）东海北部和中部最多浪向是北向,次多浪向为西北。东海南部西侧最多浪向为东北,次多浪向为北向。东海南部东侧最多浪向为北向,次多浪向为东北。东海风浪波高分布形势为西侧小、东侧大,南部小于北部。风浪波高 1.0～1.5m,高峰值为 5.0～8.5m。风浪周期为3.0～4.0s,高峰值为 9.0～14.0s。

（2）东海沿岸流

东海是受陆源物质控制的开阔边缘海,其北部受黄海的直接影响,西南部通过台湾海峡连接南海,为台湾暖流的主要流经路线,西侧由北向南沿途有长江、钱塘江、甬江、瓯江、闽江等河流汇入,并在海岸带地形的影响下,形成了东海沿岸流,东侧紧邻冲绳海槽,有来自赤道太平洋海域的强劲黑潮经过。这些沿岸流系与黑潮及其分支组成的外来流系相互作用和消长运动构成了东海陆架极为复杂的水文环境特征。

东海沿岸流主要是由长江、钱塘江、闽江等河流的入海径流与附近海水混合的一股低盐水,是一典型的季风环流,其流向和流幅随季节而变化。苏北沿岸流在向东南方向流动的过程中,受到长江冲淡水的顶托而停滞不前,故东海沿岸流主要包括长江沿岸流和浙闽沿岸流。长江沿岸流为一悬浮羽状的冲淡水舌,一部分可到达济州岛附近,另一部分则继续南下汇入浙闽沿岸流。夏季东南季风盛行,长江径流强盛,除长江口至舟山群岛近岸海域流向偏南外,其主流转向东北流动,前锋可达济州岛附近。浙闽沿岸流向北流动,水体主要来自南部台湾海峡与东南亚海域,且沿程不断有径流加入,至杭州湾外后与长江冲淡水汇合,形成一支势力较强的低盐水。冬季偏北季风盛行,长江径流量减小,长江冲淡水势力大减,主体自北沿岸南下,与浙闽沿岸水汇合,其影响可达台湾海峡南部。

(3)浙闽沿岸流

浙闽沿岸流是来自江苏、浙江、福建的沿岸水体,这些水体大部分起源于长江和钱塘江等河流的淡水。水体盐度低,水色浑浊,水温季节性波动显著,与黑潮形成明显边界,沿岸低盐水体浮于外陆架高盐水上部。浙闽沿岸流的流向具有季节性变化,冬季由北向南流,而夏季由南向北流。因此,冬季在沿岸流作用下,高浓度悬沙物质能够向南搬运更远的距离,而夏季北向流动的沿岸流则阻碍了悬沙的南下输运。浙闽沿岸流对东海内陆架泥质沉积区的形成具有十分重要的作用,沿岸流使来自长江流域的悬浮细颗粒泥沙源源不断地向浙闽沿岸输运并沉积。

(4)黑潮暖流

黑潮是西太平洋北赤道流的北向分支,是一支强大而稳定的高温、高盐西部边界流,是整个东中国海环流的主干,具有流速高、流量大、流幅狭窄、延伸深邃等特征。作为西太平洋对陆缘浅海区环流的一个驱动力,黑潮对中国近海环流乃至东海陆坡及陆架区底层的温盐和环流起着十分重要的作用。黑潮流速季节性变化明显,夏季平均流速为 $60\sim115\mathrm{cm/s}$,冬季为 $35\sim84\mathrm{cm/s}$;进入东海后有所减弱,夏季平均为 $30\sim80\mathrm{cm/s}$,冬季平均 $20\sim60\mathrm{cm/s}$。黑潮是典型的高盐陆架水,夏季表层水温最高可达 $30\,^{\circ}\mathrm{C}$,盐度约为 $35\permil$。黑潮平均流量在不同区域有所不同,也存在季节变化,一般夏季最大,秋季最小。黑潮促进了赤道暖流与高纬度海区之间物质和能量的交互作用,对东海陆架沉积盆地的物质和能量循环及气候演化具有重大意义,并严重影响了陆源物质向陆架及冲绳海槽的输运,进而影响着东海海域及其相邻黄海海域等的沉积及地貌演变。

8.1.4　浙江省近岸海域水污染现状

浙江沿海地区海湾河口众多,省内八大水系中有六大水系(包括钱塘江、甬江、椒江等)均通过海岸带注入东海。特别是长江携带大量泥沙、污染物入海,加之区域内涉海工业经济的蓬勃发展,日益增强的人类活动对浙江的近岸海域(长江口、杭州湾)海洋生态环境质量产生了显著影响。

根据海洋环境质量国控监测数据,自 2001 年以来的近 20 年间,东海近岸海域的四类和劣四类海域面积占比维持在 3%～4%,主要分布于长江口、杭州湾和浙江沿岸等近岸海域。2020 年,东海区四类和劣四类水质海域面积分别达到 6810 和 21480km² ,两类水体面积占比秋季略高于春、夏季(据《2020 年中国海洋生态环境状况公报》)。浙江近海水体主要污染物包括无机氮和活性磷酸盐等各类营养盐、化学需氧量等石油类、铜等重金属污染。根据历次调查结果,均以北部海域杭州湾、舟山群岛附近海域浓度最高,主要的超标指标为营养盐,其次为石油类,重金属类相对较低。杭州湾及舟山附近海域接受了来自长江流域、上海浙北沿岸地区工农业及城市生活污水。同时舟山群岛养殖业发展迅速,随着大量饵料的投放,本海域已经成为我国近海富营养化的重灾区,2020 年夏季重度富营养化面积占比超40%。台州湾石油类污染较为严重,以石油类污染物浓度为标准,本海湾四季均为劣四类水质海域。

海洋垃圾调查监测资料显示,浙江近岸海域表现为漂浮垃圾、海滩垃圾和海底垃圾并存的态势,相较于其他海域表层水体拖网漂浮垃圾平均密度较高,其中以塑料类垃圾为主。2020 年,浙江沿海共监测到大型海洋赤潮 5次,分布于温州、台州以及舟山附近海域,赤潮优势生物以东海原甲藻为主。

总体而言,历年海洋监测结果显示,浙江近岸海域水体环境质量一般,受长江陆源污染输入以及水产养殖等涉海活动影响,杭州湾以及舟山群岛附近海域水质较差,区域海洋生态系统处于亚健康和不健康状态,水体富营养化严重,表层漂浮塑料类垃圾以及海底垃圾密度较高[5]。

8.2　近岸海洋环境保护的技术探索

海洋是生命的摇篮、资源的宝库,是人类第二生存空间。人类在从海洋获取大量资源的过程中也给海洋带来了各种污染,导致海洋环境日益恶化。作为连接陆地与海洋的过渡地带,近海海洋生态系统受海陆共同作用,在人类活动与全球变化的影响下承受巨大的压力,是脆弱的生态敏感区。20 世纪 50 年代以来,由于围海造地、围海养殖、填滩造陆、港口建设等人类活动,我国近岸海域污染与生境破坏都导致生物多样性丧失以及生态失衡,严重制约了其生态系统功能的发挥。因此,近岸海域的生态环境保护与修复成为当前海洋环境科学的热点问题。

与陆地生态系统相比较,海洋生态环境具有特殊性与复杂性。一般来讲,海洋生态环境修复的总体目标是:在海洋环境全面监测基础上,采用适当的生物、生态及工程技术,逐步恢复退化或受损海洋生态系统的结构和功能,最终达到海洋生态系统的自我持续状态。本章节重点从海洋环境监测技术、海洋生态修复技术以及海洋垃圾资源转化技术等方面,梳理总结当前我国近岸海域所采取的主要海洋生态环境保护技术手段,并对近年来我国海洋环评和修复工程实践中存在的问题和未来发展趋势进行了分析。

8.2.1　海洋环境监测技术

海洋环境污染监测是海洋生态环境保护工作的基础,是一项综合性的长期工作。海洋污染环境监测既要对污染状况和污染分布进行分析,也要对海洋环境污染监测的发展趋势进行追踪调查,分析海洋环境污染的变化趋势,特别是对海洋环境污染突发事件进行及时监控,便于及时采取措施。

近几年来,我国在海洋监测技术上取得了快速发展。为满足大数据时代海洋信息化建设在海洋环境监测、海洋信息获取等方面的需求,卫星遥感、海上浮标、自动验潮仪、水质自动监测站、高清视频监控等技术手段被广泛应用于海洋环境监测中,形成覆盖全海域的"天空地海"立体观测体系,大幅提高管理部门对海洋环境信息的获取能力。这些技术的运用能够获取海洋生态环境及资源情况的实时动态变化,为管理和保护海洋生态环境提供技术支撑和保障。

海洋环境监测可以定义为:在设计好的时间和空间内,使用统一的、可比的采样和监测手段,获取海洋环境质量要素和陆源性入海物质资料,以阐明其时空分布、变化规律及其与海洋开发、利用和保护关系的全过程。海洋环境大数据包括海洋气象、水文、化学以及海底地形地貌等多个方面,其获取需要长期计划和持续发展的观测技术的稳定支持。海洋环境大数据的获取技术包括调查船调查、浮标潜标台站等海洋实地观测技术,以遥感为主的卫星观测技术以及多学科融合为基础的海洋观测网络。海洋环境监测立体感知体系可划分为天基、空基、海基、岸基等 4 大类观测技术系统。

(1)天基海洋观测技术

天基海洋观测系统运用卫星及其他航天器作为海洋监视、监测传感器载体,以多源遥感数据作为数据源,利用"3S"技术(遥感、地理信息系统和全球定位系统)实现沿海及管辖海域全覆盖、立体化、高精度的动态监视、监测,并对海域使用状况进行动态综合评价。由于海洋环境现场监测方法难以获得大范围、高精度和长时间的观测数据,利用卫星平台进行海洋环境监测的技术得到越来越广泛的应用。天基遥感监测数据主要用于岸线解译与分类、海岸带土地利用及滩涂资源的统计、用海建设项目范围审批核查等,实现对海域使用情况的动态监视、监测。

遥感技术通常是指空对地遥感,从远离地面的不同工作平台如无人机、人造卫星、航天飞机等,借助相应的传感器设备,以地球电磁波信息为对象,进行相应的探测活动,经过信息传输、信息处理和判读分析,完成对地球资源及环境的探测工作。在海洋测绘中,遥感技术可以分为主动式和被动式两种,前者是借助遥感器向地面发射电磁波,然后根据接收的回波来对海洋信息进行提取;后者是利用传感器对海面热辐射或者散射的太阳光进行接收,并从中提取海洋信息。除了以光电等作为信息载体,以声波作为信息载体的海洋遥感技术也得到快速发展。借助相应的声学遥感技术,可以对海底地形进行探测,对海洋动力现象进行观测,也可以实时对海底地层剖面进行探测,从而为潜水器的运行提供导航信息。

借助航天遥感技术可以实现对海洋环境的有效监测,监测的对象较为丰富,如大洋环流、海洋表层流场、近岸工程、海冰、浅滩地形以及海洋气象、海洋生物、海水动力、海洋污染等。凭借着较大的探测面积和较远的探测距离,以及全天候、超视距的特点,高频低波雷达在海洋经济活跃区域的监测中得到了广泛应用。对海洋风浪场、重力场以及海洋大地水准面等的研究,可以选择卫星高度计获取资料;对于海底地形、海浪方向以及海底内波等的研究,可以使用合成孔径雷达信息;对于海洋、海面风场分析模型的构建,可以借助光学及微波遥感信息配合多源信息复合技术实现。

海洋微波遥感是利用电磁波在海面的反射和散射特性以及海面自然发射的微波频段特性来获取海面动力和热力信息的一种技术手段,并通过极化、相位、干涉等技术获得更多、更精确的海洋表面信息。海洋微波遥感卫星的研究起步于 20 世纪 60 年代初期,在 70 年代就已经得到了初步的应用,80—90 年代得到了长足的发展。进入 21 世纪后,海洋微波遥感卫星已经向着高分辨率、高稳定性、大覆盖以及多要素的方向发展。2002 年 12 月,神舟四号(SZ-4)飞船搭载多模态微波遥感器发射升空,多模态微波遥感器是由雷达高度计、散射计和辐射计组成。2011 年 8 月 16 日成功发射海洋二号(HY-2A)卫星,这是我国第一颗海洋动力环境卫星,其主载荷有雷达高度计、微波散射计和微波辐射计等。其中,雷达高度计用于测量海面高度、有效波高及风速等海洋基本要素,微波散射计主要用于全球海面风场观测。HY-2 卫星具有全天候、全天时、全球探测能力,其主要使命是监测和调查海洋环境,获得包括海面风场、浪高、海流、海面温度等多种海洋动力环境参数,可直接为灾害性海况预警预报提供实测数据,为海洋防灾减灾、海洋权益维护以及国防建设等提供支撑服务。2018 年 11 月 29 日,搭载着微波散射计和海洋波谱仪的中法海洋卫星(CFOSAT)发射成功,其中,波谱仪 WIM 是世界上第一个小入射角下星载海浪主动微波遥感器。2020 年 2 月,中法海洋卫星正式在轨交付自然资源部投入业务应用,目前已经可以访问 2019 年 7 月底以来的卫星观测数据。

随着海洋遥感技术与相控阵雷达技术的发展,未来多模式一体化的海洋微波遥感器将向着小型化、大覆盖、高精度、多要素和低成本的方向发展,将更好地满足我国日益增长的海洋观测需求。遥感监测可以说是海洋环境和海岸带监测中最为常用也最为有效的监测手段之一,为海洋生态环境保护和海洋资源开发提供参考依据。

（2）空基海洋观测技术

空基海洋观测技术系统主要运用无人机、飞机等中低空载具为载体，搭载光学测量传感器、激光测量传感器等，获取海洋重点关注区域、环境敏感区域的监测信息。在海洋环境监测方面，空基海洋观测系统具有机动灵活、快速反应、高分辨率、低成本等特点，可有效弥补天基、海基和地基探测能力的不足，能迅速获取资源环境变化数据，实现对海洋全天候高精度的监测。

空基海洋观测系统主要对海域进行常规化的监视、监测，包括海洋动态监测与执法、海冰监测、赤潮分析、海洋动力遥感观测、风暴潮及赤潮灾害监测、海洋参数反演等。我国十分注重无人机的海洋环境监测，如中测新图公司自主研制的无人机续航时间达到了 30h，拍摄分辨率达到了 0.05～0.20dm。2021 年 11 月 27 日，我国航空工业自主研制的翼龙-10 无人机搭载毫米波测云雷达、掩星/海反探测系统，与天基、海基、岸基气象观测仪器一起，对海洋上空云系、温湿廓线分布以及海面风场等气象要素进行协同观测。此外，利用无人机对台风进行直接观测也是提高台风强度预报、路径预报准确率的重要手段。建设以无人机为主体的空基观测体系为今后实现海洋环境多要素"监测精密、预报精准、服务精细"奠定了重要基础，为海洋开发利用、防灾减灾和建设海洋强国提供重要支撑，并为全球气象服务提供全新精准的技术手段。

（3）海基海洋观测技术

海基海洋观测技术系统是通过船基观测、定点观测和移动观测等观测方式，在海面、海底布设相应的海洋监测仪器（包括海洋环境浮标、波浪浮标、无人船监测、海床基剖面观测站等），实现从海底向海面的全天候、实时和高分辨率的多界面立体综合观测，完成对海洋水文要素（潮位、海流、波浪）、海洋生物要素（叶绿素）、海洋理化要素（温度、盐度、溶解氧、pH、营养盐）等参数的在线监测及一体化地形测量、水下构筑物测量等，服务于海洋环境监测、灾害预警、国防安全等多方面的综合需求。

调查船调查是最早使用的获取原位海洋环境数据的方式之一。1958—1960 年以及 2004—2009 年，我国先后两次开展了全国海洋综合调查，编绘海洋物理、海洋化学、海洋生物以及海洋地质地貌图集和图志等，摸清我国近海海洋资源储备情况,为我国近岸海域海洋大数据提供宝贵资料。

随着无人车、无人机技术的逐渐成熟,无人系统在海洋中的应用也越来越广泛。水面无人艇是能够在海洋、河流等环境中自主完成任务的平台,是自动驾驶技术在水面环境中应用的最主要体现。相较于载人船舶、浮动平台、UUV(Unmanned Underwater Vehicles)等水上、水下设备,无人艇具有操纵性强、部署方便、覆盖范围广、成本低的优点。同时由于非载人的特点,无人艇能够适应更加危险的工作环境,在一些人类不可达的场景中进行作业,因而具有十分广阔的应用前景。近几年,我国无人艇技术研发取得了突出成绩。例如,哈尔滨工程大学船舶工程学院与深圳海斯比公司发布了联合研制的"天行一号"无人艇。该艇最高航速超过 50km,最大航程1000km。此外哈尔滨工程大学船舶工程学院在无人艇的路径跟踪、自动避碰、协同控制等方面都有深入的研究。广东华中科技大学工业技术研究院研发了"HUSTER"系列无人艇,主要用于多艇协同技术以及无人艇、无人机配合方面的研究。上海大学无人艇工程研究院研发出了"精海"系列 1~8 号无人艇。其中"精海 1 号"成功完成了对南海诸岛礁的水下地形测量和水文信息采集;"精海 2 号"参与南极科考任务,完成了水下地形勘绘和海岸线测量。上海海事大学航运技术与控制工程交通行业重点实验室相继研发了"海腾""海翔"等系列无人艇,可用于水质监测、航道测量以及水上搜救等任务。无人艇的环境感知可分为本体状态感知和外界环境感知 2 类。根据获取信息的途径,可将无人艇的外界环境感知分为主动感知、被动感知和融合式感知 3 种。雷达、声呐以及视觉感知技术的融合应用使得无人艇具备了获取障碍物信息、气象条件、水文条件等方面的综合信息的能力。

浮标、潜标和观测站观测也是获取原位海洋环境数据的重要手段。通过集成生物化学传感器,在获得剖面温度和盐度数据的同时,浮标还可实时观测悬浮颗粒、光强、pH、硝酸盐浓度、叶绿素 a 浓度以及溶解氧浓度等多种环境数据,为多参数环境大数据的获得提供了极为便利的条件。海基海洋观测数据与海洋物理、生态和生物化学模式紧密结合起来,可实现对海洋环境的可预报性,为深入认识海洋环境提供长时效的多参数海洋环境实时监控和原位科学试验平台。

建立水下立体观测网来获得科学、实时、全面的数据,也是认识、开发、利用海洋的重要方向。海洋水下立体观测系统指基于有线或无线方式,借助固定或移动的平台,对海洋进行实时观测的网络。在深海环境和生态环境的长期连续观测需求牵引下,全海深绝对流速剖面仪、深海高精度海流计、多电极盐度传感器、快速响应温度传感器、湍流剪切传感器、多参数水质测量仪等海洋水下观测传感器成为重点产品类别。伴随着海洋观测平台技术的发展,具有运动平台自动补偿功能的环境监测传感器应运而生,如自治式潜水器、遥控潜水器、水下滑翔机、深海拖体等运动平台的温度、盐度、湍流、pH、营养盐、溶解氧等传感器。在未来,自动补偿传感器改进应用于海洋水下观测平台阵列成为重要发展趋势。

(4)岸基海洋观测技术

岸基海洋观测技术系统是在近岸、岛礁或海上构造物上布设相应的海洋观测传感器,实现对海洋要素实时、全天候的原位观测。常见的岸基海洋观测系统主要包括潮位观测站、岸基地波雷达站、岸基地表径流监测站和岸基动态视频监控站等。岸基海洋观测系统通过采集水文要素、海洋气象要素、海洋环境要素和现场影像资料等,为台风、风暴潮、海啸等灾害预报提供基础数据源,同时也为海上导航、跟踪、救援,以及海洋工程的设计、施工和维护提供决策支持。

8.2.2 海洋生态修复技术

近海海域作为人类宝贵的空间资源、赖以生存的生态系统的重要组成部分,海洋污染与生境破坏都将导致生物多样性丧失以及生态失衡,严重制约了其生态系统功能的发挥。为了合理利用和有效保护近海生态系统,必须在社会经济发展的同时兼顾生态保护与修复。

海洋生态修复是指利用自然界的自我修复能力,在适当的人工措施的辅助作用下,使受损的海洋生态系统恢复到原有或与原来相近的结构和功能状态,使生态系统的结构、功能不断恢复。按照生态修复措施中的人工干预程度,一般将海洋生态修复划分为三大类即:自然生态修复、人工促进生态修复及生态重建。

自然生态修复是利用相应的措施消除压力,降低生态系统退化的速度,从而使生态系统恢复。人工促进生态恢复是在生态系统自我修复能力的基础上,结合物理、化学、生物等人为干扰措施促进生态系统的恢复。当生态系统完全退化或丧失时,采用相应的措施重建新的生态系统的过程,称为生态重建,其中还包括重建某区域没有的生态系统的过程。生态修复是生态系统自我恢复、发展和提高的过程。在生态修复中,生态系统的结构及其群落由简单向复杂、由单功能向多功能转变。

在海洋污染生态修复实践中,基于物理、化学以及生物的生态修复技术对于海洋生态环境治理意义重大,特别是生物技术应用范围不断拓宽,其中包括微生物、植物和动物修复技术。

(1)近海海洋微生物对石油类污染物的修复

微生物修复技术是指利用微生物或微生物菌群来降解环境中的有机物或有毒有害物质,使之减量化甚至无害化,从而使环境质量得到改善,生态得到恢复或修复的技术。

海洋环境中的石油、农药以及持久性有机污染物(POPs)已成为我国主要的海洋有机污染物。随着海洋溢油事件的不断发生,特别是重大海洋油污染事件的暴发,使海洋石油污染受到高度关注。石油的组分包括链烷烃、环烷烃、芳香烃以及非烃类化合物。微生物主要通过脱氢作用、羟化作用、过氧化作用等,在酶促系统共同作用下完成自身的代谢功能,同时通过不同的途径分解转化这些烷烃、芳香烃以及中间产物如烯烃等,最终使石油污染无害化。

在实际环境中,能够降解石油类污染物的微生物大量存在,但是土著微生物对石油类污染物的自然降解效率很低。通过人为添加活性物质、营养物质以及接种高效降解菌株等手段可以促进微生物对石油的降解。添加表面活性剂扩大油类的弥散面积,可以增强细菌、真菌对石油烃的吸收和降解。微生物在生长过程中自身也会产生表面活性剂如糖脂、脂肽、多糖脂和中性类脂衍生物等代谢产物,增加石油组分的可溶性,进一步扩大石油降解率。

研究表明,添加营养物质可以保证微生物的最大增长速率,从而取得良好的修复效果。例如,添加亲油性肥料作为微生物强化剂,已成功应用于修复受溢油污染的海岸。但针对不同类型的污染物,其添加的最适营养物不尽相同。另外,接种高效降解菌群可能是增强重油微生物降解的一个有效途径。不同类型微生物对碳源的利用目标和方式有所不同,经优化组合可选出石油降解优势菌群。

近年来研究发现,采用载体进行固定化是提高微生物降解菌剂有效性和稳定性的重要方向。经载体固定化后,不仅可提高接种微生物的数量和活性,也提高了微生物细胞的稳定性和降解效率。2010年"7·16"大连海洋溢油事件发生后的近海环境修复中,将降解石油的活性菌种负载在沸石载体上,促其形成生物膜,加速了石油净化,10个月后的油污平均去除率达到58.14%。另外,以虾加工废料中的几丁质、壳聚糖鳞片或贝壳等海洋特有材料为载体,对外源菌群固定化后,菌群存活率和降解活性大大提高,烃类去除率达到75%左右,对风化溢油修复效果显著。

海上溢油往往具有突发性,并且石油的组分复杂,含有多种难降解物质,其中甚至包括一些对于微生物生长有害的毒性物质,限制微生物对石油的降解。因此,有关微生物降解石油的时效性、稳定性和耐受性仍有待深入研究。

(2)近海海洋微生物对农药和POPs污染物的修复

除了能够降解石油类污染物,海洋土著微生物还可以有效降解农药和POPs。一些海洋微生物具有特殊的代谢途径,可将农药和POPs作为代谢底物,加以利用、降解。例如,微生物 *Stenotrophomonas* sp.(命名为PF32)能以甲基对硫磷为唯一碳源,对高浓度甲基对硫磷(100mg/L)的降解率超过99%。蜡样芽孢杆菌(*Bacillus cereus*)能高效降解海水中的甲胺磷,在受甲胺磷污染的海水养殖区修复中起重要作用。假交替单胞菌(*Pseudoalteromonas* sp.)能高效降解氯氰菊酯和溴氰菊酯,其降解效率分别为75.6%和90.9%,可用于海水养殖环境中拟除虫菊酯类农药残留污染的生物修复。细菌 *Achromobacter xylosoxidans* 几乎能仅以硝基酚作为代谢底物进行生命活动,可耐受浓度高达1.8mmol/L的硝基酚胁迫,并可将其完全降解。

微生物也对新型的POPs有着一定的降解作用。PAHs作为一种新型的POPs污染物,以其在环境中半衰期较长和致癌、致畸、致突变的性质而受到人们的重视。微生物联合修复PAHs是一种重要的生物修复方法,它通过多种微生物共存的生物群体,在其生长过程中降解PAHs。同时,依靠各种微生物之间相互共生增殖及协同代谢作用进一步降解环境中的 PAHs,并能激活其他具有净化功能的微生物,从而形成复杂而稳定的微生态修复系统。目前,大量具有有机物降解能力的海洋土著微生物已被筛选出来,这些微生物虽属不同的门类,但都具有相同的有机污染物去除能力,为利用微生物修复技术治理海洋有机物污染带来曙光。

（3）近海海洋微生物对金属类污染物的修复

微生物对海洋重金属污染的修复机理研究目前还不透彻,大多停留在实验室阶段。当前研究主要集中在海洋细菌对重金属的吸附性、耐受性及活化与转化方面。

在吸附及吸附机理方面,对于细胞外吸附、细胞表面吸附和细胞内累积等已有较为清晰的论述。细胞外吸附是指微生物通过分泌胞外聚合物（EPS）络合或沉淀重金属离子。细胞表面吸附则是指带正电的重金属离子通过与细胞表面特别是细胞外膜、细胞壁带负电组分（如羧基、磷酸根、羟基、硫基和氨基等）相互作用而被吸附到细胞表面。胞内累积是指进入细胞内的重金属离子被微生物通过区域化作用将其固定于代谢不活跃的区域（如液泡）,或与细胞内的热稳定蛋白（如金属硫蛋白 MT）、络合素以及多肽结合转变成为低毒形式并形成沉淀而被固定。与陆地环境不同,海洋环境的流动性迫使海洋细菌必须具备黏附结构或分泌黏性 EPS（如多糖等）以保证一个相对稳定的生境,而多糖与重金属具有高亲和性,显示海洋细菌在重金属的吸附去除方面具有更为广阔的应用前景。

目前已经发现,海洋细菌对重金属的转化,包括氧化、还原、甲基化、脱甲基化等作用,能最终使有毒重金属离子转化为无毒物质或沉淀,降低重金属的危害。表 8-1 总结了海洋环境中修复重金属污染的部分微生物种类。

（4）植物对有机污染的修复

植物修复是一种以植物忍耐、分解或超量积累某些化学元素的生理功能为基础,利用植物来吸收、转化、降解、固定、挥发和富集污染物的环境污染治理技术。目前,植物修复技术在河口、海湾和湿地盐沼都取得了显著的治理效果,对近海有机污染、重金属污染、富营养化都有较强的净化能力。由于植物修复是自然过程,一般比较缓慢,时间较长。

表 8-1　修复重金属污染的微生物及吸附重金属的种类

微生物种类	吸附重金属种类
细菌	芽孢杆菌属(Cu、Pb)、链霉菌(Zn、Pb、Cd)、铜绿假单胞菌(Cu、Pb、Cd)、假单胞菌(Zn、Cu、Pb、Cd)、蜡状芽孢杆菌(Ni、Pb)
真菌	酿酒酵母(Zn、Cu)、毛霉菌(Ni、Zn、Pb、Cd)、根霉菌(Ni、Zn、Cu、Pb、Cd)、青霉菌(Ni、Zn、Cu、Pb、Cd)、黑曲霉(Cu、Pb)
藻类微生物	小球藻(Ni、Zn、Cu、Pb、Cd)、马尾藻(Ni、Cu、Pb、Cd)、岩衣藻(Ni、Pb、Cd)、墨角藻(Pb、Cd)、红藻角叉菜(Ni、Zn、Cu、Pb、Cd)

　　植物对有机污染物的超量积累是其主要修复机制之一。滨海湿地的红树及其根部微生物所构成的红树微生态系对石油、PAHs、PCBs 和农药等有机物污染有着良好的修复潜力。与无红树微生态系相比，红树微生态系可更高效和更快速地降解柴油、甲胺磷和芘，并能对石油污染产生的 PCBs 和 PAHs 进行高浓度富集。已发现多种大型海藻有效降解石油污染物的能力与其附着的石油分解细菌对石油烃的转化作用密不可分。互花米草浮垫应用海湾生态修复也是一个重要的技术。浮床上植物的根能从水表生长到水下，可为水生生物提供栖息地；其根部基质和多孔结构对水中污染物的吸附与降解是其高效修复作用的主要原因。

　　(5)植物对无机污染的修复

　　植物对海洋环境中无机污染(主要包括海水和沉积物中的重金属污染和富营养化等)的修复同样以吸收和富集为主。海马齿(*Sesuvium portulacastrum*)对 Cu、Zn、Cd 3 种重金属离子联合暴露下的生物富集系数(BCF)均大于 10，呈现出很强的生物富集效应。此外，碱蓬、大米草、互花米草、芦苇和香蒲等都可以不同程度的富集和转移湿地水体和土壤中的重金属(Cu、Zn、Cd、Cr、Pb、As、Hg)和营养盐(TN、TP)。其中，碱蓬生长周期短，生物量较大，可及时收割处理，对于受 Cu、Zn、Cd 污染严重的滨海地区，可优先选择碱蓬来进行修复。在 Cu、Pb、Zn 污染较严重的湿地或近岸，可以种植互米花草，通过收割富集重金属的互米花草地上部分可有效降低其生长环境中水体或沉积物中的重金属质量分数。

　　藻类吸收、富集重金属的机理主要是将污染物吸附在细胞表面，或是与细胞内受体结合，其中羟基是起主要作用的基团。已经有大量研究证实，在富营养化海区和养殖海区栽培大型海藻,可对富营养化水体具有显著的修复效果。理论上按照大型海藻组织中氮、磷含量可推算出海藻转移水体中氮、磷的能力。如表 8-2 所示,经济价值较高的大型海藻,如江蓠属、紫菜属、海带属等海藻可控制海域富营养化、重建滨海湿地。

表 8-2　不同种类大型海藻对氮、磷的转移能力

重金属	藻类(吸附能力 mg/g)
Cu	海百合 *Palmaria palmate* (6.65)、石莼 *Ulva lactuca* (65.54)、江蓠 *Gracilaria fisheri* (46.08)、马尾藻 *Sargassum fluitans* (74)、小球藻 *Chlorella sorokiniana* (46.4)
Pb	墨角藻 *Fucus vesiulosus* (336)、海百合 *Palmaria palmate* (15.17)、马尾藻 *Sargassum wightii* (290.52)、泡叶藻 *Ascopphyllum nodosum* (280)、褐藻 *Lessonia nigresense* (362.5)、褐藻 *Lessonia flavicans* (300.44)、海洋巨藻 *Durvillaea potatorum* (321.16)
Cd	马尾藻 *Sargassum wightii* (181.48)、马尾藻 *Sargassum baccularis* (83.18)、马尾藻 *Sargassum vulgaris* (83.18)、马尾藻 *Sargassum fluitans* (108)、泡叶藻 *Ascopphyllum nodosum* (100)、小球藻 *Chlorella sorokiniana* (43)、墨角藻 *Fucus* sp. (90)
Ni	石莼 *Ulva lactuca* (21)、小球藻 *Chlorella sorokiniana* (48.08)、马尾藻 *Sargassum vulgaris* (58.69)、马尾藻 *Sargassum natans* (44.02)、泡叶藻 *Ascopphyllum nodosum* (30)、墨角藻 *Fucus vesiulosus* (40.02)

(6)海洋动物对污染的修复

海洋动物底栖生活和活动范围相对固定,在污染物监测和环境评估上具有重要潜力。大量研究证实,底栖软体动物对污染水体的低等藻类、有机碎屑、无机颗粒物具有较好的净水效果,如贻贝、河蚌、牡蛎、螺蛳等。近年来,对底栖软体动物在生态修复上的应用主要集中于 3 类:净水效果的研究、富集重金属的研究以及监测水环境的研究。在净水效果方面,主要是利用水生动物来净化富营养化水体,即通过放养滤食性和噬藻体的鱼类、浮游动物、底栖生物或其他生物来减少藻类等浮游植物对水体造成的危害。贻贝能通过滤食,有效去除 P、S 等营养元素,净化水体。泥蚶对 Cu、Pb、Cd 3 种重金属离子均具有较高的累积能力。紫贻贝、魁蚶、褐牡蛎、菲律宾蛤以及刺海参对 Cu、Zn、Pb 等有较强的富集能力。此外,对于 Hg 污染严重的水域,则选择养殖紫贻贝作为净累积者,因为紫贻贝对 Hg 的富集能力较强。

近海生态系统具有海洋与陆地双重属性,不仅具有极端重要性,而且具有极端脆弱性,容易受到人类活动的影响。对海洋受污染环境进行治理,不仅需要考虑环境工程方案,包括控制污染物排放总量、截污减排、清淤疏浚等,还需要辅以生态修复手段使受损海洋生态系统的结构和功能得到逐步恢复,并最终向良性循环方向发展。近海海洋生态修复应遵循生态学基本原理,在分析生态系统结构与功能基础上,通过筛选和优化适合特定生态条件下的单一或不同生物组合,达到对环境的修复和生态调控作用,获得经济效益与环境效益的统一。

8.3　近岸海洋环境保护的政策演进

海洋环境保护政策是国家治理海洋环境,规范用海主体行为,分配海洋生态资源,实现海洋可持续发展最直接、最有效的工具。海洋环境保护政策体系的优化与完善直接影响政策执行效果,关乎"海洋强国"建设和"一带一路"倡议的实现。经过近 60 年的探索和实践,我国海洋生态环境管理机制体制不断完善,海洋生态环境综合管理能力显著提升。

改革开放以来,历经多次机构改革,我国海洋生态环境管理体系经历了从无到有、从小到大、由弱变强的发展历程,海洋生态环境综合管理和协调能力显著增强,国家海洋权益和海洋生态安全得到有效维护和保障。特别是 2018 年国务院机构改革,将海洋环境保护职能调整到新组建的生态环境部,打通陆地与海洋,加强了流域海洋污染防治与生态保护修复的统筹谋划和顶层设计,为系统解决陆海生态环境治理不系统、不协调、不平衡、不联动等问题提供了根本保障。中国海洋生态保护制度经历了从无到有、从少到多的发展过程。本章节试图梳理近年来我国海洋环境保护政策体系的演变与特征分析。

8.3.1　我国海洋生态环境管理体系的演进历程

海洋生态问题从表象上看是工程、技术问题,而实质上是体制、机制和制度问题。因此,建立健全海洋生态保护制度体系是有效遏制海洋生态损害的根本途径。自 20 世纪 80 年代以来,中央及各地方政府出台了一系列政策法规,尝试建立起从资源规划、监测督察到损害补偿等一整套的海洋生态保护制度体系。海洋生态损害涵盖陆源污染、填海造地、海上污染等多种类型,需要制定差异化、多样化的生态保护制度来适应不同生态损害类型的具体特征。从数量上看,中央及地方围绕沿海水域污染、海洋油气污染、海洋倾废管理、陆源污染、海岛保护等领域已经出台了多项管理法规和条例,海洋督察、海洋生态红线、海洋生态损害赔偿等制度已在沿海地区开展试点实践。这些海洋生态保护制度涉及源头管控、过程监督、末端处置等多个环节。

从中央及沿海各省市地区历年颁布的海洋生态保护政策法规(表 8-3)来看,我国海洋生态保护制度的演进可分为初步建立、稳步推进和改革转型三个阶段,呈现出从陆海分割到陆海一体化治理、从政府单一主体监管到多元主体协同治理、从标准规范到法律保障的演进趋势特征[4]。

表 8-3　海洋生态保护主要代表性政策法规梳理

阶段划分	中央出台的政策法规	沿海省份出台的政策法规
初步建立阶段（1979—1987 年）	《中华人民共和国防治沿海水域污染暂行规定》 《中华人民共和国海洋石油勘探开发环境保护管理条例》 《中华人民共和国海洋环境保护法》	
稳步推进阶段（1988—2017 年）	《中华人民共和国海洋倾废管理条例实施办法》 《中华人民共和国防治海岸工程建设项目污染损害海洋环境管理条例》 《中华人民共和国防治陆源污染物污染损害海洋环境管理条例》 《中华人民共和国海域使用管理法》 《全国海洋功能区划》 《海洋生态损害国家损失索赔办法》 《中华人民共和国海岛保护法》 《海洋督察方案》	《辽宁省海洋环境保护条例》 《福建省海洋环境保护条例》 《浙江省海洋环境保护条例》 《上海市海域使用管理条例》 《福建省海域使用管理条例》 《浙江省海域使用管理条例》

续表

阶段划分	中央出台的政策法规	沿海省、市、自治区出台的政策法规
稳步推进阶段（1988—2017年）	《关于全面建立实施海洋生态红线制度的意见》 《关于开展"湾长制"试点工作的指导意见》	《山东省渤海海洋生态红线区划定方案》 《广东省海洋生态红线》 《浙江省海洋生态红线划定方案》
改革转型阶段（2018至今）	《关于率先在渤海等重点海域建立实施排污总量控制制度的意见》 《渤海综合治理攻坚战行动计划》	《杭州湾污染综合治理攻坚战实施方案》 《山东省全面实施湾长制工作方案》 《浙江省生态海岸带建设方案》

(1)海洋管理体系初步建立阶段:1979—1987年

1964年,国家海洋局(SOA)经国务院批准正式成立,是国土资源部管理的监督管理海域使用和海洋环境保护、依法维护海洋权益、组织海洋科技研究的行政机构,标志着我国海洋生态环境管理体制的初步建立。1974年,针对日趋严峻的海上溢油污染等海洋环境污染问题,政府颁布了《中华人民共和国防治沿海水域污染暂行规定》,它是中国首个专门针对海洋生态保护的规范性法律文件。进入20世纪80年代,由国家计委、科委等五部委针对全国海岸带和滩涂资源开展了综合调查工作,拉开了中国海洋环境保护管理的序幕。

与此同时,浙江、上海、福建等沿海省市也相继成立了专门从事海洋环境监管的厅(局)机构。1982年,专门针对海洋领域的《中华人民共和国海洋环境保护法》正式出台,以该法律为核心的一系列涉及海洋环境保护的政策、法规在此后5年期间相继制定,从而在法律层面初步确定了综合为导向、行业为基础的海洋生态保护基本格局。

在此时期,国家和地方海洋管理部门的成立以及海洋环保法的颁布都标志着我国海洋环保管理体系的逐步建立,从制度顶层设计的角度,逐步扭转之前"重陆轻海"的传统观念,对海洋环境保护的事业正式提上历史日程。

（2）海洋管理体系稳步推进阶段：1988—2017 年

1988 年 10 月，国务院确定国家海洋局是国务院管理海洋事务的职能部门，正式赋予国家海洋局海洋综合管理的职能，包括国家海洋局海洋分局在内的各地方海洋部门明确了全国海洋环境保护和监管的基本职责。1989 年，国家海洋局明确了直属的北海、东海和南海分局 10 个海洋管区和 50 个海洋监察站的职责，形成了国家海洋局—海区海洋分局—海洋管区—海洋监察站 4 级管理体系。此后，随着一系列涉及海洋倾废管理、海岸工程建设污染、陆源污染等具体海洋环境问题的管理法规颁布，中国海洋生态保护制度不断细化和完善。

1999 年，国家海洋局成立了中国海上监察总队，依法行使海洋监督监察权，对破坏海洋生态环境、侵害海洋合法权益等相关违法违规行为进行处罚。2001 年，全国人民代表大会通过了《中华人民共和国海域使用管理法》，制定了海洋功能区划制度、海域使用权登记制度、海域使用统计制度等多项重要法律规定，标志着海洋海域使用法律规范化管理的开始。2006 年"十一五"规划中，中央首次将海洋以专章形式列入，明确了保护海洋生态的总要求，海洋环境保护成为海洋工作中的重中之重。2008 年，国务院颁布的《国家海洋事业发展规划纲要》中对海洋生态环境保护的目标和任务作出了具体要求和工作部署。

2014 年以后，原国家海洋局专门出台了一系列针对海洋环境的有关保护、赔偿、监察等方面的政策文件，提出了包括海洋生态红线制度、海洋督察制度、海洋生态损害赔偿制度等一系列创新型管理制度，海洋环境保护政策体系得到大幅完善。随着国际海洋事务的发展变化以及我国海洋生态环境保护形势的加剧，《中华人民共和国海洋环境保护法》历经一次修订（1999 年）、三次修正（2013 年、2016 年、2017 年），衔接了国际公约有关要求，充实了海洋环境监督管理内容，增加了保护海洋生态的具体要求，完善了海洋污染事故应急制度、"三同时"制度、排污收费制度等管理规定。

地区层面，以中央指导性规划文件为引领，沿海地区相继颁布了地方性的海洋环境保护条例、海域使用功能管理条例及海洋生态管理制度等相关政策文件。总体来看，以《中华人民共和国海洋环境保护法》为基础，1988—2017 年期间中国海洋生态保护制度内容不断丰富，针对陆源污染、海岸工程污染、海洋倾废污染等各类生态损害的监管规范相继出台,同时涉及规划、督察及赔偿的一系列新制度手段逐步落地。

(3)海洋管理体系改革转型阶段:2018 至今

由于长期以来陆海分割管理,导致海洋缺乏从山顶到海洋的系统保护和综合治理,近岸局部海域水质长期为劣四类水质,已经成为制约美丽中国建设的主要短板之一。为彻底解决海洋生态"多头管理、无人负责"的突出矛盾,2018 年中共中央印发《深化党和国家机构改革方案》,将原国家海洋局与水利部、农业部等有关部门的职责进行整合,新组建了自然资源部,同时将原国家海洋局对应的污染防治职能统一并入了新组建的生态环境部,标志着海洋生态保护进入了陆海一体化治理的新时期。

地方层面,在此期间沿海省份陆续出台海洋环境治理的工作方案。海域排污总量控制制度、"湾长制"制度、海岸带综合管理制度等陆海统筹治理方案逐步在沿海地区试点推广。浙江省制定《杭州湾污染综合治理攻坚战实施方案》,明确了统筹陆域、海域污染物排放控制,实施陆海统筹、河海兼顾综合治理的总方针。山东省印发《山东省全面实施湾长制工作方案》,提出建立河(湖)长制、湾长制等统筹协调和联动机制,构建河海衔接、陆海协同的治理格局。总体而言,2018 年以后,中国海洋生态保护制度开始由补充缺失向创新发展过渡,陆海统筹、河海共治成为新时期制度改革的主要方向。

8.3.2 我国海洋环境保护政策的特征及趋势

通过对近几十年来我国海洋环境保护政策及管理体系的梳理可以发现,随着我国海洋生态环境管理机制体制不断完善,海洋环境治理理念、责任主体以及法律法规体系等层面都在向更高层次转变,海洋生态环境综合管理能力显著提升,主要表现出以下 3 个方面的特征及趋势。

(1)治理理念的转变:从"陆海分割"到"陆海一体化"治理

沿海地区人类活动密集,资源开发面临污染严重和资源耗竭的问题,是国土空间规划的重点区域。我国早期行政建制受到"重陆轻海"传统观念影响,海洋环境保护工作主要是由陆上相关职能部门兼管。长期以来海洋陆源污染治理分别由负责河流排污监管的环保部门和负责入海排污口、海洋倾倒监管的海洋部门共同承担,这种两部门、两段式的监管模式导致污染防治责任主体不明确,海陆边界交错区域极易形成监管真空。2018 年以来,国家将海洋环境保护职能划归到生态环境部,此次机构改革强化了陆海生态环境保护职能的统筹协调,基本实现了陆地和海洋统一监管,从体制机制上为未来实现陆海环境一体化治理奠定了基础。

2017 年,党的十九大报告提出"坚持陆海统筹,加快海洋强国建设",国土空间治理的理念由"海陆生态分治"正式转向"海陆统筹"。海陆统筹强调对海陆两大子系统的产业、空间、人口、资源、环境等各类要素的统一优化与再配置,以实现海陆协调发展。逐步建立以近岸海域排污总量控制为核心的海洋环境监管机制,强化海域污染监测网络的建设和管理工作,健全海洋生态补偿和生态损害赔偿制度,建立海陆一体、源头把关、防治结合的海陆生态环境保护联动工作机制,是未来一段时期提升海洋环境保护效率的实践路径。

(2)责任主体的变化:从"政府单一主体"监管到"多元主体协同"治理

自《中华人民共和国海洋环境保护法》颁布以来的几十年间,海洋环境保护主要由政府这一单一主体主导,存在社会参与程度不足、监管成本过大等突出问题,导致海洋生态损害问题未能得到根本解决。2016 年,国家海洋局颁布了《全面海洋意识宣传教育和文化建设"十三五"规划》,提出建立海洋舆情常态化监测、预警、紧急应对和决策参考的一体化机制,为公众搭建参与海洋治理的平台,着力提升全民的海洋责任意识。社会公众参与到海洋环境保护工作中为海域污染防治注入新的活力,提供了新的抓手。此外,生态补偿也为解决生态保护与经济发展之间矛盾提供了有效手段。党的十九大报告提出,要加快建立市场化、多元化生态补偿机制。以生态损害赔偿为核心的市场激励手段开始得到越来越多的重视。同时,环境税费、补贴和排污权交易等其他市场手段开始在海洋生态保护领域广泛应用,有效提高了企业在海洋环境保护中的参与程度。

(3)法律体系的完善:从"标准规范"到"法律保障"

相较于标准规范,海洋环境保护相关的法律法规拥有更强的约束力。2007 年,全国人大第五次会议表决通过了《中华人民共和国物权法》,首次明确海域使用权是一种用益物权,确立了海域使用权的法律地位和性质,从物权法这一基本法的层面保护了海域使用权人的合法权益,为合理开发海域提供了坚实的法律保障。在此基础上,2009 年和 2016 年,全国人民代表大会又相继审议通过了《中华人民共和国海岛保护法》和《中华人民共和国深海海底区域资源勘探开发法》,海洋生态保护法律体系得以进一步完善。与此同时,上海、浙江、福建等沿海省份颁布了地方性的海洋保护法律法规,成为海洋生态保护法律体系的重要组成部分。

8.4　近岸海洋环境质量变化特征分析

浙江省作为海洋大省,拥有广阔的海域面积。浙江省范围内的领海和内海面积为 $4.24 \times 10^4 \mathrm{km}^2$,连同可以管辖的毗连区、专属经济区和大陆架,海域面积达 $26 \times 10^4 \mathrm{km}^2$,相当于其陆域面积的 2.56 倍。随着海洋经济的发展以及海洋开发利用活动的日益增多,浙江省近岸海域(领海基线外延12 海里以内)水环境污染状况严峻,富营养、赤潮等水生态问题频发。本章节广泛收集历年《浙江省环境质量公报》《中国近岸海域生态环境质量公报》等资料,从海水水环境质量、沉积物质量以及贝类生物质量等方面,系统梳理回顾近 20 年来浙江省近岸海域环境质量变化情况。

8.4.1　近岸海域水环境质量变化特征

(1)近岸海域水质

自 2000 年以来,浙江省近岸海域水环境整体呈现逐步向好态势,海水水质状况明显好转。由图 8-1 可知,浙江省近岸海域的一、二类海水面积占比由 2000 年的 10.3% 增加到 2020 年的 43.4%,面积增加了近 $8.6 \times 10^4 \mathrm{km}^2$;三类海水面积占比则由 15.3% 减少到 13.4%,海水水质略有好转,但年际波动幅度较大;四类和劣四类海水面积占比由 20 年前的 74% 减少到目前的 43.2%,面积减少近 $8 \times 10^4 \mathrm{km}^2$。由监测数据可知,2000 年以来,浙江省近岸海域水质状况得到显著改善,特别是四类和劣四类海水面积占比缩减较快。

从空间上来看,四类及劣四类海水集中分布于杭州湾及舟山群岛附近海域,主要是由于大量陆源污染物由长江口的输入。沿海各城市近岸海域

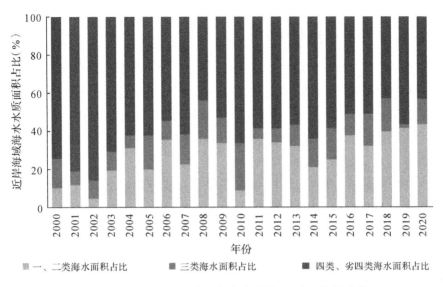

图 8-1　浙江省近岸海域海水水质类别面积占比年际变化

的水质也呈现差异化,表现为由北向南逐渐好转。具体而言,2020 年,舟山和宁波附近海域劣四类海水面积占比较高,分别达到 39.1% 和 31.2%,而台州、温州、嘉兴市近海海域劣四类海水面积均低于 10%,水质较好。

（2）近岸海域富营养化状况

浙江省近岸海域水质受到陆源无机氮、活性磷酸盐过量输入的影响,表层富营养化程度一直较为严重,特别是浙北沿海地区。2020 年,整个浙江沿海近岸海域全年表层富营养化水体面积达到 2.17×10^4 mm²,占比约为 48.7%,主要分布于杭州湾、三门湾、椒江口、瓯江口、飞云江口等海湾河口区域;其中,轻度、中度和重度富营养化面积分别为 21.5%、14% 和 13.2%。温州、台州沿海呈现轻度富营养化,舟山为中度富营养化,而宁波、嘉兴沿海呈现严重的重度富营养化。

（3）近岸海域水质主要超标污染物

近年来,浙江省近岸海域水质主要超标污染物为无机氮、活性磷酸盐,部分水域存在溶解氧、化学需氧量、pH 值和粪大肠菌群超标的情况,部分重金属也存在超标情况,如锌、汞、铜、铅、砷、镉、总铬、镍等,而石油类、化学需氧量、阴离子表面活性剂和非离子氨等维持在二类水质标准以内。

8.4.2 入海污染物排放特征

近岸海域水环境污染物主要来源于入海河流携带和入海直排污染。浙江省共有包括钱塘江、曹娥江、甬江、椒江、瓯江、飞云江等13条入海河流，年径流量超过$900×10^4 m^3$；如果加上北侧的长江，入海径流量超万亿立方米。监测数据显示，总氮、总磷以及高锰酸盐指数等污染物以钱塘江和瓯江入海量最大，占总入海量的60%以上。

浙江省直排入海的排污口中有95个日排放量超过100m³。2015年通过排污口直排入海的化学需氧量（COD）超过$8×10^4 t$，石油类污染物341t，氨氮3214t，总氮$3×10^4 t$，总磷709t（表8-4）。

表 8-4 2015 年浙江省直排入海污染物入海量

地区	排污口数（个）	COD（t）	石油类（t）	氨氮（t）	总氮（t）	总磷（t）
杭州	8	15393	132	750	8986	114
宁波	38	10671	40	538	2263	91
温州	7	2675	19	146	1978	84
嘉兴	6	21798	43	218	2816	165
绍兴	2	22148	69	326	11424	53
舟山	29	3416	9	648	1164	127
台州	5	5732	30	587	1924	75
合计	95	82132	341	3214	30554	709

从空间上来看，入海河流和直排排污口入海的化学需氧量集中分布于嘉兴，年均排放量在$20×10^4 t$，而宁波、台州、舟山市依次减少。氨氮、总氮、总磷、石油类等污染物也都以嘉兴排放量最高，其他沿海城市排序大致相同。此外，在时间变化方面，上述污染物近年来大多呈现波动下降趋势，水质趋向好转。

8.4.3 近岸海域底质环境变化特征

近年来，浙江省近岸海域表层沉积物质量日益改善。根据《海洋沉积物质量标准》(GB 18668),近岸海域沉积物质量为一类的面积占比由 2007 年的 29.2%提升至 2020 年的 70.4%,而二类面积占比则由 68.5%下降到 29.6%。2007 年,台州近海沉积物因铬超标为第三类,嘉兴、宁波、舟山、温州及杭州湾、象山港、三门湾、乐清湾等海域沉积物均优于第二类。相较于 2007 年,当前除部分监测点位出现铜超标外,有机物、硫化物、汞、砷、铅、铬以及石油类等监测指标均符合第一类海洋沉积物质量标准。

8.4.4 生物生存环境和贝类生物体质量

近十几年来,浙江省近岸海域海洋生物生存质量基本保持稳定,硅藻、桡足类、多毛类分别为浮游植物、浮游动物和底栖生物的优势类群。受陆源污染输入影响,沿岸浮游植物多样性指数有所上升,但种类及种群结构变化不大;底栖生物生存环境较差,物种种群丰度较低;生物生存环境总体稳定,但物种多样性指数略有下降。

舟山、宁波、台州、温州等沿海城市贝类生物体质量总体一般。依据《海洋生物质量》标准,所有监测点位属于第二类的贝类生物体质量占比由 2010 年的 66.7%增加至 2020 年的 100%,贝类生存环境质量趋于改善,主要超标因子为铜、石油烃、锌等,但部分出现在牡蛎生物体内。

8.5 近岸海洋环境保护的浙江经验

海洋环境保护是我国环保事业的重要组成部分,近年来得到国家及地方层面的高度重视。自 1982 年国家层面《中华人民共和国海洋环境保护法》正式出台以来,浙江陆续成立了专门从事海洋环境监管的厅(局)机构,浙江在全国率先制定实施水权交易、排污权有偿交易、生态补偿转移支付、"三位一体"环境准入等制度,逐渐形成了"浙江样本",在海洋环境保护的立体监测、体制机制建设以及治理措施等层面形成了浙江特色。

1988 年,为了更好地加强海岸带资源调查、开发、保护和管理,在国家海洋局的支持下,浙江省编制委员会正式批准继续保留省海岸带资源调查办公室,其职能是对浙江省海岸带及邻近海域实行规划和管理,组织协调省内各有关单位和部门进行开发利用、示范推广,对海岛和典型岸段进行调查研究。该机构的建立,标志着浙江省有了海洋和海岸带管理工作的专门常设机构。

2000年,浙江省海洋与渔业局成立,主管全省海洋综合管理与渔业行业管理的工作部门。机构组建后,提出了"十五"时期以"立法、规划、管理、开发"的海洋工作重点和"主攻养殖、拓展远洋、深化加工、搞活流通,发展休闲渔业"的渔业发展方针。随着组织机构及法律法规的健全,浙江省海洋生态保护实践深入推进,海洋生态环境保护工作不断取得新的成就。本章节通过系统梳理近20年来浙江省在海洋环境污染防治工作中所采取的措施与行动,总结近岸海域环境保护的浙江经验。

8.5.1　海洋生态环境监测

海洋环境监测通过获取多维度、类型多样、时空连续的海洋环境大数据,可为海洋执法、海洋管理决策、海洋预报、灾害预警、海洋生产开发等提供强有力的支撑。浙江省一直非常重视海洋环境信息的调查摸底工作,多次组织开展重点海域环境综合调查工作。针对海岸带生态环境要素观测的复杂性,海洋观测技术经历了由定期普查到定位观测,再到"海陆空"全方位的立体观测的发展历程。

1998年,由省舟山海洋生态环境监测站主导承担的《东、南海近岸环境综合调查》工作历时两个多月,完成了对浙东、浙南海域的环境综合调查,掌握了该海域的环境污染状况和主要污染物分布与变化;分析评价了该海域环境质量及其主要环境问题,掌握了不同海区沿岸入海污染物对近岸海域环境的影响。

1999年,为掌握和了解浙江省近岸海域赤潮发生的规律和状况,预防赤潮对水产养殖业的损害,舟山海洋生态环境监测站和省海洋渔业监测站在赤潮多发季节,对舟山北部和浙南海域的赤潮多发区进行了多次赤潮专题调查监测,并将调查结果以快报形式及时通报有关部门及当地政府和养殖户,取得了良好的社会效益。同年,浙江完成了县级海洋功能区划和海洋环境功能区调整,开始全省海洋功能区划和海洋环境功能区修订等工作。此外,省海洋局组织了浙江省首次海洋污染基线调查并在全国率先完成且通过评审验收,本次调查成果全面、准确地获得了我省海洋环境质量状况;

同时,也为 21 世纪提供了海洋环境"零点"资料,为浙江海洋环境保护规划、管理及海洋综合开发利用提供了科学依据。

2001 年,为加强海洋环境的监督管理,浙江以海上渔政执法特编船队为骨干,配以中国海监飞机空中巡航,开展了历时 10 多天的联合执法大检查,首次实施"碧海行动"——陆海空联合执法大检查。同年,编制了《浙江省海洋与渔业系统赤潮防灾减灾工作预案》,为来年全面展开近岸海域赤潮的监控和赤潮的防灾减灾奠定了基础,并完成全省海岸带重点入海排污口调查工作,基本摸清了海岸带排污口排污情况,为下一步实施入海污染物总量控制奠定了基础。

2002 年,全省建立了赤潮灾害监视报告体系、赤潮灾害信息传递体系和赤潮灾害防范体系,向外界公布了赤潮灾害举报与监测咨询电话。沿海各级政府组建了主要由养殖户、捕捞渔民及其他社会公众组成的赤潮监视监测志愿者队伍,对志愿者进行了赤潮基本知识培训,提高了赤潮的发现率和时效性。

2003 年,沿海赤潮监控区在原有 2 个的基础上增至 4 个,监控范围从原监控区扩大到浙江整个海域,加大了对赤潮的监控力度。监测手段从调查船、飞机到卫星遥感,形成全方位、立体监测系统。通过及时准确的赤潮信息通报和养殖区环境预测信息,有效地避免了赤潮灾害,使全年赤潮造成的直接经济损失降至最低水平。

2004 年,全省全年共进行了 107 个航次的赤潮应急监测、95 个航次的赤潮监控区监测,实现了赤潮监控区的赤潮灾害发现率 100% 的目标,并对大面积赤潮海域和有毒有害赤潮发生海域的贝类毒素和赤潮生物毒素进行了抽查检测。

2010 年,在省海洋与渔业局、省环保厅、省水利厅、省气象局和浙江海事局的共同努力下,"浙江省涉海环境监测观测网"正式启动,并实施了《2010 年"浙海网"工作计划》和《2010 年"浙海网"数据共享计划》,初步构建"浙海网"数据共享技术平台,制定出台了《浙江省涉海环境监测观测网络运行规则》,积极推进海洋环境监测、观测信息共享。

2012 年以来,全省不断加大对于海洋监测新设备、新技术的投资力度。2022 年,我国首艘近千吨级海洋生态环境监测船——"中国环监浙 001"建造完成,交付浙江省海洋生态环境监测中心使用。这艘船也是我国同类环监船中速度最快的海洋生态环监船之一,监测船配备了多个专业实验室和先进的海洋生态监测仪器设备,具备在入海河口及毗邻海域、沿海/近海海域进行定点、定时进行水文、水质、沉积物和生物的采样及现场监测能力。这艘监测船将极大提高省海洋监测中心履行全省近岸海域生态环境监测职能工作的基础能力水平,极大提升海洋生态环境监测数字化、网络化、智能化水平,更加及时、全面、准确地反映近岸海域环境质量状况及其发展变化趋势。

近期,浙江省自然资源厅印发《2021—2025年浙江省海洋生态预警监测工作方案》(以下简称《方案》),明确了浙江省"十四五"期间海洋生态预警监测工作的指导思想、工作目标、工作思路、工作布局、主要任务和预期成果清单。《方案》提出:到2025年,全面摸清海洋生态系统的分布格局,掌握典型海洋生态系统的现状及变化趋势,实现对主要海洋生态灾害及生态风险的动态跟踪监测;同时,建立以"五个一"为主体的预警监测成果产品体系,即:一份生态状况报告、一个生态问题清单、一份海洋生态警报、一张生态图、一个生态信息服务平台,确保海洋生态预警监测成果全面、规范、有效。《方案》的出台为"十四五"期间浙江省海洋环境监测提出了新要求和新思路。

8.5.2 海洋环境保护法律法规

海洋环境保护相关的法律法规是推动海洋经济发展绿色转型、保护海洋生态环境和推进生态文明建设的重要工具,也是调节海洋经济发展与海洋生态保护关系的重要杠杆。自2000年《中华人民共和国海洋环境保护法》实施以来,浙江省海洋生态环境管理机制体制不断完善,海洋生态环境综合管理能力显著提升。经过20年的探索与实践,构建了以生物多样性保护为核心的海洋生态环境管理分区、建立了以氮磷污染物为重点的陆海协同排放管控制度,完善了以监测评估为核心的海洋生态监管制度,建立了以入海河流和海湾为重点的区域联防联控机制,并完善了以海洋生态补偿和赔偿为核心的财政政策等重点任务。

2000年4月1日起,新修订的《中华人民共和国海洋环境保护法》开始施行。浙江省认真贯彻实施新的《中华人民共和国海洋环境保护法》，重点做好陆源污染物控制和海岸工程建设项目的环保工作；对新建、扩建、改建的海岸工程项目、污水直接排海的工业项目和油库、港口、码头、围海造田等建设项目，严格执行环境影响评价和"三同时"制度，大中型项目的两项制度执行率为 100%。

2001 年，浙江省开展近岸海域环境功能区划调整。为适应沿海社会经济发展和近岸海域环境保护工作的需要，2001 年完成近岸海域环境功能区划的调整工作。根据浙江海洋开发与保护的总体战略布局和海域地理状况、自然资源、自然环境特点以及开发利用的实际情况，将全部管理海域划分为杭州湾海域、宁波—舟山近岸海域、岱山—嵊泗海域、象山港海域、三门湾海域、台州湾海域、乐清湾海域、瓯江口及洞头列岛海域、南北麂列岛海域等九个重点海域。

2004 年 1 月 16 日，浙江省第十届人民代表大会常务委员会第七次会议正式通过《浙江省海洋环境保护条例》，并于 2004 年 4 月 1 日起施行。《条例》的颁布标志着浙江省海洋环境保护工作纳入法制化管理轨道。2004 年，渔业资源和海产养殖管理部门开展渔业资源人工增殖放流，恢复渔业资源；实施全国首部《人工鱼礁建设操作技术规程》，开展人工鱼礁建设工作；加大了水域滩涂养殖证制度实施工作的力度，强化水产养殖全过程管理；推行"无公害行动计划"。

2005 年，省政府颁发并组织实施《浙江省海洋经济强省建设规划纲要》，确定浙江建设海洋经济强省的发展总体目标为：海洋经济在国民经济中所占比重进一步提高，海洋经济结构和产业结构得到优化。新兴产业快速发展，优势产业竞争力显著增强，海洋生态环境质量明显改善，走出一条海洋经济与陆域经济联动发展的新路子。2005 年，为加强渔业资源增殖放流工作，制定并落实了《浙江省 2005 年海淡水苗种放流实施意见》，成立了全省渔业资源增殖放流工作领导小组，全年投放鱼虾贝类等 3 亿尾；积极开展近海生态型人工鱼礁建设工作，累计投放鱼礁达 30 多万方，顺利完成普陀朱家尖和平阳南麂（一期）2 个人工鱼礁建设项目。

2006 年，省政府出台了《关于加强海洋与油气产业工作的若干意见》，浙江省深入实施《浙江海洋经济强省建设规划纲要》，修改完善了《浙江省碧海行动计划》和《长三角近海海洋生态建设行动计划》。海洋特别保护区建设出台了《浙江省海洋特别保护区管理暂行办法》和《宁波市韭山列岛海洋生态自然保护区条例》,开展了南麂列岛国家级海洋自然保护区列入联合国环境规划署"南中国海海洋生物多样性研究项目示范点"的相关工作,新建了普陀中街山列岛国家级海洋特别保护区,完成了宁波韭山列岛省级海洋生态自然保护区升格为国家级保护区的申报工作。

2007 年,浙江省共有海洋保护区 6 个,其中国家级海洋自然保护区 1 个,国家级海洋特别保护区 3 个,省级海洋自然保护区 2 个,形成了海洋自然保护区和海洋特别保护区并重建设的格局,使海洋生态环境和生物多样性得到有效保护。

2008 年,为加强涉海工程环境监管,全面实施《浙江省碧海生态建设行动计划》,积极推进海洋环境污染整治和生态建设工程。加大涉海工程监督管理力度,加强废弃物海洋倾倒区管理;组织开展"海盾 2008""碧海 2008""养殖用海""限制船舶污染物排放"等执法检查行动,严厉打击各类违法用海和海洋环保违法行为,保护海洋生态环境。制定《浙江省海洋特别保护区规范化管理考核指标(试行)》,组织开展对已建海洋特别保护区管理与建设工作的检查评估,指导保护区的管理和发展。

2009 年,省人民政府办公厅印发了《关于加强涉海环境保护协同监管工作的通知》,省海洋、环保、水利、海事、气象等 5 家部门联合成立了"浙江省涉海环境监测观测网络协调委员会",共同构建涉海环保合作新平台。继续加强长三角海洋环保区域合作,重点落实近海海洋环境灾害监测预报与海洋倾废区监视监督合作,组织开展乐清湾海上垃圾清理项目。

2009 年,进一步加大对涉海工程的环境监管力度,大力实施围填海环境听证和重大工程环境跟踪监测制度。以防治海洋工程建设项目污染损害海洋环境为重点,深入开展"碧海 2009"专项执法行动,有效遏制了船舶污染物排放和船舶违法排污行为。

2010 年,重点开展了温州洞头南北别山、台州玉环披山岛海洋特别保护区的选划与建设。南麂列岛自然保护区开展了总体规划修编工作,韭山列岛自然保护区实施了保护区调查科学试验与基础设施建设工作,铜盘岛、大陈岛特别保护区总体规划通过审批。启动海域、海岛、海岸带生态修复示范工程。在乐清西门岛和玉环茅埏岛、南麂列岛和普陀中街山列岛海洋保护区、舟山岱山桥梁山岛、杭州湾等区域启动一系列生态修复试点工作。继续加大增殖放流和水生野生动物保护力度。

2011 年，省政府办公厅印发了《浙江省蓝色屏障行动方案》，省发改委和省海洋与渔业局联合发布了《浙江省海洋环境保护"十二五"规划》，明确了近期海洋环境保护工作目标、任务和保障措施，全面开展海洋环境保护各项工作，力争通过五年的努力，明显改善全省海洋生态环境。宁波、舟山、温州、台州等沿海市及重点县也相继编制和出台了"蓝色屏障行动方案"和"海洋环境保护'十二五'规划"。积极实施"321"环境监督工程，加强涉海工程建设项目监督管理，做好海洋倾废管理，服务海洋开发。重点加快"浙海网"信息传输平台建设，推动涉海监测观测数据共享。完成"浙海网"数据共享和信息传输平台的软件开发和硬件采购、安装工作。

2012 年，组织开展"碧海 2012"专项执法行动，严厉打击海洋环保重大违法行为。深入实施"蓝色屏障行动"方案围绕"蓝色屏障行动"，开展一系列海洋生态环境建设工作。组织申报象山县、洞头县和玉环县等三个国家级海洋生态文明建设示范区，新建温州洞头和宁波渔山等 2 个国家级海洋公园。

2014 年，浙江省全面推进"五水共治"，深入实施治污减排，沿海各地认真贯彻实施《浙江省近岸海域污染防治规划》、《杭州湾区域污染综合整治方案》和《乐清湾区域污染综合整治方案》，分别制定了近岸海域污染防治实施方案，落实具体整治任务、明确具体整治项目。积极探索海洋生态文明制度创新推进海洋生态红线制度，完成温州市海洋生态红线制度试点研究报告大纲并得到温州市人民政府批准。开展陆源入海污染物总量控制制度试点研究，选定象山港区域为首个浙江入海污染物总量控制制度试点区域。

2018 年，省政府印发《浙江省近岸海域污染防治实施方案》，提出了浙江省近岸海域水污染防治攻坚三年行动计划内容。

2020 年，碧水行动深入实施"五水共治"，印发实施近岸海域水污染防治攻坚三年行动计划，实现入海排污口在线监测设施全覆盖。

总体来看，近 20 年来浙江省在海洋环境保护政策法规层面的顶层设计积极响应国家对海洋的发展策略，不断推陈出新，紧密围绕建设"海洋强省"

这一目标,在政策规划标准制定和实施、生态环境状况监测评估、生态环境统一监督和执法、生态环境保护的督察和问责、生态环境保护区建设等方面积累了大量先进的实践经验和工作积累,可为其他沿海地区提供有益借鉴。

8.5.3　海洋资源环境科技创新

海洋科技创新对浙江海洋经济强省建设具有重要的支撑作用,海洋科技的创新与应用也为海洋环境保护与治理提供了有效的手段。截至 2018 年,浙江省共有 27 家海洋科研机构,包括高校 9 家、国有企业 3 家和事业单位(含科研院所)15 家,科研领域全面涵盖海洋基础学科和应用学科。高校累计开设 74 个涉海本科专业,具有 15 个涉海一级学科硕士点,具有 1 个海洋科学一级学科博士学位授予权,以及港口海岸与近海工程、海洋资源与环境、海洋信息科学与工程、船舶与海洋工程装备、海洋生物学、海洋化学与化工、中国历史地理(边疆与海洋史)7 个二级学科博士学位授予权。涉海省级一流学科有 14 个;建有涉海国家级重点实验室 5 个和省部级重点实验室 26 个。

目前,浙江省依托海洋地域优势,已形成了比较成熟的海洋创新主体,如宁波大学、舟山海洋学院、浙江大学等。总体来看,随着浙江省海洋事业的稳步发展,海洋科技对海洋经济的贡献率不断提高,并取得一系列重大突破,主要体现在 3 个方面:①海洋科研力量优质且充足,科研人才数量、质量和结构不断提升;②海洋科技投入呈增长趋势,科研体系逐渐完善,科研项目及其成果大量涌现;③优势科研领域初步形成:膜法海水淡化技术及其产业化、海产品育苗和养殖技术、海产品超低温加工技术以及分段精度造船技术等处于全国领先地位,海洋潮汐能开发利用技术达到世界先进水平[6]。

8.5.4　海洋环境保护公众参与

多元开放是海洋生态环境治理现代化的关键。浙江省重视公众海洋环境保护教育,在政策、规划制定过程中,动员科学界、利益相关者及公众参与,通过组织专家讨论会、地区性公开会议、建立专门的网站等方式征集和听取各界意见和建议;同时,在初等、中等、高等不同层次的海洋教育体系,通过"海洋宣传日""海洋宣传月",组织海岸清扫等生态体验活动,通过媒体和网络、与水族馆、博物馆、海洋科技馆等合作,传递各种海洋生态保护相关信息,增强公众对海洋环境的认知;充分重视环保非政府组织,通过立法、给予行政职务、宽松的政策环境、财政支持、认可和鼓励有益倡议等形式保障其合法地位,赋予其更大的话语权以促进其积极作用的发挥。

自 2000 年以来,由浙江象山县船老大发起的"蓝色保护者志愿行动",从石浦出发后,北上大连、威海、青岛,南下汕头、厦门,一路开展"善待海洋、保护海洋、减少海洋污染"的宣传,向全国渔民发出了"保护海洋生态环境"的倡议书,形成全民参与海洋环保的良好氛围。

2017 年 9 月,国家海洋局印发《关于开展"湾长制"试点工作的指导意见》,浙江成为唯一省级试点地区。湾(滩)长制是以主体功能区规划为基础,以逐级压实地方党委政府海洋生态环境保护主体责任为核心,以构建长效管理机制为主线,以改善海洋生态环境质量、维护海洋生态安全为目标,加快建立健全陆海统筹、河海兼顾、上下联动、协同共治的治理新模式。目前,浙江省沿海各地都在不断完善创新湾(滩)长制的责任体系、奖惩制度、管理模式,责任到人、管护一体的"湾(滩)长＋护滩员＋保洁员"模式已在各地推广。每周定点定时,会有当地滩长在涨潮前巡视他们所管辖的这片海岸滩涂,一旦发现有违规网捕或者环境污染等问题,就会及时上报相关部门。"共管共治"的浙江湾(滩)长制实施 3 年来,海岸线环境质量明显改善,取得了不错的效果。

8.5.5　浙江省海洋环境治理体系的主要特征

自 2000 年以来,浙江海洋环境治理的制度建设更加精细化、规范化,市场手段得到创新完善,政府生态责任进一步落实,环保主体范围不断扩大,有效推动了海洋生态文明建设的科学化进程。特别是"五水共治"行动计划实施以来,从陆海统筹、湾河联控、生态建设、绿色发展等方面发力,浙江的海洋生态环保建设实现了从陆海协同、多元主体齐抓共管的全面覆盖,为推动美丽浙江建设提供了坚实的制度保障。

(1)海洋环保理念的变革

党的十九大作出了"坚持陆海统筹,加快建设海洋强国"的战略部署,提出"建立地上地下、陆海统筹的生态环境治理制度"以及"实施流域环境和近岸海域环境综合治理"。浙江省坚持"以海定陆、陆海统筹"的基本要求，深化"湾（滩）长制"改革，形成"以湾统滩、以滩联湾、岛湾联动、湾滩一体"的总体思路，构建"海陆统筹、河海兼顾、上下联动、全域共治"的湾区治理新模式。树立"一体化"意识和"一盘棋"思想，建立区域联防联控机制。推进环境立法、环保政策、生态补偿、诚信惩戒、执法司法一体化，提高区域环境突发事件协同处置能力，共同保护东海海洋生态环境。

（2）经济市场机制的完善

生态环境最明显的特征是其公共性和外部性。市场机制是环境保护的核心内容，也是生态文明制度建设的制胜法宝。在尊重经济发展规律的基础上，充分发挥市场主体保护环境的积极性。浙江借助市场手段配置环境资源，首创生态补偿机制，开展区域之间的水权交易，采取排污权有偿使用，完善自然资源产权制度等，建立了一套涉及各个领域的环境保护经济体系，形成了环境保护的激励约束机制。2005 年 8 月 26 日，省政府下发《关于进一步完善生态补偿机制的若干意见》，积极探索多层次、多渠道、多元化的投融资机制，大力推进市场化运作，按照谁投资、谁建设、谁管理、谁经营的原则，放开建设权，搞活经营权，鼓励和吸引民营资本进入公用事业领域。

（3）目标责任制的落实

明确责任人的目标责任是生态环境制度落到实处的重要保障。浙江注重生态文明考核评价制度建设，把环境保护纳入考核体系。地方党委、政府主要领导是本行政区域生态环境保护的第一责任人，对本区域的生态文明建设负总责。此外，湖州市率先探索领导干部自然资源资产离任审计制度、领导干部生态环境损害责任终身追究制度，对乡镇创造性地采取按工业、旅游、综合三类进行分类考核，部分乡镇只考核乡镇干部任期的生态责任。

（4）多元主体的协同治理

社会公众和非政府组织一直是环境保护的重要力量，公众参与生态环境保护是达成环保目标的重要途径。浙江通过创新一系列生态环境保护制度，鼓励和支持社会公众参与海洋生态环境保护。例如，通过听证会、座谈会、论证会等形式，邀请相关单位、团体和公民参与项目环评，以保证公民的知情权和参与权。市民代表对建设项目的审批有否决权；市民对于排污企业的抽查有"点单权"；市民参与环境行政处罚评审时有发言权，公民已经成为环境监督、环境保护的重要力量。

参考文献

［1］全永波,朱雅倩.浙江海洋生态文明建设法治化探索与路径优化[J].浙江海洋大学学报(人文科学版),2021,38(5):1-6.

［2］中国科学院海洋研究所.黄东海地质[M].北京:科学出版社,1982.

［3］何起祥.中国海洋沉积地质学[M].北京:海洋出版社,2006.

［4］陈琦,胡求光.中国海洋生态保护制度的演进逻辑、互补需求及改革路径[J].中国人口·资源与环境,2021,31(2):174-182.

［5］浙江省生态环境厅.浙江省环境状况公报[EB/OL].2020[2022-10-22].

［6］王琪,周鑫,谢芳,等.浙江省海洋科研力量及其发展[J].海洋开发与管理,2019,36(6):24-27.

第9章 深入推进海洋资源利用与海洋生态环境保护

在习近平新时代中国特色社会主义思想的指导下,浙江省正全力朝着"海洋资源开发利用更集约节约,海洋生态保护体系更安全有效"的发展目标前进[1]。这一目标继续落实了习近平同志在浙江任职时对浙江海洋发展所提出的要求。2002 年,习近平总书记初到浙江,就对宁波、舟山、台州等沿海地区展开了深入调研,明确指出了海洋发展对于浙江的重要意义:"新世纪新阶段浙江经济进一步发展的天地在哪里? 在海上!"[2]充分利用海洋资源优势,大力发展海洋经济,是党中央、国务院赋予浙江的重要使命,也是浙江科学发展的迫切需要。2003 年 7 月,习近平同志在中共浙江省委第十一届四次全体(扩大)会议上提到要利用浙江省发展的八个优势、面向未来发展的八项举措,正式提出了"八八战略"部署,要求进一步发挥浙江的生态优势,创建生态省,打造"绿色浙江";进一步发挥浙江的山海资源优势,大力发展海洋经济,推动海洋生态文明建设以及欠发达地区发展,"使海洋经济和欠发达地区的发展成为浙江经济新的增长点"[3]。习近平同志主政浙江省期间所作的战略谋划,为浙江海洋发展绘制了蓝图,提出了海洋资源开发利用与海洋生态环境保护两者并举的要求。

2006 年后,浙江省历届省委一直将海洋作为浙江的希望所在、潜力所在,以"八八战略"为引领,提出切合实际的浙江方案。在习近平同志海洋精神的引领下,浙江于 2011 年和 2017 年出台了《浙江省重要海岛开发利用与保护规划》和《浙江省海岸线保护与利用规划》,对重要海洋资源进行统筹规划,进一步推进海洋资源开发与海洋生态环境保护工作。在一代代人的努力下,浙江省在 2019 年成功建成全国首个生态省,海洋经济发展也取得重大成就。浙江省继续探索"八八战略"中绿色浙江的实践模式,推动出台了

《浙江省生态海岸带建设方案》以及《浙江省海岸带综合保护与利用规划》，指明海岸带这一实现陆海统筹战略关键地区的发展方向。在习近平同志所绘制的蓝图下践行"绿水青山就是金山银山"的两山理念，深入推进海洋资源利用与海洋生态环境保护，探索海洋可持续发展的实现方式，多角度、全方位加快海洋强省建设工作。

9.1　深入推进海洋资源利用与环境保护的战略视野

在国家战略的引领下，浙江始终坚持以"八八战略"为总纲，秉持"一任接着一任干"的浙江精神推进海洋发展。在深入践行习近平同志"八八战略"思想的过程中，浙江省进一步推进海洋强省的建设工作，将海洋发展的重点聚焦于海洋资源的可持续利用以及海洋生态环境保护的协调性问题。在争创社会主义现代化先行省和高质量发展建设共同富裕示范区的大背景下，浙江要加快推进海洋强省建设，坚持从实际出发，用高度的战略视野深入推进海洋资源利用与海洋生态环境保护，实现海洋的可持续发展。

9.1.1　海洋资源利用与生态环境保护重点演进

浙江省海岸线总长、深水岸线长度、近海渔场可捕捞量、潮汐能等均居全国首位（表9-1），是名副其实的海洋资源大省，海洋经济有着无可比拟的发展优势以及发展空间。处于"海洋经济大省"和"海洋经济强省"两个战略发展阶段的浙江聚焦"海洋经济"展开一系列战略部署。在以海洋为依托推进社会经济发展过程中，浙江重视海洋经济实力的提升，通过海洋资源的开发利用来支撑海洋经济，涉及海洋生态文明建设的相关内容也都围绕海洋经济展开。其最终目的是实现浙江海洋经济的可持续发展，可持续发展中的弱可持续发展特征更加明显。

与改革开放的政策相结合，浙江省从一开始就按照传统的资源依赖型发展思路大力发展海洋经济，充分利用自身具有的宁波、温州等天然良港以及靠近上海的地理位置优势，将"引进来"和"走出去"相结合。在提出"海洋经济大省"的战略目标后，浙江省的海洋发展思路从资源依赖型走向了产业

表 9-1　海洋经济发展变化

	2010 年	2015 年	2020 年
海洋生产总值(亿元)	3500	6180	9200.9
渔业总产值(亿元)	522.18	779.36	1130.63
海水养殖面积($\times 10^3$ hm²)	93.91	85.88	82.54
海水产品产量($\times 10^4$ t)	381.23	491.20	476.79
沿海港口货物吞吐量($\times 10^4$ t)	78846	109930	141447
机动船实有数(艘)	20498	16242	13912
进出口总额	25353311(万美元)	215621649(万元)	338382772(万元)
废水排放总量($\times 10^4$ t)	422618	433822	412130
海岸线总长度(km)	6486	6486	6630

注:数据来源于《浙江省统计年鉴》。

化发展。浙江省第九次党代会报告指出,坚持以开放促开发,统筹规划,分步实施,充分利用自身的区位和资源优势,结合进一步开发的可能性,选择将港口海运业、海洋水产业、临海型工业、海洋旅游业以及内外贸易作为海洋经济的发展重点,并且给予新型海洋产业较大的扶持力度,形成新的海洋产业优势,促进产业结构优化。在国家"科技兴海行动计划"的驱动下,浙江省逐渐补齐发展短板,海洋经济成为新的经济增长点。

在几代人的努力下,浙江海洋经济的发展取得巨大进步,但始终存在海洋资源开发力度不够、海洋经济落后于陆域经济的问题。国家层面高度重视浙江的海洋发展,于 2011 年批复《浙江海洋经济发展示范区规划》,充分挖掘浙江海洋生产力,优化海洋经济发展布局,将海洋经济作为浙江未来经济转型升级的突破口;批准舟山群岛新区建设的举措大力推动舟山建成首个以海洋经济为主题的国家级新区,舟山的海洋发展上升到国家战略层次。在党中央政策的引领下,浙江的海洋发展深入践行"八八战略",因地制宜出台《浙江海洋经济强省建设规划纲要》以及《浙江生态省建设规划纲要》,从经济与生态角度展开政策部署,助力海洋可持续发展战略;同时,浙江牢牢抓住发展机遇,在政策的推动下创新实践,开展"浙江省碧海生态建设""绿色浙江"等系列行动,更加注重海洋资源的高效利用以及海洋生态环境的保护工作,以提升经济增长质量为目的推进海洋经济的可持续发展。至此,浙江海洋发展进入了新阶段。

9.1.2　陆海统筹的浙江经验与创新

随着海洋开发活动类型的多样化和复杂化,传统经济发展方式下海洋资源环境与经济发展之间的矛盾日益突出,严重制约海洋经济的高质量发展。基于海洋经济强国建设的思考,党的十八大报告明确提出建设海洋强国的宏伟目标,即"提高海洋资源开发能力,发展海洋经济,保护海洋生态环境,坚决维护国家海洋权益,建设海洋强国"[4],保护海洋生态环境,实现人海和谐成了海洋强国建设的内在要求。作为习近平海洋强国战略系列论述的重要发源地之一,浙江省积极响应国家战略号召,坚持陆海统筹战略,以海洋经济发展为牵引,深入践行习近平同志"绿水青山就是金山银山"的生态发展理念,将海洋生态文明建设作为重点工作之一。在推进海洋强省建设的过程中,浙江注重生态本底保护,发展蓝色经济,出台一系列政策文件统筹协调海洋经济发展和海洋生态文明建设;同时,各滨海市因地制宜,分类型制定各区域的可持续发展方案,加快海洋资源开发,促进海洋生态环境保护,加强海洋生态承载力,实现浙江海洋的可持续发展。

(1)尊重本底创新陆海资源环境统筹保护与利用

在推进海洋强省建设的过程中,浙江省牢记习近平同志所说的"正确处理发展海洋经济与海洋环境保护和生态建设的关系"[5],以夯实生态本底为总基调应对海洋经济与生态环境之间矛盾。作为引领浙江海洋经济发展纲领性文件,《浙江海洋经济发展示范区规划》将海洋生态文明建设作为重要规划对象,明确指出要通过合理利用海洋资源、加强陆海污染综合防治、推进海洋生态建设和修复三大领域来推进海洋生态文明建设[6]。以此为契机,浙江省大力促进人海和谐发展,推动"蓝色经济"、"蓝色屏障"和"蓝色文明"统筹兼顾、互促互进,在夯实生态本底的基础上大力发展海洋经济,建设海洋强省。

为了深入贯彻习近平生态文明思想,让海洋生态文明建设为海洋经济发展提供支撑,浙江省进一步加强海洋生态环境保护工作(表9-2)。海岸带作为海域与陆域两个地理单元的过渡地带,是实施陆海统筹战略的关键区域,对浙江发展有着重要意义。从建设"海岸线"到打造生态"海岸带",浙江计划建造一条通往未来的黄金海岸,坚持生态为先、突出保护的原则,推进生态海岸带建设,使之成为沿海生态保护和开发的新标杆。"大花园是浙江自然环境的底色、高质量发展的底色、人民幸福生活的底色[7]"海岛大花园作为大花园建设的重要项目之一,是浙江践行绿水青山就是金山银山理念、陆海统筹推进"全域大景区、全省大花园"的重大举措[8]。在推进海岛大花园建设中,浙江省计划高标准打造展现海岛风情的"十大海岛公园",以坚持保护优先为基本原则,将海岛地区打造为宜居、宜业、宜游的美丽海岛大花园,促进海岛可持续发展,为全国的海岛绿色发展提供浙江经验。

表 9-2　省域层面夯实生态本底案例

名称	期限
《浙江省生态海岸带建设方案》(浙政办发〔2020〕31 号)	2020—2025 年
《浙江省海岛大花园建设规划》(浙发改环资〔2019〕374 号)	2019—2025 年
《浙江省十大海岛公园建设三年行动计划》(浙文旅资源〔2020〕4 号)	2020—2022 年
《浙江省近岸海域水污染防治攻坚三年行动计划》(浙政办发〔2020〕26 号)	2020—2022 年

　　近年来,浙江省政府将两山理念作为生态文明建设的中心,在陆海统筹战略的引领下,将生态环保作为海洋经济发展的底线,认真夯实生态本底,多层次、多角度推动海洋生态环境的保护工作。在政府部门以及上级规划的引领下,各滨海市结合当地实际情况,探索"既要绿水青山,也要金山银山"[9]的理论实践,因地制宜践行多样化海洋生态模式,统筹推进海洋生态文明建设。

　　(2)各滨海市创新海洋生态文明多样化模式

　　1)海洋生态整治修复

　　在人与海之间建立起"生态通道"。嘉兴海宁拥有闻名中外的百里钱塘,是杭州湾大湾区最长的生态岸线[10],有着丰富的湿地滩涂资源和海景资源。随着湿地滩涂开发强度不断加大,海宁沿海湿地面积呈现出逐年减少的趋势,生态环境的破坏逐渐对海洋资源的开发利用产生影响,进而辐射影响到了海宁的海洋旅游发展。缓解沿海湿地滩涂问题、利用地理优势促进发展,成了海宁需要探索实现的重要目标。在"绿水青山就是金山银山"生态理念的推动下,海宁着眼于生态保护工作,探寻生态优先的旅游发展模式,将百里钱塘建设工程与生态海岸带建设工程相结合展开工作部署。在修复河口海塘生态区的同时开展沿岸地区的绿化改造,在原有特色的基础上建设不同主题的沿岸生态绿道,打造一条亲水融绿的新廊道。在这过程中,海宁也开始探索海岸带和田园郊野的联动发展模式[11],以百里钱塘生态绿带为依托,在人与海之间架起桥梁,发展以田园体验、旅居康养为主题的趣味乡村和特色小镇,践行休闲旅游发展新模式,目前已取得一定成效。

百岛洞头绘就"海上花园"新画卷。"海上花园"是时任浙江省委书记的习近平同志到洞头考察时所提出的战略构想[12]。作为全国 14 个海岛区之一,洞头拥有大小岛屿 302 个,海域 2709km²。海岛洞头赐予了该区域得天独厚的美丽风景,另一方面也使洞头发展受到了限制。洞头区着眼于海洋保护,从海上、岸上两方面统筹海洋资源开发与海洋经济发展,探索海洋生态文明的洞头模式。在温州市(洞头国家级海洋公园核心区)蓝色海湾整治项目的驱动下,洞头区着手开展沙滩、岸线的修复工程,改善岸上生态环境,发展渔村旅游业。为了缓解长期以来由于渔业捕捞、人工养殖导致的渔业资源退化与海水富营养化问题,洞头区研究推广了生态循环渔农业,成为洞头区的特色实践之一。同时,为了避免过度用海,洞头区对涉海项目和企业推行海洋生态补偿机制,减轻海上生态环境压力[13]。洞头区不断向好的生态环境是正确处理海洋资源利用开发与海洋环境保护的典范,海洋经济的高质量发展为"海上花园"的建设持续助力。

2)海洋资源优势转化

不闻海腥,只见海景。舟山市普陀区的沈家门渔港一直以来都是全国著名的渔船避风补给港、渔货交易港[14],承载着舟山渔业的辉煌记忆。近年来,该地区一直存在着渔港功能"退二进三"遗留下来的废弃码头、破旧岸线,区域污水直排,未利用滩涂的垃圾堆放、植被破坏等问题,对当地景观和湿地生态造成严重影响。在舟山市蓝色海湾整治项目的推动下,沈家门渔港开展滨海生态走廊建设,拆除废旧设施,引入抓斗挖泥船为港湾清淤,小型清洁艇专门清洁收集边滩固体漂浮垃圾,蓝色生态的整治与保护工作初见成效。夯实了生态本底后,沈家门渔港小镇充分依靠自身渔业资源优势,坚持海洋资源可持续开发,探索出了海洋经济发展与资源保护的平衡模式,实现生态效益和经济效益双丰收[15]。在《沈家门渔港港章》《沈家门中心渔港港区与码头渔业船舶停靠泊总体布局与规划管理方案》等政策出台后,沈家门渔港对岸线和海域进行科学规划,统筹布局海洋资源的开发利用,构建绿色渔业发展新体系,进一步推进海洋渔业的转型升级。渔港小镇将旅游作为主导产业,以"鱼"为魂,以"港"为中心,探索特色发展道路。

转型生态型经济,打造浙江的"维多利亚港"。宁波象山港区域资源丰富,是典型的半封闭式港湾,具有国家级意义的大鱼池,生态系统既独特又脆弱。在象山港区域处理好生态环境保护与资源开发利用的关系,解决好经济发展中的环境保护问题,对建设海洋经济核心示范区具有重要意义[16]。宁波市连续出台《象山港区域保护和利用规划纲要》《象山港海洋生态环境保护与建设规划》等规划,以加强环境保护,建设生态文明为优先,充分利用象山港的区域资源优势,促进生态型经济港湾的转型。从陆海统筹视角出发,立足于象山港独特的海陆分布特点,以象山港大桥为界,在东部区域发展外向型海洋产业,西部区域进行生态保护,发展滨海旅游休闲业,探索生态保护与经济社会发展的双赢模式。

3)海洋文化焕发魅力

传承海洋文化,繁荣海洋经济。滨海旅游和海洋文化产业联系紧密,海洋文化资源是民众开展海洋旅游的重要载体。在海洋渔业资源急剧衰退的大趋势下,岱山县围绕海洋文化推进海洋经济强县建设,取得明显的成效。在海洋文化建设的过程中,岱山县注重理论与实际的结合,从海岛的实际情况出发,扬长避短,探索出了一条具有鲜明特色的海洋文化经济发展路子[17],其中有些发展思路值得借鉴。一方面,岱山县坚持错位竞争,探索开辟如休渔谢洋大典这样具有发展潜力的独特海洋文化表达形式,同时赋予渔文化、泥文化、盐文化等海洋民俗文化形式新的内涵。另一方面,岱山县坚持从经济文化的协调发展出发,挖掘海洋文化的深层次内涵,将其融入海岛、海港等海洋旅游资源中,并以海洋系列博物馆为渠道,突出岱山县海洋生态和海洋文化的特色。在推进海洋文化经济发展过程中,岱山县利用当地的海洋生态本底优势为依托,促进海洋文化旅游的快速发展,使海洋文化焕发魅力。

9.1.3　浙江"八八战略"的创新

十几年前,时任浙江省委的习近平同志聚焦"如何发挥优势,如何补齐短板"两个关键问题,为浙江发展谋划了"八八战略"这一决策部署。多年来,浙江广大干部群众将"八八战略"作为重要遵循,推动浙江经济社会发展取得了历史性成就[18]。在此过程中,浙江充分结合自身优势,拓展发展空间,在战略引领下聚焦海洋,探索推进海洋资源利用与海洋环境保护的浙江方案。进入到新时代,浙江需要进一步推进"八八战略"的再深化,因地制宜寻找海洋发展的创新实践空间,打造浙江范例。

(1)深入认识强化顶层设计

海洋是高质量发展的战略要地[19],建设海洋强省是浙江社会经济发展中的重要一环。在深入推进浙江海洋强省建设过程中,浙江省通过不断地创新实践,充分认识到自身所具备的海洋资源优势对海洋经济发展起到的支撑作用,深化海洋生态本底建设对于海洋经济产生的增益效应。在践行"八八战略"的同时,浙江省不断探索能够引领浙江海洋发展的顶层设计,依托于顶层设计开展海洋资源利用与海洋生态环境保护的一系列工作。在国土空间规划以及五年规划的编制中,浙江省围绕海洋展开一系列决策部署。作为未来15年的海洋空间规划样本,浙江省于近期发布的《浙江省海岸带综合保护与利用规划》从陆海统筹的战略视野出发,对海岸带的高质量发展做出长期规划。同时,浙江省在"十四五"规划专题当中专门推出了《浙江省海洋经济发展"十四五"规划》《浙江省海洋生态环境保护"十四五"规划》《浙江省渔业高质量发展"十四五"规划》等一系列海洋发展政策文件,有计划、有目的地确定了"十四五"期间浙江海洋发展方向。各滨海市在探索地域特色海洋发展道路时,将顶层设计作为根本遵循,着眼于区域实际,推进系列海洋工作开展。

(2)多方面提升海洋科技实力

科学技术是第一生产力,海洋科技的创新发展能够进一步推动浙江海洋强省的建设工作。作为沿海大市,浙江立足于沿海优势,高度重视海洋科技创新体系的建设。第一,提升海洋科创平台能级、培养海洋科技型企业、强化海洋科技领域的国际合作,做强海洋科创平台主体[20]。第二,增强海洋院所及学科的科学研究能力,让涉海院校以及一批海洋学科建设得到支撑。以学校为据点普及海洋生态环境的重要作用,为海洋科技创新培养人才,切实提升海洋科技实力,为实现海洋科技的高水平自立自强提供人才保障。第三,加强海洋科研工作,提升海洋研究与实验发展经费投入强度,一批涉海重点实验室和工程研究中心等创新平台接连落地。浙江省在国家战略引导下,以科技创新为落脚点,为海洋经济的高质量发展提供支撑,推进海洋强省建设。

（3）"滩长制"向"太空眼"转变

浙江海洋经济是社会经济发展的重要组成部分,但在发展过程中却一直面临着海洋治理的重大挑战。滩涂和海湾的管理工作是近海生态保护和整治的重点之一,浙江省着眼于滩湾管理,积极探索滩湾治理的新模式。借鉴先前推行"河长制"治水机制的成功经验,浙江出台《关于在全省沿海实施滩长制的若干意见》,全面启动实施"滩长制",并且进一步推进以滩面管理为主的"滩长制"向覆盖海洋综合管理的"湾（滩）长制"拓展升级[21]。而近期,象山县的湾滩管理再次升级,以"遥感＋AI"技术为依托,利用卫星的高分辨率图像及无人机开展海岸线高频次循环监测[22]。从"滩长制"到"太空眼"的转变,是浙江省革新海洋生态保护机制所开展的实践探索。

9.2　深入推进海洋资源利用与环境保护的重点任务

海洋资源有着巨大的经济价值和开发空间,对于缓解陆域资源紧缺具有重要意义。海洋资源的保护和可持续利用是发展海洋经济,提升海洋生态系统质量的内生需求,为社会经济可持续发展提供重要支撑。浙江省拥有"港、渔、涂、岛、景"等丰富的海洋资源,是名副其实的海洋资源大省。依靠海洋拓宽发展空间,浙江省必须聚焦于海洋资源的高水平利用以及海洋生态环境的保护,就如何协调两者的关系进行更深入的探索实践。在此过程中,浙江省必须围绕海洋资源,牢牢抓住重点任务,推进工作落实,实现海洋的可持续发展。

9.2.1 落实自然岸线严格保护,提高人工岸线利用效率

作为海洋资源的重要组成部分以及海洋经济发展的重要空间载体,岸线资源具有重要的生态功能和资源价值。据 2016 年大陆岸线调查与 908 专项海岛岸线调查成果显示,浙江省全省岸线长度共 6630km,其中人工岸线 2253km,自然岸线 4353km,河口岸线 24km。浙江省作为一个资源大省,拥有得天独厚的岸线资源条件,岸线资源的开发利用能促进港口航运业以及临港工业的发展,实现海洋经济高质量提升。

岸线资源是港口建设的重要物质基础,浙江省丰富的岸线资源为港口建设提供了优越条件。在常规工程条件下,浙江沿海共有可建万吨级以上泊位岸线 253km,其中可建 10 万吨级以上泊位的岸线资源为 105.8km[23],各处的深水岸线均有深水航道与外海相连,并且具备相应的锚地。深水岸线资源主要集中在杭州湾北岸、宁波—舟山海域以及温台沿海,是我国东南沿海建设大型深水港的理想港址,发展港口航运业具有显著优势。由于海洋运输能力的迅速发展以及海洋开发技术的不断进步,沿海工业的重要性逐渐上升,许多工业部门顺应港口建设迁移到了沿海区域,对港口产生了较强的依赖性。港口岸线资源对临港工业的发展进步作用显著。

浙江省将港口建设作为高效利用岸线资源的重要形式之一,只有通过优化利用港口岸线资源,在沿岸地区形成综合性、多功能的现代化港口群体,才能进一步为岸线腹地提供强有力的支撑。但浙江在港口建设过程中严重改变了自然岸线的特征。如何提高岸线资源利用效率并避免造成大范围的海岸生态功能衰退,进一步协调岸线资源开发利用与生态环境保护之间的矛盾,成了浙江省需要探索实践的重点任务之一。

岸线资源是一种不可再生的稀缺资源。为了实现岸线资源的可持续利用,浙江省从四个角度明确了岸线保护与利用工作的重点[24]。第一,严格管控岸线利用。设立严格保护、限制开发和优化利用三个类别,健全并落实岸线的管控机制。从"严格审批自然岸线占用,提高人工岸线利用效率"两方面推进岸线节约集约利用。第二,切实加强自然岸线保护。《浙江省海洋功能区划》设定了"大陆自然岸线保有率不低于 35%、海岛自然岸线保有率不低于 78%"的目标[25]。为实现这一目标,浙江省针对围填海项目确需占

用非禁用自然岸线情况,按照"占用与修复平衡"的原则来落实自然岸线占用整治修复责任,更加严格开展自然岸线占用审查,并且进一步规范其整治修复行为。第三,全面推进岸线的整治修复。在省级层面确定岸线整治修复五年规划和年度计划,各沿海市、县(市、区)制定区域岸线整治修复实施计划,开展整治修复工作。第四,加强岸线的监督检查。省级层面开展全省海岸线保护与利用情况的监督检查工作,沿海市、县(市、区)落实"湾(滩)长制"职责,就海岸线的保护与利用情况展开定期巡查工作[26]。

9.2.2　保护渔业资源,提升养殖与捕捞等补偿性修复水平

浙江海域具有多种水流交汇、岛屿众多、营养盐丰富等环境特点,历史上曾是我国海洋渔业资源蕴藏量较为丰富、渔业生产力较高的渔场,但在捕捞强度超过渔业资源的再生繁殖能力、养殖病害频发以及海洋环境污染等影响下,浙江海域渔场主要经济鱼种资源明显衰退[27],渔业资源不断减少,渔港、渔业养殖、捕捞等面临发展困境。在经历了一段时间的转型升级后,浙江渔业资源状况有所回升,但其衰退的势头并未得到根本性遏制。要真正实现渔业资源的可持续利用,推进渔业的高质量发展,浙江省必须保障重要渔港,养殖、捕捞等需求,重视渔业资源的养护,加强渔业优势资源。

为了实现渔业资源的可持续利用,浙江省着眼于提升渔业资源修复能力[28],从以下几方面进一步推进渔业资源的开发保护。首先,作为解决海洋渔业资源可持续利用和生态环境保护矛盾的金钥匙,浙江省高度重视国家级海洋牧场示范区的引领作用和建设工作,加强近海海域的生态环境修复和渔业资源养护;其次,启动八大水系一禁渔工作,禁止除娱乐性游钓以外其他所有作业方式,探索建立一套合理的禁渔期制度,为渔业资源休养生息提供保障;再次,作为恢复渔业资源量的有效手段,浙江进一步加大增殖放流力度,恢复海洋生态平衡,修复海洋生态环境;最后,浙江省着力于发挥制度的保障作用,建立渔业资源环境调查制度,探索基于种群的限额捕捞制度,实现渔业资源科学利用。

9.2.3　重视滩涂综合效益,促进滩涂资源可持续利用

独特的地理位置造就了浙江海岸丰富的滩涂资源,淤涨型滩涂是主要

类型,通过淤积扩张增加滩涂面积。作为一种重要的后备资源,积极开展滩涂资源的科学开发和合理利用是拓展浙江发展空间,实现耕地占补平衡,缓解土地资源紧张,推进经济社会可持续发展的一项重要举措,对浙江发展具有十分重要的现实意义。

滩涂资源的主要利用方式是围垦。浙江省人地矛盾突出,利用丰富的滩涂资源进行围涂造地,扩大耕地面积,是浙江省缓解这一矛盾的主要措施之一。滩涂围垦与水利建设结合,可以作为治江治水的重要措施,在一定程度上减轻洪潮灾害,提高通航、排涝的能力。由于沿海淡水缺乏并且滩涂改造耕地的成本高、效益低,越来越多的滩涂围垦丧失了造田的"初衷",成为海水养殖的"乐园"。滩涂养殖业成为当地居民维持生计的依靠后,过量的围填海以及滩涂的破坏性开发活动对滩涂资源产生了严重破坏,部分滩涂的自净能力减弱、生态敏感程度加重。

经过不同发展理念的碰撞和交锋,浙江开始重视滨海湿地的保护,严格管控围填海。结合实际,浙江计划将滩涂打造成滨海湿地,为海洋生态环境保护树立样板,这对于沿海城市景观美化、海洋生态环境改善和促淤保滩护岸有着十分重要的意义。在利用滩涂资源推进建设滨海湿地的过程中,注重规划、研究、资金等方面的问题。首先,运用现代生态规划手段对浅海滩涂建设滨海生态湿地进行适宜性评价,以"保护优先、科学修复、适度开发、合理利用"为原则,修编完善滩涂与生态湿地的长远规划;其次,加快有关技术规范的研究制定,与高校、科研单位展开技术合作,加大科研投入,为滨海湿地建设提供技术支撑;再次,提出多样化的资金投入方式为滨海湿地建设提供财政支持;最后,多角度综合考虑城市滨海景观示范带的选址,发挥其环境保护与经济建设和谐发展的示范作用,推进绿色海岸建设,打造海洋生态保护的"浙江样板"。

9.2.4 改善有居民岛人居环境,规范无居民岛利用秩序

浙江省海岛资源丰富,具有良好的区位优势和产业基础,在全国沿海发展战略中具有明显的区域特色。根据第二次全国海域地名普查结果与近年来海岛开发利用情况显示,浙江省管辖海域范围内现共有海岛 4350 个,其中有居民海岛 222 个,无居民海岛 4128 个,占海岛总数的 94.9%[29]。海岛

作为一种稀缺的重要战略资源,具有较强的生态敏感性。以生态系统为基础,开展海岛资源的开发利用与保护是浙江省需要探索的重要命题之一。

　　浙江省海岛开发利用的资源基础极为丰富,在渔业、港湾航道、海洋人文及自然景观、土地、滩涂、新能源等方面都具有发展价值。为了能在高水平利用海岛资源的同时落实资源环境的保护管理工作,浙江省出台《浙江省无居民海岛保护与利用规划》以及《浙江省重要海岛开发利用与保护规划》,根据海岛特色统筹规划海岛资源的开发利用与保护,取得阶段性成果。但由于经济社会的加速发展,海洋资源环境的承载力不断下降,海岛地区与大陆的经济社会发展矛盾、海岛保护与海岛利用的矛盾、海岛管理和基础研究的矛盾越来越突出。结合实际情况,浙江省出台《浙江省海岛保护规划》,形成一套以生态系统为基础的海岛综合管理格局(表 9-3 和 9-4)。未来浙江省的海岛保护重点工作坚持"保护优先,适度开发"的原则,聚焦以下几方面:①通过分区分类保护制度,强化生态红线管控,开展海岛生态系统的保护工作,有效治理生态受损海岛;②增强领海基点海岛的保护力度,定期开展监测,掌握其动态变化;③定期开展海岛开发利用及生态保护状况监测,逐步规范无居民海岛开发利用秩序;④提升海岛基础设施建设,明显改善居民生产、生活条件。

表 9-3　浙江省无居民海岛分类保护体系表[29]

二级类别	分类内容	三级类别	分类内容
特殊保护类	在维护国家海洋权益和保障国家海上安全方面具有重要价值,或指在已建或待建自然保护区、海洋特别保护区范围内,以及具有其他特殊功能而需要重点保护的无居民海岛	国家权益海岛	包括领海基点保护范围内的无居民海岛,以及其他具有重要政治、经济利益的无居民海岛
		自然保护区内海岛	位于已建或待建的自然保护区内的无居民海岛,海岛及周边海域具有典型的海洋生态系统、高度丰富的海洋生物多样性,以及珍稀濒危动植物物种集中分布地等
		海洋特别保护区内海岛	位于已建或待建的海洋特别保护区内的无居民海岛,海岛及周边海域具有典型海洋生态系统和重要生态服务功能

续表

二级类别	分类内容	三级类别	分类内容
		其他重要保护海岛	位于海洋自然保护区和海洋特别保护区之外,但海岛及周边海域具有重要自然景观、历史文化遗迹、生物资源及代表性的自然生态系统等,需要重点保护的无居民海岛
一般保护类	以保护为主,目前不具备开发利用条件的无居民海岛或在保护海岛及周边海域生态环境的基础上,经充分论证可以适度进行限制性开发利用活动的无居民海岛	保留类海岛	以保护为主,目前不具备开发利用条件的无居民海岛
		限制开发类海岛	在保护海岛及周边海域生态环境的基础上,充分考虑海岛自身资源优势,结合当地经济社会发展的需要,经论证允许适度开展限制性开发利用活动的无居民海岛

表 9-4 浙江省有居民海岛分类保护体系

二级类别	分类内容
综合利用岛	指陆域腹地较大、资源禀赋较好、人口分布集中、城市(镇)依托较强,在海岛及周边海域生态环境保护的基础上,综合开发利用和发展产业、对周边具有较强辐射带动能力的海岛
港口物流岛	指具有优越的地理区位条件、深水岸线资源和一定陆域腹地空间,在海岛及周边海域生态环境保护的基础上,适度发展集装箱或大宗商品储运、中转等港口物流功能,辅以国际贸易、金融与信息服务、分拨配送、增值加工、博览展示等功能的海岛
临港工业岛	指具有较好的建港条件和充裕的后方腹地空间,在海岛及周边海域生态环境保护的基础上,适度发展临港型的石油化工产业、重型装备制造业、船舶修造产业、大宗物资加工等工业,兼备一定的生产和生活服务功能的海岛
清洁能源岛	指具有较好的核能、风能、海洋能等能源资源基础或发展条件,在海岛及周边海域生态环境保护的基础上,适度开展能源开发利用或清洁能源利用技术示范性研究,并有良好基础设施接入条件的海岛

续表

二级类别	分类内容
滨海旅游岛	指具有优美的滨海自然景观、良好的生态环境、深厚的人文底蕴等海洋旅游资源条件,在海岛及周边海域生态环境、旅游资源保护的基础上,适度发展滨海观光、休闲度假、海洋文化、海鲜美食、休闲海钓、滨海体育、海洋生态等特色滨海生态旅游业,兼备一定的生产和生活功能的海岛
现代渔业岛	指具有良好的渔业发展基础,在海岛及周边海域生态环境、渔业资源保护的基础上,适度发展现代海洋捕捞、海水生态养殖、水产品加工贸易等功能,辅以海洋生物资源保护,兼备一定的生产和生活功能的海岛
海洋科教岛	指在海岛及周边海域环境生态保护的基础上,适度从事海洋科研、教育、试验等功能的海岛。一般为海洋类高校或科研机构、观测试验基地所在地的海岛
海洋生态岛	指以保护海岛及其周边海域的海洋生态环境、海洋生物与非生物资源功能为主的海岛

9.2.5　统筹海景资源利用,重视海景生态环境修复

浙江省濒临东海,拥有漫长的海岸线,旖旎的海岛风光以及沙滩景点,蕴含着丰富的海洋人文以及自然景观。海景资源丰富多样是浙江省旅游业发展兴盛的重要原因之一,利用好海景资源充分发展旅游业,聚焦生活空间质量的提升,塑造多层次的滨海景观,是浙江省开展工作的重点任务之一。

依靠地理位置优势,浙江省坐拥多个 4A 级国家旅游景区,与海相关的风景名胜区大多分布在海岛及其周边区域。浙江海岛旅游在全国范围内具有较高知名度,拥有浙江普陀山、嵊泗列岛、岱山岛等国家级、省级风景名胜区。将民俗风情、文化古迹、战争历史、海洋美食、海洋生物等一系列资源优势作为海岛旅游的开发主题,浙江重视挖掘海景资源中所蕴含的文化内涵,提升旅游地吸引力,以观光旅游为基础,开发具有海岛特色的旅游项目,充分发挥海岛的海景资源优势。为了进一步高水平利用海景资源,浙江省发布《浙江省十大海岛公园建设三年行动计划(2020—2022)》[30],以打造"诗画浙江·海上花园"品牌为目标,推进浙江海岛旅游资源的开发利用。近期,在《浙江省十大海岛公园建设三年行动计划(2020—2022)》中,浙江省将海岛旅游路线与长江三角洲其他旅游路线进行联动发展,谋划推动上海—

舟山—温州—厦门—深圳邮轮航线的开通,并将其打造成为浙江省海洋旅游黄金线路。

为了拓展海景资源开发利用的深度与广度,浙江需要科学制定海洋旅游业发展的总体规划,深入开展人文资源的挖掘开发以及自然资源的保护修复,进一步推进浙江沿海以及海岛地区海景资源的可持续利用。

面对建设海洋强省的发展时机,浙江省以围绕岸线资源、渔业资源、滩涂资源、海岛资源以及海景资源等自身资源优势,确定海洋资源利用与环境保护的重点任务。在推进重点任务时,浙江省政府以及各滨海市层面高度重视海洋空间规划,将其作为海洋综合治理的关键性工具推进海洋资源利用与海洋生态文明的实践。未来,浙江省需要牢牢抓住重点任务背后蕴含的两个关键要素:①顺应国家国土空间规划多规合一的要求,浙江省如何整合现有的涉海空间规划,建立起较为完善的海洋资源利用与海洋生态环境保护的顶层设计;②更加关注革新海洋资源所有权归属的问题,进一步完善资源权属制度,挖掘海洋资源的深层次价值,建立起一套能够实现资源权属向资源价值高效转换的管制工具。

9.3　深入推进海洋资源利用与环境保护的长效机制

海洋的综合治理是一项兼具长期性、复杂性的系统性工程。作为浙江发展的必要拓展空间和关键依托,海洋的综合治理需要各级各类政策协同作用,构建起一套综合治理的长效机制,走出一条具有浙江特色的人海和谐发展道路。一直以来,浙江省在坚持"八八战略"的同时注重各类政策工具的协同创新,重视政策效用,避免政策合成谬误。浙江以海洋空间规划为主体,推进实施陆海统筹战略,以法治建设为核心,深刻践行海洋资源利用与环境保护。

9.3.1　提升政策工具陆海统筹及组合效用

为了分析海洋政策的系统性,利用 Nvivo 软件对 2011 年来浙江省所颁布的与"海洋"有关的政策文本进行定量分析,将高频词统计结果分为资源环境类、金融工具类、减灾防灾类以及政策工具类(图 9-1,表 9-5)。在持续推进海洋强省建设进程中,浙江省将"八八战略"作为总纲领,以海洋资源可持续利用以及海洋生态文明建设为政府行政总体方向,聚焦海洋资源构成以及海洋环境本底的话题,释放海洋经济可持续发展的活力。随着政府工作的不断推进,实际政策围绕总体方向持续创新,以资源环境、金融支持以及减灾防灾作为三个重点领域,促进政府部门政策方向的多样化发展,关注政策效用问题,在政策工具组合的视角下协同推进海洋资源利用与海洋生态文明建设的有效耦合。

图 9-1　海洋词云图

表 9-5　海洋政策文本的词云图统计

类别	含义	关键词	出现频次
资源环境类	关注海洋资源构成要素以及海洋环境本底的问题	海洋	2661
		生态	1603
		环境	987
		资源	462
		海岛	433
		污染	394
		海湾	237
		岸线	233

续表

类别	含义	关键词	出现频次
金融工具类	关注经济层面的投入和扶持	工程	453
		产业	409
		开发	298
		企业	262
		经济	257
减灾防灾类	关注海洋的减灾防灾工作	保护	857
		灾害	778
		应急	421
		预警	275
		防御	179
		减灾	160
政策工具类	关注政府不同部门政策工具的协同创新	管理	512
		规划	389
		机制	381
		治理	357
		监测	312
		整治	287
		创新	208

继习近平同志谋划"八八战略"为浙江发展指引方向后,浙江海洋工作坚持以"八八战略"为总体方向,多角度推进海洋资源环境的利用与保护。各级政府部门在深刻学习"八八战略"内涵后,制定与资源环境、金融工具以及减灾防灾类相关的政策工具,开展具体工作。为了推进生态省建设的发展进步,浙江省陆续出台《浙江省滩涂围垦总体规划》《浙江省海洋生态红线划定方案》《浙江省海洋生态环境保护"十四五"规划》等相关政策,推动海洋资源的可持续性利用以及海洋生态文明建设;将夯实生态本底作为海洋发展的基础性任务的同时,浙江省相继出台《浙江海洋经济发展试点工作方案》《浙江海洋经济发展"822"行动计划》《浙江省海洋经济发展"十四五"规划》,拓展临近海域作为经济发展空间,进行实践探索,释放海洋经济活力;此外,浙江省对"八八战略"做出创新,连续在五年规划中制定《浙江省海洋

灾害防御"十二五"规划》《浙江省海洋灾害防御能力提升"十三五"规划》《浙江省海洋灾害防御"十四五"规划》这类与海洋灾害防御监测有关的政策工具,从灾害防御角度为海洋经济发展提供支撑。

长期以来,浙江省在政策工具编制过程中力求避免政策合成谬误的出现,同时也对政策效用的问题格外关注。结合浙江实际,浙江省在践行"八八战略"的同时协同创新政策工具,统筹协调海洋经济发展与海洋资源环境的可持续利用,带动海陆一体化,加快推进浙江海洋强省转变,促进海洋经济的高质量发展。

9.3.2　强化涉海规划的空间引领与约束

浙江在海洋发展的过程中离不开各类涉海规划的支撑。浙江省出台的重要涉海规划主要包括国土空间规划以及五年规划,分别从空间和时间两个维度对浙江海洋发展进行谋划布局(表 9-6)。在国家国土空间规划的理念下,浙江省已有的涉海空间规划体系呈现出一定的逻辑特征,可以作为顶层设计部署开展海洋的综合治理工作。五年涉海规划同样从国家战略出发,在顶层设计的引领下,更加注重规划在省域层面以及各沿海地市之间的衔接,多角度、多层次统筹布局浙江海洋发展,重视规划的系统性。

海洋国土是进行海洋资源开发和保护的空间载体,而海洋空间规划是各部门对海洋空间进行管理的工具和手段,也是建设海洋生态文明的重要要求。在国家战略引领下,浙江省出台一系列涉海空间规划促进浙江海洋发展,各滨海城市的市政府在顶层设计下寻找创新空间,从实际情况出发,因地制宜实施相关的政策行动,助推海洋强省的建设工作。

表 9-6　浙江省主要的涉海空间规划一览表

规划名称	规划期限	规划范围
《浙江省海洋主体功能区规划》(浙海渔〔2017〕5 号)	无规划期限,设 2020 年阶段性目标	全省海域面积 $4.44\times10^4\,km^2$,包括海域和海岛
《浙江省海洋功能区划》(浙海渔规〔2018〕14 号)	2011—2020 年	全省海域面积 $4.44\times10^4\,km^2$,分为市、县两级

续表

规划名称	规划期限	规划范围
《浙江省海岛保护规划》(浙海渔规〔2018〕6 号)	2017—2022 年	全省海岛,共计 4350 个,其中有居民海岛 222 个,无居民海岛 4128 个
《浙江省重要海岛开发利用与保护规划》(浙政发〔2011〕48 号)	2011—2020 年	全省 100 个重要海岛
《浙江省无居民海岛保护与利用规划》	2008—2020 年	全省面积不少于 500m^2 的无居民海岛
《浙江省海岸线保护与利用规划》(浙海渔规〔2017〕14 号)	2016—2020 年	本省所涉及依法管理的海岸线
《浙江省海岸带综合保护与利用规划》	2021—2035 年	沿海县级行政区所辖陆域和海域 $6.6×10^4$ km^2
《浙江省湿地保护规划》(浙发改规划〔2007〕995 号)	2006—2020 年	全省湿地
《浙江省滩涂围垦总体规划》(浙发改规划〔2006〕234 号)	2005—2020 年	全省河口滩涂,建设规模在 4500 亩以上(岛屿 2250 亩以上)
《浙江省沿海港口布局规划》(浙政发〔2006〕70 号)	—	全省港口

涉海空间规划的总体体系在横向上可以分为海洋主体功能规划、海洋功能区划及各海洋专项规划,在纵向上可以分为省域层面以及市域层面,注重规划的衔接。《浙江省海洋主体功能区规划》根据海洋资源环境承载力、海洋开发强度以及海洋发展潜力,将全省海域与海岛分为优化开发、重点开发、限制开发和禁止开发四类主体功能区,明确了不同区域的定位以及对应的管控方式(图 9-2)。该《规划》着眼于海域空间利用的基础性、长期性、全局性、关键性问题,将浙江管辖的海域空间进行划分,其他的涉海空间规划必须以此为依据,根据各自相关主题编制规划内容,协同推进浙江海洋发展。

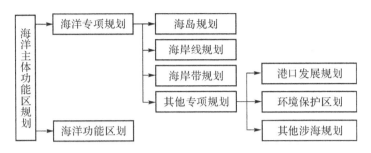

图 9-2　海洋空间规划体系

　　海洋基本功能区是指具有特定海洋基本功能的海域单元,而各海域的海洋基本功能是依据海域的自然属性和社会需求程度,统筹海域的经济、社会和生态效益最大化所确定的。为了管控海域空间的保护与开发,细化浙江海域空间管制,浙江省出台《浙江省海洋功能区划》,根据海域区位、自然资源、环境条件和开发利用的要求,按照海洋基本功能区的标准,将全省海域分成 8 类基本功能区(表 9-7),明确不同管制要求,可以用于指导、约束海洋开发利用实践活动,是全省海洋开发、保护与管理的具体依据。

表 9-7　海洋功能区划分类体系[27]

一级类基本功能区	二级类基本功能区
	农业围垦区
	养殖区
农渔业区	增殖区
	捕捞区
	水产种质资源保护区
	渔业基础设施区
	港口区
港口航运区	航道区
	锚地区
工业与城镇用海区	工业用海区
	城镇用海区

续表

一级类基本功能区	二级类基本功能区
矿产与能源区	油气区
	固体矿产区
	盐田区
	可再生能源区
旅游休闲娱乐区	风景旅游区
	文体休闲娱乐区
海洋保护区	海洋自然保护区
	海洋特别保护区
特殊利用区	军事区
	其他特殊利用区
保留区	保留区

海岛规划、海岸线规划以及海岸带规划是三类重要海洋专项规划,如《浙江省无居民海岛保护与利用规划》、《浙江省海岸线保护与利用规划》以及近期出台的《浙江省海岸带综合保护与利用规划》,着眼于浙江省海洋资源利用与保护缺少针对性和层次性、未能形成统一有效的差别化管理模式的问题,从点线面角度对浙江省的海洋空间进行统筹布局,推进海洋资源的高效利用以及生态环境的可持续发展。

其他的海洋专项规划包括环境保护类、港口发展类以及其他的涉海规划。浙江省颁布的《浙江省湿地保护规划》提出了湿地保护的总体思路,明确了湿地功能区布局,对湿地保护体系规划进行了进一步的完善;《浙江省滩涂围垦总体规划》对滩涂围垦项目布局进行规划,这两类都属于环境保护类。而《浙江省沿海港口布局规划》聚焦港口布局问题,提出了加快发展沿海港口的思路举措以适应腹地经济社会发展。这些海洋专项规划分别涉及海洋发展的某一具体领域,着重解决海洋发展过程中的突出问题,为相关部门制定政策文件、指导该领域空间资源保护与利用提供科学依据。

在浙江省出台的涉海"十四五"规划中,省域层面涉及海洋生态环境保护、水生态环境保护、生态环境保护这类有关海洋环境保护的专题规划,也有以经济为主题的海洋经济发展、渔业高质量发展的专题规划(表 9-8)。省级规划着眼于全局,为浙江海洋发展奠定主基调,制定总方针,布置总任务,明确在浙江范围内统一存在的全局性问题。各沿海地市在省级规划的引领下,以区域自身的突出问题为重点对象,按照需求出台各类市级规划,展开各项工作部署。

表 9-8　浙江"十四五"专题规划

省域层面	市域层面
《浙江省海洋生态环境保护"十四五"规划》	《舟山市海洋生态环境保护"十四五"规划》
	《温州市海洋生态环境保护"十四五"规划》
《浙江省水生态环境保护"十四五"规划》	《舟山市水生态环境保护"十四五"规划》
	《台州市水生态环境保护"十四五"规划》
	《温州市水生态环境保护"十四五"规划》
《浙江省生态环境保护"十四五"规划》	《舟山市生态环境保护"十四五"规划》
	《宁波市生态环境保护"十四五"规划》
	《嘉兴市生态环境保护"十四五"规划》
	《台州市生态环境保护"十四五"规划》
	《温州市生态环境保护"十四五"规划》
《浙江省渔业高质量发展"十四五"规划》	《舟山市渔业高质量发展"十四五"规划》
	《台州市渔业高质量发展"十四五"规划》
《浙江省海洋经济发展"十四五"规划》	《宁波市海洋经济发展"十四五"规划》
	《嘉兴市海洋经济发展"十四五"规划》
	《台州市海洋经济发展"十四五"规划》
	《温州市海洋经济发展"十四五"规划》
《浙江省海洋灾害防御"十四五"规划》	

9.3.3　重视涉海资源环境立法系统保障作用

生态文明制度体系建设是推进国家治理体系和治理能力现代化的重要内容[31]。多年来,浙江省基于"八八战略"以及"两山"理论积极开展海洋生态文明法治建设的实践,探索出一套海洋资源的开发利用与海洋生态环境保护的浙江经验。要真正建立起海洋资源利用与海洋生态环境保护的长效机制,浙江省要充分利用现有平台,将好的经验做法制度化,再进一步推进涉海制度的立法建设。以法治建设为核心,为高效利用海洋资源、保护改善海洋生态环境、促进经济社会可持续发展提供法治保障。

  浙江海洋生态文明建设的法治化探索起步较早(表 9-9)。与"八八战略"提出的时间节点相近,浙江省人民代表大会常务委员会在 2004 年通过了《浙江省海洋环境保护条例》。作为一项地方性法规,该《条例》就"保护海洋资源,改善海洋环境,防治污染损害,维护生态平衡,保障人体健康,促进经济和社会的可持续发展"以条例的形式做出规定,成了浙江省海洋生态文明法治建设的总纲领,正式迈出了浙江省海洋建设法治化探索的第一步。为了进一步加强近岸海域使用管理,浙江省通过了《浙江省海域使用管理条例》,并对原先的《浙江省海域使用管理办法》予以废止,在现有条例中增加了有关海域节约集约利用和保护海洋生态环境方面的内容,进一步推进海域的合理开发和可持续利用。《浙江省海洋功能区划》作为合理开发利用海洋资源、有效保护海洋生态环境的法定依据,在海洋开发和保护中起到的是基础性、指导性、约束性作用[31]。此外,其他涉海的法律条例包括《浙江省渔港渔业船舶管理条例》、《浙江省渔业管理条例》以及《浙江省港口管理条例》,主要对海洋资源的开发利用做出相关规定。

表 9-9 浙江省制定的主要涉海法规条例

名称	最初通过时间	最新状态
《浙江省滩涂围垦管理条例》	1996 年	2020 年废止
《浙江省盐业管理条例》	1998 年	2020 年废止
《浙江省渔港渔业船舶管理条例》	2002 年	2020 年修订后沿用
《浙江省海洋环境保护条例》	2004 年	2017 年修订后沿用
《浙江省渔业管理条例》	2005 年	2020 年修订后沿用
《浙江省港口管理条例》	2007 年	2020 年修订后沿用
《浙江省海域使用管理办法》	2006 年	2012 年废止
《浙江省海域使用管理条例》	2012 年	2017 年修订后沿用
《浙江省海洋功能区划(2011—2020)》	2012 年	2018 年修订后沿用
《浙江省无居民海岛开发利用管理办法》	2013 年	2019 年修订后沿用

　　法规是约束力最强的政策,而制度的效力相对而言较低。为了进一步探索海洋资源的高效利用与生态环境的可持续方案,浙江省以相关涉海法规为基础,在实践过程中探索出了一套具有浙江特色的经验制度,如浙江省海洋生态红线划定制度、"湾(滩)长制"等,对建立系统完整的海洋生态环境制度体系起到了重要作用。在后续推进海洋发展的过程中,浙江省需要坚持以法治建设为核心,推进重要制度实践法律化,进一步发挥立法的保障性作用。

参考文献

　　[1] 浙江省自然资源厅.浙江省海岸带综合保护与利用规划(2021—2035 年)(征求意见版)[EB/OL].2022-04[2022-10-22].

　　[2] 习近平.习近平在浙江[M].北京:中共中央党校出版社,2021.

　　[3] 中国共产党浙江省委员会.省委十一届四次全体(扩大)会议.2003-7.

　　[4] 中国共产党第十八次全国代表大会.坚定不移沿着中国特色社会主义道路前进为全面建成小康社会而奋斗.2012-11-08.

　　[5] 周天晓,沈建波,邓国芳,等.绿水青山就是金山银山[N].浙江日报,2017-10-08(001).

　　[6] 国家发展和改革委员会.浙江海洋经济发展示范区规划[EB/OL].2011-02[2022-10-22].

　　[7] 袁家军.全省大花园建设动员部署会.浙江省政府[EB/OL].2018-06-14[2022-10-22].

　　[8] 李娇俨.我省加快推进十大海岛公园建设[N].浙江日报,2021-10-12(002).

　　[9] 张国帅.既要金山银山,也要绿水青山[N].人民日报,2019-08-14.

　　[10] 谢梦骑,沈鑫.海宁百里钱塘崛起"钱塘记忆"乡村旅游综合体[N].嘉兴日报,2018-12-08(004).

[11] 浙江省人民政府办公厅.浙江省人民政府办公厅关于印发浙江省生态海岸带建设方案的通知(浙政办发〔2020〕31号).2020-06-28[2022-10-22].

[12] 姜增尧.凝心聚力建设"海上花园"[N].浙江日报,2014-10-31(014).

[13] 胡丹,陈坤沈.洞头营造"海上花园"[N].浙江日报,2014-12-10(001)

[14] 林上军,徐萍波,倪立刚.不闻海腥,只见海景[N].浙江日报,2020-08-13(001).

[15] 孙俊.沈家门渔港小镇:"一条鱼"端出特色产业盛宴[N].浙江日报,2020-12-22(023).

[16] 续建伟.在保护中建设好象山港区域[N].宁波日报,2012-09-12(A08).

[17] 省委宣传部、岱山县委宣传部联合调研组.岱山县海洋文化建设的启示[N].浙江日报,2006-08-07(011).

[18] 常雪梅,程宏毅.续写"八八战略"新篇章[N].人民日报,2018-07-18(01).

[19] 习近平.习近平谈治国理政·第三卷[M].北京:外文出版社,2020.

[20] 浙江省人民政府.浙江省海洋经济发展"十四五"规划(浙政发〔2021〕12号).2021-5-17[2022-10-22].

[21] 陈铖,杨旭斌.我省实现湾(滩)长制全域覆盖[N].浙江日报,2018-03-15(010).

[22] 王凯艺,应磊,殷聪."太空眼"守护"最美海岸线"[N].浙江日报,2022-03-23(001).

[23] 浙江省海洋与渔业局.《浙江省海洋功能区划》,浙海渔规〔2018〕14号[EB/OL].2018-10-15[2022-10-22].

[24] 浙江省国土资源厅.浙江省海洋与渔业局关于加强海岸线保护与利用管理的意见(浙海渔发〔2018〕2号)[EB/OL].2018-07-22[2022-10-22].

[25] 郑栅洁.2021 年浙江省政府工作报告.浙江省第十三届人民代表大会第五次会议.2021-01-16[2022-10-22].

[26] 浙江省海洋与渔业局.浙江省海洋功能区划（浙海渔规〔2018〕14号）[EB/OL].2018-10-15[2022-10-22].

[27] 浙江省农业农村厅.浙江省渔业高质量发展"十四五"规划（浙农渔发〔2021〕18 号）[EB/OL].2021-06[2022-10-22].

[28] 浙江省海洋与渔业局.浙江省海岛保护规划（2017—2022 年）[EB/OL].2018-09[2022-10-22].

[29] 浙江省文化和旅游厅.浙江省十大海岛公园建设三年行动计划（2020—2022）[EB/OL].2020-03[2022-10-22].

[30] 林坚.构建生态文明体系 共谋全球环境治理[N].浙江日报，2018-06-05[2022-10-22].

[31] 浙江省海洋与渔业局.《浙江省海洋功能区划（2011—2020 年）》（2018 年 9 月修订）政策解读[EB/OL].2018-10-16[2022-10-22].